高等学校规划教材

天然气化工工艺学

魏顺安 主编

化学工业出版社

·北京·

天然气是世界三大支柱能源之一，不仅是一种清洁的能源，还是一种用途广泛的化工原料。天然气化工在我国涉及的地区广、产品品种多，很有区域性特点。

本书介绍以天然气为初始原料的诸多化学工业过程的工艺、流程、设备、反应动力学、热力学、物性数据等方面的基础知识。内容包括天然气资源介绍、天然气脱硫与脱水净化、天然气到合成气的转化、甲醇及其衍生物、天然气制乙炔和炭黑、天然气的卤代和硝基化直接衍生物、液化天然气、吸附天然气、天然气制氨、天然气制合成油以及天然气应用新技术等。

本书可作为化学工程与工艺、石油工程、油气储运工程等专业的本科生教材，也可供相关工程技术人员学习参考。

图书在版编目（CIP）数据

天然气化工工艺学/魏顺安主编. —北京：化学工业出版社，2009.1（2024.9重印）

高等学校规划教材

ISBN 978-7-122-04248-4

Ⅰ. 天… Ⅱ. 魏… Ⅲ. 天然气化工-工艺学-高等学校-教材 Ⅳ. TE64

中国版本图书馆CIP数据核字（2008）第186284号

责任编辑：何　丽　徐雅妮　　文字编辑：张　艳

责任校对：陶燕华　　装帧设计：韩　飞

出版发行：化学工业出版社（北京市东城区青年湖南街13号　邮政编码100011）

印　　装：北京建宏印刷有限公司

787mm×1092mm　1/16　印张14¼　字数350千字　2024年9月北京第1版第9次印刷

购书咨询：010-64518888　　售后服务：010-64518899

网　　址：http://www.cip.com.cn

凡购买本书，如有缺损质量问题，本社销售中心负责调换。

定　　价：42.00元

前　言

天然气是人类的宝贵财富，与煤、石油共同构成世界能源和现代化学工业的三大支柱。面对当前石油资源日益枯竭、煤炭资源污染严重的资源和技术形势，天然气作为清洁、高效、方便的优质能源，在清洁能源和化工原料方面扮演着越来越重要的角色。

地球上蕴藏着极其丰富的天然气资源。据估计，仅常规天然气资源量约为 600×10^{12} m^3，其中当前技术可采储量约 $160\times10^{12}m^3$，按照现在 $(2\sim3)\times10^{12}m^3$/年的开采速度，可供人类开发利用 200～300 年。我国天然气资源也较丰富，根据第三轮全国油气资源评估结果，我国天然气总资源量为 $53\times10^{12}m^3$，常规资源量为 $14\times10^{12}m^3$，当前技术可采储量约 $2.2\times10^{12}m^3$。近年来我国天然气探明储量不断增加，海上气田的勘探和开发也有较大进展。随着国家对工业结构调整力度的加大和对环保要求的提高，我国天然气利用的地域和技术范围将大为拓宽，为我国的天然气化学工业带来很好的发展机遇。

本教材旨在提供一本本科生学习天然气化工工艺的教材，并兼顾工程技术人员的学习参考。介绍以天然气为初始原料的诸多化学工业过程的工艺、流程、设备、反应动力学、热力学、物性数据等方面的基础知识，内容包括天然气资源介绍、天然气脱硫与脱水净化、天然气到合成气的转化、甲醇及其衍生物、天然气制乙炔和炭黑、天然气的卤代和硝基化直接衍生物、液化天然气、吸附天然气、天然气制氨、天然气制合成油以及天然气应用新技术等。使学生通过对本课程的学习，了解天然气化学工业技术及产品的全貌，有助于提高学生的基础知识和工作能力。

本教材由重庆大学化学化工学院化学工程教研室集体编写完成，参加各章编写的人员有魏顺安（1、3 章，4 章部分内容）、董立春（2、9、10 章，4、8 章部分内容）、张红晶（5、6 章）、谭世语（7 章）、薛荣书（8 章部分内容）。各章初稿完成后，由魏顺安和谭世语进行统稿并修改定稿。

由于编者水平有限，时间仓促，书中论述不当和不妥之处在所难免，恳请广大读者批评指正，并提出宝贵意见。

编者

2008 年 10 月于重庆

目　录

1 天然气资源

广义地说，天然气是指自然界中天然存在的一切气体，包括大气圈、生物圈、水圈和岩石圈中自然形成的各种气体。但通常定义的"天然气"是从能源角度出发的，为可燃性天然气，指天然蕴藏在地下的烃和非烃气体的混合物，一般指存在于岩石圈、水圈、地幔以及地核中的以烃类（甲烷、乙烷）为主的混合气体。

与煤和石油相比，天然气在使用时不仅排放的 SO_x、NO_x、CO 量最少，而且排放的 CO_2 量也最少，所以被称为清洁能源。在燃料化学结构中，氢含量越高，燃料的热值越高。以甲烷为主的天然气在烃类中的氢碳比（H/C）最高，见表 1-1，是天然生物和化石燃料中热值最高的能源。同时，天然气还是能量利用效率较高的能源，如工业燃煤锅炉的效率为 50%～60%，而燃气锅炉的效率为 80%～90%；家庭燃煤炉灶效率 20%～25%，而燃气灶效率 55%～65%；发电站燃煤蒸汽发电效率一般为 33%～42%，而燃气联合循环发电站效率为 50%～58%。因此，天然气被认为是清洁的富能能源，许多国家都将天然气列为首选燃料。

表 1-1　一些燃料的热值和氢碳比

项　　目	木材	煤	石油	天然气
总热值/(kJ/kg)	6300～8400	21000～30000	42000～46000	55000
H/C(原子比)	1∶10	1∶1	约 2∶1	4∶1

天然气不仅是一种重要的能源，还是一种用途广泛的化工原料。天然气化工经过一百多年的发展，已成为化学工业的重要组成部分。除了生产合成氨和尿素之外，还可以生产甲醇及其下游产品、乙炔及其下游产品、氢氰酸、甲烷卤化物、二硫化碳、硝基甲烷等。随着科学技术的发展，天然气的应用领域不断扩大，如天然气空调系统、天然气燃料电池、天然气合成油等。因此，发展天然气化工将成为石油化工的一个重要补充。

1.1 天然气的形成和分布

1.1.1 天然气的形成

天然气主要由深埋在地下的有机质经过厌氧菌分解、热分解、聚合加氢等过程而形成。在缺氧的条件下，随沉积物一同沉积的有机质被保存下来。随着后续沉积物的不断积累，有机质的埋藏深度不断增加。与此同时，有机质所承受的温度、压力也不断增加。当温度、压力达到一定限度时，有机质在细菌的催化作用下逐渐转化成天然气和石油。整个变化过程分为生物催化、热降解、热裂解几个阶段。

（1）生物催化阶段　开始，有机质在厌氧菌作用下发生分解，部分有机质被完全分解成二氧化碳、甲烷、氨、硫化氢、水等简单分子；部分有机质则被选择分解为较小的生物化学单体，如苯酚、氨基酸、单糖、脂肪酸。上述分解产物之间又相互作用，形成较复杂的高分子固态化合物。

（2）热降解阶段　随着埋藏深度的进一步增加，温度和压力也不断升高，生物催化阶段形成的高分子固态化合物进一步发生热降解和聚合加氢等作用，转化生成气态烃类（天然气）和液态烃类（石油）。

（3）热裂解阶段　随着埋藏深度的进一步增加，温度和压力进一步升高，催化分解和热降解的生成物发生较强烈的热分解反应，即高分子烃分解成低分子烃，液态烃裂解为气态烃，最终形成以甲烷为主的天然气。

天然气在地层中形成后，会向相邻的空隙丰富和渗透性好的岩层转移。在地层应力、水动力和自身浮力的作用下由底层向高层移动，遇到有遮挡条件的地方停止转移，聚集形成天然气藏。

天然气的成因不仅与石油生成相关联，在地壳形成煤田的过程中，沉积的有机质也会发生类似的过程，在煤层中也会形成甲烷含量较低的天然气，也称“瓦斯”。

1.1.2 天然气的储存状态

天然气依其成因和储存状态可分为常规天然气和非常规天然气。常规天然气指有机成因气。按所处热演化阶段不同可分为生物化学气和热解化学气；按成烃母质不同，分为石油演化系列的油成气和煤演化系列的煤成气，包括单一相态气藏气、油藏溶解气。非常规天然气为当前科学技术、经济不具备开发条件的资源，包括致密岩石中的天然气、煤层气、天然气水合物和深层气等。

（1）致密岩石气　在产气层段内，其平均渗透率小于0.1mD（毫·达西，$1cm^2=9.8\times10^4$ 达西）的储集层，或者产量低于美国联邦能源法规委员会（Federal Energy Regulation Committee，FERC）规定的各深度层段的产量。

（2）煤层气　又称煤层甲烷气，俗称“瓦斯”。是一种储存在煤层的微空隙中、基本上未移出生气母岩的天然气，属典型的自生自储式非常规天然气藏。由于煤层一般致密、透气性差、吸附性强，不易解析出气体。在适当的地质条件下亦可形成工业性气藏。

（3）水溶性天然气　溶于地下卤水的天然气，储集层为海相或泻湖相。伴生的卤水可含有较多的碘化物。水溶性天然气藏在日本开采最多，历史最长。

（4）天然气水合物　又称笼形包合物，它是在一定的条件（合适的温度、压力、气体饱和度、水的盐度、pH值等）下由水和天然气组成的类似冰状的、非化学计量的笼形结晶化合物，遇火可自燃。形成天然气水合物的主要气体为甲烷，甲烷分子含量超过99%的天然气水合物称为甲烷水合物（Methane Hydrate）。天然气水合物多呈白色或淡灰色晶体，外貌似冰雪，也称“可燃冰”。天然气水合物在自然界广泛分布，在大陆和岛屿的斜坡地带、大陆边缘的隆起处、大陆架以及海洋和一些内陆湖的深水环境中都可存在。在我国标准（20℃，0.101325MPa）下，一单位体积的天然气水合物分解最多可产生164单位体积的甲烷气体，因而它是一种重要的潜在资源。

（5）深层气　又称“深源无机成因气”。指4500m或者更深的地层采出的天然气，来自地壳深部和上地幔的非生物成因天然气。相对于已发现的煤层气和天然气水合物而言，还处于基础研究阶段，尚未商业性开发。

1.1.3 天然气资源和分布

地球上蕴藏着极其丰富的天然气资源，据估计，仅常规天然气资源量约为 600×10^{12} m^3，非常规天然气资源潜力更加巨大，如表 1-2 所示。仅其中的天然气水合物资源就是全球已知所有常规矿物燃料（煤、石油和常规天然气）总和的两倍。但是，对于非常规天然气，目前还处于早期勘探开发和前期研究阶段，其中煤层气勘探开发技术较为完善，而对于天然气水合物，目前只有俄罗斯和美国等少数国家进行了开发利用，主要还处于前期研究与试验阶段。按照现在的开采速度 [$(2\sim3)\times10^{12}$ m^3/年]，仅常规天然气可供人类开发利用 200～300 年。

表 1-2 全球常规和非常规天然气资源量

资源种类		资源量/$10^{12}m^3$	
沉积盐游离气资源量	常规天然气	400～600	1790～4680
	致密低渗透沉积层气	600～3000	
	煤层气	100～350	
	低渗页岩气	690～730	
基岩游离气资源量			1100×10^4
水溶性天然气		3.4×10^4	$(15\sim25)\times10^4$
天然气水合物		$(12\sim22)\times10^4$	

资源量不是自然界存在的数量，而是人们经过地质勘探和研究而认识到的地下蕴藏。可采储量是经过勘探证实，并在现有条件下就有经济价值的资源。已经发现并且预期经济可采的石油天然气称为探明储量。确实存在并预期可以变为经济可采的石油天然气称为未发现资源量。总资源量是探明储量和未发现资源量之和。

世界天然气资源的分布极不均衡，表 1-3 为国际天然气和气态烃信息中心（Cedligaz）于 2001 年 1 月 1 日估算的全球天然气常规资源量。从表 1-3 可见，常规天然气主要集中于俄罗斯和中东地区两大富集区，这两个地区天然气可采储量约占世界天然气总探明储量的 2/3，所占比例分别为 34.0%和 35.6%。其余天然气资源主要分布于北美洲、拉丁美洲、欧洲、非洲和亚洲五个地区，且这五个地区的天然气资源量也较为接近。

表 1-3 Cedligaz 估算的全球天然气常规资源量 单位：$10^{12}m^3$

项目	已累计产量	可采储量	剩余资源量	初始资源量
北美洲	29.0	6.6	27～34	55～62
拉丁美洲	3.6	8.2	22～27	25～30
欧洲	8.1	8.2	13～16	20～23
俄罗斯	18.5	55.8	222～250	240～270
非洲	2.4	11.7	23～28	15～30
中东	4.6	58.5	115～136	120～140
亚洲	4.2	15.0	31～36	35～40
世界总量	70.4	164.0	453～527	520～595

“储采比”与天然气的可采储量和开采能力相关，即剩余可采储量除以当年的年产量得出的数值，反映当时剩余可采储量按当年产量的水平可开采的年数。随着人类科学技术的发展，可采储量也将随之增大，所以储采比随着经济与技术的发展而变化。储采比过低，资源

危机感将影响天然气下游工业的稳定；储采比过高，大量的资源不能即时利用，也会影响天然气工业乃至国民经济的发展。当有丰富的资源量作为可采储量的后盾时，储采比可以控制低一些；如果资源量不丰富，则需要追求较高的储采比。2005 年末各国天然气剩余可采储量为 $179.83\times10^{12}m^3$，储采比为 66.1 年，如表 1-4 所示。其中我国的可采储量为 $2.35\times10^{12}m^3$，仅占世界的 1.3%，储采比为 47.0 年。

表 1-4　世界部分国家 2005 年末天然气剩余可采储量　单位：$10^{12}m^3$

国家(地区) \ 年份	1985	1995	2004	2005		
				可采储量	百分比/%	储采比/年
美国	5.41	4.62	5.45	5.45	3.0	10.4
加拿大	2.78	1.93	1.59	1.59	0.9	8.6
墨西哥	2.17	1.92	0.42	0.41	0.2	10.4
北美洲总计	10.37	8.47	7.46	7.46	4.1	9.9
阿根廷	0.68	0.62	0.56	0.50	0.3	11.1
巴西	0.09	0.15	0.33	0.31	0.2	27.3
哥伦比亚	0.11	0.22	0.12	0.11	0.1	16.7
中南美洲总计	3.32	5.96	7.07	7.02	3.9	51.8
德国	0.30	0.22	0.20	0.19	0.1	11.8
意大利	0.26	0.30	0.18	0.17	0.1	14.0
俄罗斯	—	—	47.80	47.82	26.6	80.0
土库曼斯坦	—	—	2.90	2.90	1.6	49.3
乌克兰	—	—	1.11	1.11	0.6	58.7
英国	0.65	0.70	0.53	0.53	0.3	6.0
欧洲和欧亚总计	44.45	63.16	63.73	64.01	35.6	60.3
中东总计	27.67	45.37	72.09	72.13	40.1	
非洲总计	6.16	9.93	14.30	14.39	8.0	88.3
澳大利亚	0.77	1.28	2.52	2.52	1.4	67.9
中国	0.87	1.67	2.20	2.35	1.3	47.0
印度	0.48	0.68	0.92	1.10	0.6	36.2
亚太地区总计	7.57	10.54	14.35	14.84	8.3	41.2
世界总计	99.54	143.42	179.00	179.83	100.0	65.1

1.1.4　我国天然气概况

根据第三轮全国油气资源评估结果，我国天然气总资源量为 $53\times10^{12}m^3$，预测可采资源量为 $14\times10^{12}m^3$。现已累计探明可采储量为 $2.8\times10^{12}m^3$，目前剩余可采储量为 $2.2\times10^{12}m^3$，居世界第 15 位。2008 年 8 月最新评估结果，我国天然气总资源量为 $56\times10^{12}m^3$，可采资源量为 $22\times10^{12}m^3$。

我国天然气资源主要分布在四川、鄂尔多斯、塔里木、柴达木、准格尔、松辽六大盆地，天然气可采资源量达 $8.8\times10^{12}m^3$，占全国总量 $14\times10^{12}m^3$ 的 62.8%。世界天然气资源最丰富的西伯利亚盆地和波斯湾盆地，每万平方千米的天然气可采储量超过 $1000\times10^8m^3$，我国的四川、鄂尔多斯、塔里木、柴达木四大盆地每万平方千米的天然气可采储量却不超过 $300\times10^8m^3$，因此我国的天然气资源和世界相比相对偏低。

从我国天然气资源的国土面积和人口平均值分析，明显低于世界平均水平，尤其是剩余探明储量。这一方面说明我国的天然气资源并不十分丰富，另一方面也说明我国天然气资源勘探开发程度较低，还有较大的潜力可挖。

但我国非常规天然气后备资源潜力巨大。拥有 373 个沉积盆地，总面积达 670 万平方千米，其中陆上 354 个盆地，面积 480 万平方千米；海域 19 个盆地，面积 190 万平方千米。其中 10 万平方千米以上的盆地有 10 个，总面积达到 230 万平方千米。这为形成丰富的天然气资源奠定了良好的地质基础。

我国是世界第二煤炭、煤层气资源大国，初步预测，在全国华北、西北、华南、东北、滇藏 5 大聚煤层、39 个含煤盆地、68 个含煤区，深埋在 300～1500m 的煤层气远景资源约为 $27.39\times10^{12}m^3$，约为世界煤层气总资源（见表 1-2）的 10%。

2002 年中国地质调查局开始系统组织实施我国海洋天然气水合物调查研究，初步认为我国海域天然气水合物主要分布在南海，面积 180 万平方千米，陆坡和陆隆面积 100 万平方千米，西沙海槽圈处天然气水合物分布面积 5243 平方千米。按成矿条件标准，整个南海的天然气水合物资源量约相当于 7000 亿吨石油。在东海陆坡-冲绳海槽区天然气水合物分布面积达到 11200 平方千米，天然气资源量大约为 $5.9\times10^{12}m^3$。

另外，我国的鄂尔多斯、吐哈、准格尔、四川、塔里木等盆地的深层气藏的远景资源量约为 $(90\sim110)\times10^{12}m^3$，其中可采资源量约为 $(10\sim12)\times10^{12}m^3$。据体积法估计，我国的水溶性天然气资源量大约为 $(11.8\sim63.3)\times10^{12}m^3$。

1.1.5 我国天然气的利用现状

我国天然气的年产量也在逐年增加，如表 1-5 所示。平均每年的增长率为 12%，且 2004 年、2005 年的增产率均超过 20%。

我国现有能源消耗结构中，天然气只占 3%左右，远低于世界平均水平 25%和亚洲平均水平 8.8%。到 21 世纪中叶，天然气在世界能源消费结构中的份额还将从目前的 25%增加到 40%。我国现有天然气消费集中在化工、发电和燃气方面。2003 年，国内天然气消费量达 $328\times10^8m^3$，化工和工业燃料就占到 70%。随着国家工业结构调整力度的加大和对环保要求的提高，将逐步提升天然气在能源消费中的比重。

表 1-5 我国 1999～2010 年天然气产量

年 份	1999	2000	2001	2002	2003	2004	2005	2010
产量/10^8m^3	250	262	303	326	341	410	500	950

我国目前有天然气生产企业 60 多家。2003 年，产量达 $1\times10^8m^3$ 以上的企业有 28 家，在 $5\times10^8m^3$ 以上的企业有 14 家，在 $10\times10^8m^3$ 以上的企业有 10 家，超过 $50\times10^8m^3$ 的企业有 2 家。其中，中国石油西南油气田分公司是产量最大的企业，2003 年产量达到 $91.88\times10^8m^3$，占全国总产量的 26.9%；中国石油长庆油田分公司排名第二，2003 年产量达到 $51.85\times10^8m^3$，占全国总产量的 15.2%。

近年来，我国工业化和城市化进程加快，能源需求旺盛，资源供需矛盾日显尖锐，环境污染压力也明显上升。因此，天然气作为清洁能源越来越受到政府的高度重视。但是，我国的天然气基础设施薄弱，各城市现有的配气管网远不能满足天然气利用的需要；天然气市场体制也不够完善，供需市场分布不合理，上、下游发展不协调都成为制约我国天然气产业发展的因素。

1.1.6 我国天然气发展战略

根据我国发改委 2007 年发布的《天然气利用政策》，天然气利用领域归纳为四大类，即城市燃气、工业燃料、天然气发电和天然气化工。天然气利用坚持全国一盘棋，由国家统筹规划，考虑天然气产地的合理需求；坚持区别对待，明确顺序，确保天然气优先用于城市燃气，促进天然气科学利用、有序发展；坚持节约优先，提高资源利用效率。综合考虑天然气利用的社会效益、环保效益和经济效益等各方面因素，根据不同用户用气的特点，将天然气利用分为优先类、允许类、限制类和禁止类。

我国的天然气资源和生产发展状况与需求量尚存在较大的缺口。为满足未来天然气的需求，我国提出了天然气工业发展思路：以市场为导向，积极利用两种资源和两个市场，即利用国内资源和国外资源、国际市场和国外市场。利用两种资源和两个市场，除加大国内天然气资源勘探开发力度，努力发现和开发大型气田外，还计划从俄罗斯、土库曼斯坦以及中东和东南亚地区进口管道天然气和液化天然气，以弥补国内资源的不足。预计未来中国将有"两横两纵"4条大型输气干线，与若干支线配合形成完整的天然气输配管网，实现"西气东输"、"北气南下"、"海气上岸"，为我国国民经济持续、健康发展服务。

(1) 西气东输工程　我国西部的塔里木盆地、柴达木盆地、陕甘宁盆地以及川渝盆地经过多年的油气资源勘探开发，已经形成4个国家级天然气田。到2000年底，西部地区累计探明的天然气储量已超过$1.5\times10^{12}m^3$，其中塔里木盆地$4190\times10^8m^3$，柴达木盆地$1472\times10^8m^3$，陕甘宁盆地$3340\times10^8m^3$，川渝盆地$5795\times10^8m^3$。随着天然气勘探开发的投入，天然气探明资源还将会逐年有较大的增长，为大规模的西气东输提供足够的资源保证。

西气东输工程项目已作为发展西部经济，推动西部大开发战略的重要部分来实施。管道途经新疆、甘肃、宁夏、陕西、山西、河南、安徽、江苏，终点为上海。管线全长约4000km，输气能力为每年$120\times10^8m^3$。2004年年底实现全线贯通，2008年达到设计输气量。管线管径确定为1016mm，全程同径，输气压力为10MPa。

(2) 川气东送工程　川气东送工程，建设从重庆忠县到湖北武汉的主管线，全长703km，管径为700mm，年输气能力$30\times10^8m^3$，2004年年底已建成通气，主要供湖北省、湖南省用气，中远期部分供江西省。

(3) 俄气南供工程　随着我国能源需求量的上升以及与俄罗斯合作关系的加强，"俄气南供"项目即将启动。中国石油天然气集团公司受国家计划委员会的委托，于2000年2月在北京召开了"引进俄联邦东西伯利亚地区天然气项目市场工作协调会"，会议对项目的前期工作进行了协调，并作了具体的布置。该项目对东北和环渤海地区的发展将具有重大的政治、经济意义。2001年2月中俄天然气合作项目可行性研究报两国政府批准，2005～2007年建成投产并送气，2010年满负荷运行。管线全长4091km，其中中国境内2131km。规划每年从俄罗斯进口$300\times10^8m^3$，中国境内利用$200\times10^8m^3$，其中，东北地区$100\times10^8m^3$，环渤海地区$100\times10^8m^3$；输送到韩国$100\times10^8m^3$。

1.2 天然气的开采

天然气是深埋在地下的可流动矿藏，与开采煤及金属矿的方法不同，必须通过疏通诱导的方法，使天然气先流到井里，然后上升到地面。钻井技术就成为开发天然气的主要手段，也是技术水平的重要标志。

1.2.1 钻井设备

现代使用最广泛的钻机是转盘旋转钻机，如图 1-1 所示。

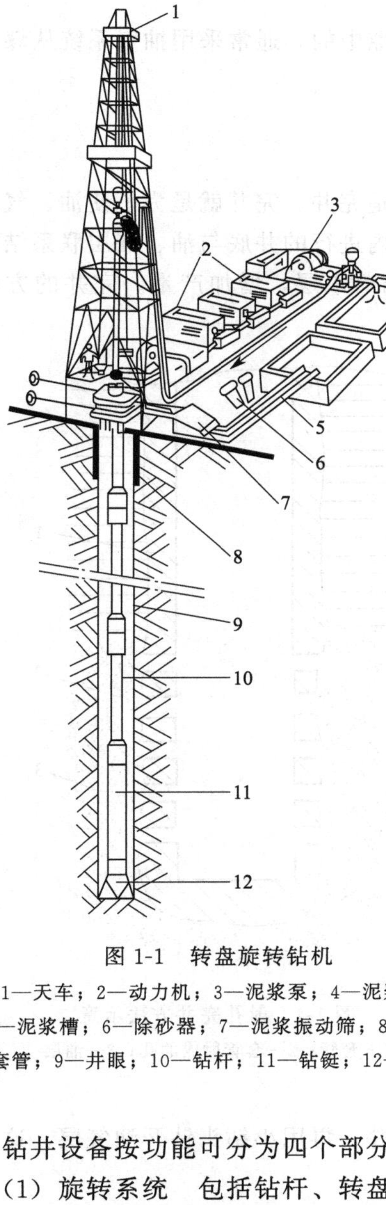

图 1-1 转盘旋转钻机

1—天车；2—动力机；3—泥浆泵；4—泥浆池；5—泥浆槽；6—除砂器；7—泥浆振动筛；8—表层套管；9—井眼；10—钻杆；11—钻铤；12—钻头

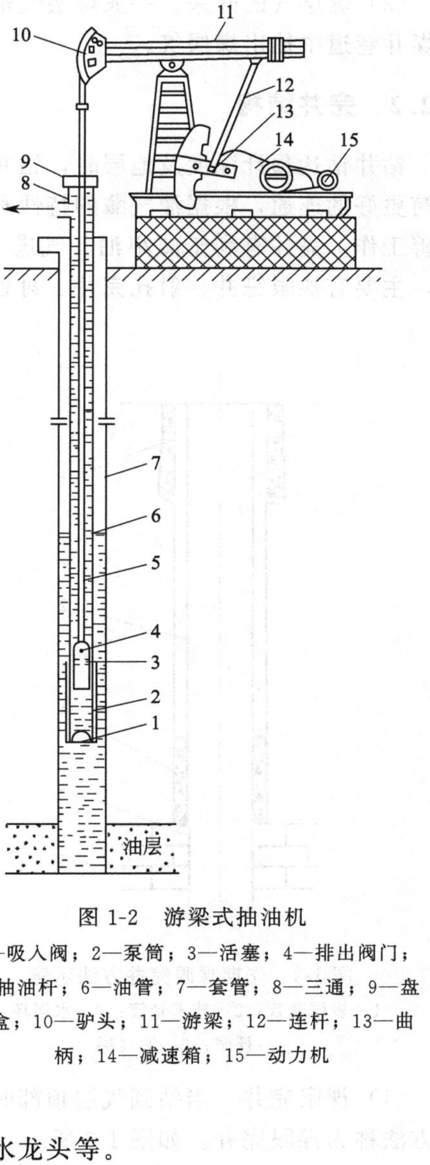

图 1-2 游梁式抽油机

1—吸入阀；2—泵筒；3—活塞；4—排出阀门；5—抽油杆；6—油管；7—套管；8—三通；9—盘根盒；10—驴头；11—游梁；12—连杆；13—曲柄；14—减速箱；15—动力机

钻井设备按功能可分为四个部分。

(1) 旋转系统 包括钻杆、转盘、钻铤、钻头、水龙头等。

(2) 吊升系统 包括天车、游动滑车、大钩和绞车等。

(3) 循环系统 包括泥浆池、泥浆泵、除砂器、泥浆振动筛等。

(4) 动力系统 包括动力机和相应的传动装置等。

钻机的提升能力应达到 200～300t 以上。钻机的每个系统的每个部件都包含复杂的技术，它们的改进都直接关系到钻井技术的进步。目前的钻井技术已可钻成深约 8000m 以上的超深井。

常用的采气方法如下。

(1) 一般天然气井均有足够的压力保证天然气能依靠气压能量从天然气井中喷出。

(2) 在采石油过程中，一般均伴同采出天然气，开采每吨石油可伴生天然气 30～300m^3，当油田中的油压能量不足以满足自喷时，采用抽油机抽油，天然气也随之抽出，此时，最常用的采油装置是游梁式抽油机，如图 1-2 所示。

(3) 煤层气的开采。一般煤层气是吸附在煤层的孔隙中的，通常采用抽气系统从煤层中和煤井巷道中抽出煤层气。

1.2.2 完井结构

钻井钻达预计深度及地层时，钻井的最后一道工序是完井。完井就是为了使油、气层与井筒更好的连通，根据油气藏的特性和储层特点，在井内进行的井底与油、气层联系结构的完善工作。完井有利于减小油、气进入井中的阻力，隔离水层，增加产量。完井的方法很多，主要有裸眼完井、射孔完井、衬管完井和尾管完井。

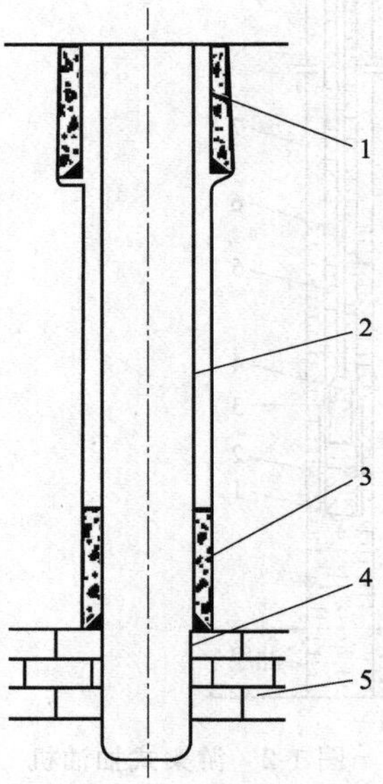

图 1-3 先期裸眼完井方法示意

1—表层套管；2—技术套管；3—水泥环；4—裸眼；5—油气层

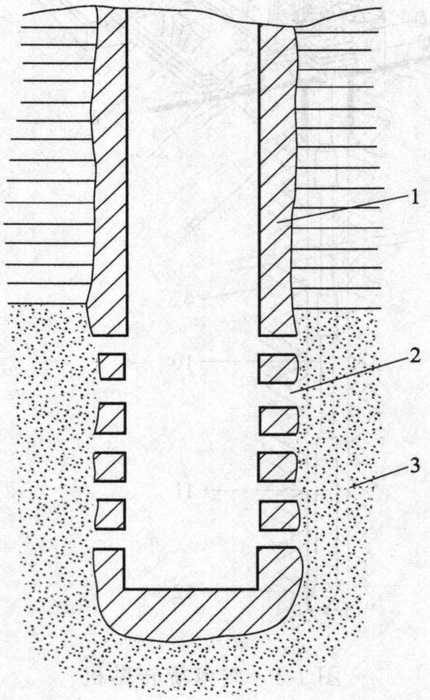

图 1-4 射孔完井方法示意

1—套管；2—套管射成的孔；3—油层

(1) 裸眼完井　当钻到气层顶部时，下油层套管固井，再用小钻头钻开油气层，这种完井方法称为裸眼完井。如图 1-3 所示。

(2) 射孔完井　钻到油、气层后，下套管到井底，注入水泥加固，然后下入射孔枪向油气层部位射孔，穿透套管和水泥环，打通油、气流入井内的通道，这是国内外使用最普通完井的方法。如图 1-4 所示。

(3) 衬管完井　当油气层地质疏松时，在油气层部位下入一根预先钻好孔眼的衬管，通过衬管顶部的悬挂器将其安挂在套管上，油气经衬管上预先钻好的孔流入井。这实际上是改进了的裸眼完井。如图 1-5 所示。

(4) 尾管完井　钻完油气层后下尾管固井，尾管用悬挂器挂在上层套管的底部，用射孔

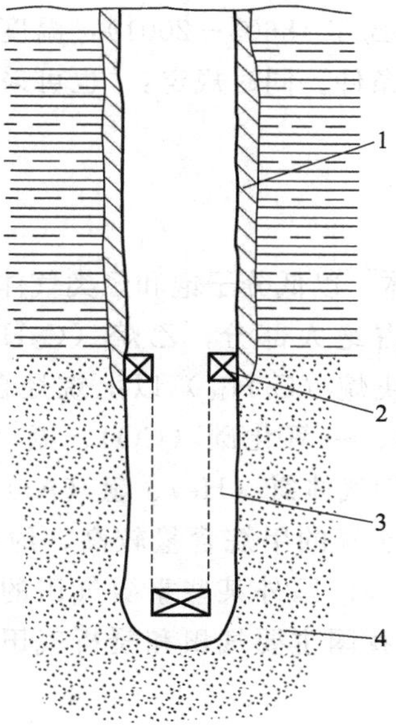

图 1-5 衬管完井方法

1—套管；2—封隔器；3—衬管；4—油层

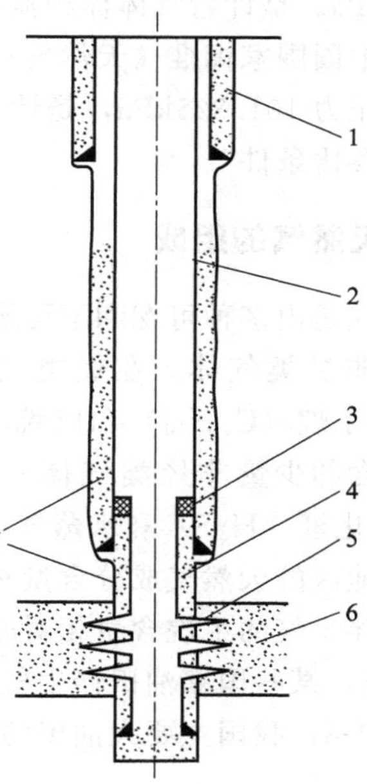

图 1-6 尾管完井方法

1—表层套管；2—技术套管；3—悬挂器；4—尾管；5—射孔；6—油气层；7—水泥环

枪射开油气层，这种完井方法称为尾管完井。如图 1-6 所示。

勘探开采天然气和石油不但所需技术高，而且投资大，打一口探井需几百万元、几千万元，甚至上亿元，一口生产井也需几百万元，一般只有 40%～50%的探井能找到油气。

1.2.3 海上钻井技术

近几十年来，海上钻井发展很快，海上钻井技术比陆上钻井技术更复杂，费用比陆上钻井费用高 3～10 倍。海上钻井必须保证以下几点。

(1) 在海面上能平衡地竖立起井架，并经受住风浪的袭击，保持定位准确且稳定。

(2) 钻盘至海底之间，要建立一个特殊的井口装置把海水与井筒隔绝开来。

(3) 海上钻井，直井少，斜井多，对海上钻井平台要求高。

海上钻井系统按结构特点可分为固定式和移动式两类，固定式包括桩基式平台和重力式平台两种；移动式有座底式、自升式平台和沉浮式平台。

1.3 天然气的组成与性质

天然气中各组分的物性是计算天然气混合物物性的基础数据。气体的特性与气体所处的状态有关。目前气体的标准状态有三种规定。

(1) 1954 年第 10 届国际计量大会（CGPM）协议的标准状况：温度 273.15K（0℃），压力 101.325 kPa。世界各国科技领域广泛应用这一标准状况。

(2) 国际标准化组织（ISO）和美国国家标准（ANSI）：温度 288.15K（15℃），压力

101.325 kPa。是计量气体体积流量的标准。

(3) 中国国家标准《天然气计量系统技术要求》(GB/T 18603—2001)：温度 293.15K (20℃)，压力 101.325kPa，是计量气体体积流量的参比条件。同时规定："也可采用合同规定的其他参比条件"。

1.3.1 天然气的组成

天然气是由多种可燃和不可燃的气体组成的混合气体，以低分子饱和烃类气体为主，并含有少量非烃类气体。在烃类气体中，甲烷（CH_4）占绝大部分，乙烷（C_2H_6）、丙烷（C_3H_8）、丁烷（C_4H_{10}）和戊烷（C_5H_{12}）含量不多，庚烷（C_7H_{16}）以上烷烃含量极少。另外，所含的少量非烃类气体一般有二氧化碳（CO_2）、一氧化碳（CO）、氮（N_2）、氢（H_2）、硫化氢（H_2S）和水蒸气（H_2O）以及微量的惰性气体氦（He）、氩（Ar）等。

不同地区的天然气成分含量都不相同。一般气藏天然气的甲烷含量较高，约在90%以上，油田伴生气的甲烷含量相对较低，大约在65%～80%。国外某些重要气田的天然气组成见表1-6，某些国家油田伴生气的平均组成见表1-7。我国主要气田和凝析气田的天然气组成见表1-8，我国主要大油田的伴生气组成见表1-9。

表1-6 国外某些重要气田的天然气组成（体积分数） 单位：%

国名	产地	甲烷	乙烷	丙烷	丁烷	戊烷	CO_2	N_2	H_2S
美国	Louisiana	92.18	3.33	1.48	0.79	0.25	0.9	1.02	—
加拿大	Allberta	64.4	1.2	0.7	0.8	0.3	4.8	0.7	26.3
委内瑞拉	San Joaquin	76.7	9.79	6.69	3.26	0.94	1.9	—	—
荷兰		—	2.9	0.37	0.14	0.04	0.8	14.26	—
英国	Goningen	81.4	2.76	0.49	0.20	0.06	0.04	1.3	—
法国	Leman	95	2.9	0.9	0.6	0.3	10	—	15.5
俄罗斯	Lacq	69.4	0.3	—	—	—	0.2	—	—
哈萨克斯坦	Карачаганакское	82.3	5.24	2.07	0.74	0.31	5.3	0.85	3.07

表1-7 某些国家油田伴生气的平均组成（体积分数） 单位：%

国名	甲烷	乙烷	丙烷	丁烷	戊烷	C_6^+	CO_2	N_2	H_2S
印度尼西亚	71.89	5.64	2.57	1.44	2.5	1.09	14.51	0.35	0.01
沙特阿拉伯	51.0	18.5	11.5	4.4	1.2	0.9	9.7	0.5	2.2
科威特	78.2	12.6	5.1	0.6	0.6	0.2	1.6	—	0.1
阿联酋	55.66	16.63	11.65	5.41	2.81	1.0	5.5	0.55	0.79
伊朗	74.9	13.0	7.2	3.1	1.1	0.4	0.3	—	—
利比亚	66.8	19.4	9.1	3.5	1.52	—	—	—	—
卡塔尔	55.49	13.29	9.69	5.63	3.82	1.0	7.02	11.2	2.93
阿尔及利亚	83.44	7.0	2.1	0.87	0.36	—	0.21	5.83	—

表1-8 我国主要气田和凝析气田的天然气组成（体积分数） 单位：%

气田名称	甲烷	乙烷	丙烷	异丁烷	正丁烷	异戊烷	正戊烷	C_6^+	CO_2	N_2
长庆气田(靖边)	93.89	0.62	0.08	0.01	0.01	0.001	0.002	0.26	5.14	0.16
中原气田(气田气)	94.42	2.12	0.41	0.15	0.18	0.09	0.09	0.67	1.25	—
塔里木气田(克拉-2)	98.02	0.51	0.04	0.01	0.01	0	0	—	0.58	—
海南崖13-1气田	83.87	3.83	1.47	0.4	0.38	0.17	0.10	—	7.65	0.79
青海台南气田	99.2	—	0.02	—	—	—	—	—	—	0.10
青海涩北-1气田	99.9	—	—	—	—	—	—	—	—	0.2
东海平湖凝析气田	81.30	7.49	4.07	1.02	0.83	0.29	0.19	0.2	3.87	4.44
新疆柯克亚凝析气田	82.69	8.14	2.47	0.38	0.84	0.15	0.32	0.39	0.26	0.8
华北苏桥凝析气田	78.58	8.26	3.13	1.43	1.43	0.55	0.55	—	1.41	—

表 1-9　我国主要大油田的伴生气组成（体积分数）　单位：%

油田名称	甲烷	乙烷	丙烷	异丁烷	正丁烷	异戊烷	正戊烷	C_6^+	C_7^+	CO_2	N_2
大庆油田(萨南)	76.66	5.93	6.59	1.02	3.45	1.54	1.54	1.21	0.95	0.26	2.28
辽河油田(辽中)	87.53	6.2	2.74	0.62	1.22	0.36	0.30	0.21	0.46	0.03	0.33
中原油田(伴生气)	82.23	7.41	4.25	0.95	1.88	0.48	0.50	0.4	—	1.50	0.40
华北油田(任北)	59.37	6.48	10.02	9.21	9.21	3.81	3.81	1.34	1.40	4.58	1.79
胜利油田	87.75	3.78	3.74	0.81	2.31	0.82	0.65	0.06	0.03	0.53	0.02
吐哈油田(丘陵)	67.61	13.51	10.69	3.06	2.55	0.68	0.56	0.16	0.09	0.40	0.65
大港油田	80.94	10.2	4.84	0.87	1.06	0.34	0.34	—	—	0.41	0.34

1.3.2　天然气及其组分的物化性质

天然气各主要组分甲烷、乙烷、丙烷、正丁烷、异丁烷、正戊烷、氢、氮、氧、氦、一氧化碳、二氧化碳、硫化氢以及水的基础物性数据见附表所示。其中各组分理想气体热容的公式为：

$$c_p = A_{cp} + B_{cp} \cdot T + C_{cp} \cdot T^2 + D_{cp} \cdot T^3 \ [\mathrm{J/(mol \cdot K)}] \tag{1-1}$$

各组分饱和蒸气压的计算公式为：

$$\ln p_S = A_{ant} + \frac{B_{ant}}{T + C_{ant}} + D_{ant} \cdot T + E_{ant} \cdot \ln T + F_{ant} \cdot T^{G_{ant}} \ (\mathrm{Pa}) \tag{1-2}$$

各组分气体黏度的计算公式为：

$$\eta = A_{VS} + B_{VS} \cdot T + C_{VS} \cdot T^2 + D_{VS} \cdot T^3 \ (\mathrm{Pa \cdot s}) \tag{1-3}$$

以上各式中，T 为温度，K；A、B、C、D 为温度系数，它们的下标表示不同物性，可在附表中查得各种物质的数据。

1.3.3　天然气的热值

$1m^3$ 燃气完全燃烧所放出的热量称为该燃气的体积热值，简称热值，单位为 kJ/m^3 或 MJ/m^3。热值可分为高热值和低热值。高热值是指 $1m^3$ 燃气完全燃烧后其烟气被冷却至原始温度，且其中的水蒸气以冷凝水状态排出时所放出的热量。低热值是指 $1m^3$ 燃气完全燃烧后其烟气被冷却至原始温度，但烟气中的水蒸气仍为蒸汽状态时所放出的热量。显然，燃气的高热值在数值上大于其低热值，差值为水蒸气的汽化潜热。

在工业与民用燃气应用设备中，烟气中的水蒸气通常是以气体状态排出的，因此实际工程中常用燃气低热值进行计算。而只有当烟气冷却至水露点温度以下时，其水蒸气的汽化潜热才能被利用。

实际使用的燃气是含有多种组分的混合气体。混合气体的热值可以直接用热量计测定，也可以由各单一气体的热值根据混合法则进行计算：

$$H = \sum H_i y_i \tag{1-4}$$

式中，H 为燃气（混合气体）的高热值或低热值，kJ/m^3；H_i 为燃气中各可燃组分的高热值或低热值，kJ/m^3；y_i 为燃气中各可燃组分的体积分数，%。

1.3.4　天然气的爆炸极限

可燃气体和空气混合遇明火能引起爆炸的可燃气体浓度范围称为爆炸极限。在这种混合物中当可燃气体的含量减少到不能形成爆炸混合物时的那一含量，称为可燃气体的爆炸下限，而当可燃气体含量一直增加到不能形成爆炸混合时的含量，称为爆炸上限。

只含有可燃气体的混合气体爆炸极限可按下式计算：

$$L=100/\sum y_i/L_i \tag{1-5}$$

式中，L 为混合气体的爆炸下（上）限（体积分数），%；L_i 为混合气体中各可燃气体的爆炸下（上）限（体积分数），%；y_i 为混合气体中各可燃气体的体积分数，%。

当混合气体中含有惰性气体时，可按下式计算这种燃气的爆炸极限：

$$L=\frac{1+\frac{B}{100-B}}{100+L_f\times\frac{B}{100-B}}\times 100 \tag{1-6}$$

式中，L 为含有惰性气体的燃气爆炸下（上）限（体积分数），%；L_f 为混合物可燃部分的爆炸下（上）限（体积分数），%；B 为惰性气体的体积分数，%。

随着惰性气体含量的增加，混合气体的爆炸极限范围将缩小。

1.4 天然气的应用及前景

1.4.1 天然气的能源应用及前景

1.4.1.1 城市居民应用

天然气利用有清洁、高效和方便的优点，发达国家首先用来满足住宅用气，把这种利用称作最有价值的“贵重用途”。

1975 年以来，资源丰富的传统用气国家，如美国、荷兰、加拿大等国的天然气住宅商业消费比例长期稳定在 35%～50%；法国、德国、意大利等国国内资源不足，部分靠进口天然气，20 世纪 90 年代消费的比例多稳定在 40%～50%；英国 1965 年发现北海气田，1967 年启动全英换气活动，到 1978 年就有 1300 万户住宅由人造燃气转为天然气。美国 1997 年约有 5600 万户家庭使用天然气，日平均用户消耗天然气 7m³。全世界 1996 年在住宅商业中消费天然气量占能源消费量的 26%。我国天然气消费总量只占能源消费量的 2%，住宅天然气消费比例只占天然气总消费量的 10%，在用气家庭每人每日用气量仅为 0.32～0.37m³。随着城市家庭生活水平提高，各种生活燃具将迅速进入家庭，住宅天然气用户将成为我国天然气一个广阔的、稳定的消费市场。天然气是 21 世纪中国城市民用燃气的首选燃料。

现代城市住宅中，电是不可缺少的，电的一些用途是其他能源难以代替的。然而，住宅用能中一些高能耗的用具，天然气与电是可相互替代的，如灶具、热水器、冷暖空调、织物烘干器等，不过终端用户更觉得电器比燃具效率更高、更清洁。但是，两种能源从生产、供应和利用的全过程效率迥然不同，见表 1-10。

表 1-10 美国能源生产、供应和终端利用全过程效率 单位：%

项 目	电	天然气
冷暖空调	45.2	71.7
热水器	21.9	46.0
织物烘干器	25.6	76.5
烹调灶	20.9	40.5

燃气空调是直接用燃气驱动的空调。燃气包括天然气、液化天然气、煤气、液化石油气等。它包括自燃型吸收式机组、燃气热泵及燃气去湿空调机。装置制冷能力较强，多用于工业、商业等大中型建筑物空调，日本东京地区建筑面积在 12000m^2 以上的商务楼有 61%使用燃气空调。燃气空调使用的燃气主要是天然气，它燃烧后的排放物较少。燃气空调有利于电力和燃气供给平衡，一般夏季用电高峰时，正好是燃气用气的低谷。如果推广使用燃气空调，则燃气空调在夏季供冷时使用燃气而不使用电力，这既可让夏天多余的燃气资源得到充分利用，同时又能有效削减由于空调引起的用电峰谷差。

随着西气东输工程的实施，给我国燃气空调的发展带来了契机。一方面发展燃气空调可有效缓解天然气的储气调峰问题；另一方面，可平衡电力和燃气使用的季节谷差问题；再者，对减少污染物的排放和保护环境均起到好的作用。

1.4.1.2　天然气发电

1996 年世界电力生产的燃料构成为：煤 38%，石油 9%，天然气 15%，核能 18%，水力及其他 20%。天然气在电力生产中的消费逐年上升，占世界天然气总消费的比例从 1991～1996 年间稳定在 31%～33%。天然气发电与其他火电相比，具有明显的特点。

(1) 环境污染小　天然气由于经过净化处理，含硫量低，每亿度电排放二氧化硫为 2t，仅为普通燃煤电厂的千分之一；另外，耗水量小，只有煤电厂的 1/3，废水排放量减少到最低程度。至于灰渣，排放量为零，远远低于煤电。

(2) 热效率高　普通燃煤蒸汽电厂热效率的高限为 40%，而天然气燃气-蒸汽联合循环电厂的热效率目前已达 56%，而且还在继续提高。这主要是联合循环将燃气透平与蒸汽透平进行了有机结合，从而提高了燃料储存的化学能与机械功之间的转换效率。

(3) 占地小，定员少　燃气-蒸汽联合循环电厂占地小，以 2500 兆瓦电厂为例，其占地 $12\times10^4 m^2$，而燃煤电厂却高达 $52\times10^4 m^2$。同时燃气-蒸汽联合循环电厂布置紧凑，自动化程度高。

(4) 投资省　由于单机容量大型化、辅助设备少，联合循环电厂的投资不断下降。联合循环电厂每千瓦投资已降到 400 美元左右，而燃煤带脱硫装置的电厂每千瓦投资为 800～850 美元。联合循环电厂建设周期短，约 2～3 年，燃煤电厂约 4～5 年。

(5) 调峰性能好　燃气-蒸汽联合循环电厂开停车方便、调峰性能好，从启动到满负荷仅需 1h 左右。

(6) 发电成本低　天然气发电机组与燃煤机组在发电装机能力及运行时间相同时，其热耗量比燃煤机组低 1/3、循环效率高 40%，主要污染物如 NO_x、SO_x、CO_x 及颗粒物排放、粉尘排放等远低于燃煤机组，建设周期比燃煤机组少一半，而平均建厂投资约占燃煤机组的 1/2，运行维修费用也比燃煤机组低 1/3。

由此可见，天然气发电与燃煤发电相比，有更好的社会效益、环境效益和经济效益，更适合作城市调峰电厂燃料。

表 1-11 为世界和我国发电用天然气量。从表可看出，在今后 10 年，全球都将重点发展天然气发电。我国随着“西气东输”工程投用和沿海省份进口液化天然气投用后，天然气发电也将迅速发展。

1.4.1.3　天然气汽车

世界每年生产的 30 多亿吨石油中，有 60%消耗在交通运输中，而其中近一半又消耗在汽车上。交通运输业的迅猛发展，对石油过分依赖，严重污染了环境；采用清洁燃料作汽车

表 1-11 1996～2010 年世界和我国发电用天然气量 单位：$10^8 m^3$

项 目	年份	各种用途(A)	天然气发电(B)	(B/A)/%
世界	1996	22980	6450	28
	2010	33850	12690	38
我国	1996	190	10	5.3
	2010	1080	500	46.4

能源已引起世界各国重视。天然气作为汽车燃料，具有辛烷值高、与空气混合均匀、燃烧完全、发动机不结炭、磨损小、环境污染小、运行成本低等优点，近几年得到了很大的发展。目前已成功开发出压缩天然气（compressed natural gas，CNG）汽车、吸附天然气（absorbed natural gas，ANG）汽车和液化天然气（liquefied natural gas，LNG）汽车等新型汽车。

(1) CNG 汽车 目前，天然气作汽车燃料最成熟的就是 CNG 汽车，其燃料供气系统有两种，气源为 20MPa 的高压 CNG 气瓶。一种经过三级减压阀门将压力下降到绝压 50～70kPa，经气量调节阀、混合器，与空气混合后进入发动机汽缸。减压后的天然气处于负压，在发动机转动后依靠吸力进入发动机。另一种经过两级减压阀门将压力下降到微正压。发动机启动前，天然气和混合器是关闭的。当发动机转动，造成气管负压，才将天然气通道打开使天然气与空气混合进入发动机汽缸。根据 CNG 汽车的特点，适用于运程短，经常开停处于怠速下的城市公交汽车、短途运输车。

(2) ANG 汽车 利用高比表面积的吸附剂在 3.5～5MPa 压力下吸附天然气，达到高密度储存天然气的目的。但关键技术在于吸附剂，理想的吸附剂应具备：比表面积应介于 2000～3000m^2/g；微孔大小介于 1.0～2.0nm；在 3.5MPa 压力下有 100～150 体积比的吸附储存能力；而且要求制作工艺简单、能再生使用，有较长的使用寿命。ANG 随车储存作燃料是一项很有发展前途的工作，美国已成功开发了 ANG 示范车，国内也开展了 ANG 行车试验。

(3) LNG 汽车 LNG 是比 CNG 更优质的燃料。从附表中可知，甲烷的临界温度 190.6K（−82.55℃），正常沸点 111.7K（−161.45℃）。则天然气液化至少温度要在 190.6K 以下，常压下的天然气发生液化则需要到 111.7K 以下。因此，LNG 中将不再含有水、二氧化碳、硫化氢以及乙烷以上的碳氢化合物，用作汽车燃料具有着火点低，燃烧调节方便、无黑烟、尾气污染小等优点，可以成为绿色燃料。

1.4.1.4 燃料电池

燃料电池是一种通过化学反应将燃料的化学能转化为电能的装置。它属于化学电池，但与常规干电池、蓄电池不同。常规电池是能量储存器，燃料电池是发电装置。电极只对燃料（目前主要是氢）起催化离解作用，电极本身不变化。只要连续送入燃料，就持续发出电能，消耗掉的物质是外部燃料。

燃料电池类似火力发电，但是因为燃料的化学能只经化学反应产生电能，不必经燃烧-热能-机械能-电能这样多级转化，所以发电效率高，污染小。目前，进燃料电池的燃料基本上是氢气，廉价取得氢气的方法是天然气转化制氢，所以地面型燃料电池发电系统多以天然气为燃料。目前，直接甲醇燃料电池也已问世。

当前研究和开发的燃料电池主要有以下几种。

(1) 质子交换膜燃料电池 它采用全氟磺酸质子交换膜为电解质，氢气或重整氢为燃料，空气为氧化剂，工作温度为常温至100℃。发电效率为50%左右，热电联供时综合效率更高。由于它具有工作温度低、冷启动快、抗震性能好等优点，适用于电动汽车的动力源。

（2）磷酸燃料电池　它以浸有浓磷酸的 SiO_2 微孔膜作电解质，Pt/C 为电催化剂，天然气重整气为燃料，空气为氧化剂，工作温度为100～200℃。发电效率为35%～41%，热电联供时总效率为71%～85%。50～200千瓦级磷酸燃料电池可作为区域性热电站。实际应用表明，磷酸燃料电池是高度可靠的电源，可作为医院、计算机站等场所的不间断电源。

（3）熔融碳酸盐燃料电池　它以浸有 $KLiCO_3$ 的 $LiAlO_2$ 隔膜为电解质，净化煤气或天然气的重整气为燃料，工作温度650～700℃，不需贵重金属铂作催化剂，而以镍系催化剂为主。发电效率可达55%～58%，高温排气可与燃气轮机、蒸汽轮机联合循环，热电总效率可达70%或更高。

（4）固体氧化物燃料电池　它采用氧化钇稳定的氧化锆为固体电解质，净化煤气或天然气为燃料，空气为氧化剂，工作温度为900～1000℃。高温工作，使用贵金属催化剂，燃料可直接在电池内重整且可采用 CO 为燃料。发电效率为55%～65%。热电联用时，效率可达80%以上。

燃料电池具有效率高、污染小、无运动设备、安静无噪声、质能比高、清洁、易启动、低辐射、隐蔽性强、模块化结构、灵活方便，操作费用低等优点。根据各型燃料电池特点，可在工作、交通、家庭、通讯、野外作业、宇航等方面作电源和供应热能。

1.4.2　天然气的化工应用

以天然气为原料的一次化工产品有氨、甲醇、合成油、氢气、乙炔、氯甲烷、二氯甲烷、三氯甲烷、四氯化碳、炭黑、氢氰酸、二硫化碳、硝基甲烷等。其中氨、甲醇、乙炔是天然气化工的三大基础产品，由这三大产品和其他一次产品又可以生产出大量的二次、三次化工产品，如图1-7所示。

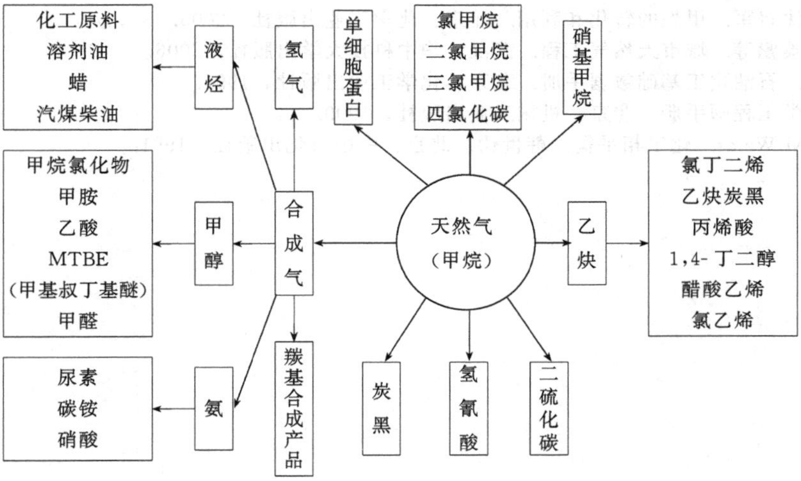

图1-7　以天然气为原料生产的产品

目前，以天然气为原料生产的产品已达到 2×10^8 t/a，在化学工业中占有重要地位。其中以合成氨和甲醇最为重要，全世界超过84%的氨和90%的甲醇都是以天然气为原料生产的。与其他原料（煤、焦油等）相比，以天然气为原料生成氨、甲醇等产品，装置投资将大幅度节省，能耗显著降低。表 1-12 为 1997 年美国以及西欧天然气作为化工原料的利用结构。

表 1-12 1997 年美国以及西欧天然气作为化工原料的利用结构

产品	美国		西欧	
	消费量/($10^8m^3/a$)	比例/%	消费量/($10^8m^3/a$)	比例/%
氨	122.63	67.0	97.3	66.7
甲醇	41.04	22.4	17.8	12.2
乙炔	5.58	3.1	17.4	11.9
羰基化合物	6.29	3.4	8.5	5.8
氢氰酸	7.05	3.9	3.6	2.5
二硫化碳	0.33	0.2	1.1	0.8
甲烷氯化物	—	—	0.2	0.1
合计	192.92	100	145.9	100

2003 年我国天然气消耗量 $328\times10^8m^3$，用在天然气化工产业中的气量比例为 35%，超过 $100\times10^8m^3$；其中合成氨用气比例为 84.7%，甲醇的用气比例为 7.4%，炭黑的用气比例为 5.6%，乙炔的比例为 2.0%，其他 0.3%。

可见，当前天然气化工仍然以合成氨和甲醇为主。

参考文献

[1] 徐文渊，蒋长安. 天然气利用手册，第二版. 北京：中国石化出版社，2006.
[2] 胡杰，朱博超，王建明. 天然气化工技术及利用. 北京：化学工业出版社，2006.
[3] 冯孝庭. 天然气——宝贵的财富. 北京：化学工业出版社，2004.
[4] 港华投资有限公司，中国城市燃气协会. 天然气置换手册. 北京：中国建筑工业出版社，2006.
[5] 王树立，赵会军. 输气管道设计与管理. 北京：化学工业出版社，2006.
[6] 贺黎明，沈召军. 甲烷的转化和利用. 北京：化学工业出版社，2005.
[7] 李帆，周英彪等. 城市天然气工程. 武汉：华中科技大学出版社，2006.
[8] 卢焕章等. 石油化工基础数据手册. 北京：化学工业出版社，1994.
[9] 袁一. 化学工程师手册. 北京：机械工业出版社，1999.
[10] Stanley M Walas. 化工相平衡. 韩世钧. 北京：中国石化出版社，1991.

2 天然气净化

不同地区的天然气组成有显著的差别。天然气作为商品，在输送至用户或深加工之前，需要净化以达到一定的质量指标要求。国际标准化组织（International Standardization Organism，ISO）于 1998 年通过一项关于天然气质量的导则性标准 ISO 13686—1998《天然气品质指标》，将管输天然气的质量指标分为三个类别：①气体组成，包括大量组分、少量组分及微量组分；②物理性质，包括热值、华白指数、相对密度、压缩系数及露点；③其他性质，无水、液态烃及固体颗粒等。我国曾于 1988 年发布了一项规定商品天然气质量指标的石油行业标准 SY 7514—88，后来又颁布了天然气国家质量标准 GB 17820—1999，见表 2-1。而工业发达国家的质量标准更为严格，特别是硫化氢含量多为 $5mg/m^3$。为达到所要求的质量指标，井口出来的天然气通常需经过脱硫、脱水、脱 C_2 以上烃等净化环节。处理脱硫过程中所产生的含酸性气体，通常还需硫磺回收乃至尾气处理装置。

表 2-1　我国天然气质量标准①

项　目	一类	二类	三类	项　目	一类	二类	三类
高热值/(MJ/m^3)	>31.4			硫化氢/(mg/m^3)	≤6	≤20	≤460
总硫(以硫计)/(mg/m^3)	≤100	≤200	≤460	二氧化碳②	≤3.0	≤3.0	
水露点③/℃	在天然气交界点的压力和温度条件下，比最低环境温度低 5℃						

① 本标准中气体体积的标准参比条件：101.325 kPa，20℃。

② 体积分数。

③ 本标准实施之前建立的天然气输送管道，在天然气交界点的压力和温度条件下天然气中应无游离水。无游离水是指天然气井机械分离设备分不出游离水。

天然气中脱 C_2 以上烃过程，即从天然气中回收乙烷、丙烷、丁烷等烃类混合物的过程，称为天然气凝液（天然气冷凝液）回收。回收工艺主要有吸附法、油吸收法及冷凝分离法三种。本章只对天然气脱硫和脱水作详细介绍，对天然气冷凝液有兴趣的读者请阅读参考文献。

本章主要针对天然气脱硫和脱水作详细介绍。

2.1　天然气脱硫

天然气中的硫化物主要是硫化氢（H_2S）存在，同时还可能有一些有机硫化物，如硫醇（CH_4S）、硫醚（CH_3SCH_3）及二硫化碳（CS_2）等。天然气脱硫工艺除用于脱除 H_2S 和有机硫化物外，通常还可用于脱除 CO_2。目前的天然气脱硫工艺有多种方法，包括以醇胺法（简称胺法）为主的化学溶剂法、以砜胺法为主的化学-物理溶剂法、物理溶剂法、直接转化法（亦称氧化-还原法）、吸附法和非再生法等，其中占主导地位的是醇胺法和砜胺法。

2.1.1 醇胺法和砜胺法

醇胺法和砜胺法是天然气脱硫中最常用的方法，两者工艺过程相同，只是使用的吸收剂不同。醇胺法是以醇胺水溶液为吸收剂，属化学吸收；砜胺法则以醇胺的环丁砜水溶液为吸收剂，是以醇胺的化学吸收和环丁砜的物理吸收联合的化学-物理吸收，此吸收方法被称为Sulfinol 法。

醇胺法中，传统使用的醇胺是一乙醇胺（MEA）及二乙醇胺（DEA）和二异丙醇胺（DIPA）；DIPA 用于天然气脱硫时，需与环丁砜组成砜胺-Ⅱ型溶液（砜胺法）使用，其单独的水溶液则在处理炼厂气及克劳斯加氢尾气方面应用较为广泛。20 世纪 80 年代以来以选择性脱除 H_2S 为首要特征的甲基二乙醇胺法（MDEA）迅速发展，并因其显著的节能效益而得到了广泛的使用。

表 2-2 是醇胺法和砜胺法所使用主要溶剂的主要性质。其中 MEA 与环丁砜组成砜胺-Ⅰ型溶液、DIPA 与环丁砜组成砜胺-Ⅱ型溶液、MDEA 与环丁砜组成砜胺-Ⅲ型溶液。

表 2-2 主要天然气脱硫溶剂的性质

性　质	MEA	DEA	DIPA	MDEA	环丁砜
分子式	$HOC_2H_4NH_2$	$(HOC_2H_4)_2NH$	$(HOC_3H_6)_2NH$	$(HOC_2H_4)_2NCH_3$	$C_4H_8SO_2$
相对分子质量	61.08	105.14	133.19	119.17	120.14
相对密度 d_{20}^{20}	1.0179	1.0919	0.989	1.418	1.2614
凝点/℃	10.2	28.0	42.0	−14.6	28.8
沸点/℃	170.4	268.4	248.7	230.6	285
闪点(开杯)/℃	93.3	137.8	123.9	126.7	176.7
折射率 n_D^{25}	1.4539	1.4776	1.4542(45℃)	1.469	1.4820(30℃)
蒸气压(20℃)/Pa	28	<1.33	<1.33	<1.33	0.6
黏度/mPa·s	24.1(20℃)	380.0(20℃)	198.0(45℃)	101.0(45℃)	10.286(30℃)
比热容/[kJ/(kg·℃)]	2.54(20℃)	2.51(20℃)	2.89(30℃)	2.24(15.6℃)	1.34(25℃)
热导率/[W/(m·K)]	0.256	0.220	—	0.275(20℃)	—
汽化热/(kJ/kg)	1.92(101.3kPa)	1.56(9.73kPa)	1.00(9.73kPa)	1.21(101.3kPa)	—
水中溶解度(20℃)	完全互溶	96.4%	87.0%	完全互溶	完全互溶

由于醇胺属碱性物质，因而可对天然气中的酸性气体 H_2S 和 CO_2 进行基于酸碱中和反应的化学吸收。其反应如下：

$$H_2S+RNH_2 \longrightarrow RNH_3HS\text{（快速）}$$
$$H_2S+2RNH_2 \longrightarrow (RNH_3)_2S\text{（快速）}$$
$$H_2S+R_2NH \longrightarrow R_2NH_2HS\text{（快速）}$$
$$H_2S+2R_2NH \longrightarrow (R_2NH_2)_2S\text{（快速）}$$
$$H_2S+R_3N \longrightarrow R_3NHHS\text{（快速）}$$
$$CO_2+2RNH_2 \longrightarrow RNHCOONH_3R\text{（中速）}$$
$$CO_2+2R_2NH \longrightarrow R_2NHCOONH_2R_2\text{（中速或慢速）}$$
$$CO_2+R_3N \longrightarrow \text{不反应}$$
$$CO_2+RNH_2+H_2O \longrightarrow RNH_3HCO_3\text{（慢速）}$$
$$CO_2+R_2NH+H_2O \longrightarrow R_2NH_2HCO_3\text{（慢速）}$$
$$CO_2+R_3N+H_2O \longrightarrow R_3NHHCO_3\text{（慢速）}$$

此类吸收是放热反应，一般应在较低的温度（70℃）下进行，当温度超过 105℃后，反应将发生逆转。工艺上就是利用这一特性，实现了醇胺溶液循环再生使用。

在醇胺法中，MEA 的水溶液碱性最强，单位物质的量能处理的酸性气体负荷也最高。但它和酸性气的反应热也最高，再生能耗大，另外它容易和 CS_2 和 COS 反应生成不可逆产物而导致溶液损耗。DEA 去除酸性气效果也较好，较 MEA 易再生。其缺点是再生时要求真空蒸馏。DIPA（仲胺）可以在适当的控制条件下选择性的去除 H_2S 而不吸收 CO_2，一般用于硫回收装置的尾气净化工艺。MDEA 不能和 CO_2 反应，因此有更强的选择性吸收 H_2S 的能力，因此从 20 世纪 70 年代开始代替 DIPA。与其他醇胺溶液比，MDEA 具有化学降解低，化学稳定性和热稳定性好，与 H_2S 反应热低的优点，故再生容易，且再生能耗低。但 MDEA 的缺点是价格昂贵，且当需要去除 CS_2、COS 和有机硫化物时，不能使用。

1964 年，荷兰壳牌（Shell）公司开发成功了 Sulfinol 溶剂，是醇胺法工艺的一项重大进展，国内通常称之为砜胺法工艺。砜胺法工艺的溶剂由物理溶剂环丁砜与醇胺溶液混合而成，还含有适量的水和一些化学添加剂。砜胺法溶剂的特点是酸性气体负荷高，物理吸收的 H_2S 和 CO_2 可以通过闪蒸而释出，从而减少了再生的能耗；且环丁砜的比热容远低于水，可进一步降低能耗。同时，砜胺溶剂对有机硫化合物有极强的溶解能力，对于有机硫化合物含量较高的原料气，砜胺法仍是迄今最有效的净化工艺。但砜胺溶剂对 C_2 以上的烃类也有很强的溶解能力，且不易通过闪蒸而释出，故重质烃类含量较高的原料气不宜采用砜胺溶剂。

2.1.1.1　醇胺法和砜胺法工艺流程

醇胺法和砜胺法典型的工艺流程见图 2-1，包括吸收、闪蒸、换热及再生四个环节。吸收环节使天然气中的酸性气体脱除到规定指标；闪蒸用于除去富液中的烃类（以降低酸性气体中的烃含量）；换热系统则以富液回收贫液的热量；再生部分将富液中的酸性气体解析出来以恢复其脱硫性能。

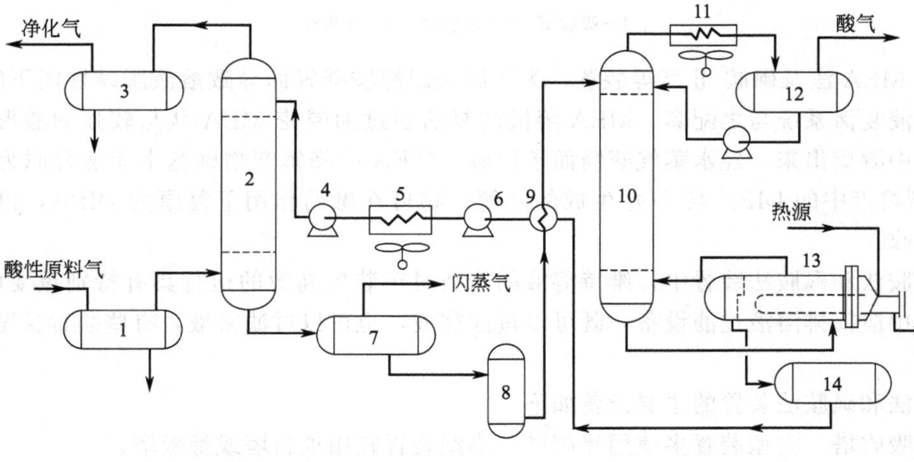

图 2-1　醇胺法和砜胺法典型的工艺流程

1—进口分离器；2—吸收塔；3—出口分离器；4—醇胺溶液泵；5—溶液冷却器；6—升压泵；7—闪蒸罐；8—过滤器；9—换热器；10—再生塔；11—塔顶冷凝器；12—回流罐；13—再沸器；14—缓冲罐

原料气经气液进口分离器 1 后，由下部进入吸收塔内与塔上部喷淋的醇胺溶液逆流接触，净化后的天然气由塔顶流出。吸收酸性气体后的富胺溶液由吸收塔底流出，经过闪蒸罐

7，释放出吸收的烃类气体，然后经过滤器 8 除去可能的杂质。富胺溶液在进入再生塔 10 之前，在换热器 9 中与贫胺溶液进行热交换，温度升至 82～94℃进入再生塔 10 上部，沿再生塔向下与蒸气逆流接触，大部分酸性气体被解吸，半贫液进入再沸器 13 被加热到 107～127℃，酸性气体进一步解吸，溶液得到较完全再生。再生后的贫胺溶液由再生塔底流出，在换热器 9 中先与富液换热并在溶液冷却器进一步冷却后循环回吸收塔。再生塔顶馏出的酸性气体经过冷凝器 11 和回流罐 12 分出液态水后，酸性气体送至硫磺回收装置制硫或送至火炬中燃烧，分出的液态水经回流泵返回再生塔。

对于天然气中酸性气体含量高或溶剂循环量大的大型装置，在实际工艺中，有时采用分流部分半贫液进入吸收塔中部的方法来提高处理效率，如图 2-2 所示。此法虽要增加设备投入，但可显著降低能耗。

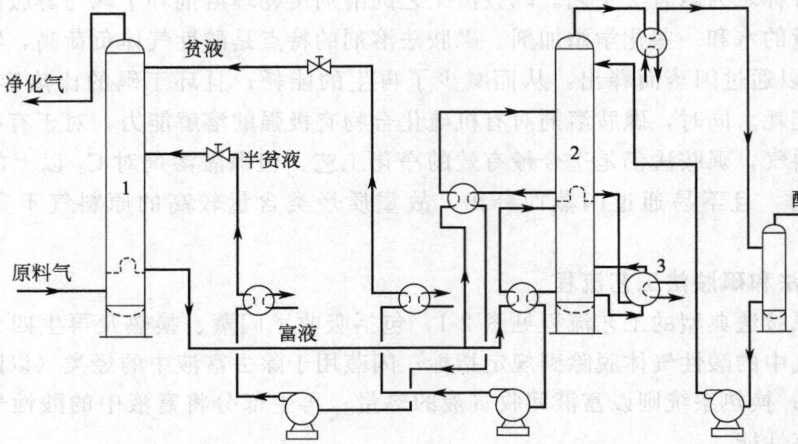

图 2-2　分流法脱硫工艺流程

1—吸收塔；2—再生器；3—再沸器

对于 MEA 法及砜胺-Ⅱ型等装置，为了解决因醇胺降解而导致溶液脱碱性能下降问题，常安排溶液复活系统与之配套。MEA 溶液的复活通过加碱使 MEA 从与较强的酸形成的热稳定性盐中游离出来，经水蒸气蒸馏而予回收；MEA 的降解产物则基本无法复原为 MEA。砜胺-Ⅱ型溶液中的 DIPA 与 CO_2 生成的降解产物可在碱的作用下复原为 DIPA，再经减压蒸馏而回收。

在醇胺法和砜胺法装置中，维持溶液的清洁对于装置高效的运行具有特别重要的意义，生产装置中应安排溶液过滤设备，既可以过滤贫液，也可以过滤富液，有些装置甚至两者都加以过滤。

醇胺法和砜胺法装置的主要设备如下。

(1) 吸收塔　大型装置多使用浮阀塔，小型装置宜用填料塔或筛板塔。

(2) 再生塔　可用填料塔或板式塔，顶部都安排有回流入塔。

(3) 再沸器　可用热虹吸式或釜式再沸器，热源在可能条件下以使用饱和蒸汽为宜，小型装置也可用热载体或烟道气加热。

配套设备如下。

(1) 闪蒸罐　宜用卧式并有分油设施；鉴于在闪蒸出烃的同时还伴有 H_2S，应在罐上设吸收段以一小股贫液加以处理。

(2) 过滤器 应选择可滤去 2～5μm 粒子的过滤设施。

(3) 贫富液换热器 富液宜走管程，贫液走壳程。

(4) 贫液冷却器。

2.1.1.2 主要醇胺法和砜胺法的特点和应用范围

世界范围内有百套以上大型装置的天然气脱硫方法有 MEA 法、DEA 法和砜胺-Ⅱ法。20 世纪 80 年代以来 MDEA 法迅速发展并开始取代 MEA 法和 DEA 法。表 2-3 给出了这四类方法的主要特点和应用领域。

表 2-3 主要脱硫方法的技术特点和应用领域

项 目	MEA	DEA	砜胺-Ⅱ	MDEA
醇胺含量/%	≤15	20～30	30～45	20～50
H_2S 含量/(mg/m^3)	< 5	<5	<5	< 5～20
CO_2 含量/%	0.005	0.005～0.02	0.005～0.02	
酸性气体负荷/(mol/mol)	< 0.35	0.3～0.8	0.3～0.8	
选择脱硫能力	无	几乎无	无	有
能耗	高	较高	低	低
腐蚀性	强	强	较弱	较弱
醇胺降解	严重	有	有	微
脱有机硫能力	差	差	好	差
烃溶解	少	少	多	少
国内已用领域	天然气，炼厂气	炼厂气	天然气，合成气	天然气，炼厂气，克劳斯尾气

(1) 溶液浓度及酸性气体负荷 由于控制腐蚀的要求，MEA 法溶液质量浓度一般不大于 15%，酸性气体负荷（即每摩尔的 MEA 所对应的酸性气体物质的量）也不高于 0.35mol/mol。

(2) H_2S 及 CO_2 净化度 四类方法都可以处理加压下的天然气达到管输质量标准，但在低压及常压下，MDEA 法的 H_2S 净化度较 MEA 法等要差一些。如要达到很严格的 CO_2 净化规格，MDEA 法则需采用一些特殊措施。

(3) 选择脱硫能力 指在 H_2S 及 CO_2 同时存在的情况下选择脱除 H_2S 的能力。MDEA 溶液、MDEA-环丁砜溶液（砜胺-Ⅲ型）以及 DIPA 溶液为选择性吸收溶液，MDEA 优于 DIPA。

(4) 能耗 再生所需要的能耗占醇胺法和砜胺法能耗的 90%以上，决定能耗的主要因素是溶液循环及再生难易程度，选择脱硫能力及溶液比热容也有一定影响。MDEA 法及砜胺-Ⅱ法在能耗方面有显著优势。

(5) 腐蚀性能 四类溶液本身是无腐蚀性的，但溶液在吸收酸性气体后以及醇胺出现降解的情况下，有一定的腐蚀性能。其中，MDEA 溶液有明显的优势，砜胺-Ⅱ型及Ⅲ型腐蚀也较轻。

(6) 醇胺降解情况 因 H_2S、COS 及 CS_2 等导致的降解，当天然气中含有这些组分时，醇胺不可避免地要与它们接触反应，MDEA 因不产生氨基甲酸盐等而有优势。至于因氧和高温导致的降解，各种醇胺均较类似；此外，一些较强的酸（如 SO_2、有机酸等）与各种醇胺均会生成热稳定盐而对溶液性能产生不利影响，MDEA 溶液所受影响更大。

(7) 脱有机硫能力 有机硫有多种形态，天然气中的有机硫主要是硫醇，砜胺法有良好的脱除能力；对于 COS、CS_2 及硫醇等，砜胺-Ⅱ型及Ⅲ型能脱除且醇胺不会产生不可逆转的降解；MEA 和 DEA 虽能除去 COS 及 CS_2，但会同时产生相当严重的降解。

（8）溶解烃能力　砜胺法对烃有较高的溶解能力，尤其是芳烃；然而富液自吸收塔带出的烃量为溶解烃与夹带烃之和，砜胺液夹带的烃量通常低于水溶液。

（9）应用领域　MEA 法及 DEA 法可用于天然气、炼厂气及合成气等，MDEA 法除用于上述领域外，还可用于硫磺回收尾气处理及酸性气体提浓；砜胺-Ⅱ型主要用于天然气及合成气。此外，砜胺-Ⅰ型在国内虽已不用于天然气，但仍用于合成气脱除 CO_2，砜胺-Ⅲ型在天然气领域已获应用。

通过以上比较，可以认为这四类方法的适用范围如下。

（1）MEA 法　适用于压力较低而对 H_2S 和 CO_2 净化度要求高的工况。

（2）DEA 法　适用于在较高的酸性气体分压下同时脱除 H_2S 和 CO_2。

（3）砜胺法　砜胺-Ⅱ型适用于需脱除有机硫及同时脱除 H_2S 和 CO_2 的情况；砜胺-Ⅲ型则适用于需脱除有机硫及选择脱除 H_2S 的工况。

（4）MDEA 法　优先用于需选择脱除 H_2S 的工况。近年来，MDEA 法因其能耗低的突出优点，国内新建的大型脱硫装置都使用了 MDEA 溶液，不少老装置也转用此法。

2.1.2　天然气脱硫的其他方法

在天然气脱硫领域，除前述的居于主导地位的醇胺法和砜胺法外，还有化学溶剂法、物理溶剂法、化学物理溶剂法、直接转化法、非再生性方法和其他物理方法等。

2.1.2.1　化学溶剂法

脱除 H_2S 以及 CO_2 的化学溶剂有两类：一类是有机碱，主要是前述醇胺溶液；另一类是无机碱，主要是加有活化剂的碳酸钾溶液（常称为活化热钾碱法）。

具有代表性的活化热钾碱法为 Benfield 法，由于其吸收及再生均在高于 100℃ 的温度下进行。主要用于合成气脱碳，在天然气中也有一些应用。活化热钾碱法的基本工艺如图 2-3 所示。由于吸收塔在 110℃左右操作，所以在处理天然气时，在吸收塔前设有气-气换热器，而不需要贫液-富液换热器。

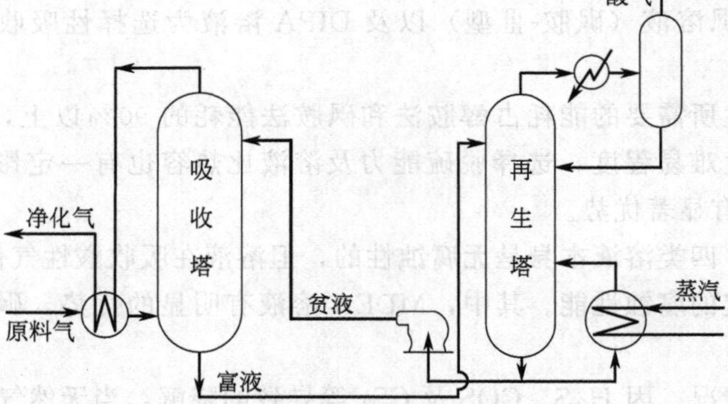

图 2-3　活化热钾碱法基本工艺流程

2.1.2.2　物理溶剂法

物理溶剂法是利用 H_2S 以及 CO_2 等酸性杂质与 CH_4 等烃类在溶剂中的溶解度的巨大差别而完成脱硫任务的。与醇胺法相比，物理溶剂法应用范围不如醇胺法那么广泛，但在某些条件下，它们也具有明显的技术经济优势。

获得工业应用的物理溶剂法有冷甲醇法、多乙二醇二甲醚法、碳酸丙烯酯法及 *N*-甲基吡咯烷酮法等。物理溶剂法的一些主要特点如下。

① 由于酸性气体物理吸收热大大低于其与化学吸收的反应热，故溶剂再生的能耗低。

② 既可以同时脱硫脱碳也可以选择脱除 H_2S，对有机硫也有良好脱除能力。

③ 在脱硫脱碳的同时可同时脱水。

④ 不宜用于 C_2 以上烃含量高，尤其是重烃多的气体。

⑤ 溶剂吸收酸性气体的速率慢。

物理溶剂法有两种基本流程，即德国 NEAG-Ⅱ（图 2-4）和美国 Pikes Peak 装置（图 2-5）。其差别主要在于再生部分，当用于脱除大量 CO_2 时，净化气 CO_2 指标较为宽松，此时可仅靠溶液的闪蒸而完成再生。如需达到较严格的 H_2S，则溶液闪蒸后还需气提或真空闪蒸。

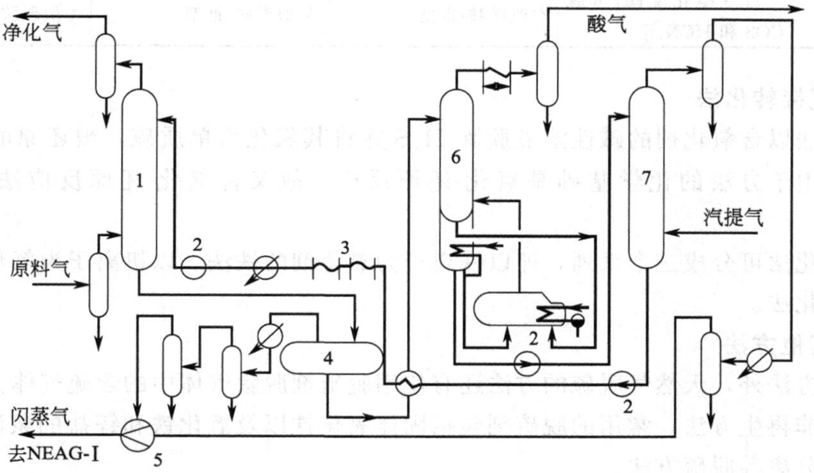

图 2-4 德国 NEAG-Ⅱ Selexol 装置工艺流程

1—吸收塔；2—泵；3—空气冷凝器；4—闪蒸槽；5—压缩机；6—解析塔；7—汽提塔

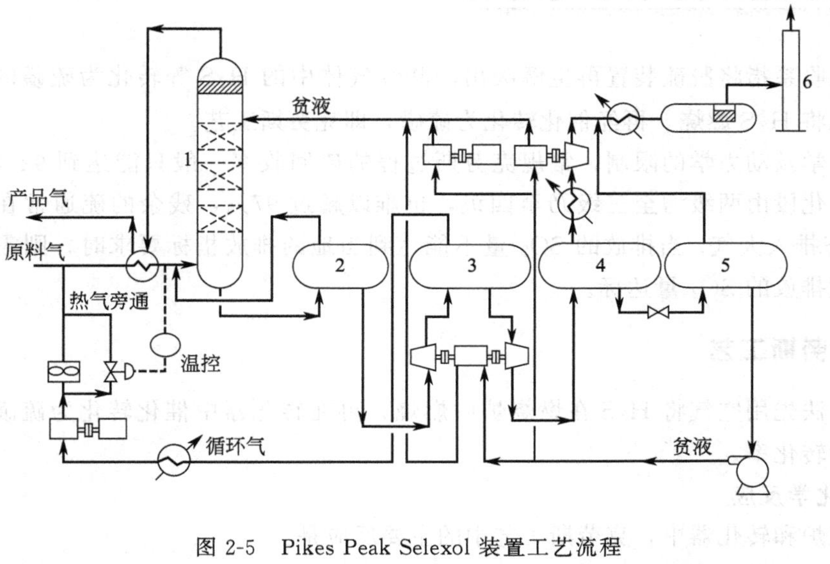

图 2-5 Pikes Peak Selexol 装置工艺流程

1—吸收塔；2—缓冲罐；3—高压闪蒸罐；4—中压闪蒸罐；5—低压闪蒸罐；6—烟筒

由图 2-4 和图 2-5 可见，NEAG-Ⅱ装置是一套选择脱硫及脱除有机硫的装置。Pikes Peak 是一套脱除大量 CO_2 装置，原料气的 H_2S 含量很低，也需脱除以达气质标准。

2.1.2.3　化学物理溶剂法

前面叙述的砜胺法是化学溶剂与物理溶剂相组合的典型代表。除砜胺法外，属于此类的脱硫方法还有 Selefining 法、Optisol 法和常温甲醇法等，其简要情况见表 2-4。

表 2-4　其他的化学物理溶剂法

项　目	常温甲醇法	Selefining 法	Optisol	Flexsorb 混合 SE 法
技术拥有者	德国 Lurgi 公司 原化工部化肥研究院	意大利国家输气公司	美国 C-E Natco 公司	美国 Exxon 公司
组成	胺，甲醇，水	叔胺，物理溶剂，水	叔胺，物理溶剂，水	叔胺，物理溶剂，水
特点	H_2S 净化度高，可脱 COS 和 HCN 等	类似砜胺-Ⅲ型	类似砜胺-Ⅲ型	类似砜胺-Ⅲ型

2.1.2.4　直接转化法

此类方法以含氧化剂的碱性溶液脱除 H_2S 并将其氧化为单质硫，被还原的氧化剂则以空气再生；由于方法的化学基础是氧化-还原反应，故又称氧化-还原反应法或湿式氧化法等。

直接转化法可分成三个系列，即以铁离子为氧化剂的铁法、以钒离子为氧化剂的钒法和其他直接转化法。

2.1.2.5　其他方法

除上述方法外，天然气脱硫的方法还有使用脱硫剂脱除气体中的含硫气体，而脱硫剂基本不再生的非再生方法。常用的脱硫剂包括固体氧化铁以及氧化铁和锌盐的浆液。另外还有分子筛和膜分离等脱硫方法。

2.2　硫磺回收与尾气处理

硫磺回收系指将脱硫装置再生解吸出的酸性气体中的 H_2S 等转化为硫磺的过程，常用计量空气先将 H_2S 燃烧，再经催化转化为硫磺，即克劳斯工艺。

受热力学及动力学的限制，常规克劳斯过程的硫回收率一般只能达到 92%～95%。即使将催化转化段由两级增至三级乃至四级，也难以超过 97%，残余的硫通常在尾气灼烧后以 SO_2 形态排入大气。当排放的 SO_2 量不能达到当地的排放指标要求时，则需要配备尾气处理装置使排放的 SO_2 量达标。

2.2.1　克劳斯工艺

克劳斯法先用空气将 H_2S 在燃烧炉中燃烧，再在转化器中催化转化为硫磺，硫收率已逼近了平衡转化率。

2.2.1.1　化学反应

在燃烧炉和转化器中，克劳斯工艺中的主要反应是：

$$2H_2S+3O_2 = 2SO_2+2H_2O+103.8kJ/mol \qquad (2\text{-}1)$$

$$2H_2S+SO_2 = \frac{3}{2}S_2+2H_2O-42.1kJ/mol \quad (2\text{-}2)$$

$$2H_2S+SO_2 = \frac{3}{6}S_6+2H_2O+69.2kJ/mol \quad (2\text{-}3)$$

$$2H_2S+SO_2 = \frac{3}{8}S_8+2H_2O+81.9kJ/mol \quad (2\text{-}4)$$

在直流法的燃烧炉中，上述反应同时进行，反应（2-1）基本上可达到完全的程度，所有的氧气被消耗掉；其他反应只进行到60%～70%，且以反应（2-2）为吸热反应而进行的程度最大，故生成的硫蒸气以 S_2 为主。反应气出燃烧炉后，经过冷凝并分出液硫，再进入催化转化反应器，在较低温度下继续进行反应（2-2）～反应(2-4)，达到回收硫磺的目的。

在酸性气体中，除 H_2S 外还含有 CO_2、H_2O、CH_4 及其他烃类，因此在燃烧炉中还有副反应：

$$CH_4+\frac{3}{2}O_2 = CO+2H_2O+518.3kJ/mol \quad (2\text{-}5)$$

$$CO+H_2O = CO_2+H_2+32.9kJ/mol \quad (2\text{-}6)$$

$$CO+S = COS+304.4kJ/mol \quad (2\text{-}7)$$

$$CH_4+2H_2S = CS_2+4H_2-259.8kJ/mol \quad (2\text{-}8)$$

$$H_2S = H_2+1/nS_n-89.7kJ/mol \quad (2\text{-}9)$$

由于有大量副反应，特别是 H_2S 的裂解反应（2-9），因此克劳斯工艺所需的实际空气量通常略低于化学计量。此外，在燃烧炉中产生的有机硫也是影响装置硫回收率的重要问题。酸性气体中的烃不仅消耗空气、影响炉温，还有助于有机硫的形成，严重时甚至导致产生“黑”硫磺，因此必须加以控制。

图 2-6 显示了在不同温度下 H_2S 转化为硫的平衡转化率。图中明显可分为两个区域，高温反应区在右侧，因反应（2-2）为吸热反应，在此区域 H_2S 通过燃烧转化为单质硫，生成的硫蒸气以 S_2 为主，平衡转化率随温度同步上升，但通常不超过 70%。左侧在较低温度下，需有催化剂推动反应，是催化反应区，在此区域内，H_2S 通过燃烧转化为 S_6 和 S_8，高温区生成的 S_2 液转化为 S_6 和 S_8。因所有反应均为放热反应，所以在催化反应区，平衡转化率则随温度的降低而上升，直至接近完全转化。可见，图 2-6 决定了克劳斯工艺的基本结构。

2.2.1.2 工艺流程

因天然气与脱硫方法的不同，脱硫装置所产生的酸性气体 H_2S 体积分数亦有显著区别。为此出现了如表 2-5 所示适应不同 H_2S 浓度的各种工艺流程，其中直流法及分流法是主要的工艺流程。几种主要工艺的流程示于图 2-7。

（1）直流法　直流法亦称直通法、单流法或部分燃烧法，是克劳斯系列工艺中被优先选择的工艺流程。此流程的主要特点是全部酸性气体进入燃烧炉燃烧，严格按照要求配给适量的空气，使酸性气体中全部烃类完全燃烧，而 H_2S 只有 1/3 氧化生成 SO_2，以便与剩下 2/3 的 H_2S 反应生成单体硫。在燃烧炉中，温度通常可达到1100～1600℃，约有65%的 H_2S 转化为单体硫。由于温度高，副反应十分复杂，会生成少量 COS、CS_2 等。

从燃烧炉出来的含有硫蒸汽的高温气体，经废热锅炉回收热量后进入一级冷凝冷却器分离回收液态硫。出一级冷凝器的反应气温度约为 150℃，经再热至适当温度进入一级催化转

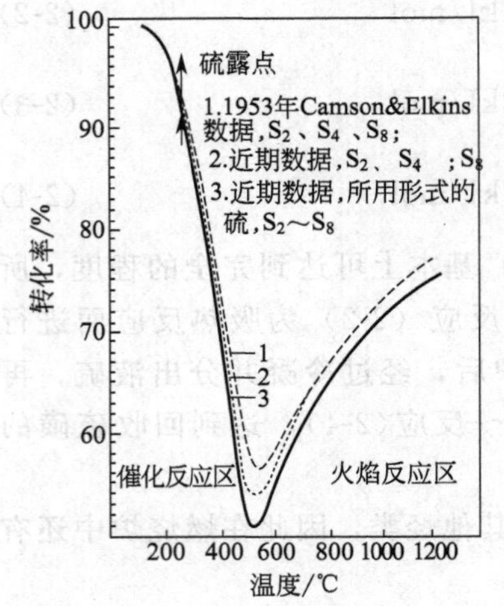

图 2-6 H_2S 转化为硫的平衡转化率

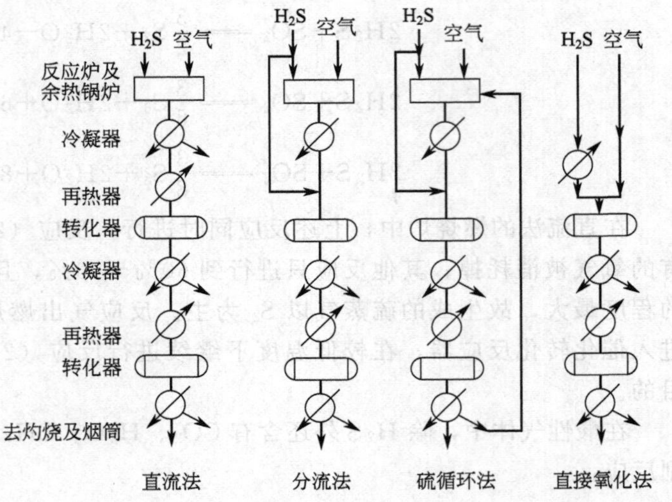

图 2-7 克劳斯法的主要工艺流程

表 2-5 克劳斯法的各种工艺流程

H_2S 体积分数/%	工艺流程安排
50～100	直流法
30～50	预热酸性气体及空气的支流法，或非常规分流法
15～30	分流法
10～15	预热酸性气体及空气的分流法
5～10	掺入燃料气的分流法，或硫循环法
<5	直接氧化法

化器。由于反应放热，气体的温度明显升高。一级转化器出来的气体，经二级冷凝器回收热量及单质硫后，进一步再热至适当温度进入二级催化转化器及配套的冷凝冷却器，二级催化转化器中装有活性更好的催化剂，并且温度保持尽量低，以彻底回收硫磺。

设置几级催化转化及冷凝冷却造成过程气温度的反复变化基于两个原因，一是硫露点的限制，过程气如有液硫凝结于催化剂上将影响其转化活性；二是温度愈低可得到更高的平衡转化率，如图 2-6 所示。因此，二级转化器的温度（240℃）较一级温度（320℃）低 100℃左右。

（2）分流法　常规分流法的主要特点是将酸性气体分为两股，其 1/3 酸性气体与空气进入燃烧炉将 H_2S 氧化为 SO_2，然后与旁通的 2/3 酸性气体混合进入催化转化段。可见，常规分流法中硫磺是完全在催化转化段生成的。

由于酸性气体中带来大量的 CO_2 等组分，因此分流法的硫收率低于直流法。当酸性气体浓度在 30%～50%，此时按直流运行燃烧炉火焰难以稳定，如将 1/3 的 H_2S 燃烧为 SO_2，炉温又过高而使炉壁的耐火材料难以适应。此时可以采用非常规分流法，即将酸性气体入炉率提高至 1/3 以上。

（3）硫循环法　此法将适量循环液硫喷入燃烧炉内转化为 SO_2，以其所产生的热量辅助维持炉温。

（4）直接氧化法　此法以空气在催化剂床层上将 H_2S 氧化为硫磺，是原型克劳斯工艺，后改进为目前通行的直流法及分流法。目前，此法仍应用在处理贫 H_2S 酸性气体及尾气中。

2.2.1.3 催化转化流程及催化剂

催化转化段是保证达到应有硫收率的重要阶段。克劳斯装置通常安排两级催化转化，也有装置安排了多级。一级转化应在较高的温度（如 320℃）进行，既是为了获得较高的反应速率，也使有机酸（COS 及 CS_2）更好地转化为 H_2S；二级转化的温度则较低（如 240℃）以获得更高的平衡转化率。

迄今为止，几乎所有克劳斯转化器均采用固定床绝热反应器，转化器内无冷却系统，反应热由过程气带出。反应温度则靠过程气的再热控制；温度的设置要使转化器出口过程气的温度高于此处的硫露点，以免液硫凝结于催化剂上而丧失活性。

催化剂早期使用活性铝矾土，目前均使用合成催化剂。获得广泛应用的是氧化铝基催化剂；另有一类是氧化钛基催化剂，它对有机硫有更好的转化能力，但由于价格昂贵，仅用于个别工厂的一级转化器。

随着对催化转化认识的深化，催化剂的研发也进一步精细化。除解决对有机硫的转化能力外，催化剂硫酸盐化是其活性下降的首要原因，目前开发的不少催化剂均是抗硫酸盐化的催化剂。表 2-6 列举了几种重要的克劳斯催化剂。

表 2-6 克劳斯脱硫的几种催化剂

项目	法国 Rhode-Poulenc	法国 Rhode-Poulenc	美国 Lorache	中国 天然气研究院	中国齐鲁 石化公司研究院
牌号	CR	CRS-31	S-201	CT6-7	LS-821
形状	球	柱	球	球	球
尺寸/mm	$\phi(4\sim6)$	$\phi4$	$\phi(5\sim6)$	$\phi(3\sim6)$	$\phi(4\sim6)$
堆积密度/(kg/L)	0.67	0.95	0.69～0.75	0.69～0.75	0.72～0.75
主要组分	Al_2O_3	TiO_2	Al_2O_3	Al_2O_3	Al_2O_3
助催化剂	—	—	—	有	TiO_2
比表面积/(m^2/g)	260	120	280～360	>200	>220
孔体积/(cm^3/g)	—	—	0.329	≥0.30	≥0.40
压碎强度/(N/粒)	120	9	140～180	>200	>130
特点	高孔体积	有机硫转化率高，抗硫酸盐化	标准高孔度	高有机硫水解率	高有机硫水解率

2.2.2 克劳斯尾气处理工艺

克劳斯工艺的硫回收率一般只能达到 92%～95%，许多克劳斯装置需配置尾气处理才能达到 SO_2 的排放标准。

按照尾气处理工艺的技术途径，可大体将其分为三类：低温克劳斯类、还原类及氧化类。低温克劳斯类是在低于硫露点的温度下继续进行克劳斯反应，从而使总硫收率接近 99%。还原类是将尾气中各种形态的硫均还原为 H_2S，然后通过适当途径将此部分 H_2S 再转化为单质硫。氧化类是将尾气中各种形态的硫均氧化为 SO_2。还原类及氧化类尾气处理工艺可使总硫收率达 99.5%以上。特别是还原类工艺应用颇广，通常它可以满足迄今为止最严格的尾气排放标准要求。进入 20 世纪 90 年代以来，随着环保要求的日趋严格，新开发的低温克劳斯工艺也采取“还原”或“氧化”措施，以求得到更高的总硫收率。

由于 H_2S 的毒气很大而不允许排放，因此克劳斯装置的尾气即使已经过尾气处理也必须灼烧后排放，将其中的 H_2S 等转化为 SO_2。尾气有热灼烧及催化灼烧两类。热灼烧是将尾气在 400～500℃下灼烧，催化灼烧是在催化剂作用下在 300～400℃下灼烧，以热灼烧应用比较广泛。

2.2.2.1 低温克劳斯工艺

低温克劳斯工艺也被称为亚露点工艺，它除使用固相催化剂之外，可以使用液相催化剂。

(1) 固相催化剂低温克劳斯工艺 此类典型工艺是德国 Lurgi 公司和法国 Elf Aquitaine 公司联合开发的 Sulfreen 法，流程如图 2-8 所示。由于反应温度 393～413K 处于硫露点以下，故液硫将积存于催化剂上，需定期升高温度以惰性气体或过程气将硫带出，而使催化剂恢复活性。显然，此工艺所用催化剂应较常规催化剂有更高活性。有一些催化剂既可用于常规克劳斯工艺，也可用于低温克劳斯工艺。

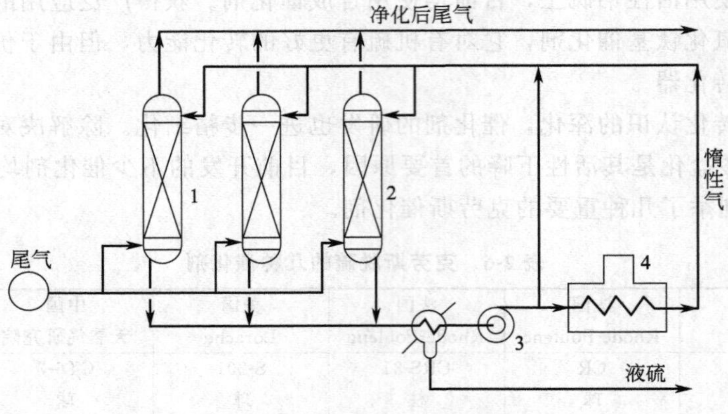

图 2-8 Sulfreen 法原理流程

1—反应器；2—硫冷凝器；3—鼓风机；4—加热炉

在 Sulfreen 法的基础上，为了提高总硫收率，又开发了几种 Sulfreen 变体工艺，它们的简要技术特点及应用情况见表 2-7。

表 2-7 Sulfreen 变体工艺

工 艺	特 点
Hydrosulfreen	在一个反应器内将尾气中硫加氢为 H_2S，接着以 TiO_2 催化剂直接氧化，未反应的 H_2S 及 SO_2 在 Sulfreen 反应器内继续反应
Carbosulfreen	第一段在富 H_2S 条件下进行低温克劳斯反应，第二段以活性炭催化氧化 H_2S
Oxysulfreen	尾气中硫加氢为 H_2S，急冷除水，直接氧化，最后为 Sulfreen 段
两段 Sulfreen	两反应器中有一种中间冷却器以降低反应温度
Doxosulfreen	两 Sulfreen 反应器之后安排有直接氧化反应温度，故克劳斯段 H_2S 应稍过量进行

(2) 液相催化剂低温克劳斯工艺 此工艺在液相中进行低温克劳斯反应，生成的液硫依靠密度差与溶液分离。法国石油研究院开发的此法早期称 IFP 法，后称 Clauspol 法。我国自主开发了液相催化低温克劳斯工业装置，该工艺以聚乙二醇 400 为溶剂，苯甲酸钾之类的羧酸盐为催化剂，在 120～150℃条件下催化克劳斯反应，如图 2-9 所示。

2.2.2.2 还原类工艺

还原类工艺的第一步是加氢将尾气中各种形态的硫转化为 H_2S；然后将 H_2S 以不同途径转化，如选择吸收 H_2S 返回克劳斯装置、直接转化或直接氧化等。它们的总硫收率均可达到 99.5%以上，灼烧尾气中的 SO_2 含量小于 300×10^{-6}。最早且应用最广的工艺是还原-吸收法。

(1) 还原-吸收法 图 2-10 为 Shell 公司开发的还原-吸收法 SCOT 工艺的原理流程，尾

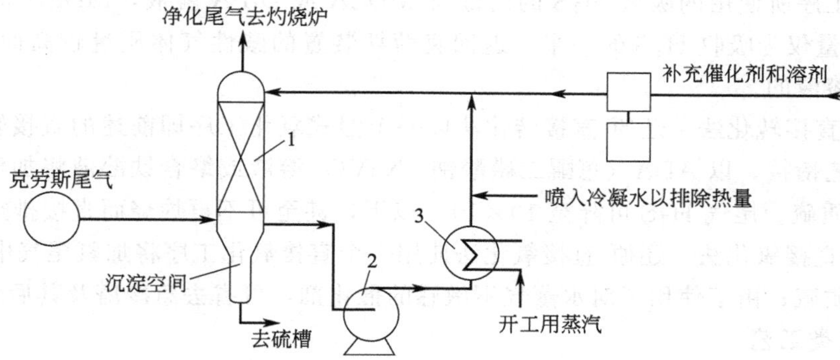

图 2-9 液相催化低温克劳斯工艺原理流程

1—填料吸收塔；2—循环泵；3—换热器

气在加氧还原后急冷，然后在选吸工序中将 H_2S 选择吸收下来返回克劳斯装置。

在实际应用中，SCOT 法逐步形成三种流程，其中一种如图 2-10 所示。当选择吸收工序所用溶液与前端天然气脱硫溶液相同时，即可采用合并再生流程，亦可采用将选择吸收富液作为半贫液送前端脱硫吸收塔中部的串级流程。显然，与基本流程相比，串级流程和合并再生流程可以降低投资费用和能耗，有更好的技术经济效益，但对装置设计及生产运行提出了更高的要求。

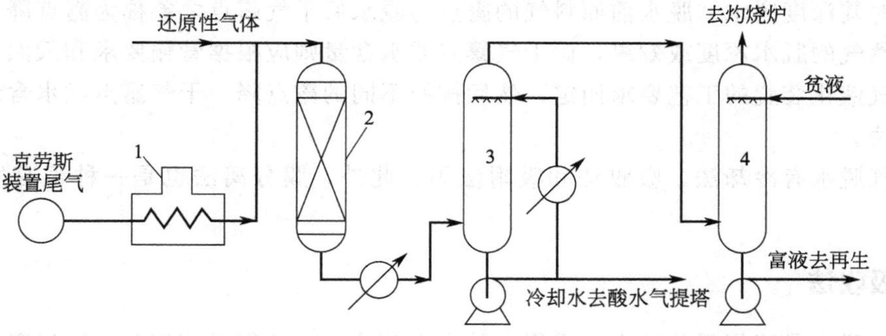

图 2-10 还原-吸收法 SCOT 工艺原理流程

1—加热炉还原；2—加氢反应器；3—急冷塔；4—吸收塔

还原工序所用催化剂通常都是载于氧化铝上的钴钼催化剂，其主要牌号的介绍见表 2-8。

表 2-8 尾气加氢催化剂

项目	美国 Creterion	美国 Procatalysis	美国 United Catal	中国 天然气研究院
牌号	Shell 534	TG 103	C-29-2-02	CT6-5B
形状	球	球	条	球
尺寸/mm	ϕ(3～5)	—	—	ϕ(4～6)
堆积密度/(kg/L)	0.836	0.75	0.59	0.82
活性组分	Co、Mo	Co、Mo	Co、Mo	Co、Mo
载体	Al_2O_3	Al_2O	Al_2O	Al_2O
比表面积/(m^2/g)	260	—	—	200
孔体积/(cm^3/g)	0.280	—	—	0.251
压碎强度/(N/粒)	120	—	—	161

选择吸收工序所使用的吸收 H_2S 的溶液有 MDEA 或 DIPA 溶液，MDEA 优于 DIPA，其吸收的 CO_2 量仅为吸收 H_2S 的一半，返回克劳斯装置的酸性气体质量较高而能耗较低，也有使用砜胺溶液的。

（2）还原-直接转化法　还原-直接转化法以一个湿式氧化工序即前述的直接转化法，与加氢、急冷工艺衔接，以 ADA（蒽醌二磺酸钠）-$NaVO_3$ 溶液或络合铁溶液将加氢尾气中的 H_2S 氧化为单质硫。尾气 H_2S 可降至 10×10^{-6} 以下，甚至可不再灼烧而直接排空。

（3）还原-直接氧化法　还原-直接氧化法使用一个直接氧化工序将加氢尾气中的 H_2S 非均相催化成单质硫；由于使用了对水蒸气不敏感的催化剂，可省去急冷塔及其后的再热器。

2.2.2.3　氧化类工艺

此类工艺均将尾气中各种形态的硫氧化为 SO_2，然后将 SO_2 吸收并转化成不同产品：如单质硫、液体 SO_2、焦亚硫酸钠或其他。

2.3　天然气脱水

从油、气井采出并脱硫后的天然气中一般都含有饱和水蒸气，在外输前通常要将其中的水蒸气脱除至一定程度，使其露点或水含量符合管输要求。此外，为了防止天然气在压缩天然气加气站的高压系统和天然气冷凝液回收及天然气液化装置的低温系统形成水合物或冰堵，还应对其深度脱水。脱水前原料气的露点与脱水后干气露点之差称为露点降。常用露点降表示天然气的脱水深度或效果，而干气露点或水含量则应根据管输要求和天然气冷凝液回收及天然气液化装置的工艺要求而定，然后按照不同的露点降、干气露点或水含量选择合适的脱水方法。

天然气脱水有冷却法、吸收法和吸附法等。此外，膜分离法也是一种很有发展前途的方法。

2.3.1　吸收法

吸收法脱水是根据吸收原理，采用一种亲水液体与天然气逆流接触，通过吸收来脱除天然气中的水蒸气。用来脱水的液体称为脱水吸收剂或液体干燥剂（简称干燥剂）。

常用的脱水吸收剂是甘醇类化合物和氯化钙水溶液，目前广泛使用前者。它们的优缺点见表 2-9。由表 2-9 可知，三甘醇脱水的露点降大（可达 44～83℃）、成本低、运行可靠，因此在国外被广泛采用。在我国，二甘醇和三甘醇均有采用。与吸附法脱水相比，甘醇法脱水具有投资费用较低，压降较小，补充甘醇比较容易，甘醇富液再生时脱除水所需热较少等优点。而且，甘醇法脱水深度虽不如吸附法，但气体露点降仍可达 40℃甚至更大。但是，当要求露点降更大、干气露点或水含量更低时，就必须采用吸附法。

一般来说，甘醇法脱水主要用于使天然气露点符合管输要求的场合，而吸附法脱水则主要用于天然气冷凝液回收、天然气液化装置以及压缩天然气加气站。

图 2-11 所示为三甘醇脱水工艺流程。此工艺流程由高压吸收及低压再生两部分组成，原料气先经分离器 1（洗涤器）除去游离水、液烃和固体杂质，如果杂质过多，还要采用过滤分离器。由原料气分离器分出的气体进入吸收塔 2 的底部，与向下流过各层塔板或填料的甘醇溶液逆流接触。使气体中的水蒸气被甘醇溶液吸收。离开吸收塔的干气经气体/贫甘醇

表 2-9 常用的脱水吸收剂的优缺点

吸附剂	$CaCl_2$ 水溶液	二甘醇(DEG)水溶液	三甘醇(TEG)水溶液
优点	①投资与操作费用低，不燃烧 ②在更换新鲜 $CaCl_2$ 前可无人值守	①浓溶液不会凝固 ②天然气含有 H_2S、CO_2、O_2 时，在一般温度下稳定 ③吸水容量大	①浓溶液不会凝固 ②天然气含有 H_2S、CO_2、O_2 时，在一般温度下稳定 ③吸水容量大 ④理论分解温度高(206.7℃)，再生后溶液浓度高 ⑤露点降可达 40℃甚至更大 ⑥蒸汽压较 DEG 低，蒸发损失小 ⑦投资及操作费用较 DEG 低
缺点	①吸收容量小，且不能重复使用 ②露点较小，且不稳定 ③更换劳动强度大，且有废水溶液处理问题	①蒸汽压较 TEG 低，蒸发损失大 ②理论分解温度低(164.4℃)，再生后溶液浓度低 ③露点降较 TEG 小 ④投资及操作费用较 TEG 高	①投资及操作费用较 $CaCl_2$ 高 ②当有液烃存在时再生过程易起泡，有时需要加入消泡剂
适用范围	边远地区小流量，露点降要求较小的天然气脱水	集中处理大流量，露点降要求较大的天然气脱水	集中处理大流量，露点降要求较大的天然气脱水

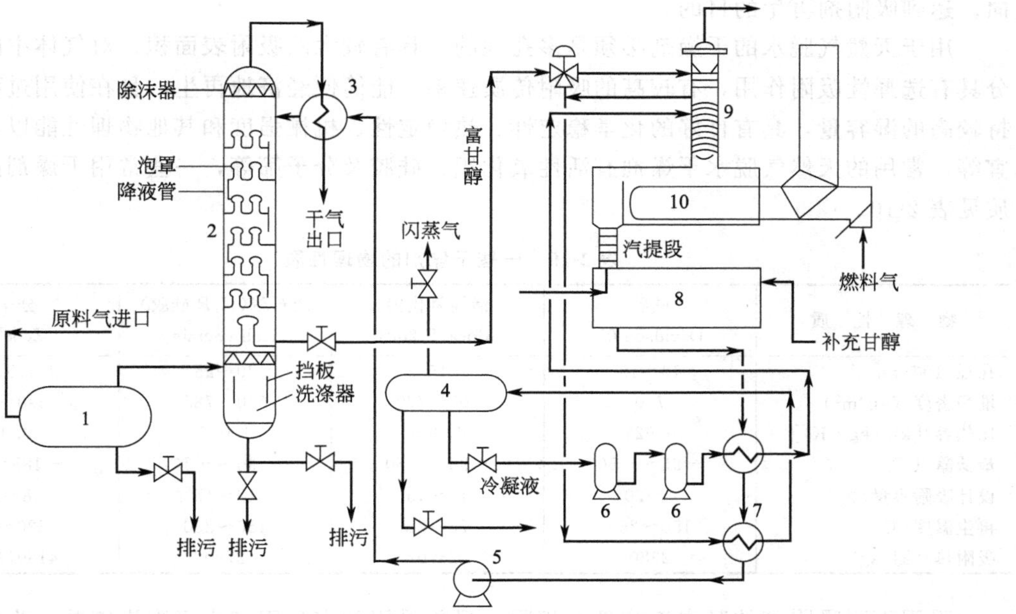

图 2-11 三甘醇脱水工艺流程

1—原料气分离器；2—吸收塔；3—气体/甘醇换热器；4—闪蒸罐；5—甘醇泵；6—活性炭过滤器；7—贫/富甘醇换热器；8—缓冲罐；9—再生塔；10—再沸器

换热器先使贫甘醇进一步冷却，然后进入管道外输。

吸收了气体中的水蒸气的甘醇富液从吸收塔下侧流出，先经高压过滤器（图 2-11 中未画出）除去原料气带入富液中的固体杂质，再经再生塔顶回流冷凝器及贫/富甘醇换热器 7 预热后进入闪蒸罐 4，分出被富甘醇吸收的烃类气体（闪蒸气）。此气体一般作为本装置燃料，但含硫闪蒸气则应灼烧后放空。从闪蒸罐底部流出的富甘醇经过纤维过滤器

（滤布过滤器、固体过滤器）和活性炭过滤器 6，除去其中的固、液杂质后，再经贫/富甘醇换热器 7 进一步预热后进入再生塔 9 的精馏柱。从精馏柱流入再沸器的甘醇溶液被加热到 177～204℃，通过再生脱除所吸收的水蒸气后成为贫甘醇。为使再生后的贫甘醇液质量分数在 99%以上，通常还需向再沸器 10 或汽提段中通入汽提气，即采用汽提法再生。

三甘醇脱水装置吸收系统主要设备为吸收塔和再生系统组成。再生系统包括精馏柱 9、再沸器 10 及缓冲罐 8 等组合成的再生塔。吸收塔一般由底部的分离器、中部的吸收段及顶部的除沫器组合成一个整体。吸收段采用泡罩和浮阀塔板，也可采用填料。三甘醇溶液的吸收温度一般为 20～50℃，最好在 27～38℃，吸收塔内压力为 2.8～10.5MPa，最低应大于 0.4MPa。

2.3.2 吸附法

吸附法脱水是指采用固体吸附剂脱水的方法。被吸附的水蒸气或某些气体组分称为吸附质，吸附水蒸气或某些气体组分的固体称为吸附剂。当吸附质只是水蒸气时，此吸附剂又称固体干燥剂。

用于气体脱水的吸附过程一般为物理吸附，故可通过改变温度或压力的方法改变平衡方向，达到吸附剂再生的目的。

用于天然气脱水的干燥剂必须是多孔性的，具有较大的吸附表面积，对气体中的不同组分具有选择性吸附作用，有较高的吸附传质速率，能简便经济地再生，且在使用过程中可保持较高的湿容量，具有良好的化学稳定性、热稳定性、机械强度和其他物理性能以及价格便宜等。常用的天然气脱水干燥剂有活性氧化铝、硅胶及分子筛等，一些常用干燥剂的物理性质见表 2-10。

表 2-10 一些干燥剂的物理性质

物理性质	硅胶 Davidson 03	活性氧化铝 Aloca(F-200)	硅石球(H_1R 硅胶) Kali-chemie	分子筛 Zeochem
孔径/10^{-1}nm	10～19	15	20～25	3,4,5,8,10
堆积密度/(kg/m^3)	720	705～770	640～785	690～750
比热容/[kJ/(kg·K)]	0.921	1.005	1.047	0.963
最低露点/℃	-96～-50	-96～-50	-96～-50	-185～-73
设计吸附容量/%	4～20	11～15	12～15	8～16
再生温度/℃	150～260	175～200	150～230	220～290
吸附热/(kJ/kg)	2980	2890	2790	4190(最大)

采用不同吸附剂的脱水工艺基本相同。目前采用的多是固定床吸附塔工艺，为保证装置连续操作，至少需要两个吸附塔。在两塔流程中，一塔进行脱水操作，另一塔进行吸附剂的再生和冷却，然后切换操作。在三塔或多塔流程中，受进料条件等因素影响切换程序可以有多种选择，例如三塔流程可采用一塔吸附、一塔再生、另一塔冷却或二塔吸附、一塔再生及冷却的切换程序。图 2-12 是采用深冷分离的天然气冷凝液回收装置中的气体脱水工艺流程。干燥器再生气可以是湿原料气，也可以是脱水后的高压干气或外来的低压干气。再生气量为原料气量的 5%～10%。为使干燥剂再生更完全，一般应采用干气作再生气。

当采用高压干气作再生气时，可以是直接加热后去干燥器将床层加热，并使水从吸附剂上脱附，再将流出干燥器的气体经冷却和分水，然后增压返回原料气中；也可以先增压（一

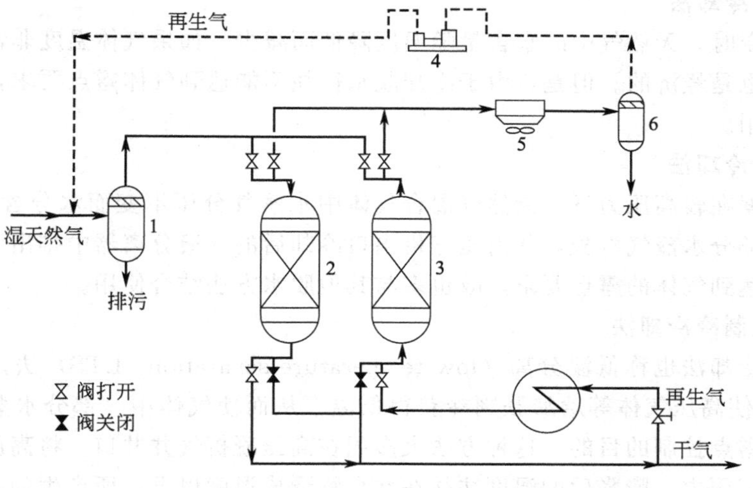

图 2-12 吸附法脱水双塔工艺流程

1—分离器；2—脱水器；3—再生与冷吹；4—再生压缩机；5—再生气冷却器；6—分离器

般增压 0.28～0.35MPa）再经加热去干燥器，然后冷却、分水并返回原料气中；还可以根据干气外输要求，再生气不需增压，经加热去干燥器，然后冷却、分水，靠输气管线上阀门前后的压差使这部分湿气与干气一起外输。当采用低压干气再生时，因脱水压力远高于再生压力，故在干燥器切换时应控制升压与降压速度。

干气再生时采用自下而上流过干燥器的原因是，一方面可以脱除干燥剂床层上部被吸附的其他物质，使其不流过整个床层，另一方面可以保证与湿原料气最后接触的下部床层得到充分再生。而这部分床层中干燥剂的再生效果直接影响脱水周期中流出床层的干气露点。床层加热完毕后，再用冷却气使床层冷却至一定温度，然后切换转入下一个脱水周期。由于冷却气是采用未加热的干气，一般也是下进上出。但是，有时也可将冷却气自上而下流过床层，使冷却气中少量水蒸气被床层上部干燥剂吸附，从而最大限度降低脱水周期中出口干气露点。

干燥剂床层的吸附周期应根据原料气的水含量、空塔流速、床层高径比、再生气能耗、吸附剂寿命等进行技术经济比较后确定。采取何种干燥剂，一般应根据工艺要求进行经济比较后确定。①要求深度脱水的场合（水含量小于 1×10^{-6}）可选用 5A、4A 或 3A 分子筛。目前，裂解气脱水多用 3A 分子筛，天然气脱水多用 4A 或 5A 分子筛。②酸性天然气应采用抗酸分子筛，氧化铝不宜处理酸性天然气。③当天然气的水露点要求不很低时，可采用氧化铝或硅胶脱水。④低压脱水时宜采用硅胶或氧化铝与分子筛复合床层脱水。

2.3.3 冷却法

天然气中饱和含水量将随温度下降和压力升高而降低。因此含水天然气可采用直接冷却至低温的方法，或先将天然气增压再冷却至低温的方法脱水。根据冷却方式不同，此法又分为直接冷却、加压冷却、膨胀制冷冷却和机械制冷冷却四种方法。冷却法流程简单，成本低，特别适合于高压气体。对于要求高度脱水的方法，可将该法作为辅助脱水，先将天然气中的大部分水先行脱除。

2.3.3.1 直接冷却法

当压力不变时，天然气中的水含量随温度降低而减少。如果气体温度非常高时，采用直接冷却法有时也是经济的。但是，由于冷却脱水往往不能达到气体露点要求，故常与其他脱水方法结合使用。

2.3.3.2 加压冷却法

此法是根据在较高压力下，天然气混合气体中水蒸气分压不变而水分含量减少的原理，将气体加压使部分水蒸气冷凝，并由压缩机出口冷却后的气液分离器中排出。但是，这种方法通常也难以达到气体的露点要求，故也多与其他脱水方法结合使用。

2.3.3.3 膨胀制冷冷却法

膨胀制冷冷却法也称低温分离（low temperature separation，LTS）法。此法是利用焦耳-汤姆逊效应使高压气体等焓膨胀制冷获得低温，从而使气体中一部分水蒸气和烃类冷凝析出，以达到露点控制的目的。这种方法大多用在高压凝析气井井口，将高压井流物从井口压力膨胀至一定压力。膨胀后的温度往往在水合物形成温度以下，所产生的水合物、液态水及凝析油随气流进入一个下部设有加热盘管的低温分离器中，利用加热盘管使水合物融化，而由低温分离器分出的干气即可满足管输要求。如果气体露点要求较低，或膨胀后的气体温度较低，还可采用注入乙二醇等抑制剂的方法，以抑制水合物的形成。

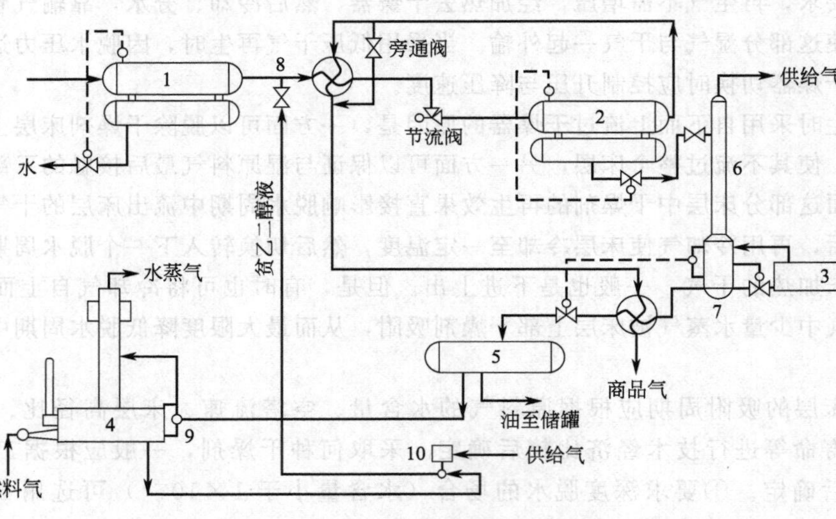

图 2-13 低温分离法工艺流程

1—游离水分离器；2—低温分离器；3—蒸气发生器；4—乙二醇再生器；5—醇油分离器；6—稳定器；7—油冷分离器；8—换热器；9—进料调节器；10—乙二醇泵

图 2-13 为注入水合物抑制剂乙二醇的低温分离法工艺流程。由高压气井来的井流物先进入游离水分离器 1 脱除游离水，再经气-气换热器 8 用冷干气预冷后至低温分离器 2。由于气体在换热器中会冷却至水合物形成温度以下，所以进入换热器前要注入贫乙二醇。

预冷后的气体经过节流阀时产生焦耳-汤姆逊效应，温度进一步降低。由低温分离器 2 分出的冷干气经气-气换热器等复热后管输，而分出的液体先送至稳定器 6 进行稳定，再将稳定后的液体送至油冷分离器 7。分离出的稳定液烃送至醇油分离器 5，富乙二醇去再生，再生得到的贫乙二醇用泵增压后循环使加。膨胀制冷冷却法通常用于原料气有多余压力可利用的场合。

2.3.3.4 机械制冷冷却法

在一些以低压伴生气为原料气的露点控制装置中一般采用机械制冷的方法获得低温，使天然气中更多的 C_5 以上轻油和水蒸气冷凝析出，从而达到露点控制或回收液烃的目的。此外，对于一些高压天然气，当其需要进行露点控制但又无压差可利用时，也可采用机械制冷的方法。典型脱油脱水装置采用的工艺流程见图 2-14。

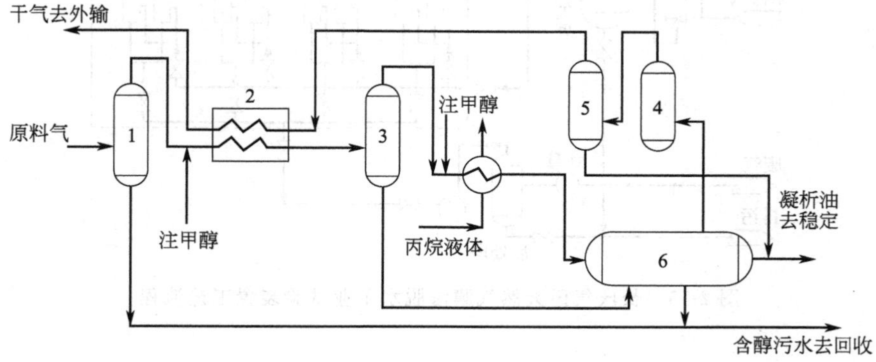

图 2-14 处理厂脱油脱水工艺流程

1—过滤分离器；2—换热器；3—中间分离器；4—预过滤器；5—聚结过滤器；6—低温分离器

含少量 C_5 以上轻油的湿原料气压力为 4.5～5.2 MPa，温度为 3～20℃进入两套并联的脱油脱水装置。根据管输要求，干气出厂压力应不小于 4.0MPa，干气在出厂压力下的水露点应不大于－13℃。为此，原料气先进入过滤分离器 1 除去固体颗粒和游离液，然后经板翅式换热器 2 预冷至约－10～－15℃去中间分离器 3 分出凝析液。来自中间分离器的气体再经丙烷蒸发器进一步冷冻至－20℃左右进入旋流式低温分离器 6，分出的气体经预过滤器 4 和聚结过滤器 5 进一步除去雾状液滴后，去板翅式换热器 2 回收冷量升温至－10～－15℃、压力为 4.2～5.0MPa，然后经集配气总站进入输气管道。

低温分离器的分离温度需要根据干气的实际露点进行调整，以便在保证干气露点符合要求的前提下尽量降低获得更低温度所需的能耗。通常，在这类装置的低温系统中多用加入水合物抑制剂的方法，以抑制水合物的形成。

2.3.4 膜分离脱水方法

除上述脱水方法之外，膜分离法是目前新兴的、有广泛应用前景的天然气脱水方法。膜分离法在天然气工业上现主要用于脱除 CO_2，并可同时脱水。目前，美国 Air Product 公司的 PERMEA 工艺已实现天然气膜法脱水的商品化。

为了探索天然气利用膜分离法脱水在技术上的可行性，自 1994 年以来中国科学院大连化学物理研究所在长庆气田进行了长期工业试验。该工艺试验的工艺流程如图 2-15 所示。

由气井井口经集气站来的高压天然气进入膜分离法脱水工业试验装置后，先经高效气液分离器和过滤器脱除其中游离的固体颗粒，再经换热器使原料气预热（温升 5～10℃）后的温度高于露点（防止水蒸气在膜分离器中冷凝），进入 4 组并联（每 2 根一组）的膜分离器（ϕ200mm×25mm），脱除水蒸气后的产品气（渗余气）经计量进入输气管网，所含 CO_2、H_2S 及水蒸气含量较高的废气（渗透气）利用真空泵抽出经灼烧后放空。膜分离器一般采用聚砜-硅橡胶中空纤维复合膜。

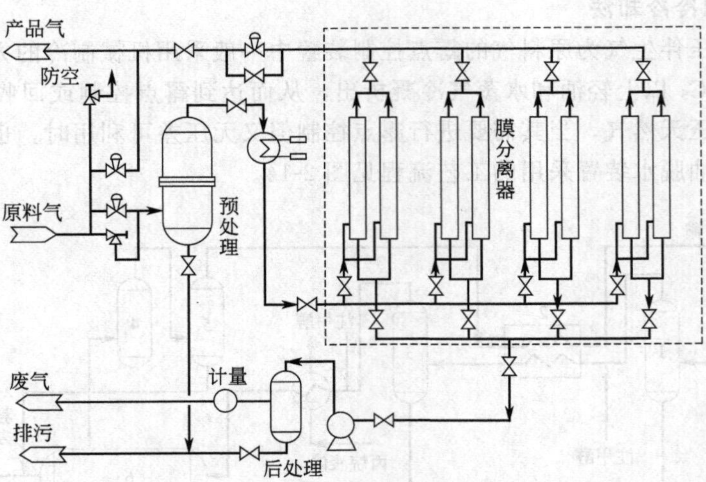

图 2-15 长庆气田天然气膜法脱水工业试验装置工艺流程

参考文献

[1] 徐文渊，蒋长安．天然气利用手册．第二版．北京：中国石化出版社，2001.

[2] 四川石油管理局．天然气工程手册．北京：石油工业出版社，1984.

[3] 王开岳．天然气净化工艺．北京：石油工业出版社，2004.

[4] 气体净化专集．天然气化工增刊，1996.

[5] 天然气研究院文集（二十）．天然气脱硫论文选编．四川石油管理局天然气研究院，1999.

[6] 气体净化资料（十二）．甲基二乙醇胺溶液选择脱除硫化氢研究报告及情报调研文集．四川石油管理局天然气研究院，1987.

[7] 天然气研究院文集（二十一）．硫磺回收及尾气处理论文选编．四川石油管理局天然气研究院，1999.

[8] 中国石油天然气股份公司．天然气工业管理使用手册．北京：石油工业出版社，2005.

3 天然气转化

CO和H_2的混合物通常称为合成气（syn gas）。在化学工业中，合成气起着非常重要的作用。首先，它是纯H_2和纯CO的来源；其次，以合成气为原料可以衍生很多化工产品，如合成氨、甲醇、二甲醚、液体燃料、低碳醇等。不同的合成气衍生化工产品需要不同的H_2和CO摩尔比（简写H_2/CO比）的合成气，这也是合成气制备所必须解决的问题。常见合成气衍生化工产品对H_2/CO比的要求见表3-1。

表3-1 常见合成气衍生化工产品对H_2/CO比的要求

产品	H_2/CO比	产品	H_2/CO比
甲醇	2	乙醇	2
醋酸	1	醋酸乙酯	1.25
乙二醇	1.5	乙烯	2
醋酐	1	丁醇	1.9
乙醛	1.5	合成油	2.1

天然气转化法是目前获得合成气的最主要来源。不同的天然气转化工艺，可得到不同H_2/CO比的合成气。天然气转化方法有水蒸气转化法、二氧化碳转化法和部分氧化转化法。

3.1 天然气水蒸气转化法

水蒸气转化法（steam reforming）自1926年第一次被BASF公司工业化以来，在合成气制造工艺、催化剂开发以及工艺方面被不断改进和完善，目前90%的合成气来源于水蒸气转化。传统的水蒸气转化流程如图3-1所示。

天然气中一般含有极少量的有机硫、无机硫等硫化物，先加入少量的氢气进行加氢反应，使有机硫转变成为H_2S，然后进入ZnO脱硫槽进行脱硫。按H_2O和CH_4摩尔比（简称水碳比）2～6加入水蒸气，混合后进入转化炉反应管内进行反应，生成H_2、CO、CO_2等的混合物。转化反应在温度650～1000℃、压力1.6～2.0MPa、镍基催化剂作用下进行，为强吸热过程。

天然气以甲烷为主要成分，在水蒸气转化过程中，甲烷进行如下反应：

$$CH_4 + H_2O(g) = CO + 3H_2 - 206.4kJ/mol \quad (3\text{-}1)$$

$$CO + H_2O(g) = CO_2 + H_2 + 41.2kJ/mol \quad (3\text{-}2)$$

天然气除甲烷以外还有其他高级烃。在水蒸气转化过程这些高级烃进行如下反应：

$$C_2H_6 + H_2 = 2CH_4 + 65.3kJ/mol \quad (3\text{-}3)$$

$$C_3H_8 + 2H_2 = 3CH_4 + 121.0kJ/mol \quad (3\text{-}4)$$

$$C_2H_6 + 2H_2O = 2CO + 5H_2 - 347.5kJ/mol \quad (3\text{-}5)$$

$$C_3H_8 + 3H_2O = 3CO + 7H_2 - 498.2kJ/mol \quad (3\text{-}6)$$

$$C_2H_4 + 2H_2O = 2CO + 4H_2 - 226.5kJ/mol \quad (3\text{-}7)$$

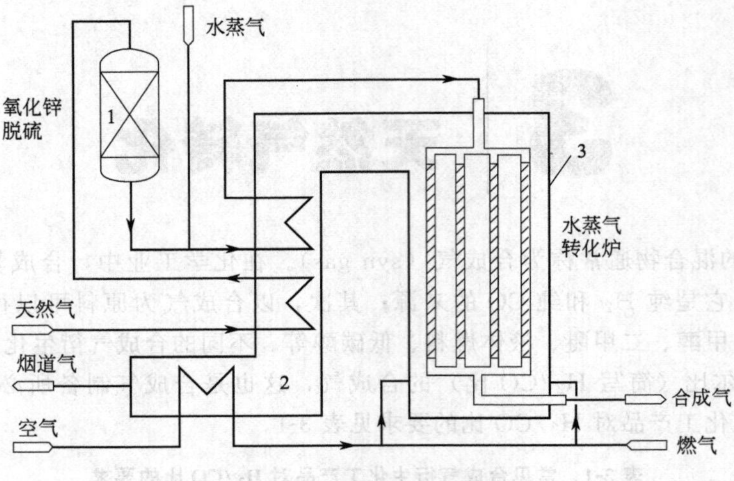

图 3-1　天然气水蒸气转化流程示意

1—ZnO 脱硫；2—转化炉对流段；3—转化炉辐射段

在 400℃左右，接触时间 0.5～1s 的条件下，乙烷、乙烯、丙烷在工业镍催化剂上完全转化为甲烷，生成甲烷后再与蒸汽发生反应。在高温条件下，这些高级烃类与水蒸气反应的平衡常数都非常大，可以认为高级烃的转化反应是完全的。有的原料还有微量烯烃，在有氢气的条件下先转化为烷烃，再进行上述反应。因此，气态烃的水蒸气转化过程可用甲烷水蒸气转化代表。

此外，在一定条件下还可能发生积炭等副反应：

$$CH_4 = 2H_2 + C - 74.9kJ/mol \tag{3-8}$$

$$2CO = CO_2 + C + 172.4kJ/mol \tag{3-9}$$

$$CO + H_2 = H_2O + C + 131.36kJ/mol \tag{3-10}$$

主反应是工艺过程希望的，副反应则是需抑制的，这就要从热力学和动力学出发，寻求生产上所需的最佳工艺条件。

3.1.1　甲烷水蒸气转化反应的热力学分析

3.1.1.1　反应平衡常数

甲烷水蒸气转化的两个可逆反应式（3-1）和式（3-2），其平衡常数分别表示如下：

$$K_{p_1} = \frac{p_{CO} \cdot p_{H_2}^3}{p_{CH_4} \cdot p_{H_2O}} \tag{3-11}$$

$$K_{p_2} = \frac{p_{CO_2} \cdot p_{H_2}}{p_{CO} \cdot p_{H_2O}} \tag{3-12}$$

式中，p_i 分别为系统处于反应平衡时 i 组分的分压，atm。

烃类蒸汽转化在加压和高温下进行，但压力不太高，约 2.0MPa，可以只考虑温度对平衡的影响。K_{p_1} 和 K_{p_2} 与温度的关系可用下式分别计算：

$$\ln K_{p_1} = -\frac{23829.4}{T} + 3.3066\ln T + 2.2103\times10^{-3}T - 1.2881\times10^{-6}T^2 + 1.2099\times10^{-10}T^3 + 3.2538 \tag{3-13}$$

$$\ln K_{p_2} = \frac{4865.8}{T} - 1.1187\ln T + 3.6574\times10^{-3}T - 1.2817\times10^{-6}T^2 + 2.1845\times10^{-10}T^3 + 0.5686 \tag{3-14}$$

式中，T 为温度，K。表 3-2 列出了大多数转化工艺条件下不同温度下反应（3-1）和反应（3-2）的平衡常数和热效应。

由表 3-2 可见，在 900K 以下，反应式（3-2）占优势，甲烷主要转化为 CO_2；900K 以上反应式（3-1）才占优势。在实际生产中，一般对转化气中残余的甲烷摩尔分数有严格的限制。例如，合成氨中要求转化气中残余甲烷的摩尔分数不得超过 0.5%。

表 3-2 不同温度下反应（3-1）和反应（3-2）的平衡常数和热效应

温度/K	反应(3-1)		反应(3-2)	
	ΔH/(kJ/mol)	K_{p_1}	ΔH/(kJ/mol)	K_{p_2}
300	206.37	2.107×10^{-23}	−41.19	8.975×10^{4}
400	210.82	2.447×10^{-16}	−40.65	1.479×10^{3}
500	214.72	8.732×10^{-11}	−39.96	1.260×10^{2}
600	217.97	5.058×10^{-7}	−38.91	2.703×10
700	220.66	2.687×10^{-4}	−37.89	9.017
800	222.80	3.120×10^{-2}	−36.85	4.038
900	224.45	1.306	−35.81	2.204
1000	225.68	2.656×10	−34.80	1.374
1100	226.60	3.133×10^{2}	−33.80	0.944
1200	227.16	2.473×10^{3}	−32.84	0.697
1300	227.43	1.428×10^{4}	−31.90	0.544
1400	227.53	6.402×10^{4}	−31.00	0.441
1500	227.45	2.354×10^{5}	−30.14	0.370

3.1.1.2 平衡组成计算

根据反应平衡常数，可以计算出转化反应达到平衡时的气体组成。若进气中只含甲烷和水蒸气，设 n_m 和 n_w 分别为进气中甲烷和水蒸气的量，kmol；x 为甲烷水蒸气转化反应（3-1）中转化的甲烷量，kmol；y 为变换反应（3-2）转化的一氧化碳的量，kmol；则平衡常数与组成的关系为：

$$K_{p_1}=\frac{(x-y)(3x+y)^3p^2}{(n_m-x)(n_w-x-y)(n_m+n_w+2x)} \quad (3\text{-}15)$$

$$K_{p_2}=\frac{y\ (3x+y)}{(x-y)\ (n_w-x-y)} \quad (3\text{-}16)$$

给定温度后，可根据式（3-13）和式（3-14）计算出 K_{p_1} 与 K_{p_2}，两个方程有 x，y 两个未知数，利用式（3-15）和式（3-16）联立求解非线性方程组，即可求得平衡条件下的组成。表 3-3 为操作压力 3.0MPa、水碳比 3.0 条件下，计算出不同温度下的平衡气体组成。

表 3-3 不同温度下反应（3-1）和（3-2）的平衡组成

温度/℃	平衡常数		平衡组成/%				
	K_{p_1}	K_{p_2}	CH_4	H_2O	H_2	CO_2	CO
400	5.737×10^{-5}	11.70	20.85	74.42	3.78	0.94	0.00
500	9.433×10^{-3}	4.878	19.15	70.27	8.45	2.07	0.05
600	0.5023	2.527	16.54	64.13	15.39	3.59	0.34
700	1.213×10^{1}	1.519	13.00	56.48	24.13	4.98	1.40
800	1.645×10^{2}	1.015	8.74	48.37	33.56	5.55	3.79
900	1.440×10^{3}	0.7329	4.55	41.38	41.84	5.14	7.09
1000	8.982×10^{3}	0.5612	1.69	37.09	47.00	4.36	9.85
1100	4.276×10^{4}	0.4497	0.49	35.61	48.85	3.71	11.33

3.1.1.3 影响甲烷水蒸气转化平衡组成的因素

从反应（3-1）的平衡常数分析，影响甲烷水蒸气转化平衡组成的因素有温度、压力和原料气中水蒸气对甲烷的摩尔比（水碳比），影响关系如图 3-2 所示。由图 3-2(a) 可以看到，温度对甲烷的转化有很大影响。从图 3-2(b) 可以看到，加压对甲烷的转化并不有利，但因为转化反应是体积增大的反应，加压转化只需压缩甲烷，水蒸气从锅炉引出时本身具有压力，这样就比压缩转化后的气体节省了很多能量。由图 3-2(c) 可以看到，水碳比也是影响转化的重要因素。要得到较高的甲烷转化率，宜选用较高的水碳比，但过高的水碳比明显降低设备的生产能力，并增大能耗。

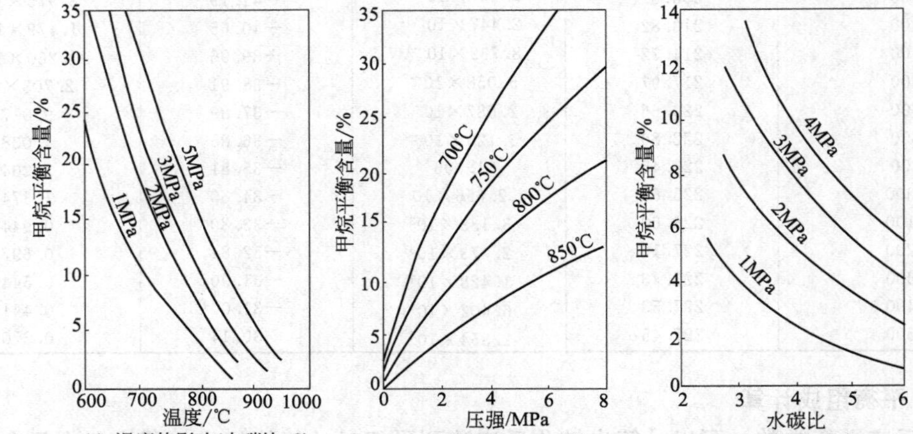

(a) 温度的影响(水碳比=3)　(b) 压强的影响(水碳比=3)　(c) 水碳比的影响(800℃)

图 3-2 甲烷水蒸气转化中的影响因素

总之，从热力学角度分析，甲烷水蒸气转化反应尽可能在高温、高水碳比以及低压下进行。但即使在相当高的温度下，反应速率仍很缓慢，因此就需要催化剂来加快反应。

3.1.2 甲烷水蒸气转化反应的动力学分析

3.1.2.1 反应机理

甲烷转化反应的动力学机理比较复杂，各种解释得到的结果也不尽一致。以 $Ni/MgAl_2O_4$ 为催化剂，温度为 500～573℃，压力为 0.5～1.5MPa，催化剂颗粒为 0.17～0.25mm 的条件下，有研究提出了如下甲烷水蒸气转化反应机理：

$$H_2O + * \rightleftharpoons H_2 + O^* \tag{3-17}$$

$$CH_4 + 2* \rightleftharpoons CH_3^* + H^* \tag{3-18}$$

$$CH_3^* + * \rightleftharpoons CH_2^* + H^* \tag{3-19}$$

$$CH_2^* + * \rightleftharpoons CH^* + H^* \tag{3-20}$$

$$CH^* + O^* \rightleftharpoons CO^* + H^* \tag{3-21}$$

$$CO^* \rightleftharpoons CO + * \tag{3-22}$$

$$2H^* \rightleftharpoons H_2 + * \tag{3-23}$$

式中，* 表示镍表面活性中心，上标 * 表示该组分被活性中心吸附。根据这一机理，水分子和表面镍原子反应，生成氧原子和氢；而甲烷分子在催化剂的作用下离解，所形成的 CH 分子片与吸附氧反应生成气态的 CO 和 H_2。

在镍催化剂表面，甲烷和水蒸气解离成次甲基和原子态氧，并在催化剂表面吸附，互相作用，最后生成 CO_2、H_2 和 CO。有研究根据试验数据提出如下反应机理：

$$CH_4 + * \longrightarrow CH_2^* + H_2 \tag{3-24}$$

$$CH_2^* + H_2O \longrightarrow CO^* + 2H_2 \tag{3-25}$$

$$CO^* \longrightarrow CO + * \tag{3-26}$$

$$H_2O + * \longrightarrow O^* + H_2 \tag{3-27}$$

$$CO + O^* \longrightarrow CO_2 + * \tag{3-28}$$

上述五个反应步骤中，甲烷吸附、解离速率最慢，它控制了整个反应的速率，也就是说，甲烷水蒸气转化反应速率和甲烷浓度有关。

上述两种机理以前者被更多的研究者所支持，但二者的共同点是 CH_4 的催化剂活性表面吸附离解是整个反应的控制步骤。

3.1.2.2 甲烷水蒸气转化反应本征动力学方程

根据上述甲烷水蒸气转化机理，表明吸附为整个反应的控制步骤，整个反应的速率由甲烷的吸附、解离过程控制。由此甲烷水蒸气转化反应（3-1）的反应速率可以表示为：

$$r_{CH_4} = k p_{CH_4} \theta_Z \tag{3-29}$$

式中，r_{CH_4} 为甲烷转化反应速率，mol/(m^2 · h)；k 为反应速率常数，mol/(m^2 · h · MPa)；p_{CH_4} 为甲烷分压，MPa；θ_Z 为镍催化剂活性表面上自由空位分率。

反应（3-17）和反应（3-22）为快速反应，能很快地达到反应平衡，从而可以写出这两个式子的平衡常数。

$$\frac{p_{CO}\theta_Z}{\theta_{CO}} = \frac{1}{b} \text{ 即 } \theta_{CO} = b p_{CO} \theta_Z \tag{3-30}$$

$$\frac{p_{H_2}\theta_O}{p_{H_2O}\theta_Z} = a \text{ 即 } \theta_O = \frac{a p_{H_2O}\theta_Z}{p_{H_2}} \tag{3-31}$$

式中，b 为式（3-22）的平衡常数；a 为式（3-17）的平衡常数；θ_{CO} 为镍催化剂表面一氧化碳化学吸附态所占的部分；θ_O 为镍催化剂表面氧原子化学吸附态所占的部分。

设镍催化剂表面次甲基吸附所占的部分很小，则有：

$$\theta_Z + \theta_{CO} + \theta_O = 1 \tag{3-32}$$

将式（3-30）和式（3-31）带入式（3-32），整理得：

$$\theta_Z = \frac{1}{1 + a p_{H_2O}/p_{H_2} + b p_{CO}} \tag{3-33}$$

将式（3-33）代入式（3-29）得：

$$r_{CH_4} = k \frac{p_{CH_4}}{1 + a p_{H_2O}/p_{H_2} + b p_{CO}} \tag{3-34}$$

但当 a、b 值很小时，甲烷水蒸气转化反应速率可近似认为与甲烷浓度成正比，即属于一级反应，可以表示为：

$$r_{CH_4} = k p_{CH_4} \tag{3-35}$$

3.1.2.3 甲烷水蒸气转化反应宏观动力学方程

气固相催化反应过程除了存在气固两相之间的质量传递过程和固相内的热量传递过程外，还涉及反应组分在催化剂内的扩散系数和催化剂颗粒的热导率，所以要用宏观动力学来分析实际反应过程。

反应（3-1）和反应（3-2）的幂函数型动力学表达式，分别表示如下：

$$r_{CH_4}=A_1k_1\exp\left(-\frac{E_1}{RT}\right)p_{CH_4}^{0.7}(1-\beta_1) \tag{3-36}$$

$$r_{CO}=A_2k_2\exp\left(-\frac{E_2}{RT}\right)p_{CO}(1-\beta_2) \tag{3-37}$$

$$\beta_1=\frac{p_{CO}p_{H_2}^3}{p_{CH_4}p_{H_2O}}\cdot\frac{1}{K_{p_1}(p^{\ominus})^2} \tag{3-38}$$

$$\beta_2=\frac{p_{CO_2}\cdot p_{H_2}}{p_{CO}\cdot p_{H_2O}}\cdot\frac{1}{K_{p_2}} \tag{3-39}$$

式中，A_i 为第 i 个反应速率的总校正系数，其中包括催化剂的型号、颗粒尺寸、转化深度、年龄、压力、中毒等因素；k_i 为第 i 个反应的频率因子，kmol/(h·K)；E_i 为第 i 个反应的活化能，kJ/kmol；R 为气体常数，8.314kJ/(kmol·K)；p_i 为下标所示组分 i 的分压，MPa；$p^{\ominus}$ 为标准大气压，0.101325MPa。

上述式子已经考虑了内扩散对反应的影响。A_i、k_i、E_i 都需要在给定催化剂上的实验数据进行回归得到。

3.1.2.4 扩散作用对甲烷水蒸气转化反应的影响

甲烷水蒸气转化反应为气固相催化反应，气体的扩散速率对反应速率有显著的影响。研究发现，在工业反应条件下，外扩散的影响较小，而内扩散有显著影响。图 3-3 表明，随着催化剂粒度增大，反应速率和催化剂内表面利用率明显降低，这也表明了内扩散所起的作用。因此，工业生产中采用较小的催化剂颗粒或将催化剂制成环状或带槽沟的圆柱状都将会提高转化反应的速率。

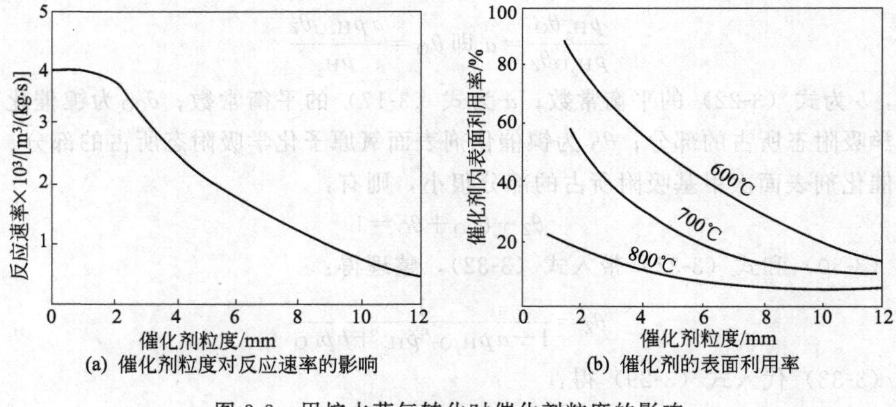

(a) 催化剂粒度对反应速率的影响　　(b) 催化剂的表面利用率

图 3-3 甲烷水蒸气转化时催化剂粒度的影响

3.1.3 甲烷水蒸气转化反应催化剂

烃类水蒸气转化是吸热可逆反应，高温对反应有利。但即使在 1000℃ 的温度下反应速率也很慢，必须用催化剂来加快反应。迄今为止，镍是最有效的催化剂。在制备好的镍催化剂中，镍是以 NiO 状态存在，含量以 4%～30%为宜。一般镍含量高的催化剂活性也高，但含镍太高，单位镍含量的活性增加有限，而成本却提高很多。

而催化剂活性又取决于活性比表面积的大小，所以必须把镍制备成细小分散的颗粒。由于转化反应温度高，催化剂在高氢分压和高水分压下操作，管内气体空速很高，催化剂晶粒容易长大，减小了单位镍含量的比表面积。这就要求烃类水蒸气转化催化剂耐高温性能好、活性高、强度大、抗积炭性能优。

为防止微晶增长，要把活性成分分散在耐热载体上。为使镍晶体尽量分散、达到较大的比表面积并阻止镍晶体的熔结，常用 Al_2O_3、MgO、CaO、K_2O 等作为载体，并添加 Cr_2O_3、TiO_2、La_2O_3 等助催化剂。这些助催化剂可抑制烧结过程、防止镍晶粒长大、延长使用寿命、提高抗硫抗积炭能力，同时还有助催化作用，可进一步改善催化剂的性能。

镍催化剂可用共沉淀法、混合法、浸渍法等制备，再经过高温焙烧过程，使载体与活性组分之间、载体与载体之间更好结合，提高机械强度。通常焙烧温度越高、时间越长，形成固溶体程度就越大，催化剂耐热性就越好。其中，共沉淀可以得到晶粒小、分散度高的催化剂，因而其活性好而目前被广泛采用。

制备好的镍催化剂中镍通常以 NiO 的形式存在，没有催化活性，使用前必须进行还原。工业生产中，常用的还原剂有氢气加水蒸气或甲烷加水蒸气。加入水蒸气是为了提高还原气流的气速，促使气流分布均匀，同时抑制烃类的裂解。为保证还原彻底，还原温度一般控制在高于转化的温度。已还原的活性镍催化剂在设备停车或开炉检查时，为防止被氧化剂（水蒸气或氧气）迅速氧化而放热熔结，应当有控制地让其缓慢降温和氧化。

还原的活性镍催化剂对硫、卤素和砷等毒物很敏感。硫对镍的中毒属于可逆的暂时性中毒。已中毒的催化剂，只要使原料中含硫量降到规定的标准以下，催化剂的活性就可以完全恢复。卤素对镍催化剂的毒害作用与硫相似，也是属于可逆性中毒。但砷中毒属不可逆的永久性中毒，在砷中毒严重时必须更换催化剂。通常要求原料气中硫、卤素和砷的含量必须小于 0.5×10^{-6}。

3.1.4　甲烷水蒸气转化过程积炭及处理

在转化反应的同时，可能会有式（3-8）、式（3-9）和式（3-10）所示积炭反应的发生。这些副反应生成的炭黑，会覆盖在催化剂表面，堵塞微孔，使甲烷转化率下降而使出口气体中残余甲烷增多，同时使局部反应区产生过热而缩短反应管使用寿命，甚至还会使催化剂粉碎而增大床层阻力。

从热力学分析可知，反应（3-8）为吸热、体积增加的可逆反应，反应（3-9）和反应（3-10）为放热、体积缩小的可逆反应。它们的反应平衡常数可表示为：

$$K_{p_1}=p_{H_2}^2/p_{CH_4} \tag{3-40}$$

$$K_{p_2}=p_{CO_2}/p_{CO}^2 \tag{3-41}$$

$$K_{p_3}=p_{H_2O}/(p_{CO}p_{H_2}) \tag{3-42}$$

上述积炭反应的平衡常数和温度的关系如图 3-4 所示。从平衡常数分析，温度和压力对上述反应的积炭有不同影响。如果增加温度或减少体系压力，CH_4 裂解反应式（3-8）产生积炭的可能性增大；CO 歧化反应式（3-9）反应式（3-10）产生积炭的可能性减少，反而能够起到消炭的作用。如果降低温度或增加体系压力，则结果正好相反。

同时上述三个反应都是可逆反应，在转化过程中是否有炭析出，还取决于炭的沉积（正反应）速率和脱除（逆反应）速率。从炭的沉积速率看，CO 歧化反应（3-9）生碳速率最快；从炭的脱除速率看，对于高活性催化剂，反应（3-10）的逆反应，即炭与水蒸气的反应速率最快，且反应（3-9）的逆反应，即碳与二氧化碳作用的反应速率比其正反应速率快 10

倍左右。因此，从动力学分析可知，只有用低活性催化剂时才存在积炭问题。

为控制积炭，主要通过增加水蒸气用量以调整气体组成和选择适当的温度、压力来解决。防止积炭的主要措施是适当提高水蒸气用量，选择适宜的催化剂并保持活性良好，控制含烃原料的预热温度不要太高等。生产中出现积炭的部位常在距离反应管进口30%～40%的一段，是由于这一段甲烷浓度较高，温度也较高，积炭反应速率大于脱炭速率，因而有炭析出。由于炭沉积在催化剂表面，有碍甲烷水蒸气转化反应进行，因而在管壁会出现高温区，称为"热带"。可通过观察管壁颜色，或由反应管阻力变化加以判断。若已有积炭，可采取提高水蒸气用量、降压、减量的办法将其除去。当积炭较重时，可停止送原料气，保留水蒸气，提高床层温度，利用式（3-10）的逆反应除炭。也可采用空气与水蒸气的混合物"烧炭"。

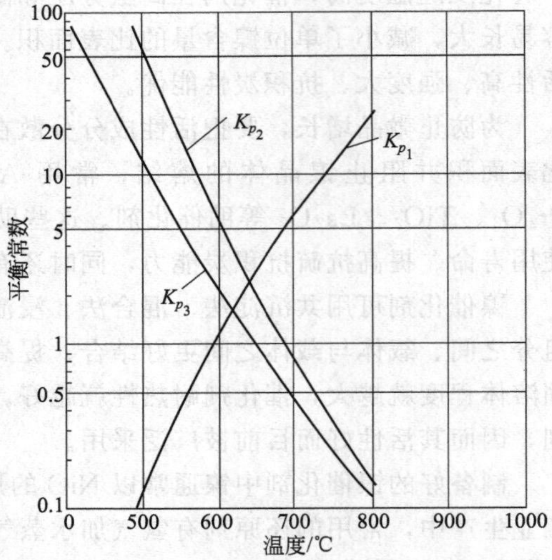

图 3-4 积炭反应在不同温度下的平衡常数

3.1.5 甲烷水蒸气转化的生产工艺

3.1.5.1 甲烷水蒸气的二段转化

甲烷与水蒸气在催化剂作用下生成CO和H_2，产物H_2和CO的摩尔比约为3，适合于制备合成氨和氢为目的产物的工艺。在合成氨生产中，要求合成气中甲烷体积分数小于0.5%。要使甲烷有高的转化率，需用较高的转化温度，通常在1000℃以上，而目前耐热合金钢管只能达到800～900℃。因此甲烷水蒸气转化时，生产上采用两段转化。一段转化炉温度在600～800℃，催化剂填充在炉膛内的若干根ϕ80mm～ϕ150mm、长度为6m的换热合金钢管中，反应气体从上而下通过催化剂层。在二段转化炉中，催化剂直接堆砌在炉膛内，炉壁内衬耐火砖，反应温度可达1000～1200℃，以保证CH_4尽可能高的转化率。

从一段转化炉出来的转化气掺和一些加压空气后进入装有催化剂的二段转化炉，带入的氮在最终转化气中达到（$CO+H_2$）：N_2＝3～3.1的要求。在二段转化炉中，首先发生的是部分氧化反应。由于氢与氧之间有极快的反应速率，使氧气在催化剂床层上部空间就差不多全部被氢气消耗，反应释放出的热量迅速提高炉内的转化温度，使温度高达1200℃以上。随即在催化剂床层进行CH_4和一氧化碳与水蒸气的转化反应。二段转化炉相当于绝热反应器，总过程是自热平衡的。由于二段转化炉中反应温度超过1000℃，即使在稍高的转化压力下，CH_4也可转化得相当完全，合成气中的CH_4含量小于0.5%。

3.1.5.2 甲烷水蒸气转化的工艺条件

工艺条件对转化反应及平衡组成有明显的影响。在原料一定的条件下，平衡组成主要由温度、压力和水碳比决定。反应速率还受催化剂的影响。此外，空间速度决定反应时间，从而影响到转化气的实际组成。

（1）压力 升高压力对体积增加的甲烷转化反应不利，平衡转化率随压力的升高而降低。但工业生产上，转化反应一般都在3～4MPa的加压条件下进行，其主要原因如下。

① 烃类水蒸气转化是体积增加的反应，而气体压缩功是与体积成正比的，因此压缩原料气要比压缩转化气节省压缩功。

② 由于转化是在过量水蒸气条件下进行，经 CO 变换冷却后，可回收原料气大量余热。其中水蒸气冷凝热占很大比重。压力愈高，水蒸气分压也愈高，其冷凝温度也愈高，利用价值和热效率也较高。

③ 由于水蒸气转化加压后，变换、脱碳以至到氢氮混合气压缩机以前的全部设备的操作压力都随之提高，可减小设备体积，降低设备投资费用。

④ 加压情况下可提高转化反应和变换反应的速率，减少催化剂用量和反应器体积。

(2) 温度　一般来说，升高温度能加快反应速率，升高温度也有利于甲烷转化反应。但工业生产上，操作温度还应考虑生产过程的要求，催化剂的特征和转化炉材料的耐热能力等。

提高一段转化炉的反应温度，可以降低一段转化气中的剩余甲烷含量。但是因受转化反应管材料耐热性能的限制，一段转化炉出口温度不能过高，否则将大大缩短炉管的使用寿命。目前一般使用 HK-40 高镍铬离心浇铸合金钢管，使用温度限制在 700～800℃。

二段炉出口温度，不受金属材料限制，主要依据转化气中的残余甲烷含量设计。如果要求二段炉出口气体甲烷含量小于 0.5%，出口温度应在 1000℃左右。

工业生产表明，一、二段转化炉出口温度都比出口气体组成相对应的平衡温度高，出口温度与平衡温度之差称为“接近平衡温度差”，简称“平衡温距”。平衡温距与催化剂活性和操作条件有关，其值愈低，说明催化剂的活性愈好。工业设计中，一、二段转化炉平衡温距通常分别在 10～15℃和 15～30℃。

(3) 原料配料中的水碳比　增大原料气中的水碳比，对转化反应和变换反应均有利，并能防止积炭副反应的发生。但水蒸气耗量加大，增大了气流总量和热负荷。过高的水碳比，不仅不经济，而且使炉管的工作条件（热流密度和流体阻力）恶化。工业上比较适宜的水碳比为 3～4，并视其他条件和转化条件而定。

(4) 空间速度　空间速度表示催化剂处理原料气的能力。催化剂活性高，反应速率快，空速可以大些。气态烃类催化转化的空间速度有以下几种表示方式。

① 原料气空速　以干气或湿气为基准，每立方米催化剂每小时通过的含烃原料的体积，m^3。

② 碳空速　以碳数为基准，将含烃原料中所有烃类的碳数都折算为甲烷的碳数，即每立方米催化剂每小时通过甲烷的体积，m^3。

③ 理论氢空速　假设含烃原料全部转化为氢，例如：$1m^3\ CO=1m^3\ H_2$，$1m^3\ CH_4=4m^3\ H_2$。因此，理论氢空速是指每立方米催化剂每小时通过理论氢的体积，m^3。

在保证出口转化率达到要求的情况下，提高空速可以增大产量，但同时也会增大流体阻力和炉管的热负荷。因此，空速的确定应综合考虑各种因素。图 3-5 和图 3-6 给出了一、二段转化炉空速与压力的关系。

一般说来，一段转化炉不同炉型采用的空速有很大差异。二段转化炉为保证转化气中残余甲烷的含量在催化剂使用的后期仍能符合要求，空速应该选择低一些。

3.1.6 甲烷水蒸气转化的工艺流程

目前采用的甲烷水蒸气转化法有美国凯洛格法、布朗工艺、英国帝国化学公司 ICI 法、丹麦托普索等。除一段转化炉和烧嘴结构不同外，其余均大同小异，包括有一、二段转化炉，原料预热和余热回收。

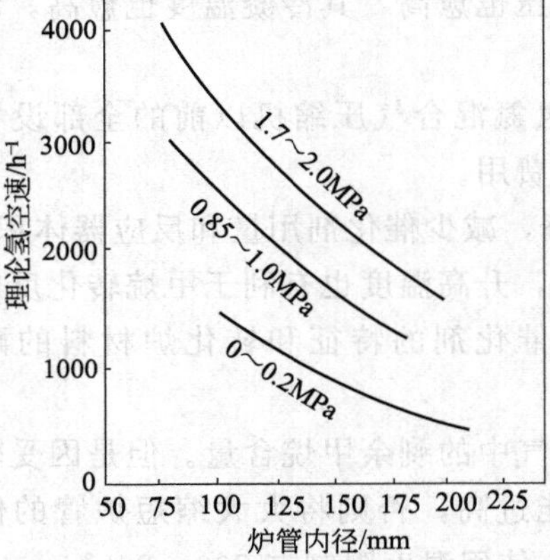

图 3-5 一段转化炉空速与压力的关系

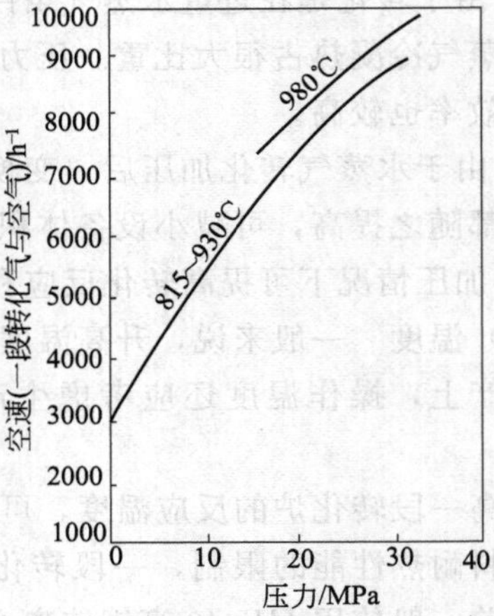

图 3-6 二段转化炉空速与压力的关系

布朗工艺是在凯洛格工艺的基础上发展起来的，与凯洛格工艺大同小异。其主要特点是深冷分离和较温和的一段转化条件。布朗工艺一段炉炉管直径为 150mm，相比凯洛格工艺 71mm 的炉管直径要大得多。布朗工艺一段炉的操作温度 690℃左右、炉管压力降 250kPa，相比凯洛格工艺的炉管温度（800℃左右）、炉管压力降（478kPa），要温和得多。布朗工艺较低的操作温度就降低了对耐火材料的要求，降低了投资成本和操作成本。

现在以凯洛格工艺流程为例作以介绍。其流程图见图 3-7。

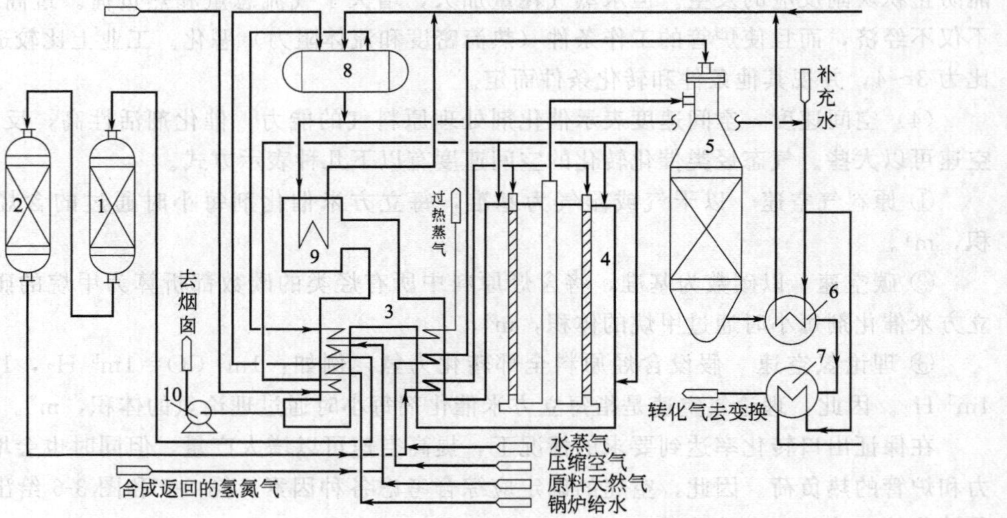

图 3-7 天然气水蒸气转化工艺流程

1—钴钼加氢反应器；2—氧化锌脱硫罐；3—对流段；4—辐射段（一段炉）；5—二段转化炉；6—第一废热锅炉；7—第二废热锅炉；8—汽包；9—辅助锅炉；10—排风机

天然气经脱硫后，硫含量小于 0.5×10^{-6}，然后在压力 3.6MPa、温度 380℃左右配入中压蒸汽，达到一定的水碳比（约 3.5），进入一段转化炉的对流段预热到 500～520℃，然后送到一段转化炉的辐射段顶部，分配进入各反应管，从上而下流经催化剂层。转化管直径一般为 80～150mm，加热段长度为 6～12m。气体在转化管内进行水蒸气转化反应，从各转化管出来的气体由底部汇集到集气管，再沿集气管中间的上升管上升，温度升到 850～860℃时，送去二段转化炉。

空气经过加压到 3.3～3.5MPa，配入少量水蒸气，并在一段转化炉的对流段预热到 450℃左右，进入二段炉顶部与一段转化气汇合并燃烧，使温度升至 1200℃左右，再通过催化剂层，出二段炉的气体温度约 1000℃左右，压力为 3.0MPa，残余甲烷体积分数在 0.3%左右。

从二段炉出来的转化气依次送入两台串联的废热锅炉以回收热量，产生蒸汽。从第二废热锅炉出来的气体温度约为 370℃左右送往变换工序。燃烧天然气从辐射段顶部喷嘴喷入并燃烧，烟道气的流动方向自上而下，与管内的气体流向一致。离开辐射段的烟道气温度在 1000℃以上。进入对流段后，依次流过混合原料气、空气、蒸汽、原料天然气、锅炉水和燃烧天然气各个盘管，温度降到 250℃时，用排风机排往大气。

为了平衡全厂蒸汽用量而设置的一台辅助锅炉，也是以天然气为燃料，烟道气在一段炉对流段的中央位置加入，因此与一段炉共用一半对流段、一台排风机和一个烟囱。辅助锅炉和几台废热锅炉共用一个汽包，产生 10.5MPa 的高压蒸汽。

3.2 天然气 CO_2 转化

CO_2 是含碳化合物被氧化的最终产物，仅大气层中 CO_2 含量就达 10^{14} t。工业上不断地向大气层中排放 CO_2，并以每年 4%递增。大气中过高的 CO_2 浓度对气候及生态平衡造成了极大的副作用。例如，大气中的 CO_2 含量增高时，地表辐射的散失能力就会降低，从而导致地球表面的温度升高产生“温室效应”。这一效应将直接对人类和生物界造成威胁。因此如何合理利用 CO_2 已引起世界各国的普遍重视，一方面需要减少和控制 CO_2 排放；另一方面必须研究开发利用 CO_2 的方法。

天然气 CO_2 催化转化反应不仅能充分利用天然气和 CO_2 资源，生产低合成气的 H_2/CO 比，适宜用于羰基合成、二甲醚合成、F-T 合成油等的原料气以及用于调整蒸汽转化产物中 H_2/CO 比，并且这一反应对于环境保护具有重大意义。此外由于该反应的强吸热性而在化学储能方面有着广阔的应用前景，因而日益受到人们的重视。

天然气 CO_2 转化反应是一个新颖的课题，它为制备合成气提供了另一条重要的途径。目前天然气 CO_2 转化反应的研究已取得一系列重要进展，对催化剂筛选设计、反应条件的优化、催化剂失活特性及动力学行为和反应机理均有较深入的认识。

3.2.1 CH_4-CO_2 转化反应的热力学分析

CO_2 是一个比较稳定的分子，它的第一电离势为 13.78eV，所以 CO_2 是一个相当弱的电子给予体，强的电子接受体分子。它易被还原，难于氧化，可通过电子供给而得以活化。因此在甲烷 CO_2 转化反应中，CO_2 的直接分解在能量上是不利的，应该考虑其他能量上更有利于 CO_2 转化的途径。研究表明，在 H_2 存在下，CO_2 容易被活化，和 H_2 可以发生水煤气变换反应（3-2）的逆反应。

3.2.1.1 反应平衡常数

体系中可能发生的主反应有：

$$CH_4+CO_2 \rightleftharpoons 2CO+2H_2-247kJ/mol \tag{3-43}$$

以及以下副反应：

$$CO_2+H_2 \rightleftharpoons CO+H_2O-41.2kJ/mol \tag{3-44}$$

$$2CO \rightleftharpoons CO_2+C+172.5kJ/mol \tag{3-45}$$

$$CH_4 \rightleftharpoons CH_2+C-74.9kJ/mol \tag{3-46}$$

$$CO+H_2 \rightleftharpoons H_2O+C+131.47kJ/mol \tag{3-47}$$

主反应（3-43）是一强吸热反应，因此高温有利于该反应。副反应（3-44），即水煤气变换反应的逆反应，是弱吸热反应，高温也有利于该反应。但副反应（3-44）消耗 H_2 产生 CO，减少 H_2 与 CO 的摩尔比，对主反应的影响非常大，通常可以导致 H_2 与 CO 的摩尔比小于 1。由于存在副反应，甲烷 CO_2 转化过程中，CO_2 的平衡转化率总是大于 CH_4 的平衡转化率；而转化气中 H_2 与 CO 的摩尔比总是小于或等于 1，这种合成气非常适合用作羰基合成、二甲醚合成和 F-T 合成油的原料气。

甲烷 CO_2 转化的两个可逆反应式（3-43）和式（3-44），其平衡常数分别表示如下：

$$K_{p_1}=\frac{(p_{CO}/p^{\ominus})^2\cdot(p_{H_2}/p^{\ominus})^2}{(p_{CH_4}/p^{\ominus})\cdot(p_{CO_2}/p^{\ominus})} \tag{3-48}$$

$$K_{p_2}=\frac{(p_{CO}/p^{\ominus})\cdot(p_{H_2O}/p^{\ominus})}{(p_{CO_2}/p^{\ominus})\cdot(p_{H_2}/p^{\ominus})} \tag{3-49}$$

式中，p_i 分别为系统处于反应平衡时 i 组分的分压，Pa；$p^{\ominus}$ 为标准大气压，101325Pa。

在压力（2～4MPa）不太高的条件下，只考虑温度对平衡的影响。K_{p_1} 与 K_{p_2} 与温度的关系可用下式分别计算：

$$\ln K_{p_1}=\frac{-28711.8}{T}+5.1567\ln T-2.6148\times10^{-3}T+3.6816\times10^{-8}T^2-1.3749 \tag{3-50}$$

$$\ln(1/K_{p_2})=\frac{4865.8}{T}-1.1187\ln T+3.6574\times10^{3}T-1.2817\times10^{-6}T^2+2.1845\times10^{-10}T^3+0.5686 \tag{3-51}$$

式中，T 为温度，K。表 3-4 列出来部分温度下反应（3-43）和反应（3-44）的平衡常数。

表 3-4 不同温度下反应（3-43）和（3-44）的平衡常数

温度/K	K_{p_1}	K_{p_2}
600	1.868×10^{-8}	3.634×10^{-2}
700	2.978×10^{-5}	0.1091
800	7.722×10^{-3}	0.2437
900	0.5929	0.4475
1000	1.932×10	0.7179
1100	3.316×10^{2}	1.045
1200	3.548×10^{3}	1.415
1300	2.626×10^{4}	1.817
1400	1.452×10^{5}	2.233

由表 3-4 可见，在 900K 以下，副反应（3-44）占优势，甲烷 CO_2 转化产物中 H_2 与 CO 的摩尔比较小；900K 以上反应式（3-43）才占优势，反应产物中 H_2 与 CO 的摩尔比逐渐增大。

3.2.1.2　计算平衡组成

根据反应平衡常数，可以计算出转化反应达到平衡时反应气体的组成。若进气中只含 CH_4、CO_2 和 H_2O，设 n_m、n_c 和 n_w 分别为进气中 CH_4、CO_2 和 H_2O 物质的量，kmol；x 为反应（3-43）转化的 CH_4 的物质的量，kmol；y 为反应（3-44）生成的 H_2O 的物质的量，kmol；则达到反应平衡时各组分的物质的量和组成如表 3-5 所示。

表 3-5　CH_4-CO_2 转化达到平衡时各组分的物质的量和组成

组分	物质的量/kmol	摩尔分数
CH_4	n_m-x	$(n_m-x)/(n_m+n_c+n_w+2x)$
CO_2	n_c-x-y	$(n_c-x-y)/(n_m+n_c+n_w+2x)$
CO	$2x+y$	$(2x+y)/(n_m+n_c+n_w+2x)$
H_2	$2x-y$	$(2x-y)/(n_m+n_c+n_w+2x)$
H_2O	n_w+y	$(n_w+y)/(n_m+n_c+n_w+2x)$
Σ	$n_m+n_c+n_w+2x$	1.0

给定温度后，可计算出 K_{p_1} 与 K_{p_2}。反应体系按理想气体处理，摩尔分数乘以总压即组分的分压，代入平衡常数方程中，两个方程有 x，y 两个未知数，利用上式可求得平衡条件下的组成。如果考虑气体的非理想性，则平衡常数中的分压用逸度代替；用 SRK、PR 等状态方程计算出每个组分的逸度系数，代入平衡常数方程中可得：

$$K_{p_1}=\frac{(2x+y)^2(2x-y)^2}{(n_m-x)(n_c-x-y)}\cdot\frac{(p/p^{\ominus})^2}{(n_m+n_c+2x)^2} \tag{3-52}$$

$$K_{p_2}=\frac{(2x+y)y}{(n_c-x-y)(2x-y)} \tag{3-53}$$

求解上述非线性方程组，即可求出各组分组成。表 3-6 为压力 2.0MPa，$CH_4/CO_2/H_2O$ 为 1.0/1.0/0.05 条件下，根据式（3-50）和式（3-51）计算的平衡常数，求解式(3-52)和式（3-53）组成的非线性方程组所得的反应平衡组成。从表 3-6 看出，随着温度的升高，转化反应的转化率增加，H_2 和 CO 的摩尔比增加；当温度达到 1000℃后，CH_4 和 CO_2 转化率上升趋势减缓；当温度达到 1200℃时，CH_4 和 CO_2 基本转化完全，H_2 和 CO 的摩尔比将接近 1.0。

表 3-6　不同温度下反应式（3-43）和式（3-44）的平衡组成

温度/℃	平衡常数		平衡组成/%				
	K_{p_1}	K_{p_2}	CH_4	CO_2	CO	H_2	H_2O
700	8.107	0.6584	33.25	27.26	21.71	9.73	8.05
800	1.628×10^2	0.9855	19.39	12.92	36.22	23.28	8.18
900	1.957×10^3	1.365	8.73	4.79	44.48	36.61	5.38
1000	1.585×10^4	1.782	3.53	1.83	47.51	44.10	3.03
1100	9.404×10^4	2.223	1.40	0.84	48.53	47.41	1.83
1200	4.347×10^5	2.677	0.54	0.49	48.89	48.79	1.30
1300	1.639×10^6	3.134	0.20	0.35	49.03	49.32	1.09

3.2.1.3　影响 CH_4-CO_2 转化平衡组成的因素

从甲烷 CO_2 转化反应的平衡常数分析，影响甲烷 CO_2 转化平衡组成的因素有温度和压力。温度对甲烷的转化有重要作用，影响关系如图 3-8 所示。因为转化反应（3-43）和反应（3-44）都是吸热反应，随着温度的升高，甲烷和 CO_2 的转化率都增加。但反应（3-43）随温度的升高而增加的趋势远远大于反应（3-44），故随温度的增加合成气中 H_2 对 CO 摩尔比显著增加。因为转化反应（3-43）是体积增大的反应，加压对甲烷的转化并不有利，但加压转化只需压缩甲烷和 CO_2，比压缩转化后的气体节省了很多能量。

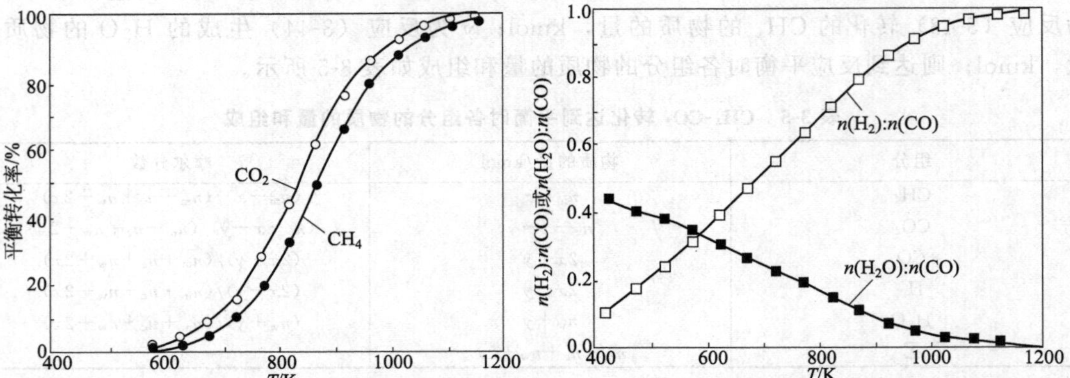

(a) CO_2、CH_4在不同温度下的平衡转化率　(b) 转化气中$n(H_2):n(CO)$和$n(H_2O):n(CO)$与温度的关系

图 3-8 温度对甲烷 CO_2 转化反应的影响

从热力学角度分析，高温有利于甲烷 CO_2 转化反应，但即使在相当高的温度下，反应速率仍很缓慢，因此就需要催化剂来加快反应。

3.2.2 CH_4-CO_2 转化反应的动力学分析

3.2.2.1 CH_4-CO_2 转化反应的反应机理

无论从基础研究的角度看，还是从催化剂的改进和反应过程优化的角度来看，动力学和反应机理的研究都是非常重要的。表 3-7 列出了采用激光吸收-时间谱得到的 CH_4 和 CO_2 相关的一些基本反应的动力学参数。

虽然采用激光光谱技术能直接观察到与甲烷和二氧化碳有关的基元反应步骤，但这都只是气相非催化反应结果，难以直接用于真实的催化转化反应过程中。但从表 3-7 中各基元反应步骤活化能相对值的大小还是可以清楚地看出，单纯的甲烷逐步分解需要较高的活化能；单纯 CO_2 分解需要的活化能比甲烷更高；但 CO_2 与 H 或 CH 碎片反应所需活化能却低得多。

表 3-7 CH_4 和 CO_2 相关的一些基本反应的动力学参数

反　应	指前因子 A	活化能 E_a/(kJ/mol)
$CH_4 \longrightarrow CH_3 + H$	—	343.3
$CH_3 \longrightarrow CH_2 + H$	1.9×10^{16}	382.7
$CH_2 \longrightarrow CH + H$	4.2×10^{15}	345.4
$CH \longrightarrow C + H$	8.9×10^{14}	307.7
$CO_2 \longrightarrow CO + O$	3.1×10^{14}	427.9
$CO_2 + H \longrightarrow CO + OH$	1.6×10^{14}	110.1
$CO_2 + CH \longrightarrow 2CO + H$	1.9×10^{14}	66.2

国外研究者对镍催化剂上的 CH_4-CO_2 转化反应动力学进行了研究，认为 CH_4-CO_2 转化反应机理可以表示如下：

$$CH_4 + * \longrightarrow CH_2^* + H_2$$
$$CO_2 + * \longrightarrow CO + O^*$$
$$H_2 + O^* \longrightarrow H_2O + *$$
$$CH_2^* + H_2O \longrightarrow CO^* + 2H_2$$
$$CO^* \longrightarrow CO + *$$

其中甲烷脱氢裂解为反应的速度控制步骤。

另有研究者利用原位红外、X射线光电子光谱法（XPS）和脉冲实验技术对在镍催化剂上 CH_4-CO_2 转化进行了比较详细的研究，提出如下反应机理。

$$CH_4 + 2* \longrightarrow CH_3^* + H^*$$
$$CH_3^* + * \longrightarrow CH_2^* + H^*$$
$$CH_2^* + * \longrightarrow CH^* + H^*$$
$$CH^* + * \longrightarrow C^* + H^*$$
$$2H^* \longrightarrow H_2 + 2*$$
$$CO_2^* + CH_x^* \longrightarrow OCH_x^* + CO^*$$
$$OCH_x^* \longrightarrow xH^* + CO^*$$
$$CO_2^* + H^* \longrightarrow OH^* + CO^*$$
$$OH^* \longrightarrow O^* + H^*$$
$$O^* + CH_x^* \longrightarrow OCH_x^*$$
$$CO^* \longrightarrow CO + *$$
$$2CO^* \longrightarrow CO_2 + C^*$$

式中，“*”表示镍表面活性中心，上标“*”表示该组分被活性中心吸附。该机理认为 CH_4-CO_2 转化反应是通过 CH_4 在金属活性中心逐步分解脱氢进行的，是反应的控制步骤，也被很多实验所证实。吸附态 CO 的歧化反应是催化剂表面积炭的主要来源，是催化剂失活的主要原因。

3.2.2.2 CH_4-CO_2 转化反应的动力学方程

对 CH_4-CO_2 转化反应研究的报道不少，但是有关该反应的基本动力学研究的报道并不多见，这里介绍两个主要的 CH_4-CO_2 转化反应的动力学模型。对于 Ni-Pd 型催化剂，动力学方程为：

$$r=\frac{kp_{CH_4}}{1+a(p_{H_2O}/p_{H_2})+bp_{CO}} \tag{3-54}$$

对于 Ni/Al_2O_3 型催化剂，认为 CH_4-CO_2 转化反应中，甲烷的离解反应是可逆反应，为控制步骤；同时 CO_2 与甲烷离解后的表面碳氢物进行反应。根据该反应机理上提出的动力学方程为：

$$r=\frac{ap_{CH_4}p_{CO_2}^2}{(p_{CO_2}+bp_{CO_2}^2+cp_{CH_4})^2} \tag{3-55}$$

上述两公式中，a，b，c 为用实验数据拟合的常数；k 为反应平衡常数；r 为相应化学反应的反应速度。

3.2.3 CH_4-CO_2 转化反应催化剂

CH_4-CO_2 转化反应的关键是催化剂，CH_4-CO_2 转化至今未能实现工业化的一个主要障碍就是催化剂极易因积炭而失去活性，因而开发抗积炭能力强的高活性催化剂是 CH_4-CO_2 转化反应实现工业化的关键。

贵金属，如铑（Rh）、钌（Ru）、铱（Ir）和大多数的第Ⅷ族过渡金属如镍（Ni）、钴（Co）、铜（Cu）、铁（Fe）都对 CH_4-CO_2 转化反应具有催化活性，而所用载体多为 Al_2O_3、SiO_2、TiO_2、ZrO_2、MgO、CaO 等氧化物或复合氧化物。表 3-8 给出了部分催化剂体系上 CH_4-CO_2 转化反应的结果。

表 3-8 部分催化剂体系上 CH_4-CO_2 转化反应的结果

催化剂	温度/K	CH_4 转化率/%	CO_2 转化率/%	H_2 收率/%	CO 收率/%
Ni/Al_2O_3	1050	88	81	88	85
Pd/Al_2O_3	1050	71	75	69	73
Ru/Al_2O_3	1050	67	71	62	69
Rh/Al_2O_3	1050	86	88	85	87
Ir/Al_2O_3	1050	88	91	87	89
Rh/TiO_2	893	88.7	88.2	80.7	82.4
Co/MgO-C	923	66.1	77.1	52.1	60.4

贵金属催化剂具有最佳的催化活性和抗积炭的综合性能，但贵金属昂贵难得。因此对 CH_4-CO_2 重整反应催化剂的研究集中在对过渡金属催化剂的改进，尤其是 Ni 基催化剂的改进上。通过加深对催化剂上积炭机理的深入理解，添加助剂，改进催化剂及载体的制备方法以提高催化剂的抗积炭性能。

3.2.3.1 CH_4-CO_2 转化催化剂上成炭机理

在 CH_4-CO_2 转化过程中，积炭的主要来源是 CO 的歧化反应（3-45）和 CH_4 的裂解反应（3-46）。CO 歧化反应是放热反应，平衡常数随温度升高而减少；CH_4 裂解反应则相反。计算表明在 CH_4、CO_2、CO、H_2 和 H_2O 组成的平衡体系中，积炭的程度随反应温度升高而降低，试验结果也证实了这一点。此外，CO 歧化速率比相同条件下 CH_4 裂解成炭速率快 3～10 倍，且反应转化气中 CO 含量较高，因此，炭沉积的最主要的来源应该是 CO 歧化反应。

通过多年研究，一般认为 CO 歧化反应首先是 CO 吸附在催化剂的大的活性基团上，然后 CO 的吸附物种通过一个弯曲的过渡状态而解离。例如，CO 在金属 Ni 上的解离就是通过上述机理进行的，CO 解离后形成的炭沉积在金属的表面，随后 CO 吸附在 C/Ni 表面上，促使表面的炭向下面的 Ni 层迁移，导致 Ni 表面发生重构，表面的 Ni-Ni 键变长，析出的炭可以插入 Ni 晶格中，通过金属晶格扩散直到碳原子沉积在金属背面的石墨层上。

最近研究表明，积炭也可能来自 CO_2。CO_2 解离产生的 CO 若不能及时脱附，有可能在催化剂表面发生 CO 歧化反应，从而导致积炭。

一般而言，在镍催化剂上积炭主要有如下三种形式。

（1）丝状炭（whisker carbon） 在 720K 以上的温度下由炭在催化剂表面的镍微晶上生长而成。少量丝状炭不会使催化剂失活，但大量生成会使催化剂孔口阻塞，直到催化剂破裂粉碎。

(2) 包积炭 (encapsulating carbon) 在低于 770K 温度下由烃类化合物在镍催化剂表面形成的包积膜生长而成，这种炭将导致催化剂失活。

(3) 热解炭 (pyrolytic carbon) 高于 873K 的温度下由烃类化合物热裂解而成，这类炭也会使催化剂失活。而甲烷的 CO_2 转化过程中炭沉积的主要形式为丝状的须晶炭，其形成过程的速率控制步骤为炭在金属催化剂晶粒上的扩散，而扩散的驱动力来源于 CO 吸附和歧化反应所放出的热。

3.2.3.2 影响催化剂积炭的因素及积炭抑制

根据 CH_4-CO_2 转化反应过程中的甲烷裂解反应和 CO 歧化反应，从热力学平衡计算出镍催化剂上不同温度下，不同 H/C 摩尔比、O/C 摩尔比时的积炭区域，如图 3-9 所示。

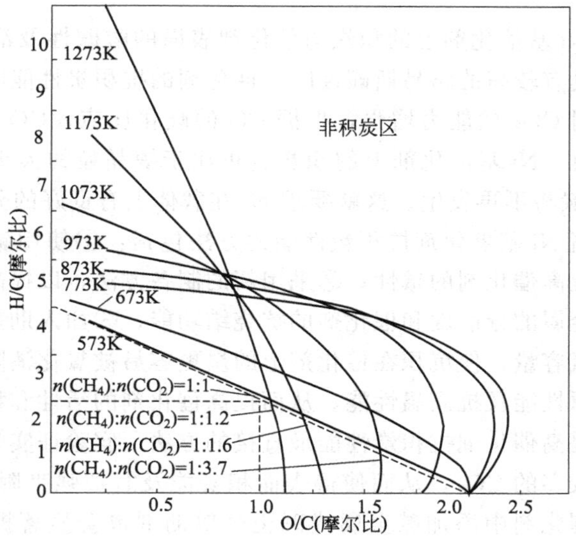

图 3-9 不同温度下，不同 H/C 摩尔比、O/C 摩尔比时的积炭区域

从图 3-9 中可以看出，进行纯粹的 CH_4-CO_2 转化反应时，要在镍基催化剂上避免积炭，只有两条途径：一是提高反应温度，如当 CH_4 与 CO_2 摩尔比为 1∶1.2 时，只有当温度超过 1273K 才能达到热力学非积炭区；二是增加反应气中 CO_2 的浓度，当 CH_4 与 CO_2 摩尔比为 1∶3.7 时，温度超过 1073K 时就可避免镍催化剂上的积炭。然而这两种方法都有不足之处，前一种方法需要很高的温度，对反应器材质的要求很苛刻；第二种方法加入了太多的 CO_2，对 CH_4-CO_2 转化这样的强吸热反应，需要消耗大量额外的热量来加热过量的 CO_2。因此从工业化的观点来看，人们期望在较低温度和较低 CO_2 与 CH_4 摩尔比的条件下进行转化反应，这就对抑制催化剂积炭有了更高的要求。

在 CH_4-CO_2 转化反应原料气中添加水、H_2S 或 O_2 等气体的办法可以在一定程度上抑制催化剂积炭。由丹麦 Topsoe 公司开发的硫化钝化转化 (sulfur passivated reforming, SPARG) 工艺能非常有效地抑制催化剂积炭的产生。该工艺通过在原料气中添加水和 H_2S 的办法来抑制催化剂积炭的形成。添加水的目的是使原料气的组成处于热力学平衡的极限积炭区附近，尽量减少镍催化剂上的积炭，使催化剂在反应温度下长时间保持高活性。同时，研究表明，随着催化剂表面硫覆盖度的增加，炭沉积的速率比转化反应的速率下降更快，说明转化反应所需要的催化剂活性中心小于积炭反应。因此，通过在原料中加入硫化物的目的是使催化剂有选择性中毒，控制镍金属表面活性中心的大小，消除大的活性中心，同时仍有足够的活性中心维持转化反应。

研究表明，在原料气中提高 O/C 摩尔比和（或）H/C 摩尔比可以比较容易地避免催化剂积炭，特别是提高 O/C 摩尔比对 CH_4-CO_2 转化过程中抑制积炭非常有利。因此有研究提出采用 O_2-CO_2-CH_4 混合转化工艺，而且在层浸法制备的 12% Ni-5% Ce/Al_2O_3（质量）催化剂上，混合转化的最佳反应温度为 1023K，最佳原料配比 n（CH_4）∶n(CO_2)∶n(O_2)∶n(N_2）为 3∶4.5∶1∶6，空速为 52.2m^3/(kg·h)，此时 CH_4 和 CO_2 的转化率分别为 92.22%和 70.04%，H_2 和 CO 的收率分别为 92.22%和 92.19%。

除了工艺上采取措施抑制积炭外，还可以通过改进催化剂的制备方法，添加助剂以提高催化剂的抗积炭性能。

近期的研究发现 Ni 基催化剂上的积炭与催化剂表面的酸碱性及活性组分的分散度密切相关。当催化剂载体具有较高的路易斯碱性时，催化剂的抗积炭性能明显改善。因为载体的碱性增强，催化剂吸附 CO_2 的能力增强，根据 CO 的歧化反应，CO_2 的平衡浓度的增加意味着积炭的减少。同时，Ni 基催化剂上的积炭量正比于镍晶粒的大小，普遍认为当镍晶粒粒径小于 2nm 时，积炭将不再发生。这就要求 Ni 在载体上有良好的分散度和良好的抗高温烧结功能。因此，提高 Ni 基催化剂抗积炭性能的方法包括：①使用碱性较强的载体或加入碱金属或碱土金属以提高催化剂的碱性；②采用新的制备方法，以提高活性金属与载体的相互作用，并提高活性金属的分散度和催化剂的抗烧结功能；③加入助剂，以提高活性金属的分散度和催化剂的储氧容量，使沉积在催化剂上的炭更容易被氧化消除。助剂的加入还可以提高催化剂的氧化还原性能及抗高温性能，从而提高催化剂的活性和稳定性。

使用碱性载体是提高催化剂抗积炭性能最直接的方法，实验证实是 MgO 和 CaO 的存在能使催化剂表面吸附较多的 CO_2，从而使得表面积炭能及时被强吸附的 CO_2 反应掉而减少了表面积炭。此外在催化剂中添加碱金属或碱土金属助剂也会显著提高催化剂的抗积炭性能。但简单的添加的碱金属或碱土金属助剂，尤其是 K、Na 在高温下容易流失，目前提高催化剂碱性的占主导地位的方法是使用碱性载体，特别是复合载体。载体可用两种方法制成，一是通过共沉淀方法制备的具有尖晶石结构的 $MgAl_2O_4$ 载体，另一种是通过将 $Mg(NO_3)_2$浸渍在 γ-Al_2O_3 上制备的 MgO-Al_2O_3 载体。测试表明，两种催化剂都比 Ni/γ-Al_2O_3 具有优良的活性及稳定性，而负载在表面上的尖晶石结构的 $MgAl_2O_4$ 载体上的催化剂有更好的抗积炭和抗高温烧结性能，因而有更好的稳定性。

另外，催化剂的制备及预处理方法很大程度上影响着催化剂的晶体结构和活性组分的分散。当用 Ni/Al_2O_3 为催化剂时，采用共沉淀法比用浸渍法制备的催化剂有更好的抗积炭性能，这是因为采用共沉淀法制备的催化剂中，Ni 与 Al_2O_3 形成 $NiAl_2O_4$ 尖晶石结构，其中的 Ni-O 键键能较强，导致在催化剂表面上的镍晶粒较小，从而抑制积炭的产生。

当用 Ni/MgONi/MgO 为催化剂时，如果形成 NiO-MgO 固溶体，催化剂的抗积炭效果较好，催化剂的寿命延长。其原因也是 NiO-MgO 固溶体的形成能稳定小的镍晶粒，从而抑制积炭的产生。用共沉淀方法制备了具有钙钛矿结构的 $NiMgAlO_x$ 的固溶体催化剂，该催化剂有良好的抗积炭和抗高温烧结性能，表现出优异的活性和稳定性。其原因也是 $NiMgAlO_x$的固溶体的形成，能稳定小的镍晶粒，从而抑制积炭的产生。

最有研究者用共沉淀法制备了 Ni、Mg、Ce 和 Al 的层状双氢氧化物（LDH，水滑石）混合物，再经加热分解制备了 Ni/Mg/Ce/Al 的混合氧化物催化剂，活性组分是嵌在晶格内，因此分散更均匀，抗积炭和抗高温烧结性能更优异。

助剂的加入也有利于抑制积炭的发生，其中研究最多的是 CeO_2。加入 CeO_2 可以提高催化剂的储氧容量，改善氧在催化剂中的传递，从而导致稳定的 NiO_x 活性中心，并且使催化剂上的积炭更容易的被氧化而消失。其他的助剂如 La、Zr 等也可起到相似的作用。TiO_x、GeO_x 等可以修饰金属催化剂表面，清除积炭形成所需的大活性中心。

总之，CH_4-CO_2 转化过程中催化剂积炭除了受体系热力学平衡的限制外，还和催化剂的活性组分、晶体结构、助剂、载体种类及其酸碱性等因素有关。

3.2.4　CH_4-CO_2 转化的生产工艺

(1) 转化工艺条件

① 物料比　研究表明，通过对原料中 H/C 摩尔比、O/C 摩尔比进行调节，使其落在热力学积炭范围之外，就能实现 CH_4-CO_2 转化反应的无积炭操作。不过，尽管加入过量的 H_2O 和 CO_2 可以达到消除催化剂积炭的目的，但由于需要大量额外的热量，因此这种做法是不经济的。近来在原料气中引入少量 O_2 以收到除炭效果的工作取得了很大进展。该法的优点在于避免引入过量的 H_2O 和 CO_2，具有明显的节能效果。有研究表明，在 1073K 温度条件下，$n(CH_4):n(CO_2):n(O_2)$ 为 2：2：1 时，在 Ni/Al_2O_3 型催化剂上可以进行 280 小时以上的反应，而催化剂结构没有明显改变。

② 温度　转化反应 (3-43) 和反应 (3-44) 都是吸热过程，提高温度有利于提高转化反应的转化率，并可以在一定程度上抑制积炭，但是这种条件的实际意义非常有限。实际生产时希望在较低温度下操作，以降低能耗，或降低对反应器的要求。考虑到反应平衡（表 3-6）、抑制积炭（图 3-9）和催化剂活性等方面的要求，反应温度一般在 1073～1273K 范围内优化选择。

③ 压力　转化反应 (3-43) 是体积增加的过程，降低压力将有利于转化反应，并可以在一定程度上抑制积炭。较高的操作压力，将使得 CH_4 和 CO 的分压升高，CO 的歧化反应 (3-45) 和 CH_4 的裂解反应 (3-46) 的速率均会提高，势必促进催化剂的积炭失活。但由于原料均有一定压力，而且为了与合成气作为原料的后续生产过程相匹配，工业生产希望 CH_4 与 CO_2 的反应能够在一定压力（约 2～3MPa）下进行。

(2) CH_4-CO_2 转化工艺流程　单纯的 CH_4-CO_2 转化反应的工业应用还未见报道，但有

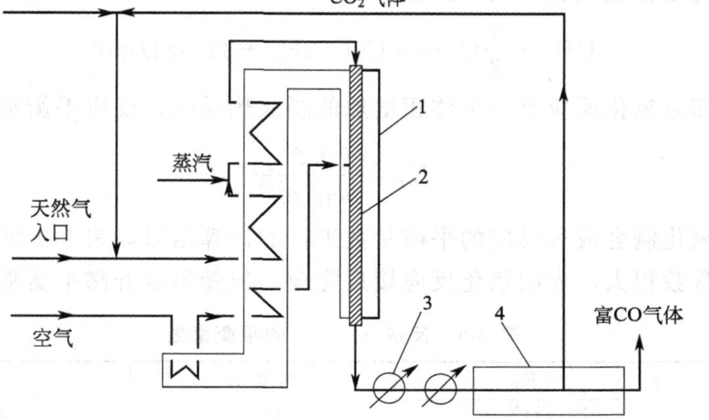

图 3-10　CO_2 转化应用于甲烷水蒸气转化工业实例流程示意

1—转化炉；2—反应管；3—换热器；4—分离器

CO_2 参与的 CH_4-H_2O-CO_2 混合转化已有报道。如图 3-10 所示为把 CO_2 转化应用于甲烷水蒸气转化的工业实例。

该过程中的 CO_2 可由两个途径得到。一是直接向天然气中加入部分 CO_2，这部分 CO_2 与 CH_4、H_2O 一起经过预热后进入反应器进行混合转化；另一条途径是通过加入一定量的空气与部分天然气燃烧生成 CO_2，这部分 CO_2 不需要预热直接进入反应器参与转化反应。这样有两个好处，一方面可以为转化反应提供部分热量，另一方面可以通过加入空气的量来调整合成气中的 CO 和 H_2 比值，以满足下游反应的需要。

3.3 天然气部分氧化法

天然气（甲烷）部分氧化（partial oxidation of methane，POM）制合成气是一个温和的放热反应。在 750～800℃下，甲烷平衡转化率可达 90%以上，CO 和 H_2 的选择性高达 95%，生成合成气的 H_2 和 CO 摩尔比接近 2。与传统的甲烷水蒸气转化相比，甲烷催化部分氧化制合成气的反应器体积小、效率高、能耗低，可显著降低设备投资和生产成本，适合于甲醇、F-T 合成等后续工业过程。就甲烷制甲醇而言，采用甲烷部分氧化制合成气新工艺，可降低能耗 10%～16%，降低基建投资 25%～30%，因此近年来受到国内外的广泛关注。在我国，国家发展改革委员会公布的国家重大产业技术开发专项中，提出将天然气部分氧化制合成气新催化剂、新工艺一体化技术开发作为天然气化工关键技术开发内容。预期以合成气制备为突破点，配套进行合成气制甲醇、合成油两大技术的研究开发，完成中试放大，形成具有自主知识产权的成套技术，使我国天然气化工的主体技术水平接近国际水平。

由于预混合的 CH_4 与 O_2 是可燃的，在高温、高压下在爆炸极限内；在反应过程中存在均相反应而导致形成烟气和炭沉积在催化剂上，以及反应热点的存在所造成的催化剂活性组分烧结等问题的存在，使得现阶段部分氧化过程还难以达到工业化应用。下面就催化剂部分氧化制合成气的热力学、机理、动力学、催化剂、反应条件和反应器等方面进行介绍。

3.3.1 POM 反应的热力学分析

甲烷部分氧化制合成气的总反应式如下：

$$CH_4+\frac{1}{2}O_2 \longrightarrow CO+2H_2+35.5\text{kJ/mol} \tag{3-56}$$

可见，甲烷部分氧化反应是一个体积增加的弱放热反应，反应平衡常数可表示为：

$$K_p=\frac{p_{CO}\,p_{H_2}^2}{p_{CH_4}\,p_{O_2}^{1/2}} \tag{3-57}$$

对甲烷部分氧化制合成气反应的平衡常数进行的计算结果如表 3-9 所示。从表中可以看出，反应的平衡常数很大，表明氧化反应接近完全；但随温度升高平衡常数有所降低。

表 3-9 反应（3-56）的平衡常数

温度/K	K_p	温度/K	K_p
873	2.1691×10^{12}	1273	3.0557×10^{11}
973	1.0296×10^{12}	1373	1.9574×10^{11}
1073	6.0475×10^{11}	1473	1.4236×10^{11}
1173	4.1081×10^{11}	1573	1.0281×10^{11}

在实际反应过程中，不仅仅发生式（3-56）所示的部分氧化反应，还伴有一些副反应发生，包括氧化反应、转化反应、水煤气变换反应以及积炭和消炭反应等。

（1）氧化反应

$$CH_4+2O_2 = CO_2+2H_2O+802kJ/mol \quad (3\text{-}58)$$

$$CH_4+\frac{3}{2}O_2 = CO+2H_2O+519kJ/mol \quad (3\text{-}59)$$

$$CH_4+\frac{3}{2}O_2 = CO_2+H_2+H_2O+561kJ/mol \quad (3\text{-}60)$$

$$CH_4+O_2 = CO_2+2H_2+319kJ/mol \quad (3\text{-}61)$$

$$H_2+\frac{1}{2}O_2 = H_2O+241.83kJ/mol \quad (3\text{-}62)$$

$$CH_4+O_2 = CO+H_2O+H_2+278kJ/mol \quad (3\text{-}63)$$

（2）转化反应

$$CH_4+H_2O = CO+3H_2-206kJ/mol \quad (3\text{-}64)$$

$$CH_4+CO_2 = 2CO+2H_2-247kJ/mol \quad (3\text{-}65)$$

（3）水煤气变换反应

$$CO+H_2O = CO_2+H_2-41.2kJ/mol \quad (3\text{-}66)$$

（4）积炭和消炭反应　和 CH_4 水蒸气转化的积炭、消炭反应类似。

在上述反应中，氧化反应和反应（3-56）类似，它们的平衡常数都很大；其他反应的平衡常数在前面均有讨论。因此，甲烷部分氧化反应不仅存在转化率的问题，还有氧化反应之间的竞争问题，即反应选择性的问题。

关于温度对转化率和选择性的影响，有研究表明，在 0.1MPa，$n(CH_4):n(O_2)=2$ 的条件下，通过对反应平衡组成的计算，随反应温度的升高，甲烷转化率、CO 和 H_2 的选择性增加。在 973K 以上的反应温度，可以得到 90%以上的甲烷转化率和合成气收率。

关于压力对转化率和选择性的影响，有研究表明，产物组成中 CH_4、CO_2 和 H_2O 分压随操作压力的增加而升高，但通过升高反应温度可补偿这种压力效应。例如，在 1MPa、1173K 下，热力学预示的甲烷转化和合成气选择性分别可达 80%和 90%以上。因此与蒸汽转化类似，在较高压力下，采用甲烷部分氧化为下游过程制取合成气在热力学上是可行的。

3.3.2 POM 反应的动力学分析

3.3.2.1 反应机理

甲烷部分氧化制合成气的反应机理比较复杂，至今存在争议。目前，研究人员对负载型金属催化剂上的甲烷部分氧化反应机理主要有两种观点：即间接氧化机理（也称燃烧-转化机理）和直接氧化机理。间接氧化机理认为，甲烷先与氧气燃烧生成水和二氧化碳，在燃烧过程中氧气完全消耗，剩余的甲烷再与水和二氧化碳进行转化反应生成氢气和一氧化碳；直接氧化机理认为，甲烷直接在催化剂上分解生成氢气和表面碳物种（CH_x），表面碳物种再与表面氧反应生成一氧化碳。这两种反应机理可用图 3-11 表示。

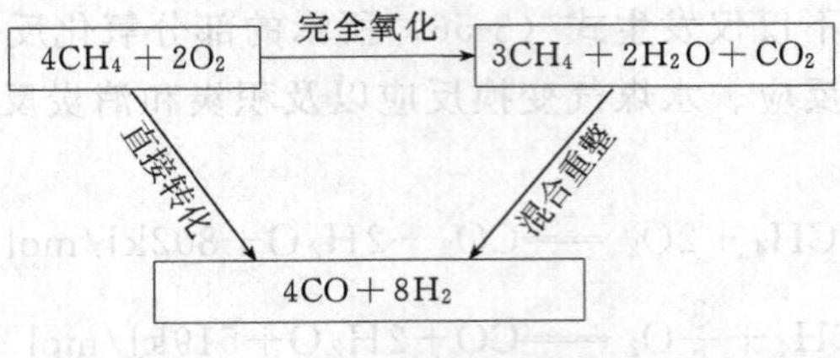

图 3-11 甲烷部分氧化的两种反应机理

支持间接氧化机理的研究有以下几种。

(1) 以一种耐火材料负载 10% Ni 作为催化剂，在 0.1MPa，725～900℃下进行反应。在实验中观察到在 $n(CH_4):n(O_2)=2:1$ 的条件下，在入口处催化剂床层温度远高于炉温，表明有放热反应发生；随后催化剂床层温度下降，表明存在一个吸热反应。据此他们认为最初的放热反应是由于在催化剂床层上一部分甲烷与化学计量的氧发生完全燃烧反应，随后的吸热反应是未反应的甲烷与 H_2O 或 CO_2 发生转化反应。

(2) 在讨论甲烷部分氧化过程微型反应器中镍催化剂床层的“热点”问题时，发现在固定炉温下测定催化剂床层温度梯度，接近催化剂入口处发生放热反应，床层后半部分发生吸热反应。“热点”较反应前温度升高大约 100℃。当炉温约为 800℃时 CH_4 和 CO 选择性与空速无关；600℃时随空速降低而升高。他们认为这符合燃烧-转化的机理。根据不同的反应模型与实验数据对比，指出燃烧-转化是由一系列燃烧、蒸汽转化、水煤气变换反应混合而成。

(3) 同位素示踪技术，对 450℃下 Ru/Al_2O_3 和 Ru/SiO_2 催化剂上甲烷部分氧化制合成气反应机理进行了研究。发现 H_2O 和 CO_2 先于 H_2 和 CO 生成，并且当 H_2 和 CO 开始生成时，H_2O 和 CO_2 则开始消耗，反应是按燃烧-转化机理进行的。

(4) 利用脉冲实验对 $Rh/\gamma\text{-}Al_2O_3$ 催化剂上甲烷部分氧化反应的机理进行了研究。结果发现甲烷通过被氧化的催化剂时 CO_2 是气相中惟一的产物，但在还原态的铑催化剂上 CO 是气相中的主要产物。如果催化剂被进一步还原就会导致 CO 减少和大量积炭的形成。O_2 脉冲注入有表面积炭的催化剂时，O_2 并不和积炭反应生成 CO_x（$x=1$ 或 2），而是将催化剂氧化。CO_2 脉冲注入还原态铑催化剂时，观察到气相中有 CO 生成。如果 CO_2 脉冲注入无积炭的催化剂时，发现 CO_2 没有明显的转化。基于以上实验，认为 CH_4 首先被 Rh 活化，裂解生成碳和氢；随后碳被氧化态铑催化剂氧化为 CO_2，CO_2 再与积炭发生 CO 歧化反应的逆反应形成 CO。CO 的选择性和积炭的程度依赖于金属和载体间的相互作用，H_2 的选择性受动力学控制。

总之，由于第Ⅷ族金属对 CH_4 的完全氧化、CH_4-CO_2 转化反应、CH_4-H_2O 转化反应及水煤气变换反应都有催化活性，因此认为甲烷部分氧化是通过间接氧化机理进行是有一定根据的。

支持直接氧化机理的研究有以下几种。

(1) 用 Pt、Rh 催化剂研究甲烷部分氧化制合成气，发现虽然反应物在催化剂床层的停留时间很短，仅为 $10^{-4}\sim10^{-2}$s，但反应物却以高转化率转化成了 H_2 和 CO，并且甲烷转化率和合成气选择性随空速增加而增加。认为由于在实验条件下甲烷水蒸气转化反应进行得很慢，在这样短的接触时间内，可以基本排除转化反应发生的可能，因此，提出甲烷部分氧化应遵循如下的直接氧化机理：

$$CH_4(g)+*\longrightarrow CH_x^*+(4-x)H^*$$

$$2H^* \longrightarrow H_2(g) + *$$
$$O_2(g) + * \longrightarrow 2O^*$$
$$C^* + O^* \longrightarrow CO^* \longrightarrow CO(g) + *$$

可能存在的副反应：

$$CH_x^* + O^* \longrightarrow CH_{x-1}^* + OH^*$$
$$H_x^* + O^* \longrightarrow OH^*$$
$$OH^* + H^* \longrightarrow H_2O(g) + *$$
$$CO^* + O^* \longrightarrow CO_2(g) + *$$

可以看出，甲烷首先在催化剂表面上活化裂解为碳物种 CH_x（$x=0\sim3$）和氢，随后表面碳物种和O反应生成CO，CO可能被深度氧化为 CO_2。吸附态的H原子可能相互结合生成 H_2 或与O结合生成OH物种，而OH与另外吸附的H原子结合生成 H_2O。

根据以上反应机理，可以较好地解释原料气预热可使合成气选择性增加的原因。高的进气温度将使催化剂表面温度升高，甲烷的裂解反应加快，同时使得H原子结合和 H_2 的脱附速率加快。此外，温度升高使O原子的覆盖度降低，副反应速率减慢，因此原料气预热可使合成气选择性增加。

（2）借助脉冲反应、质谱-程序升温表面反应（MSTPSR）等技术研究了 $Ni/\alpha\text{-}Al_2O_3$ 催化剂上甲烷催化部分氧化制合成气的反应机理。结果表明，NiO上 CH_4 不能解离产生 H_2，只有当NiO被 CH_4 还原为Ni原子后，CH_4 才能解离产生 H_2，Ni原子是 CH_4 活化和POM反应的活性相；POM反应机理遵循如下直接氧化机理：

$$CH_4 + Ni \longrightarrow Ni\cdots C + 4H$$
$$H + H \longrightarrow H_2$$
$$O_2 + Ni \longrightarrow Ni^{\delta+}\cdots O^{\delta-}$$
$$Ni\cdots C + Ni^{\delta+}\cdots O^{\delta-} \longrightarrow 2Ni + CO$$
$$2H + O \longrightarrow H_2O$$
$$CO + O \longrightarrow CO_2$$

活化过程形成的Ni…C和 $Ni^{\delta+}\cdots O^{\delta-}$ 物种是反应历程中的关键物种，物种高选择性地与解离产生的碳物种反应生成CO。

3.3.2.2 反应动力学

根据动力学实验结果，提出了直接氧化机理，反应的初级产物是CO，而 CO_2 是CO进一步氧化的结果。在 CH_4 过量情况下，H_2 和CO的形成要有原子态Ni存在，并且整个反应的动力学受氧气向催化剂孔道中的扩散速率控制。CO脱附比CO的产生快，碳物种与表面氧物种反应是该反应的速率控制步骤。甲烷的转化取决于甲烷的裂解，而CO的选择性则取决于氧物种与催化剂的键合强度。

3.3.3 POM反应催化剂积炭研究

甲烷部分氧化反应过程中可能的积炭反应包括反应（3-3）和（3-4），消炭反应如（3-5）所示。它们都是可逆反应，其相应的化学平衡常数如式（3-40）、式（3-41）和式（3-42）所示，平衡常数和温度的关系如本章3.1节之图3-4所示。

从热力学分析可知，如果增加温度或减少体系压力，CH_4 裂解反应（3-3）产生积炭的可能性增大，CO歧化反应（3-4）产生积炭的可能性减少，消炭反应（3-5）的程度增加，反而能够起到消炭的作用。如果降低温度或增加体系压力，则结果正好相反。

不仅温度对积炭反应的影响非常大，而且体系中的 CH_4、CO_2、H_2O 分压都对是否积炭有很大的影响。要避免催化剂积炭，必须根据不同的物料配比，选择适宜的温度，避免热力学积炭区。在甲烷部分氧化制合成气体系中，O_2 与 CH_4 摩尔比对积炭的温度曲线如图 3-12 所示。在实际操作中，可根据不同的温度条件选择适宜的原料配比，或根据不同的原料配比，选择适宜的反应温度，以尽量减少催化剂积炭。

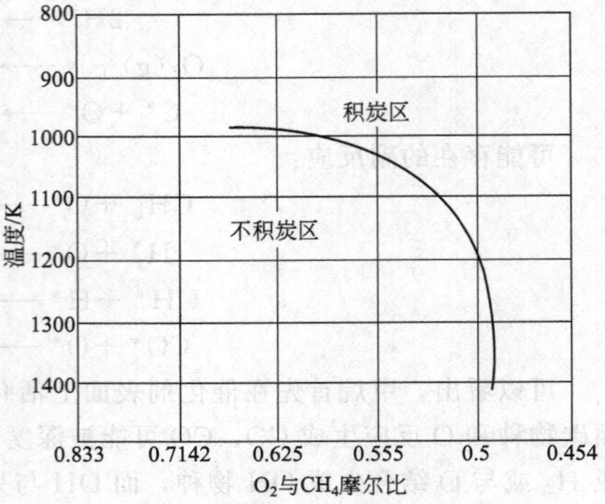

图 3-12 甲烷部分氧化积炭区随温度、物料比关系

3.3.4 POM 反应催化剂

甲烷部分氧化制合成气的催化剂和其他 CH_4 转化的催化剂类似，活性组分主要集中在钴（Co）、镍（Ni）、钌（Ru）、铑（Rh）、钯（Pd）、铱（Ir）、铂（Pt）第Ⅷ族金属。一般将这些催化剂分为三类：第一类是以 Ni、Co 为主的负载型催化剂，所用载体主要为 Al_2O_3、TiO_2、SiO_2、ZrO_2、Y_2O_3 型分子筛等。第二类是 Ir、Pt、Pd、Rh、Ru 等负载型贵金属催化剂，所用载体主要为 Al_2O_3、MgO、SiO_2 和独石等。第三类是金属氧化物催化剂。第一、二类都有较好的反应性能，但第二类由于采用贵金属增加了催化剂的使用成本。因此一般认为第一类催化剂尤其是 Ni 负载型催化剂具有良好的反应性能，而且价格适中，具有工业应用前景。金属氧化物催化剂主要包括钙钛矿型氧化物和 La_2O_3-ZrO_2、Y_2O_3-ZrO_2 复合氧化物催化剂。

（1）Ni 负载型催化剂　Ni 基负载催化剂因具有较高的催化活性，且成本低，强度高，易于制备而极具应用价值。但在高温反应条件下，活性组分 Ni 易流失和烧结，且催化剂易积炭失活，稳定性较差。目前研究者主要通过在催化剂中添加助剂和选择不同的催化剂载体等方法来提高催化剂的活性、抗积炭性能和稳定性。

Ni 微晶保持高的分散度被认为有利于催化剂的活性。在负载镍催化剂中添加碱土金属有利于催化剂中镍微晶保持高的分散度，从而提高催化剂的活性和 NiO 颗粒的还原效率，并且降低积炭的形成。

有研究考察了添加稀土氧化物 La_2O_3、CeO_2 对镍催化剂的反应活性的影响，发现稀土氧化物和活性组分镍之间的相互作用抑制了催化剂表面镍晶粒的生长和迁移，从而抑制了催化剂表面的积炭。表明非酸性载体 Al_2O_3、和 SiO_2-ZrO_2 担载的 Ni 基催化剂，使 CH_4 的转化率和 CO 的选择性都很高；酸性载体，如 SiO_2-Al_2O_3 和 HY，使 CH_4 的转化率较低。

结果表明，热稳定性好、导热好的惰性材料如（Ca）$MgAl_2O_4$ 等是甲烷部分氧化制合成气理想的催化剂载体。载体必须具有适当的比表面和孔结构，以利于反应物分子在催化剂表面吸附并与活性中心充分接触，同时也有利于产物分子脱附并离开催化剂表面，防止副反应（积炭反应和燃烧反应）的发生，及时把反应热移走，避免热点产生使催化剂失活。

此外 Mo 和 W 的碳化物也能作为甲烷部分氧化反应的催化剂，但是催化剂很快失活，原因是Mo_2C和WC转化为相应的氧化物，而这些氧化物对甲烷部分氧化反应几乎没有活性。

（2）贵金属催化剂　贵金属催化剂也为POM常用，其活性与Ni基催化剂相当，并且有较强的抗积炭性能。但是贵金属催化剂的价格昂贵，是镍基催化剂的100～150倍，因此限制了它的应用。在Ni、Co催化剂上添加少量的贵金属，不仅可以提高Ni、Co催化剂的活性和改善催化剂的抗积炭性能，而且可以避免使用价格昂贵的纯贵金属催化剂，降低生产成本。例如$La_{2/3}Zr_4P_6O_{24}$是一种具有很高热稳定性的载体，以此种载体负载了Ni的催化剂具有较好的热稳定性和抗积炭能力。但是载体上的La与活性组分Ni之间作用较强，氧化态的Ni难以还原，抑制了催化剂的活性。如果添加贵金属Rh、Ir就能促进还原态Ni的形成，提高催化剂的活性。

金属的担载量是影响催化剂性能的因素之一。以Ir催化剂为例，当Ir在载体上的担载量（质量分数）从0.5%降到0.25%时，催化剂的活性逐渐减少直到消失。

载体对催化剂的活性和抗积炭性能有非常重要的影响。以Ir催化剂为例，在反应温度为823K，$n(CH_4):n(O_2)=5$的条件下，当使用不同的载体时，催化剂的活性依下列顺序递减：$TiO_2 \geqslant ZrO_2 > Y_2O_3 > La_2O_3 > MgO \geqslant Al_2O_3 > SiO_2$；其中以$Al_2O_3$和$SiO_2$为载体时，Ir催化剂上有积炭生成。又比如在0.25% Ir-0.5% Ni双金属催化剂上，当使用不同的载体时，催化剂的活性依下列顺序递减：$La_2O_3 > Y_2O_3 > ZrO_2 > Al_2O_3 > TiO_2 > MgO > SiO_2$。

选择和制备催化剂，不仅仅考虑其催化活性，还有考虑其抗积炭性能。不同元素催化剂上的相对积炭速率大小顺序为镍（Ni）>钯（Pd）≥钌（Ru）、铑（Rh）、铂（Pt）、铱（Ir）。其中贵金属催化剂具有很高的抗积炭性能，特别是Pt和Ir催化剂，反应200h后，活性保持不变且只有少量的积炭生成。

此外，在不同温度下对纯CH_4和纯CO在镍催化剂上的积炭速率进行研究，发现在1123K的温度下，CO歧化速率比甲烷解离反应速率分别慢20倍和5倍，这表明甲烷催化裂解是生成积炭的主要途径。他们还认为积炭的起因与生成合成气的机理无关，通过采用合适的催化剂可以从动力学上避免积炭。

载体对催化剂的抗积炭性能有很大的影响。Tang等考察了不同载体的镍催化剂Ni/CaO、Ni/MgO、Ni/CeO_2的反应性能，发现三种催化剂显示了相似的甲烷部分氧化的活性和选择性。但是它们的抗积炭性能相差很大，其中以MgO为载体时催化剂的抗积炭性能最好。对于甲烷的裂解反应而言，在不同的催化剂上甲烷解离产生的碳氢物种CH_x（$x=0\sim3$）是不同的，而不同的碳氢物种CH_x形成积炭的倾向不同。一般随x值减少容易形成积炭。实验证明甲烷在Ni/MgO催化剂上可以解离为$CH_{2.7}$，Ni/MgO催化剂的良好的抗积炭性能来源于此，即此催化剂可以稳定高x值的碳氢物种CH_x，从而抑制了CH_x的进一步分解。对于另一个积炭来源CO的歧化反应来说，该反应在Ni/MgO催化剂是难以发生的。在Ni/碱土金属氧化物催化剂表面的CD-TPD实验证明，还原态Ni催化剂表面由CO歧化产生的积炭量的顺序是Ni/MgO<Ni/CaO<Ni/SrO。

3.3.5 POM反应工艺

甲烷部分氧化反应，包括其他副反应，反应速度快且平衡常数大，因此除反应温度、压力和原料组成影响反应之外，空速也对反应有较大的影响。POM在热力学上是个放热反应，可在$(1.0\sim5.0)\times10^5h^{-1}$高空速条件下进行。

在 700～900℃内，CH_4 转化率和 CO 选择性随温度升高而增加；随着压力的增加（0.1～1.5MPa），CH_4 转化率和 CO 选择性下降；在甲烷空速为（0.8～2.0）×10^4h^{-1}时，转化率和选择性基本不变。

在 600℃时，空速越大，CH_4 的转化率和 CO 的选择性越低；在 800℃时，CH_4 的转化率和 CO 的选择性与空速无关。

在 25%（质量）Ni/α-Al_2O_3 催化剂上，反应温度和原料中 CH_4 与 O_2 摩尔比对甲烷部分氧化反应的影响。温度低于 700℃时，反应产物主要为 CO_2 和 H_2O，催化剂上无积炭生成。温度高于 700℃，CH_4 与 O_2 摩尔比小于 1.25 时，反应产物主要为 CO_2 和 H_2O，催化剂上无明显积炭生成；但是随着 CH_4 与 O_2 摩尔比增加（>2 时），CO 和 H_2 成为反应的主要产物，而催化剂烧结和表面积炭现象也变得非常明显。

采用不同的催化剂、反应温度为 777℃、$n(CH_4):n(O_2)=1.62$ 时，CH_4 转化率为 92%，CO 选择性为 91%。采用 Pt 催化剂时 CH_4 转化率为 87%，CO 选择性为 94%。他们还在加压条件下进行反应，当压力为 2.5MPa、采用蒸汽转化催化剂，$n(CH_4):n(O_2)=1.7$、温度为 1000℃时，CH_4 转化率和 CO 选择性没有明显变化，分别为 90%和 88%。

3.3.6 POM 反应器

（1）固定床反应器　固定床反应器如图 3-13 所示。虽然甲烷部分氧化制合成气为弱放热反应，但由于反应空速大，放热密度高，停留时间短，使得在这类反应器中反应释放的热量不易散去，易于在催化剂床层形成热点和出现飞温，反应很难控制；并且预混合的 CH_4 与 O_2 是可燃的，需要谨慎操作，避免甲烷与氧气比例达到爆炸极限。针对以上问题，有提出固定床两段法造气工艺。它通过分段进氧，在一段反应器中进行甲烷的低温催化燃烧，消耗部分氧气，使整个反应中甲烷与氧气的比例更偏离爆炸极限区；同时甲烷催化燃烧预热了二段部分氧化反应器的原料气，使部分氧化反应自热进行。整个反应分两段进行，利用燃烧反应生成的少量 CO_2、H_2O 在二段反应器中进行的吸热量转化反应与温和放热的部分氧偶合，实现绝热反应，解决了高温热点问题。

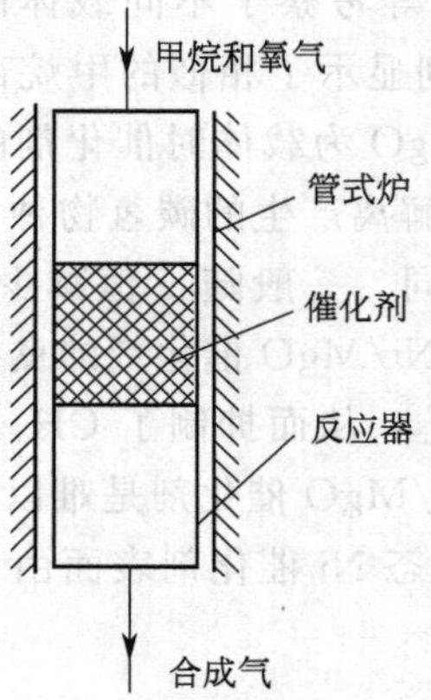

图 3-13　固定床反应器示意

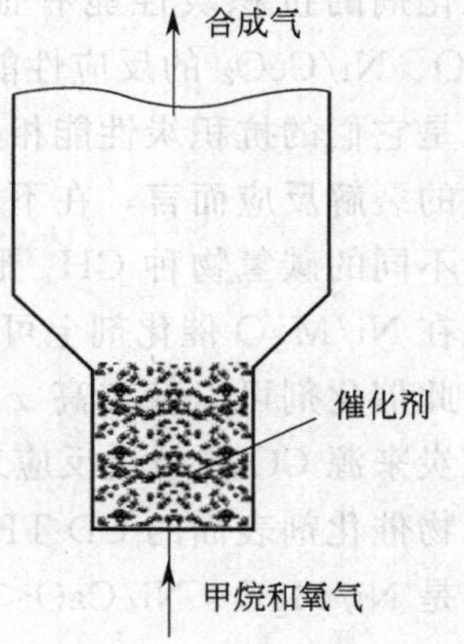

图 3-14　流化床反应器示意

（2）流化床反应器　流化床反应器如图 3-14 所示。与固定床反应器相比，流化床反应器用于甲烷部分氧化制合成气具有优势。因为在流化床中混合气体在翻腾的催化剂里充分和催化剂接触，热传递好，确保催化剂床层温度均衡。流化床反应器可以提供绝热、低积炭下的稳定操作。但是容易出现粉化的催化剂随反应产物被带离流化态区域，从而导致反应温度下降，催化剂上发生甲烷化反应使转化率和选择性下降。因此要选择合适的流化条件，减少被带离流化区的催化剂，保持较高的转化率和选择性。

在流化床镍催化剂上，甲烷转化率可以达到90%以上，且反应后催化剂表面没有发现积炭。采用流化床反应器，可以获得接近于等温的床层温度分布，而且甲烷转化率接近热力学平衡值。

Exxon公司提出了一种甲烷部分氧化制合成气流化床新工艺，图3-15为流程示意。在此工艺中，CH_4 和 H_2O 的混合气与 O_2 分别进料。在反应温度为900℃，压力约为2.6MPa，催化剂为20～100μm的 Ni/Al_2O_3 条件下进行反应，可得到甲烷的转化率为90%，CO和的选择性分别为86%和100%。

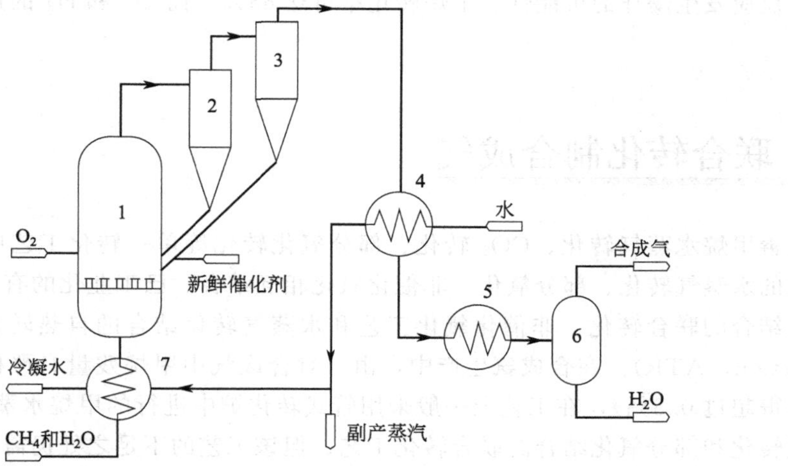

图3-15 Exxon公司的POM流化床工艺流程

1—流化床反应器；2,3—旋风分离器；4—废热锅炉；5—冷却器；6—气液分离器；7—换热器

(3) 膜反应器　膜反应器如图3-16所示。目前，对膜反应器用于甲烷部分氧化制合成气反应进行研究的有BP公司、Amoco公司、Praxair公司、南非Sasol公司和挪威Statiol公司。我国在此方面的研究起步较晚，目前从事该领域研究的单位主要有中国科学院大连化

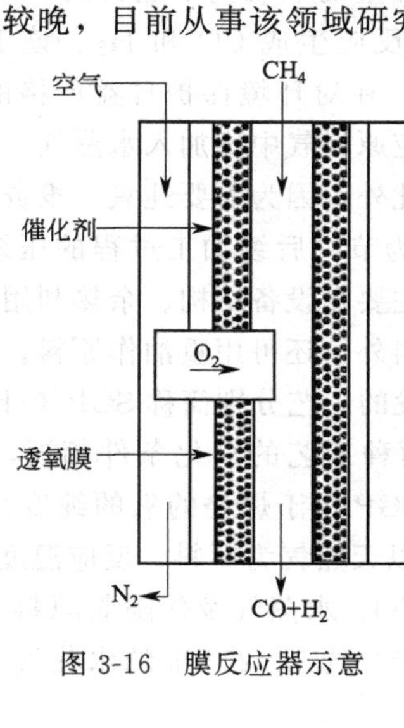

图3-16 膜反应器示意

学物理所、中国科技大学及南京化工大学等。膜反应器集分离与反应为一体，与固定床反应器相比存在如下的优点。

① 膜反应器提供了更安全的反应环境，可以在对于固定床反应器可能是极为危险的反应条件下进行操作；膜反应器在更低的甲烷与氧的配比下反应而不存在爆炸的危险。

② 甲烷部分氧化反应产物通过膜的微孔扩散到反应器外，因此可以打破反应的热力学平衡，获得较高的转化率。

③ POM 反应需用纯氧作氧源，用传统的空气分离方法制纯氧工艺能耗提高，且设备庞大。膜反应器将膜分离空气和甲烷部分氧化反应组合在一起，从而降低投资和减少生产成本。

由于膜反应器允许反应原料 CH_4 和 O_2 不经过预混合，从而减少了在低 CH_4 与 O_2 比例条件下反应发生爆炸的可能性。甲烷转化率可达65%，而CO和 H_2 的选择性分别为90%和82%。

3.4 联合转化制合成气

为改善甲烷水蒸气转化、CO_2 转化、部分氧化转化等单一转化工艺中的不足，研究人员将甲烷的水蒸气转化、部分氧化、非催化氧化相互结合。已工业化的有甲烷水蒸气转化和部分氧化结合的联合转化、非催化氧化工艺和水蒸气转化结合的自热转化（auto transforming reaction，ATR）。在合成氨生产中，由于对合成气中甲烷残量有严格的限制（甲烷体积分数不得超过 0.5%），在工艺上一般采用管式转化炉中进行的甲烷水蒸气二段转化工艺，即水蒸气转化和部分氧化结合的联合转化工艺。但该工艺的不足之处仍需两个反应器。

非催化部分过程以甲烷、氧的混合气为原料，在温度为 1000～1500℃，压力为 14MPa 的条件下反应，O_2 与 CH_4 摩尔比为 0.75，耗氧量高于反应的计量比 50%，产品气中 H_2 与 CO 摩尔比在 2 左右，适于甲醇的合成。该工艺需要很高的反应温度，同时反应过程中伴有强放热的燃烧反应发生，反应出口温度通常高达 1400℃。非催化氧化工艺包括甲烷的火焰式燃烧，这种燃烧是在高于化学计量的氧气量下进行的，因此反应生成 CO_2 和水蒸气，紧接着这种生成气与未反应的甲烷反应生成 CO 和 H_2。该工艺的主要优点是能避免 NO_x、SO_x 的生成，排出的气体量很少，在对环境保护日益严格的今天，就非常有意义。但是该工艺的缺点在于能耗高，同时反应原料气中不加入水蒸气，有烟尘产生，因而需要复杂的热回收装置来回收反应热和除尘。此外，因为需要纯氧，投资很大。非催化部分氧化工艺的典型代表是 Texaco 法和 Shell 法。为节约后续加工过程的压缩机能量，它们都以高压汽化为目标，不断进行着改进。其区别主要在设备结构、余热利用、炭黑的清除和回收等方面。非催化部分氧化除了用天然气作原料外，还可用重油作原料。

Shell 公司和 Texaco 公司开发的工艺分别简称 SGP（Shell gasification process）和 TGP（Texaco gasification process）。两种工艺的汽化条件相近，区别主要在设备结构、余热利用、炭黑的清除及回收等方面。SGP 用于燃烧的氧的纯度为 95%～99.5%，也可以根据下游产品的需要而采用空气；SGP 以天然气为原料，反应温度为 1250～1500℃、压力为2.5～8.0MPa，反应产物中包含 H_2、CO、水蒸气及伴随氧原料进入的氩气和氮气。产品气离开反应器后进入废热交换器，可以产生约 10.2MPa 的水蒸气，部分冷却的气体通过炭浆分离器以回收炭黑。合成气中 H_2 和 CO 比例可以用水蒸气或二氧化碳调节。TGP 汽化工艺的燃烧炉中，甲烷和氧主要发生了部分氧化反应、少量的水蒸气转化反应及 H_2O 与 CO 转换反应。初级反应是碳氢原料氧化成 CO_2 和水，反应一经完成，就可以提供热量和一些水蒸气用于剩余甲烷的水蒸气转化生成 CO 和 H_2。该反应可以在 1100～1500℃、0.1～14MPa 进行，实验装置的使用压力通常高达 17MPa。甲烷转化率大于 8%，未反应的碳氢化合物可以循环再利用。TGP 装置不需对合成气进行压缩，对甲醇合成来说，通常在 8MPa 下进行，这样可以减少能量需求和初期资金投入。

自热转化（ATR）是工业上生产合成气的另一个重要方法，目前已用于合成氨及甲醇的合成中。此过程是将均相非催化部分氧化和水蒸气转化相结合。由于水蒸气转化反应为强吸热反应，热量由管外提供；同时，由于受到化学平衡的影响，残余甲烷的含量相对而言相当高。部分氧化反应为放热反应。为了更好地利用热量以及甲烷，将这两种工艺结合起来。最早由丹麦 Topsoe 公司在 20 世纪 50 年代后期开发，目的是在单一反应器中进行转化。自热反应器是一个类似于是联合转化反应器的二级氧化反应器的陶瓷反应器。预热的原料气（H_2O、CH_4 和 O_2）在一个燃烧器顶部的反应器中混合，在反应器上部区域发生部分燃烧反应。水蒸气转化发生于燃烧器下部的催化剂床层。正常操作下，自热转化发生于 2200K 的燃烧区和 1200～1400K 的催化区。气体离开燃烧区的温度为 1400～1500K，总氧量和烃（摩尔比）为 0.55～0.60。由于一级氧化产物 CO 再氧化为 CO_2 的速度较慢，因此部分氧化反应有很高的选择性。下部区域是固定床水蒸气转化反应，利用燃烧段释放的热量进行水蒸气转换反应。使用负载型镍催化剂，气体离开催化剂床层的温度为 1100～1300K。通过改变原料气的甲烷、氧、水蒸气的比例可一步制得多数后续化工过程所需的合成气，在 2.5～3.5 的高 H_2O 与 CH_4 摩尔比下操作可生产富氢合成气；控制 CO_2 的循环比可生产不同的 H_2 与 CO 摩尔比的合成气；在 1.35～2.0 的低 H_2O 与 CH_4 摩尔比下操作可生产富 CO 合成气。该工艺过程的缺点是燃烧区形成积炭和烟气，导致催化剂上因炭沉积而失活；同时烟气中炭在反应流程的下游可引起设备损坏和热传递困难。局部温度过高也会导致燃烧器被烧坏，因而对催化剂的热稳定性和机械强度要求较高。

3.5 合成气的精制和分离

天然气转化合成气中的 CO 和 H_2 都是重要的工业原料，如纯 H_2 可以作为合成氨的原料，H_2 还是一种理想的二次能源，纯 CO 可以作为各种羰基化反应的原料。因此将合成气中的 H_2 和 CO 分离并单独利用是十分常见的工艺技术。从合成气中获取纯 CO 的主要方法有低温分离法、变压吸附法、膜分离法和溶液吸收法；从合成气中获取纯 H_2 的主要方法有变压吸附法。

3.5.1 低温分离法

低温分离原理是基于合成气各组分具有不同饱和蒸汽压的分离方法，采用该技术从合成气中分离出 CO 是最常用的方法。H_2 的临界温度为 33.22K，临界压力 1.299MPa；CO 的临界温度为 132.85K，临界压力 3.499MPa；CO 在不同温度下的饱和蒸汽压如表 3-10 所示。由此可见，只要将合成气的温度降低到 CO 的临界温度 132.85K（－140.3℃）以下且在

H_2 临界温度 33.22K(−239.93℃）以上，并使压力对应于 CO 对应的饱和蒸汽压，即可实现 CO 冷凝为液体而 H_2 不被冷凝，从而达到二者分离的目的。

表 3-10 CO 和 CH_4 在不同温度下的饱和蒸汽压

温度/K	73.15	83.15	93.15	103.15	113.15	123.15	132.85
p^s_{CO}/MPa	0.03367	0.1190	0.3086	0.6673	1.2655	2.1846	3.4957(p_c)
$p^s_{CH_4}$/MPa			0.0159	0.0473	0.1142	0.2393	

根据 CH_4 的各种转化方法，转化气中除含有 CO 和 H_2 之外，还有 CH_4、CO_2、H_2O 等组分，它们的凝固点分别为 90.7K、216.6K、273.2K。分离过程需要在 CO 的临界点 132.85K 以下操作，此时 H_2O、CO_2 会发生凝固而堵塞设备管道，因此应先用碱洗、干燥、分子筛吸附等过程除去合成气中的 H_2O 和 CO_2 组分。只要分离操作在 CH_4 的凝固点 90.7K 之上，CH_4 将和 CO 一起以液体的形式存在。

低温分离法又分为部分冷凝法和液态甲烷洗涤法。

（1）部分冷凝法　当合成气具有较高的压力（3～4MPa）、较高的 H_2 与 CO 摩尔比以及 CH_4 含量很小时，从中分离回收 CO，且对产品 H_2 的纯度要求不高时，适合采用部分冷凝法。部分冷凝法分离流程如图 3-17 所示。

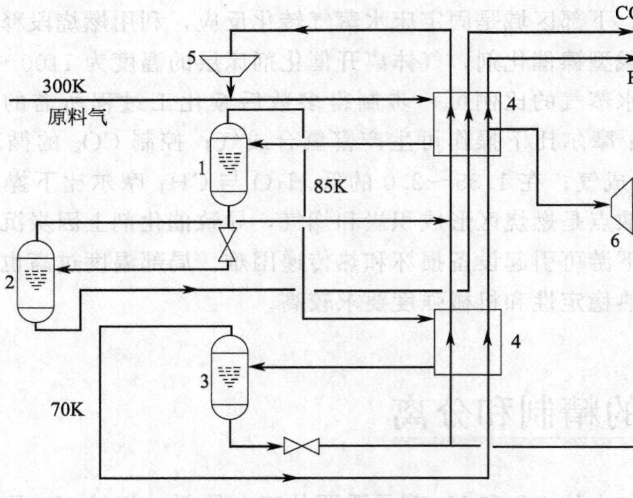

图 3-17　部分冷凝法回收 CO 流程示意

1—高压冷凝分离器；2—低压冷凝分离器；3—低温冷凝分离器；
4—热交换器；5—循环压缩机；6—膨胀机

脱出 H_2O、CO_2 含有 CO、H_2 的合成气，温度为 300K，压力 3～4MPa。经过热交换器 4 冷却，温度下降到 85K，此时 CH_4 全部液化，CO 绝大部分进入液相，未凝气体为含有少量 CO 的 H_2。因为合成气中的 CH_4 含量很小，液相 CO 和 CH_4 的混合物，尽管温度 85K 在 CH_4 的凝固点（90.7K）之下，混合物中的 CH_4 也不会产生相变。

经过高压冷凝分离器 1 之后，未凝气再次进入热交换器 4 进一步降温到 70K，使其中的 CO 液化以增加气相中 H_2 的纯度；经过低温冷凝分离器 3 之后，H_2 返回热交换器 4，释放出冷量之后作为产品送出。液化的 CO 经节流膨胀闪蒸降低温度后，进入热交换器 4 回收冷量，经循环压缩机 5 压缩增压后并入原料气循环利用。

在冷量不足的情况下，部分 H_2 产品进行等熵膨胀降温，作为热交换器 4 的冷源。引出部分 H_2 的温度和量将取决于原料合成气的压力和分离系统的冷量平衡。在热交换器 4 中放出冷量的 H_2 和循环 CO 一起经过循环压缩机 5 后并入原料气。

从高压冷凝分离器 1 出来的 CO 液体，其中溶解少量的 H_2，经过适当节流减压闪蒸，进一步纯化 CO。闪蒸气并入循环 CO 气体返回循环压缩机，纯化后的 CO 液体在热交换器中回收冷量后，作为产品送出。

可见，部分冷凝法的冷量由低温 CO 液体节流闪蒸提供，不足冷量部分由返回部分回收 H_2 进行等熵膨胀提供。送出的 CO 和 H_2 仍然具有和原料接近的压力，不计 CH_4 的影响，CO 纯度可以达到 98%～99%，H_2 纯度可达 96%～98%。

(2) 液态甲烷洗涤法　转化合成气中除含有 CO 和 H_2 之外，还有一定量的 CH_4 组分，如果 CH_4 含量高，用部分冷凝法将无法得到要求纯度的 CO，因为部分冷凝法无法在 CH_4 和 CO 之间进行分离。但 CO 在液体 CH_4 中有很大的溶解度，可以用液态甲烷洗涤法分别得到高纯度的 H_2、CO 和 CH_4。液态甲烷洗涤法流程如图 3-18 所示，该法较适合于 H_2 与 CO 摩尔比较小以及 CH_4 含量较高的合成气。

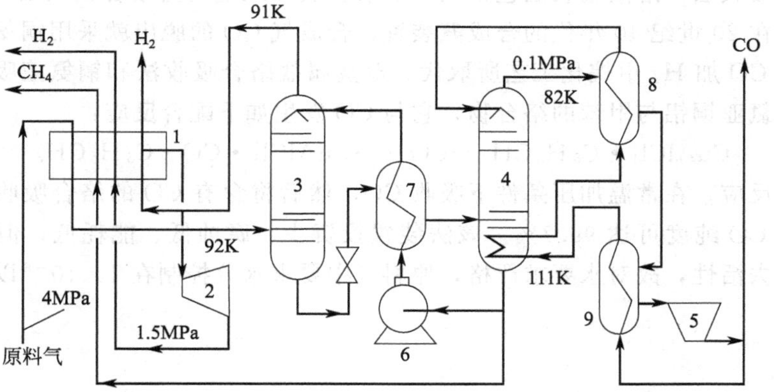

图 3-18　液态甲烷洗涤法回收 CO 流程示意

1,7～9—热交换器；2—膨胀机；3—甲烷洗涤塔；
4—解析塔；5—压缩机；6—液态甲烷泵

脱出 H_2O、CO_2 含有 CH_4、CO、H_2 的合成气，温度为 300K，压力 3～4MPa。经过热交换器 1 冷却，温度下降到 92K。此时 CH_4 全部液化，CO 绝大部分进入液相，未凝气体为含有少量 CO 的 H_2。气液混合物进入甲烷洗涤塔 3，气相自下而上经过各级塔盘，经过 CH_4 的吸收洗涤过程，CO 几乎全部进入 CH_4 溶液，气相 H_2 含量达到 99.9%～99.99%。离开甲烷洗涤塔的氢气温度为 92K，进入热交换器 1 回收其中的冷量后作为产品送出。吸收 CO 后的 CH_4 溶液温度为 92K，压力为 4MPa，经节流阀减压到 0.1MPa。因为 CH_4 在 92K 时的饱和蒸汽压为 0.015MPa，减压过程不能形成 CH_4 汽化，CO 在 92K 的饱和蒸汽压为 0.288MPa，因此发生部分汽化，再经过热交换器 7 进一步升温到 111K 后进入解析塔 4。

解析塔为带回流和再沸器的多塔盘精馏塔，操作压力为 0.1MPa，塔顶温度 82K，产品为 CO，纯度可达 99%；塔底温度 111K，产品为 CH_4。

3.5.2 其他分离方法

(1) 变压吸附法　变压吸附法（pressure swing adsorption，PSA）主要是通过加压将合成气中CO吸附在含铜（Cu）的吸附剂中，而其他气体基本上排出。当对吸附剂减压时，释放出CO，得到高纯度的CO。工艺操作条件为温度40～100℃，变压范围0.1～0.15MPa。PSA方法提纯H_2，纯度可达到99.9%～99.99%，能满足高纯度H_2质量要求。PSA氢气回收率在86%～92%范围，尽管氢气回收率不高，但其尾气可在转化炉作为燃料气，因此PSA工艺是甲烷水蒸气转化法制H_2装置氢气提纯的标准流程。PSA工艺具有操作简单、自动化程度高、装置操作弹性大、操作成本低、吸附剂寿命长、投资省、维护方便等特点。常用的吸附材料有活性炭类、氧化铝类、分子筛类、硅胶类等。PSA装置的投资与操作费用比较低，因此具有良好的工业开发前景。

(2) 膜分离法　膜分离法（membrane separation）主要是通过膜对气体吸收和渗透的速率不同而达到分离气体的目的。日本电力科研院中央研究所建有一套膜分离CO的示范工业装置。原料为天然气水蒸气转化合成气，经醋酸纤维膜两级分离后，可获得纯度为98%的CO气体。虽然有关方面的研究报道较多，但尚无工业化应用的实例。

(3) 溶液吸收法　溶液吸收法包括铜氨液吸收法和双金属盐络合吸收法。铜氨液吸收法为早期工艺，在20世纪40年代的合成氨装置，合成气CO的脱出就采用铜氨液吸收法，后因能耗高而被CO加H_2甲烷化工艺所取代。双金属盐络合吸收法和铜氨液吸收法类似，所用吸收剂为四氯亚铜铝与甲苯的络合物，它与CO发生如下配合反应：

$$CuAlCl_4 \cdot C_6H_5CH_3 + CO \longrightarrow CuAlCl_4 \cdot CO \cdot C_6H_5CH_3$$

通过这一反应，在常温加压条件下吸收CO，然后将含有CO的络合吸收液升温减压进行解析。所得CO纯度可达99.7%。该法装置投资少、腐蚀低、能耗低，但由于络合物容易与水反应失去活性，故对水要求严格，原料气中要求水分控制在1×10^{-6}以下。

参考文献

[1] 徐文渊，蒋长安．天然气利用手册．第二版．北京：中国石化出版社，2006.
[2] 胡杰，朱博超，王建明．天然气化工技术及利用．北京：化学工业出版社，2006.
[3] 贺黎明，沈召军．甲烷的转化和利用．北京：化学工业出版社，2005.
[4] 薛荣书，谭世语．化工工艺学．第二版．重庆：重庆大学出版社，2004.
[5] 石油化学工业部化工设计院．氮肥工艺设计手册——理化数据分册．北京：中国石油化学工业出版社，1977.
[6] 林玉波．合成氨生成工艺．北京：化学工业出版社，2006.
[7] 卢焕章等．石油化工基础数据手册．北京：化学工业出版社，1994.
[8] 袁一．化学工程师手册．北京：机械工业出版社，1999.

4 甲醇及其衍生物

甲醇是极为重要的有机化工原料和清洁液体燃料，是碳一化工的基础产品。由天然气制甲醇得先将天然气转化为合成气，再由合成气合成甲醇。由于甲醇的生产工艺简单，反应条件温和，技术容易突破，甲醇及其衍生物有广泛的用途，世界各国都把甲醇作为碳一化工的重要研究领域。

4.1 甲醇

4.1.1 甲醇的性质

甲醇是最简单的饱和醇，分子式 CH_3OH，相对分子质量 32.04，正常沸点 64.7℃，常温常压下是无色透明、略带乙醇香味的挥发性液体。甲醇与水互溶，在汽油中有较大溶解度。甲醇有毒，易燃烧，其蒸汽与空气混合物在一定范围内会发生爆炸，爆炸极限（体积分数）为 6.0%～36.5%。甲醇的主要物理性质见附表。

甲醇的分子结构式中含有一个甲基与一个羟基，因为它含羟基，所以具有醇类的典型反应；又因它含有甲基，所以又能进行甲基化反应。甲醇可以与一系列物质反应，所以甲醇在工业上有着十分广泛的应用。

(1) 甲醇可被氧化为甲醛，然后被氧化为甲酸。

$$CH_3OH+0.5O_2 = HCHO+H_2O \tag{4-1}$$

$$HCHO+0.5O_2 = HCOOH \tag{4-2}$$

甲醇在 600～700℃通过浮石银催化剂或其他固体催化剂，如铜、五氧化二钒等，可直接氧化为甲醛。

(2) 甲醇氨化，生成甲胺。甲醇能够与氨以一定比例混合，在 370～420℃、5.0～20.0MPa 条件下，以活性氧化铝为催化剂进行反应，可得到一甲胺、二甲胺及三甲胺的混合物，再经精馏，可得一甲胺、二甲胺以及三甲胺产品。

$$CH_3OH+NH_3 = CH_3NH_2+H_2O \tag{4-3}$$

$$2CH_3OH+NH_3 = (CH_3)_2NH+2H_2O \tag{4-4}$$

$$3CH_3OH+NH_3 = (CH_3)_3N+3H_2O \tag{4-5}$$

(3) 甲醇羰基化，生成醋酸。甲醇与一氧化碳在温度 250℃、压力 50～70MPa 条件下，通过碘化钴催化剂，或者在温度 180℃、压力 3～4MPa 条件下，通过铑的羰基化合物催化剂，并以碘甲烷为助催化剂，合成醋酸。

$$CH_3OH+CO = CH_3COOH \tag{4-6}$$

(4) 甲醇酯化，生成各种酯类化合物。

① 甲醇与甲酸反应生成甲酸甲酯

$$CH_3OH+HCOOH = HCOOCH_3+H_2O \quad (4\text{-}7)$$

② 甲醇与硫酸作用生成硫酸氢甲酯、硫酸二甲酯

$$CH_3OH+H_2SO_4 = CH_3HSO_4+H_2O \quad (4\text{-}8)$$

$$2CH_3OH+H_2SO_4 = (CH_3)_2SO_4+2H_2O \quad (4\text{-}9)$$

③ 甲醇与硝酸作用生成硝酸甲酯

$$CH_3OH+HNO_3 = CH_3NO_3+H_2O \quad (4\text{-}10)$$

(5) 甲醇氯化，生成氯甲烷。甲醇与氯气、氢气混合，以氯化锌为催化剂可生成一、二、三氯甲烷，直至四氯化碳。

$$CH_3OH+Cl_2+H_2 = CH_3Cl+HCl+H_2O \quad (4\text{-}11)$$

$$CH_3Cl+Cl_2 = CH_2Cl_2+HCl \quad (4\text{-}12)$$

$$CH_3Cl_2+Cl_2 = CHCl_3+HCl \quad (4\text{-}13)$$

$$CH_3Cl_3+Cl_2 = CCl_4+HCl \quad (4\text{-}14)$$

(6) 甲醇与氢氧化钠反应，生成甲醇钠。甲醇与氢氧化钠在85～100℃下反应脱水可生成甲醇钠。

$$CH_3OH+NaOH = CH_3ONa+H_2O \quad (4\text{-}15)$$

(7) 甲醇的脱水，在高温下，在ZSM-5型分子筛或0.5～1.5nm的金属硅铝催化剂下，甲醇可脱水成二甲醚。

$$2CH_3OH = (CH_3)_2O+H_2O \quad (4\text{-}16)$$

(8) 甲醇与苯反应生成甲苯，在3.5MPa、340～380℃条件下，甲醇与苯在催化剂存在下生成甲苯。

$$CH_3OH+C_6H_6 = C_6H_5CH_3+H_2O \quad (4\text{-}17)$$

(9) 与光气反应，生成碳酸二甲酯。光气先与甲醇反应生成氯甲酸甲酯，氯甲酸甲酯进一步与甲醇反应生成碳酸二甲酯。

$$CH_3OH+COCl_2 = CH_3OCOCl+HCl \quad (4\text{-}18)$$

$$CH_3OH+CH_3OCOCl = (CH_3O)_2CO+HCl \quad (4\text{-}19)$$

(10) 甲醇与二硫化碳反应，生成二甲基亚砜。甲醇与二硫化碳以γ-Al_2O_3作催化剂合成二甲基硫醚，再与硝酸氧化生成二甲基亚砜。

$$4CH_3OH+CS_2 = 2(CH_3)_2S+CO_2+2H_2O \quad (4\text{-}20)$$

$$3(CH_3)_2S+2HNO_2 = 3(CH_3)_2SO+2NO+H_2O \quad (4\text{-}21)$$

(11) 甲醇的裂解，甲醇在一定温度、压力下，可在催化剂上分解为CO和H_2。

$$CH_3OH = CO+H_2 \quad (4\text{-}22)$$

4.1.2 甲醇合成反应原理

在一定温度、压力下，CO、CO_2和H_2在固相铜催化剂上进行反应可合成甲醇，化学反应为：

$$CO+2H_2 = CH_3OH(g)+90.8kJ/mol \quad (4\text{-}23)$$

$$CO_2+3H_2 = CH_3OH(g)+H_2O(g)+49.5kJ/mol \quad (4\text{-}24)$$

因反应体系中存在CO_2和H_2，它们之间还发生CO的逆变换反应：

$$CO_2+H_2 = CO+H_2O(g)-41.2kJ/mol \quad (4\text{-}25)$$

可见，CO和CO_2加H_2合成甲醇属于体积减小的放热反应，从反应平衡角度，低温和

高压均有利于生成甲醇。反应过程中，除生成甲醇外，还伴随一些副反应，生成一定量的烃、醇、醛、醚、酸和酯等化合物，如：

$$CO+3H_2 \longrightarrow CH_4+H_2O \tag{4-26}$$

$$2CO+4H_2 \longrightarrow C_2H_5OH+H_2O \tag{4-27}$$

$$CO+H_2 \longrightarrow HCHO \tag{4-28}$$

$$2CO+4H_2 \longrightarrow CH_3OCH_3+H_2O \tag{4-29}$$

$$CH_3OH+2CO+2H_2 \longrightarrow C_2H_5COOH+H_2O \tag{4-30}$$

$$2CH_3OH \longrightarrow HCOOCH_3+2H_2 \tag{4-31}$$

$$CH_3OH+CO \longrightarrow HCOOCH_3 \tag{4-32}$$

因此，合成甲醇是一个复杂的气固相催化反应体系，其产物的分离精制也需要较为复杂的精馏分离过程。

4.1.3 甲醇合成反应热力学

甲醇合成体系中存在式(4-23)、式(4-24) 和式(4-25) 三个反应过程，体系中有 H_2、CO、CO_2、CH_3OH 与 H_2O 五个组分，另外有极少量的副产物和 N_2 与 CH_4 等惰性气体。

这三个反应中，只有两个是独立的，其中任意一个反应，都可由合并其他两个反应得到。当达到化学平衡时，每一种物质的平衡浓度或分压，必须满足每一个独立化学反应的平衡常数关系式。上述三个反应的平衡常数 K_p 式可写成：

$$K_{p_1}=\frac{p_{CH_3OH}}{p_{CO}\cdot p_{H_2}^2}=\frac{1}{p^2}\cdot\frac{y_{CH_3OH}}{y_{CO}\cdot y_{H_2}^2} \tag{4-33}$$

$$K_{p_2}=\frac{p_{CH_3OH}p_{H_2O}}{p_{CO_2}p_{H_2}^3}=\frac{1}{p^2}\cdot\frac{y_{CH_3OH}y_{H_2O}}{y_{CO_2}y_{H_2}^3} \tag{4-34}$$

$$K_{p_3}=\frac{p_{CO}p_{H_2O}}{p_{CO_2}p_{H_2}}=\frac{y_{CO}y_{H_2O}}{y_{CO_2}y_{H_2}} \tag{4-35}$$

$$K_{p_2}=K_{p_1}/K_{p_3} \tag{4-36}$$

式中，p_i 为 i 组分的分压，atm；y_i 为 i 组分的体积分率；p 为反应体系的总压，atm。其中 K_{p_1} 在不同温度和压力下的平衡常数值见表 4-1。反应式(4-25) 为 CO 变换的逆反应，可由式(3-14) 或式(3-51) 得到 K_{p_3}，结合表 4-1 中的 K_{p_1} 得到 K_{p_2}。

表 4-1 不同温度压力下 CO 合成甲醇的平衡常数值

温度/℃	压力/atm					
	50	100	150	200	250	300
200	3.780×10^{-2}	6.043×10^{-2}	9.293×10^{-2}	1.230×10^{-1}	1.617×10^{-1}	2.023×10^{-1}
250	3.075×10^{-3}	4.516×10^{-3}	6.416×10^{-3}	8.578×10^{-3}	1.072×10^{-2}	1.297×10^{-2}
300	3.938×10^{-4}	5.235×10^{-4}	6.907×10^{-4}	8.778×10^{-4}	1.026×10^{-3}	1.211×10^{-3}
350	6.759×10^{-5}	8.342×10^{-5}	1.013×10^{-4}	1.202×10^{-4}	1.387×10^{-4}	1.586×10^{-4}
400	1.482×10^{-5}	1.758×10^{-5}	2.019×10^{-5}	2.324×10^{-5}	2.539×10^{-5}	2.905×10^{-5}
450	4.003×10^{-6}	4.657×10^{-6}	5.205×10^{-6}	5.655×10^{-6}	6.630×10^{-6}	7.025×10^{-6}
500	1.282×10^{-6}	1.470×10^{-6}	1.593×10^{-6}	1.742×10^{-6}	1.952×10^{-6}	2.072×10^{-6}

从表 4-1 看出，CO 加 H_2 合成甲醇的反应平衡常数明显受到温度和压力的影响，经过数据回归，平衡常数 K_{p_1} 可以表示为如下温度和压力的计算式：

$$\ln K_{p_1}=\frac{12077}{T}-1.5601\times10^{-3}T+\frac{13203p}{T^2}-\frac{0.48466}{p}-28.097 \quad (4\text{-}37)$$

式中，T 为温度，K；p 为压力，MPa。

不计副反应产物和惰性组分，CO、CO_2 加 H_2 合成甲醇的体系中有五个组分。当已知体系的初始物料量，结合任意两个平衡常数，即可计算出反应平衡时的各组分。

设 n_C、n_D 和 n_H 分别为进气中 CO、CO_2 和 H_2 的物质的量，kmol；x 为反应（4-23）中转化的 CO 物质的量，kmol；y 为反应（4-24）中转化的 CO_2 物质的量，kmol；则达到反应平衡时各组分的量和组成如表 4-2 所示。

表 4-2 甲醇合成反应达到平衡时各组分的量和组成

组 分	物质的量/kmol	摩 尔 分 数
CO	n_C-x	$(n_C-x)/(n_C+n_D+n_H-2x-2y)$
CO_2	n_D-y	$(n_D-y)/(n_C+n_D+n_H-2x-2y)$
H_2	$n_H-2x-3y$	$(n_H-2x-3y)/(n_C+n_D+n_H-2x-2y)$
CH_3OH	$x+y$	$(x+y)/(n_C+n_D+n_H-2x-2y)$
H_2O	y	$y/(n_C+n_D+n_H-2x-2y)$
Σ	$n_C+n_D+n_H-2x-2y$	1.0

给定温度、压力后，可计算出 K_{p_1} 与 K_{p_2}。反应体系按理想气体处理，摩尔分数乘以总压即组分的分压，代入平衡常数方程中，两个方程有 x，y 两个未知数，求解上述非线性方程组，即可求出平衡条件下的组成。

甲醇合成反应在 5～25MPa 下进行，反应物系的性质偏离理想气体，也偏离理想溶液，因此，在计算甲醇合成的平衡常数时，有必要将平衡常数中的分压用逸度代替。用 SRK、PR 等状态方程计算出每个组分的逸度系数，以组分逸度代替组分分压计算平衡常数 K_f。

4.1.4 甲醇合成催化剂与反应动力学

4.1.4.1 甲醇合成催化剂

甲醇合成催化剂主要分两类，锌-铬催化剂和铜基催化剂。锌-铬催化剂的活性温度高，约 350～420℃，由于受平衡的限制，低温和高压有利于反应正向进行，故需要在高压下操作；铜基催化剂的活性温度低，约 230～290℃，可以在较低的压力下操作，工业上普遍使用低压铜基催化剂。表 4-3 是几种国内外常用的铜基催化剂。

表 4-3 几种国内外常用铜基催化剂

生产单位	型号	组分/%				操作条件		空速/10^4h^{-1}
		CuO	ZnO	Al_2O_3	V_2O_3	压力/MPa	温度/℃	
英国 ICI 公司	51-2	60	30	10	—	4.9～6.1	210～270	—
英国 ICI 公司	51-3	60	30	10	—	7.8～11.8	190～270	1
德国 Lurgi 公司	LG-104	51	32	4	5	4.9	210～240	1
美国 ICI 公司	C79-2	—	—	—	—	5.5～11.7	220～330	—
丹麦 Topsoe 公司	LMK	40	10	—	—	9.8	220～270	—
南京化工研究院	C301						230～285	1
西南化工研究院	C302	51	32	4	5	5.0～10	210～280	

当前，国内外对于甲醇催化剂的研究已进入第三代，如表 4-3 中的 ICI 51-3 把活性铜组分负载在铝酸锌（$ZnAl_2O_4$）载体上，使反应温度降至 190℃，使用寿命从 3 年延长至 4.5 年，机械强度和收率均有所提高；最近推出的 ICI 51-7 以镁为稳定剂，经 4 套工业装置应用证明，活性和稳定性均很好，较成功地解决了绝热反应器床层温度变化大的问题。目前，甲醇合成催化剂研制的发展方向主要集中在以下三个方面：在传统的 Cu-Zn-Al 体系中增加其他组分如 Mg、Cr，进一步提高活性和稳定性；研究新型的催化剂载体及相应制备工艺；研制非铜基催化剂及与之配合的微量组分，较有发展前景的是以金属 Pt 和 Pd 为活性组分，但目前还处于实验室阶段。

（1）铜基催化剂中的活性组分　有研究认为铜基催化剂中的活性组分是溶解于氧化锌中的 Cu^+，铜基催化剂中氧化态 Cu^+ 与还原态 Cu 的比例取决于反应气体中 CO_2 和 CO 的比例。对合成甲醇反应中 CO_2 和微量 O_2 作用的研究，实验结果表明，当 CO_2 含量为 5.5%和 1.3%时，甲醇合成收率明显高于合成气中不含 CO_2 或含少量 CO_2（0.3%）的情况。当 CO_2 的含量较高时（10.9%），甲醇生成速率开始明显下降。因此，工业反应装置中要得到较高的甲醇收率，CO_2 浓度有一个适当的范围（1%～8%）。对 O_2 的研究是采用含有微量 O_2 的 $H_2/CO=3.1$ 的合成气在压力 5MPa、温度 250℃时进行合成甲醇实验，实验结果表明：①进口氧含量为 0.2%时，一氧化碳转化率和甲醇的收率都很低，反应器出口二氧化碳的含量仅为 0.037%。②进口含氧量为 0.54%和 1.2%时，一氧化碳转化率和甲醇的收率都很高，反应器出口二氧化碳的含量分别为 1.34%和 2.7%。而出口氧含量仅为 0.3%，说明氧在反应过程初期被消耗了，并且此时甲醇收率几乎与含二氧化碳（1%～8%）适量时的时空收率相同。该实验说明微量 O_2 在反应过程中很快被消耗，生成了二氧化碳或吸附二氧化碳，这种情况相当于在合适二氧化碳气氛下进行反应。因此，微量 O_2 使合成具有高活性是由于产生了适量二氧化碳的缘故。

对铜-锌-铝系催化剂中活性组分进行的研究，将催化剂的催化活性与由 X 射线衍射、电子能谱仪等多种方法获得的物化参数进行了关联，认为在铜-锌-铝系催化剂中，可能有若干不同类型的活性部位，它们分别存在于铜、氧化锌、相互邻近的铜和氧化锌以及铜-氧化锌固熔体上；其中铜-氧化锌固熔体的活性最好，这可能是固熔体与其邻近的锌、氧离子以及氧缺位构成了优良的活性中心。

（2）H_2、CO 和 CO_2 铜基催化剂上的吸附　国内有人研究了铜基催化剂上的 H_2 和 CO 的吸附行为，认为 260℃时，H_2 和 CO 在铜基催化剂上的吸附都是可逆的，H_2 饱和吸附量大于 CO 饱和吸附量，H_2 和 CO 存在着竞争吸附，CO 的存在使 H_2 的吸附略有减少，说明 CO 和 H_2 共吸附对 H_2 的吸附只有竞争影响，而无促进作用。铜基催化剂上形成的初期表面配合物为气相中的 CO 与吸附氢生成的含有一个氢原子的吸附 HCO 的假设较为合理。

4.1.4.2　甲醇合成反应机理

有研究通过同位素跟踪表明，甲醇合成反应中的碳原子来自于 CO_2，因此提出了 CO_2 加 H_2 生成甲醇，而 CO 通过 H_2O 转化为 CO_2 的反应机理。也有研究分别对仅含 CO_2、仅含 CO 或同时含有 CO_2、CO 的三种原料气进行了甲醇合成动力学实验测定，反应压力 5MPa，温度 218～260℃，实验表明原料气中仅含 CO_2 可生成甲醇；原料气中仅含 CO 也可生成甲醇；原料气中含 CO_2 及 CO 均可生成甲醇。因此，这里就 CO_2 和 CO 合成甲醇的可能的反应历程分别列出，其中 CO_2 合成甲醇的可能的反应历程为：

（1）$CO_2 + * \longrightarrow CO_2^*$

(2) $H_2 + * \longrightarrow H_2^*$

(3) $CO_2^* + H_2 \longrightarrow CO_2H_2^*$

(4) $H_2^* + CO_2 \longrightarrow CO_2H_2^*$

(5) $CO_2H_2^* + * \longrightarrow COH_2^* + O^*$

(6) $CO^*H_2 + H_2 \longrightarrow CH_3OH + *$

(7) $CH_3OH + 2O^* \longrightarrow H_2 + H_2O + CO_2 + 2*$

CO 合成甲醇的可能的反应历程为：

(1) $H_2 + 2* \longrightarrow 2H^*$

(2) $CO + H* \longrightarrow HCO^*$

(3) $HCO^* + H* \longrightarrow H_2CO^*$

(4) $H_2CO^* + 2H* \longrightarrow CH_3OH^* + 2*$

(5) $CH_3OH^* \longrightarrow CH_3OH + *$

“*”是催化剂的活性位，上标“*”表示该物质被活性位所吸附。上述机理认为，CO_2 合成甲醇的反应中（3）和（4）为两个控制过程，其余为平衡过程；CO 合成甲醇的反应中步骤（1）和（2）是甲醇合成总反应速率的控制步骤。

研究表明，铜基催化剂上的竞争吸附以 CO_2 为最强，H_2、CO、CO_2 的吸附强度依次为：$CO_2 > CO > H_2$，过量的 CO_2 将过分占据活性中心，反而对甲醇合成反应不利。

4.1.4.3 反应动力学

国内外对 Zn-Cr 系及铜系催化剂上甲醇合成的反应动力学进行了许多研究，报道了许多反应动力学方程式。考虑到我国甲醇合成催化剂的研究开发水平已处于世界前列，且铜系催化剂（如 C301、C302）已是国内甲醇合成企业主要选择的催化剂之一，因此，这里仅对 C301 甲醇合成催化剂反应动力学的研究进行阐述。

（1）CO 和 CO_2 加 H_2 合成甲醇本征反应动力学模型　前已述及，含有 CO、CO_2、H_2 系统中可能发生反应式(4-23)～式(4-25)。根据实验数据和上述反应机理，推导并回归得到的幂函数型双速率动力学模型为：

$$r_{CO} = 2187\exp\left(-\frac{54010}{RT}\right) f_{H_2O}^{1.67} f_{CO}^{1.67} (1-\beta_1^{0.5}) \ [\mathrm{mol/(g \cdot h)}] \tag{4-38}$$

$$r_{CO} = 860\exp\left(-\frac{51550}{RT}\right) f_{H_2}^{1.24} f_{CO_2}^{1.30} f_{H_2O}^{-0.12} \cdot (1-\beta_2) \ [\mathrm{mol/(g \cdot h)}] \tag{4-39}$$

式中

$$\beta_1 = \frac{f_m}{K_{f_1} \cdot f_{CO} \cdot f_{H_2}^2} \tag{4-40}$$

$$\beta_2 = \frac{f_m \cdot f_{H_2O}}{K_{f_2} \cdot f_{CO_2} \cdot f_{H_2}^3} \tag{4-41}$$

K_f 为逸度表示的平衡常数，f_i 为 i 组分的逸度。

（2）CO 和 CO_2 加 H_2 合成甲醇宏观反应动力学模型　L-H-H-W 型双反应速率宏观动力学模型如下。

$$r_{CO} = \frac{k_1 f_{CO} f_{H_2}^2 (1-\beta_1)}{(1+K_{CO} f_{CO} + K_{CO_2} f_{CO_2} + K_{H_2} f_{H_2})^3} \ [\mathrm{mol/(g \cdot h)}] \tag{4-42}$$

$$r_{CO_2} = \frac{k_2 f_{CO_2} f_{H_2}^3 (1-\beta_2)}{(1+K_{CO} f_{CO} + K_{CO_2} f_{CO_2} + K_{H_2} f_{H_2})^4} \ [\mathrm{mol/(g \cdot h)}] \tag{4-43}$$

其中各反应速率常数为：

$$k_1=1482\exp(-50430/RT) \tag{4-44}$$

$$k_2=1.511\times10^5\exp(-69970/RT) \tag{4-45}$$

各组分的吸附平衡常数为：

$$\ln K_{CO}=-6.549-13090\cdot(1/T-1/508.9) \tag{4-46}$$

$$\ln K_{CO_2}=-3.398+2257\cdot(1/T-1/508.9) \tag{4-47}$$

$$\ln K_{H_2}=-1.493-1585\cdot(1/T-1/508.9) \tag{4-48}$$

另有实验研究获得如下类似的 L-H-H-W 型双速率宏观动力学模型，速率方程与式(4-42) 及式(4-43) 相同，参数值略有不同：

$$k_1=1.912\times10^2\exp(-41770/RT) \tag{4-49}$$

$$k_2=6.392\times10^3\exp(-60920/RT) \tag{4-50}$$

$$\ln K_{CO}=-2.902-29640(1/T-1/508.9) \tag{4-51}$$

$$\ln K_{CO_2}=-0.504+3559(1/T-1/508.9) \tag{4-52}$$

$$\ln K_{H_2}=-1.692-2001(1/T-1/508.9) \tag{4-53}$$

4.1.5　甲醇合成工艺

4.1.5.1　操作条件

甲醇合成生产中，选择合适的工艺操作条件，对获得高产低耗具有重要意义。

(1) 温度　从化学平衡考虑，温度提高，对平衡不利；从动力学考虑，温度提高，反应速率加快。因而，存在最佳温度。甲醇合成铜基催化剂的使用温度范围为 210～270℃。温度过高，催化剂易衰老，使用寿命短；温度过低，催化剂活性差，且易生成羰基化合物。为保证催化剂使用寿命长，应在确保质量的前提下，尽可能控制温度较低些。

① 温度高会影响催化剂的使用寿命。在温度高的情况下，铜基催化剂晶格发生变化，催化剂活性表面逐渐减少。如果温度超过 280℃，催化剂很快丧失活性。

② 温度高会影响产品质量。反应温度高，在 CO 加 H_2 的反应中，副反应生产量增加，使粗甲醇中杂质增加，不但影响产品质量，而且增加了 H_2 的单耗。

③ 温度高会影响设备使用寿命。高温下，由于甲酸生成，造成设备的腐蚀，降低设备机械强度。

实际上，反应器的操作温度要兼顾到催化剂使用的初期、中期及后期，制订出合理的温度操作范围。

(2) 压力　从化学平衡考虑，压力提高，对平衡有利；从动力学考虑，压力提高，反应速率加快。因而，提高压力对反应有利。低压甲醇合成，合成压力一般为 4～6MPa。操作压力受催化剂活性、负荷高低、空速大小、冷凝分离好坏、惰性气含量等影响。通常，催化剂使用前期，操作压力一般可适当低一些，大致可控制在 4MPa 左右；后期，压力适当提高。

(3) 空速　空速或循环气量是调节合成塔温度及产量的重要手段。循环量增加，转化率下降，但空速大了，甲醇产量有所增加。在空速为 5000～10000h^{-1}范围内，空时产率随空速增加而增加，超过 10^4h^{-1}，空速影响不大。

(4) 气体组成

① 新鲜气中 $(H_2-CO_2)/(CO+CO_2)$ 摩尔比应控制在 2.0～2.2，一般说来，新鲜气

中该摩尔比过小，易发生副反应及易结炭，且催化剂易衰老。该摩尔比过大，单耗增加。

② 入塔气中的 H_2 含量提高，对减少副反应、减少 H_2S 中毒、降低羰基镍和高级醇的生成都是有利的，又可延长催化剂寿命。

③ 入塔气中的 CO 含量是一个重要的操作参数，入塔气的 CO 含量一般为 8%～11%。

④ 入塔气中的 CO_2 含量适当提高可保持催化剂的高活性，对甲醇合成有利。但当 CO_2 过高时，甲醇产率又会降低。

⑤ 入塔气中的惰性气体如 CH_4、N_2、Ar，也影响甲醇合成。惰性气体含量太高，降低反应速率，循环动力消耗也大；惰性气体含量太低，弛放损失加大，损失有效气体。一般来说，催化剂使用前期，活性高，可允许较高的惰性气体含量，弛放气可少些；后期活性低，要求惰性气体含量低，弛放气就大一些。

（5）循环气中甲醇含量　水冷温度越低，循环气与入塔气中甲醇含量越低，有利于甲醇反应进行。一般水冷温度应低于 30℃，使入塔气中 CH_3OH 体积分数不大于 0.5%。

4.1.5.2　工艺流程

由于化学平衡的限制，通过甲醇合成反应器的气体中一氧化碳、二氧化碳与氧不可能全部合成甲醇，合成塔出口气体中甲醇摩尔分数仅为 3%～6%，未反应的气体必须循环。因此甲醇合成工艺的原则流程如图 4-1 所示。

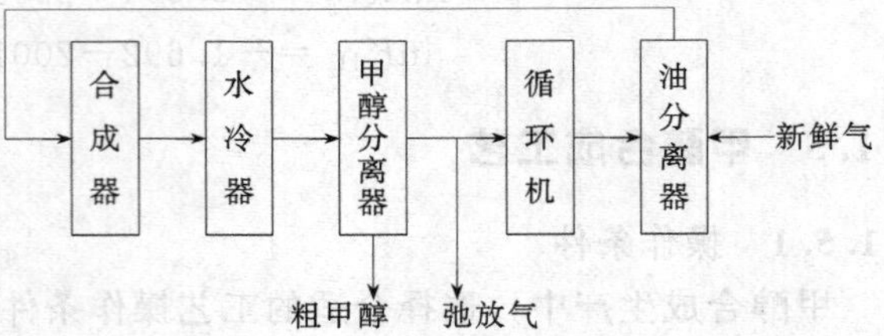

图 4-1　甲醇合成工艺的原则流程

甲醇的合成在甲醇合成塔中进行。甲醇合成是可逆放热反应，为使反应过程适应最佳温度曲线的要求，以达到较高的产量，所以要采取措施移走反应热。

甲醇的分离采用冷凝分离法，它是利用甲醇在高压下易被冷凝的原理而进行分离的。高压下与液相甲醇呈平衡的气相甲醇含量随温度降低、压力增高而下降。

气体的循环靠循环压缩机来实现。气体在合成系统内循环，是凭借循环压缩机（或在原料气压缩机中设循环段）进行的，由于系统中气体的流速很大，通过设备管道时产生较大的压力降，由循环压缩机得到了补偿。为分离掉气体压缩过程中带入的油雾，在循环机后设有油分离器。

新鲜气一般在粗甲醇分离后给以补充，并往往补充在循环压缩机出口的油分离器处。在合成过程中，未反应的惰性气体积累在系统中，需进行排放。弛放气的位置设在粗甲醇分离后，循环压缩机前。

甲醇合成分高压法（20MPa）、中压法（10～12MPa）和低压法（5MPa）三种。工业上常用低压法，以 ICI 法和 Lurgi 法应用最为广泛。

（1）ICI 低压法甲醇合成工艺流程　1966 年，英国 ICI 公司建立了世界上第一个低压法甲醇工厂。该法具有能耗低，生产成本低等优点。该公司同时开发了四段冷激型甲醇合成反应器，其工艺流程如图 4-2 所示。

合成气经离心式压缩机升压至 5MPa，与循环压缩后的循环气混合，大部分混合气经热交换器预热至 230～245℃进合成塔，一小部分混合气作为合成塔冷激气，控制床层反应温度。

在合成塔内，气体在低温高活性的铜基催化剂（ICI51-1 型）上合成甲醇，反应在 230～

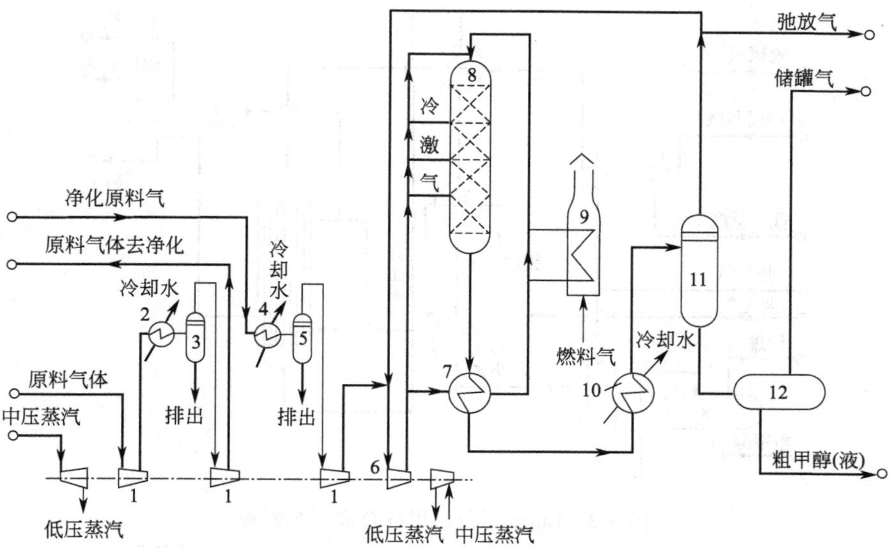

图 4-2 ICI 低压法甲醇合成工艺流程

1—原料气压缩机；2—冷却器；3—分离器；4—冷却器；5—分离器；
6—循环气压缩机；7—热交换器；8—甲醇合成塔；9—开工加热器；
10—甲醇冷凝器；11—甲醇分离器；12—中间储槽

270℃及 5MPa 下进行，副反应少，粗甲醇中的杂质含量低。

合成塔出口气经热交换器换热，再经水冷分离，得到粗甲醇，未反应气返回循环机升压，完成一次循环。为了使合成回路中的惰性气体含量维持在一定范围内，在进循环机前弛放一股气体作为燃料。粗甲醇在闪蒸器降压至 0.35MPa，闪蒸出的溶解气体也作为燃料使用。

ICI 低压法甲醇合成工艺的特点如下。

① 由于采用低压法，合成气压缩机可选用离心式压缩机。若以天然气、石脑油为原料，蒸汽转化制气的流程中，可以用副产的蒸汽驱动透平，带动离心式压缩机，降低了能耗，改善了全厂技术经济指标。离心压缩机排气压力仅 5MPa，设计制造容易。而且，驱动蒸汽透平所用蒸汽的压力为 4～6MPa，压力不高，因此蒸汽系统较简单。

② ICI 工艺采用 ICI51-1 型铜基催化剂，这是一种低温催化剂，操作温度 230～270℃，可在低压下（5MPa）操作，抑制强放热的甲烷化反应及其他副反应。粗甲醇中杂质含量低，使精馏负荷减轻。另一方面，由于采用低压法，使动力消耗减至高压法的一半，节省了能耗。

③ 采用该公司专制的多段冷激式合成塔，结构简单，催化剂装卸方便，通过直接通入冷激气调节床层温度，效果良好，设计的菱形分布器补入冷激气，使冷热气体混合均匀。床层温度得到控制，延长了催化剂的寿命。

（2）Lurgi 低压法甲醇合成工艺流程　图 4-3 所示为德国 Lurgi 公司开发的低压法甲醇合成工艺流程。该流程采用管壳型反应器，催化剂装在管内，反应热由管间的沸腾水带走，并副产中压蒸汽。

在该流程中，甲醇合成原料气在离心式透平压缩机内加压至 5.2MPa 与循环气以 1∶5

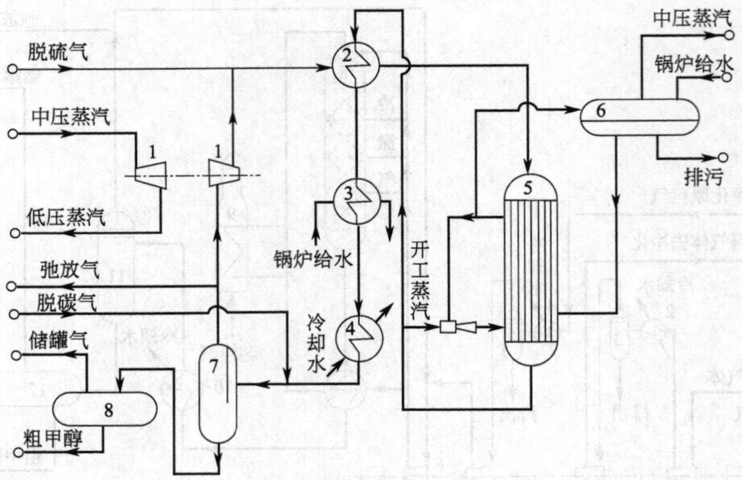

图 4-3 Lurgi 低压法甲醇合成工艺流程

1—透平循环压缩机；2—热交换器；3—锅炉水预热器；4—水冷却器；5—甲醇合成塔；6—汽包；7—甲醇分离器；8—粗甲醇储槽

的比例混合。混合气在进反应器前先与反应器的出塔气体换热，升温至 220℃左右，然后进入管壳型合成塔。反应热传给壳程的水，产生蒸汽进入汽包，出塔气温度约 250℃，含甲醇 7%左右，经换热冷却至 85℃，然后用空气和水分别冷却，温度降至 40℃，冷凝的粗甲醇经分离器分离。分离粗甲醇后的气体适当放空，控制系统中惰性气体的含量。这部分放空气体用作燃料，大部分气体进入透平压缩机加压后返回合成塔。合成塔副产的蒸汽及外部补充的高压蒸汽一起进入过热器，过热至 500℃左右，带动透平机。透平后的低压蒸汽作为甲醇精制工段所需的热源。

(3) 高压法甲醇合成工艺流程　如图 4-4 所示为高压法甲醇合成工艺流程。高压法是指

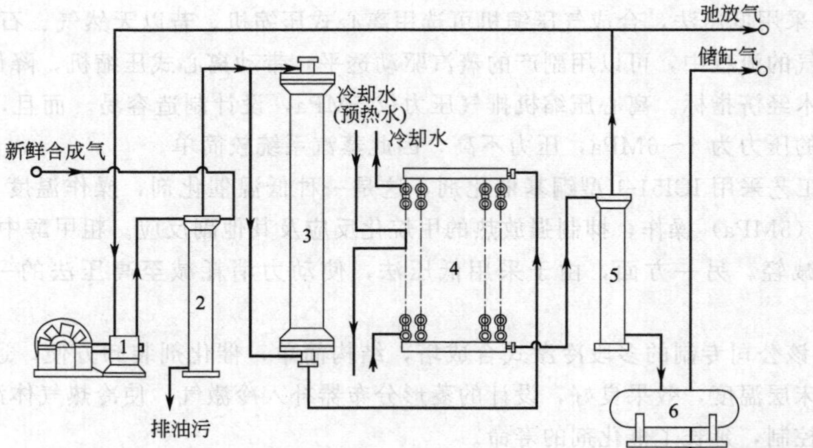

图 4-4 高压法甲醇合成工艺流程

1—循环压缩机；2—油过滤器；3—甲醇合成塔；4—水冷却器；5—分离器；6—中间储槽

压力在 25～32MPa 下进行的甲醇合成反应。工业上最早的甲醇合成技术就是在 30～32MPa 压力下用锌铬催化剂合成甲醇的，出口气体中甲醇含量为 3%左右，反应温度为 360～420℃。我国开发了 25～27MPa 压力下在铜基催化剂上合成甲醇的技术，出口气体中甲醇含量 4%左右，反应温度 230～290℃。新鲜合成气与循环气在油分离器汇合，进入内冷管型甲醇合成塔下部换热器，再经催化床层中冷管加热，预热至床层入口温度进入催化剂床层。先在绝热段中进行绝热反应，再在冷却段中边反应边换热。出床层气体在塔下部换热器中与进塔气换热降温。出合成塔的气体进入水冷器，甲醇冷凝，在分离器中分离出粗甲醇、未反应气体则进入循环机，提高压力后与新鲜气汇合。

4.1.5.3 甲醇合成反应器

甲醇合成是强放热反应，为获得高甲醇收率，除选用高效催化剂外，另一个关键技术就是反应器中反应热的移出。为使反应始终处于较高速率下进行，必须及时移出反应热量，就产生了各种不同的冷却方式和反应器内件的设计。

从反应器的操作、结构、材料及维修等方面考虑，甲醇合成反应器的基本要求是：在操作上，催化剂床层的温度易控制，调节灵活；合成反应的转化率高，催化剂的生产强度大；能以较高能位回收反应热，床层中气体分布均匀，压降低。在结构上，简单紧凑，高压空间利用率高，催化剂装卸方便。在材料上，具有抗羰基化物及抗氢脆的能力。在制造、维修、运输、安装上方便。

根据移走反应热的方式不同，甲醇合成塔可分为连续换热式与多段换热式两种，而换热器也有安排在塔内和塔外两种设计。以下是对几种典型的甲醇合成塔的介绍。

(1) Lurgi 公司管壳型甲醇合成反应器　其结构类似于常见的管壳型换热器，在管内装填催化剂，管外为 4.0MPa 的沸腾水，反应气体流经反应管，反应放热，热量通过管壁传给沸腾水，使其汽化，转变成蒸汽，管中心与沸腾水相差仅 10℃左右（见图 4-5)。该反应器具有以下优点。

① 催化剂床层内温度分布均匀，大部分床层温度在 250～255℃之间，温度变化小。另一方面，由于传热面与床层体积比大（约 $80m^2/m^3$），传热迅速，床层同平面温差小，有利于延长催化剂的使用寿命，并允许原料气中含较高的一氧化碳。

② 能准确灵敏地控制反应温度。催化剂床层的温度可通过调节汽包蒸汽压力进行控制。

③ 以较高能位回收甲醇合成反应热，热量利用合理。

④ 甲醇合成反应器出口的甲醇含量较高，催化剂的利用率高。

⑤ 设备紧凑，开停车方便。

⑥ 合成反应过程中副反应少，故粗甲醇中杂质含量少，质量高。

但反应器的设备结构复杂，制造困难是该设备的不足之处。

(2) ICI 公司多段冷激型甲醇合成反应器　ICI 甲醇合成反应器为多段冷激型（见图 4-6)，其优点是：单塔操作，能力大，控温方便，冷激采用菱形分布器专利技术，催化剂层上下贯通，催化剂装卸方便，所以使用普遍。这类反应器因有部分气体与未反应气体之间的返混，所以催化剂时空产率不高，用量较大。

(3) Topsoe 径向流动甲醇合成反应器　合成系统由三台绝热操作的径向流动反应器组成，三台反应器之间设置外部换热器移走反应热量，气体在床层内向中心流动，床内装填 Topsoe 公司 MK-101 高活性催化剂（图 4-7)，该反应器的特点如下。

① 径向流动，压降较小，可增大空速，提高产量。

② 压降的减小可允许采用小粒度催化剂，提高粒内效率因子，提高宏观反应速率。

③ 可方便地增大生产规模。在直径不变的情况下，增加反应器高度，即可增大生产规模，单系列生产能力可达 2000t/d 以上。

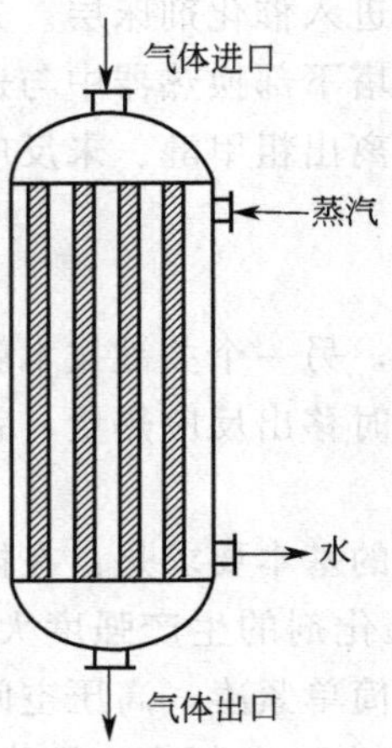

图 4-5 Lurgi 管壳型甲醇合成反应器

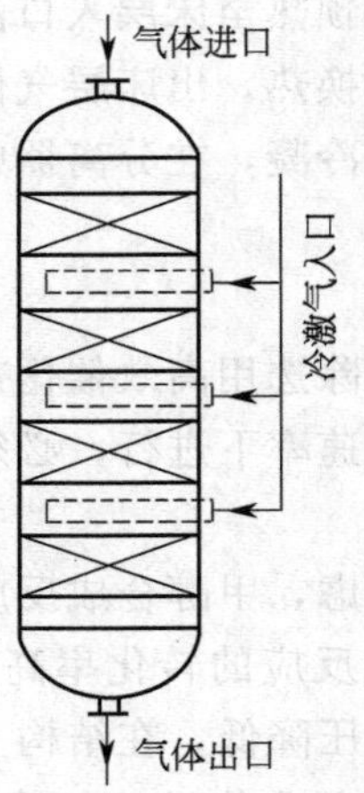

图 4-6 ICI 多段冷激型甲醇合成反应器

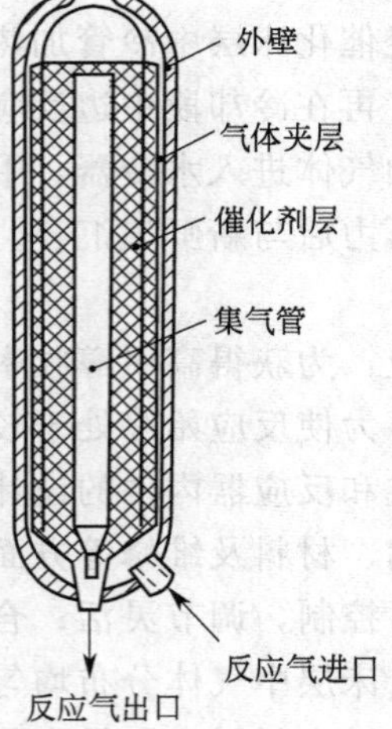

图 4-7 Topsoe 径向流动甲醇合成反应器

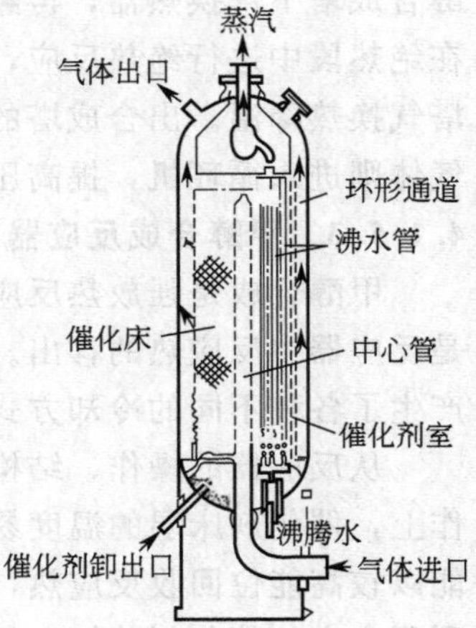

图 4-8 MRF 甲醇合成反应器

（4）MRF 多段径向流动甲醇合成反应器 该反应器由日本 TEC 公司开发，由外筒、催化剂筐和许多垂直的沸水管组成，沸水管埋于催化床中，合成气由中心管进入，径向流过催化床，反应后气体汇集于催化剂筐与外筒之间的环形集流流道中。向上流动，由上部引出。反应热传给冷管内沸水使其蒸发成蒸汽（见图 4-8）。该反应器的主要特点如下。

① 气体径向流动，压降小，仅 0.05MPa，比轴向反应器小得多。

② 沸水管布置合理，可使床层温度接近最佳温度曲线，提高时空收率。

③ 气体与沸水管是错流，传热系数较高。

（5）Linde 公司等温型甲醇合成反应器 Linde 公司等温型甲醇合成反应器结构与高效螺旋盘管换热器类似（图 4-9），盘管内为沸水，盘管外放置催化剂，反应热通过盘管内沸水移走。该反应器具有以下特点。

① 基本上在等温下操作，可防止催化剂过热。

② 用控制蒸汽压力调节床层温度。

③ 不需开工锅炉，用蒸汽加热，催化剂易还原。

④ 可适应各种气体组成和各种操作压力。

⑤ 反应器催化剂体积装填系数大。

⑥ 冷却盘管与气流间为错流，传热系数较大。

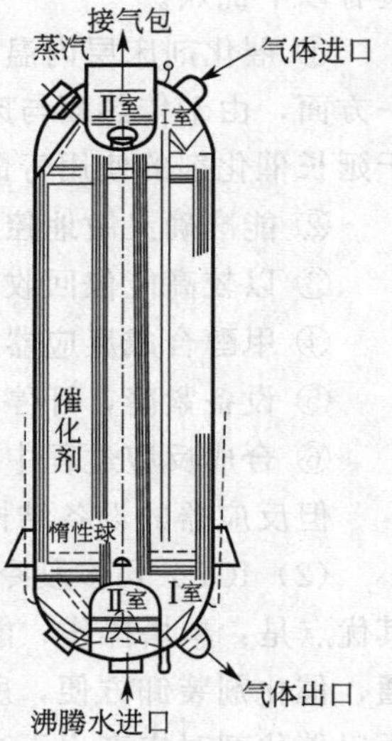

图 4-9 Linde 等温型甲醇合成反应器

由以上分析可见，甲醇合成反应器有如下发展趋势。

① 适应单系列、大型化的要求（如 ICI、Topsoe 反应器）。

② 以较高位能回收反应热，副产蒸汽（如 Lurgi、MHI/MGC、Linde 反应器）。

③ 催化剂床层温度易于控制，可灵活调节温度（如 ICI、Topsoe 反应器）。

④ 床层内温度尽可能均温，以延长催化剂寿命（如 Lurgi、MHI/MGC、Linde 反应器）。

⑤ 催化剂生产强度大，反应中一氧化碳转化率高（如 Lurgi、MHI/MGC 反应器）。

⑥ 采用径向或轴径向流动，压降低（如 Topsoe、MRF 反应器）。

⑦ 结构简单紧凑，催化剂装卸方便（如 ICI 反应器）。

⑧ 所选用的材料具有抗羰基化物生成的能力及抗氢脆的能力（如 Lurgi、ICI 反应器）。

4.1.5.4 甲醇的分离精制

甲醇合成反应产生的粗甲醇产品中含有许多杂质，采用色谱或色谱-质谱分析，其组分按沸点顺序排列为：二甲醚、乙醛、甲酸甲酯、二乙醚、正戊烷、丙醛、丙烯醛、乙酸甲酯、丙酮、异丁醛、甲醇、异丙烯醚、正乙烷、乙醇、甲乙酮、正戊醇、正庚烷、水、甲基异丙酮、乙酐、异丁醇、正丁醇、异丁醚、二异丙基酮、正辛烷、异戊醇、4-甲基戊醇、正壬烷、正癸烷等。高压法（锌基催化剂）粗甲醇中含二甲醚较多，低压法（铜基催化剂）粗甲醇中二甲醚含量较少。要制得甲醇产品就必须采用精馏法将杂质分离掉。

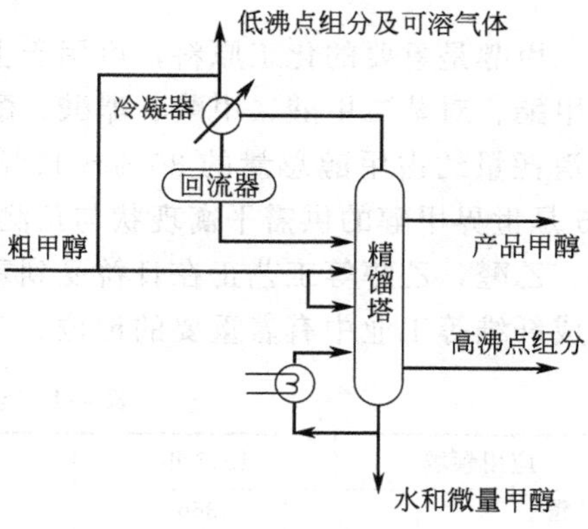

图 4-10 单塔精馏流程

工业上，甲醇分离精制的精馏流程可分单塔、双塔及三塔流程。产品为燃料级甲醇可采用单塔流程；要获得质量较高的甲醇，常采用双塔流程；从节能出发，则采用三塔流程，目前普遍采用三塔流程。

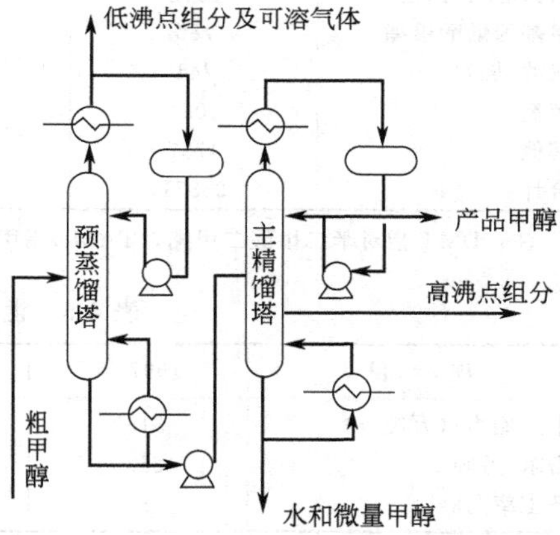

图 4-11 甲醇精馏双塔流程

(1) 单塔流程 单塔流程见图 4-10。粗甲醇从塔中部进料口送入，可溶气体如 H_2、CO、CO_2 和沸点低于甲醇的物质由塔顶排出，沸点高于甲醇的物质在进料塔板以下若干块塔板处引出，含有微量甲醇的水从塔底除去，甲醇产品从塔顶以下若干块塔板处引出。

(2) 双塔流程 双塔流程见图 4-11。第 1 塔为预蒸馏塔，第 2 塔为主精馏塔，预蒸馏塔用以分馏可溶气体和沸点低于甲醇的组分；主精馏塔主要除去高于甲醇沸点的组分和水，甲醇产品从顶部取出，高沸点组分从加料口以下若干塔板引出，水和微量甲醇从塔底排出。

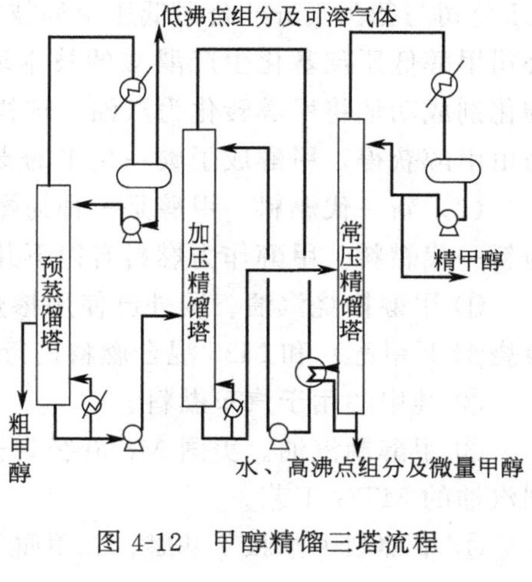

图 4-12 甲醇精馏三塔流程

(3) 三塔流程 三塔流程见图 4-12。此流程包括预蒸馏塔，加压精馏塔和常压精馏塔。预蒸馏塔的作用与双塔流程一样。经预蒸馏塔后的甲醇混合液进入加压精馏塔，塔内压力为 0.7～0.8MPa，塔顶气体作为常压精馏塔重沸器的热源，移走热量后返回加压精馏塔。加压精馏塔底甲醇混合液进入常压精馏塔，塔顶得精甲醇，塔底排出水、高沸点组分及微量甲醇。三塔与双塔流程相比，热能消耗降低30%～40%。

4.1.6 甲醇的用途

甲醇是重要的化工原料，可用于生产甲醛、甲胺、甲烷氯化物、丙烯酸甲酯、甲基丙烯酸甲酯、对苯二甲酸二甲酯、醋酸、醋酐、甲酸甲酯、碳酸二甲酯等。其中，用于生产甲醛的消耗量约占甲醇总量的30%～40%；表4-4是近年来全球甲醇应用领域的分配情况，表4-5是世界甲醇的供需平衡现状与预测。近年来随着碳一化工的发展，由甲醇出发合成乙二醇、乙醛、乙醇等工艺正在日益受到重视。总之，甲醇作为重要原料在医药、染料、塑料、合成纤维等工业中有着重要的地位。

表4-4 全球甲醇应用领域的分配情况

应用领域	1997年	1998年	2002年	1997～2002年平均增长率/%
甲醛	9366	9664	9366	2.8
DMT	342	350	342	3.0
醋酸	1875	2019	1875	7.5
MTBE/TAME	6973	7307	6973	3.5
甲基丙烯酸甲酯	786	818	786	2.1
汽油/燃料	741	743	741	－0.5
溶剂	1031	1066	1031	2.6
其他	4757	4989	4757	3.9
合计	25871	26956	25871	3.4

注：DMT指对苯二甲酸二甲酯，TAME指甲基叔丁戊醚。

表4-5 世界甲醇的供需平衡现状与预测

项目	1997年	1998年	2002年	2005年	2010年
生产能力/(万吨/a)	3150	3326	3803	4294	5099
需求/万吨	2630	2742	3020	3481	4266
开工率/%	84	82	79	81	83

(1) 碳一化工的支柱　在20世纪70年代，随着天然气制甲醇生产技术的成熟，英国ICI公司与德国Lurgi公司低压甲醇技术得到推广，大量甲醇进入市场。而同时美国孟山都公司甲醇低压羰基化生产醋酸的技术取得突破，获得工业应用；美国Mobil公司用ZSM-5催化剂成功地将甲醇转化为汽油。这样，一系列原来以乙烯为原料的有机化工产品可能转变为由甲醇获得，甲醇成了碳一化工的支柱。

(2) 新一代燃料　甲醇是一种易燃液体，燃烧性能良好，辛烷值高，抗爆性能好，被称为新一代燃料。甲醇作为燃料有以下几种形式。

① 甲醇掺烧汽油。国外已使用掺烧5%～15%甲醇的汽油，我国也已对M15（汽油中掺烧15%甲醇）和M25混合燃料进行了技术鉴定。

② 纯甲醇用于汽车燃料。

③ 甲醇制汽油。美国Mobil公司开发成功地开发了用ZSM-5型合成沸石分子筛自甲醇制汽油的MTG工艺。

④ 甲醇制甲基叔丁基醚、二甲醚等高辛烷值汽油掺和剂。

（3）有机化工的主要原料　甲醇进一步加工，可制得甲胺、甲醛、甲酸及其他多种有机化工产品。国内已有用甲醇作为原料一次加工产品的成熟生产工艺和即将投入生产的甲醇系列有机产品有几十种。

（4）精细化工与高分子化工的重要原料　甲醇作为重要的化工原料，在农药、染料、医药、合成树脂与塑料、合成橡胶、合成纤维等工业中得到广泛的应用。

（5）生物化工制单细胞蛋白　甲醇蛋白是一种由单细胞组成的蛋白，它以甲醇为原料，作为培养基，通过微生物发酵而制得。由于工业微生物技术的发展，以稀甲醇为基质生产甲醇蛋白的工艺在国外已工业化，大型化装置已投产，在国内也正在研究开发。我国饲养业对蛋白质需求量很大，发展甲醇蛋白有非常好的前途。

4.2 甲醛

4.2.1 性质和用途

甲醛是无色、具有特殊气味的气体，沸点252K，在常压下冷却到254K时，可得到液体甲醛，并在155K凝结成固体。甲醛有毒，在很低浓度时，就能刺激眼、鼻黏膜，浓度很大时对呼吸道黏膜也有刺激作用。甲醛易溶于水，可形成各种浓度的水溶液，质量分数为37.6%的甲醛水溶液，俗称福尔马林。甲醛蒸气与空气能形成爆炸性混合物，爆炸范围（体积分数）为7%～73%。甲醛的物理性质见附表。

甲醛是一种基本有机化工原料，是甲醇的重要衍生产品。工业上使用的甲醛有两种形态：一是浓度37%～55%的甲醛水溶液，二是固体甲醛（三聚甲醛），我国主要生产37%的甲醛水溶液。甲醛在工程塑料、胶黏剂、染料、炸药、农业等领域应用十分广泛。用甲醛为原料可生产聚甲醛树脂、三聚氰胺树脂、酚醛树脂和脲醛树脂以及乌洛托品、季戊四醇、1,4-丁二醇、新戊二醇、维尼纶纤维、尼龙等。甲醛还可用作农药的杀虫剂、医药的消毒剂和染料工业的还原剂等。由于甲醛应用范围广泛，生产和消费的数量很大，因此它已经进入了世界大宗化工产品之列。表4-6和表4-7分别为国外和我国甲醛的消费结构。

表4-6　国外甲醛的消费结构　单位：%

消费国或地区	脲醛树脂	酚醛树脂	密胺树脂	聚甲醛	1,4-丁二醇	季戊四醇	MDI	乌洛托品	其他
美国	30.48	22.62	3.85	11.28	11.83	5.86	5.64	—	5.33
西欧	48.53	9.44	5.90	10.53	7.61	4.97	—	3.11	12.98
日本	19.57	6.13	6.20	28.77	5.94	7.70	4.83	—	20.87

注：MDI指二苯基甲烷二异氰酸酯。

表4-7　我国甲醛的消费结构　单位：%

年份	脲醛树脂	酚醛树脂	季戊四醇	乌洛托品	密胺树脂	聚甲醛	1,4-丁二醇	多聚甲醛	农药	医药	其他
1998	51.7	8.5	7.3	5.4	2.1	0.5	0.4	0.6	2.0	3.0	18.5
2003	46.6	8.5	6.8	4.2	2.5	1.7	1.7	1.7	1.7	3.8	20.8

4.2.2 甲醇氧化法制甲醛

1923年，德国BASF公司实现合成气大规模生产工业甲醇后，为甲醛工业的大规模发展奠定了良好的原料基础，甲醇氧化法成为甲醛工业生产的主导方法。

4.2.2.1 反应原理与合成方法

甲醇氧化法制甲醛的原料是甲醇、空气与水蒸气的混合物，过程中的主反应包括甲醇氧化［式(4-54)］和甲醇脱氢［式(4-55)］，还有甲醇燃烧和甲醛氧化等副反应。

$$CH_3OH+\frac{1}{2}O_2 = HCHO+H_2O+156.56kJ/mol \qquad (4\text{-}54)$$

$$CH_3OH = HCHO+H_2-85.27kJ/mol \qquad (4\text{-}55)$$

$$H_2+0.5O_2 = H_2O+241.83kJ/mol \qquad (4\text{-}56)$$

反应式(4-54) 在200℃以上开始进行，故开车时原料气需预热；该反应是一个强放热反应，点火反应后温度迅速上升，要考虑副产蒸汽回收反应热。反应式(4-55) 在500℃以上是生成甲醛的主要反应之一，它是吸热反应，对控制催化剂床层温度有利，同时又是可逆反应，当反应式(4-56) 的反应发生时，反应式(4-55) 向生成甲醛的方向转移，提高了甲醛转化率。总反应是一个放热反应，除主反应外，还有少量生成甲烷、二氧化碳等的副反应。在甲醛产品中含有少量未反应的甲醇，甲醛产率86%～90%。

温度、原料气组成与纯度对反应过程的影响如下。

① 温度　升高温度有利于反应式(4-55)，但温度过高容易引起过度氧化和产品分解，也会使催化剂熔融结块，反应温度一般在600～720℃。反应温度可用通入反应区的冷却水量、气体混合物的组成等来调节。

② 原料气组成　对反应结果影响很大，甲醇与空气比例应在爆炸范围之外；要有适量水蒸气存在，带走部分反应热，以防止催化剂过热。

③ 原料气纯度　原料甲醇的纯度有严格的要求，不可含硫，以防止生成硫化银；不可含醛、酮，以免发生树脂化反应，覆盖于催化剂表面；不可有羰基铁，以免促使甲醛分解。为此，原料甲醇与空气均需进行严格净化。

甲醇氧化生产甲醛，工业上有两种方法：一种是用金属银（Ag）作催化剂，称为“银法”，这种方法操作时原料中甲醇浓度高于爆炸上限（大于36%），即在甲醇过量和较高温度下操作；另一种是用铁、钼、钒等金属氧化物为催化剂，称为“铁钼（Fe-Mo）法”。

世界甲醛产量的90%以上都是以甲醇为原料，用Ag或Fe-Mo复合氧化物为催化剂所生产，Fe-Mo法的总产量已经超过Ag法的生产总量，在许多生产甲醛的国家同时建有银法和Fe-Mo法生产厂，但侧重面不尽相同。总的来说，欧美等西方国家，由于聚甲醛工程塑料比较发达，采用Fe-Mo法生产的厂家较多，俄罗斯和东欧国家Ag法和Fe-Mo法并重。日本和东南亚国家由于胶合板工业比较发达，Ag法占支配地位。但20世纪80年代以来，日本已有不少甲醛厂转向Fe-Mo法。国内生产甲醛的厂家多达几十家，大部分为千吨级规模，多以电解银为催化剂，采用Fe-Mo法的较少。

4.2.2.2 银催化法

这种方法操作时原料中甲醇浓度高于爆炸上限（大于36%），即在甲醇过量和较高温度下操作。传统的银法工艺流程如图4-13所示。

原料甲醇泵入高位槽后，以一定量流经过滤器、间接蒸汽加热蒸发器，并从蒸发器

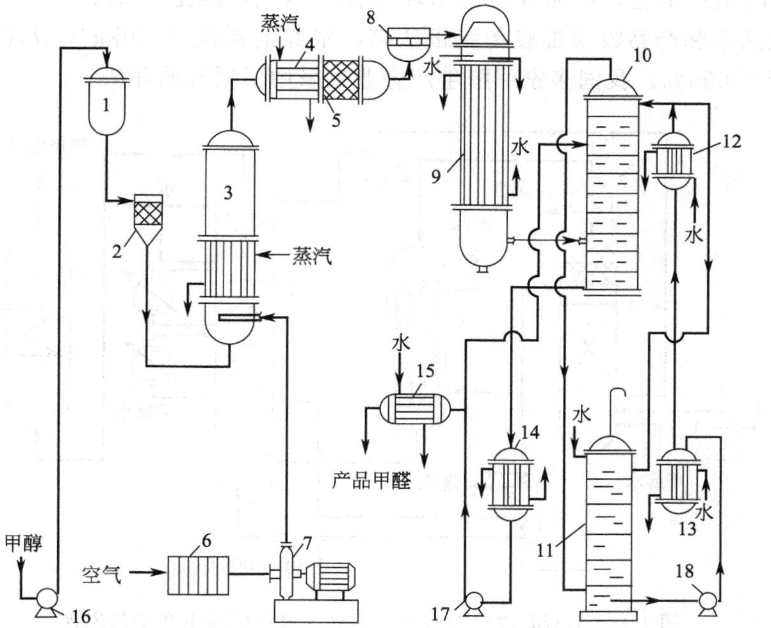

图 4-13　“银法”甲醛生产工艺流程

1—甲醇高位槽；2—甲醇过滤槽；3—蒸发器；4—过滤器；5—阻火器；6—空气过滤器；7—鼓风机；8—过滤器；9—反应（氧化）器；10—第一吸收塔；11—第二吸收塔；12～15—冷却器；16—甲醇泵；17,18—循环泵

底部送入经净化的空气，甲醇蒸气和空气混合物中甲醇含量约 0.5g/L。为了控制反应器温度，在甲醇蒸气和空气混合物中加入适量水蒸气。原料气混合物经过加热器加热到 110～120℃，再经阻火器、过滤器进入反应器，于 380～650℃在银催化剂作用下发生催化氧化反应。

氧化反应器分上下两部分，上部为反应段，气体入口处装有锥形顶盏使混合气均匀分布，然后在置于搁板上的催化剂层进行催化反应，反应段中装设冷却蛇管通入冷水带出部分反应热。下部为紫铜制成的列管式冷却器，管外以冷水冷却，使催化层出口气迅速冷却到 100～130℃，以防止高温下发生副反应，但也不能冷却到过低温度，以防甲醛聚合堵塞管道。生产设备与管道避免用铁制造，因铁会促进聚合。蒸发器、反应器采用不锈钢与铜制作，反应器后续设备与管道用铝制成。

冷却后的转化气体进入两个串联吸收塔。第一吸收塔中的吸收剂是第二吸收塔来的稀甲醛液，第一吸收塔中大部分甲醛被吸收，底部引出的吸收液经冷却后即为含 10%甲醇的甲醛水溶液，少量甲醇可防甲醛聚合。第二吸收塔顶用适量冷却水吸收，塔底流出液送入一吸，塔顶尾气中甲醛已被吸收完全。

德国 BASF 公司在传统工艺的基础上，开发了改进型有尾气循环的银法工艺流程（见图 4-14），利用部分尾气再循环生产 50%以上浓度甲醛。反应温度 700℃，甲醇/水比为 3∶2，反应在结晶银固定床中进行，反应时间为 10ms，甲醇转化率可达 98.6%，甲醛产率达 80%～92%，产品中甲醇含量小于 1%，省去精馏塔和甲醇回流循环。德国 Fischer 公司亦发展了尾气循环法新工艺用于生产 55%甲醛。日本三菱瓦斯化学公司（MGC）开发的尾气循环

(WGR) 法甲醛生产工艺，用部分尾气循环代替水蒸气，能生产37%～55%浓度的甲醛产品，甲醇反应速率和产品收率都较传统银法高，甲醇消耗低（440kg/t 37%甲醛），甲醛中甲醇含量低于0.005%。我国多家甲醛生产企业也采用了尾气循环法。

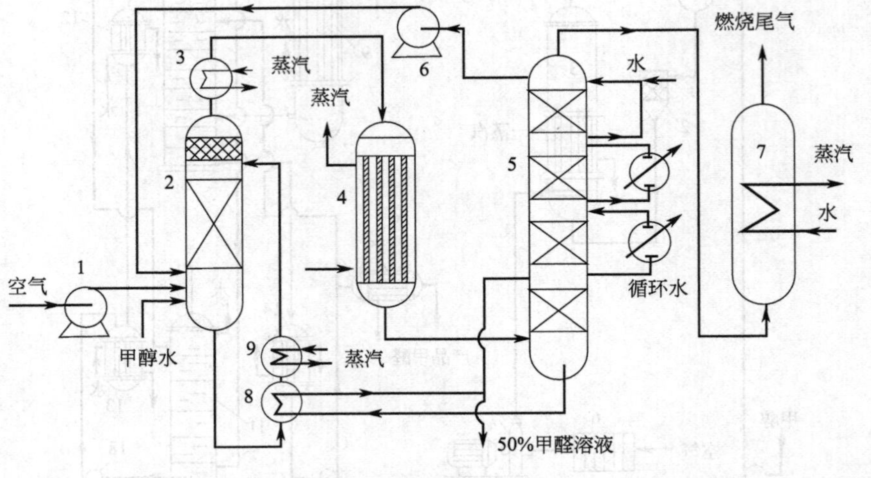

图 4-14　BASF 改进型有尾气循环的银法甲醛生产工艺流程

1—空气鼓风机；2—蒸发器；3—过热器；4—甲醛反应器；5—吸收塔；6—压缩机；7—蒸汽发生器；8,9—换热器

4.2.2.3　铁-钼法

铁-钼法采用铁、钼、钒等金属氧化物为催化剂。这种生产操作时空气过量，在空气、甲醇混合气体中，甲醇浓度低于爆炸下限（小于67%），甲醇几乎全部转化，得到低浓度甲醛产品。由于空气过量，甲醇在铁钼催化剂上，除了生成甲醛的主反应外，还发生甲醇深度氧化为二氧化碳和水、甲醛氧化为甲酸等副反应，对这些深度氧化的连串副反应可通过让反应物急速冷却的方法加以克服。采用铁-钼法可以获得接近100%的转化率和很高的选择性，产品中仅含有极少量未转化的甲醇。此法可直接制得低醇浓甲醛，这对某些需用低醇浓甲醛为原料的产品生产，显得特别优越，例如聚甲醛需用浓度高于60%，含醇量低于1%的甲醛溶液作为原料，采用铁-钼法所生产的甲醛可以简化流程与提高经济效益。

对于甲醇氧化制甲醛的反应，若仅以氧化钼为催化剂，反应选择性好，但转化率差；若仅以氧化铁为催化剂，反应转化率高，但选择性低；只有以适当比值制成的铁钼催化剂才有高活性、高选择性的效果。在铁钼催化剂中，氧化铁控制在15%～20%，氧化钼过量，为提高催化效果可加入微量铬、锰、铈、钴、镍等元素。铁钼催化剂一般以高岭土或硅藻土为载体，以保证催化剂有很高的强度。铁钼系催化剂稳定性好，正常条件下，可使用一年以上，每吨催化剂生成37%甲醛2万吨以上。

温度、原料浓度、接触空时对反应的影响如下。

(1) 反应温度　铁钼系催化剂不耐高温，必须严格控制反应温度，操作温度超过480℃，活性组分遭到破坏。在300～460℃的温度范围内，甲醇氧化的转化率均可在97%以上，但甲醛收率在350℃左右时最高，达90%左右，温度再高，收率下降。为了保证甲醛收率高，反应选择性好，反应温度以350℃左右为宜。

(2) 原料浓度　甲醇进料浓度对氧化温度十分敏感，甲醇浓度增减1%，反应热点温度变化约5℃，因此要保持进料中甲醇浓度恒定。工业上铁-钼法通常采用在甲醇空气混合物爆炸区的下限浓度范围内进行安全生产，原料气中甲醇浓度约6%左右。

(3) 接触空时　甲醇在铁钼催化剂上以过量空气氧化，适宜大空速运行，接触时间为0.2～0.5s。

铁-钼法甲醇空气氧化制甲醛工艺流程如图4-15所示。

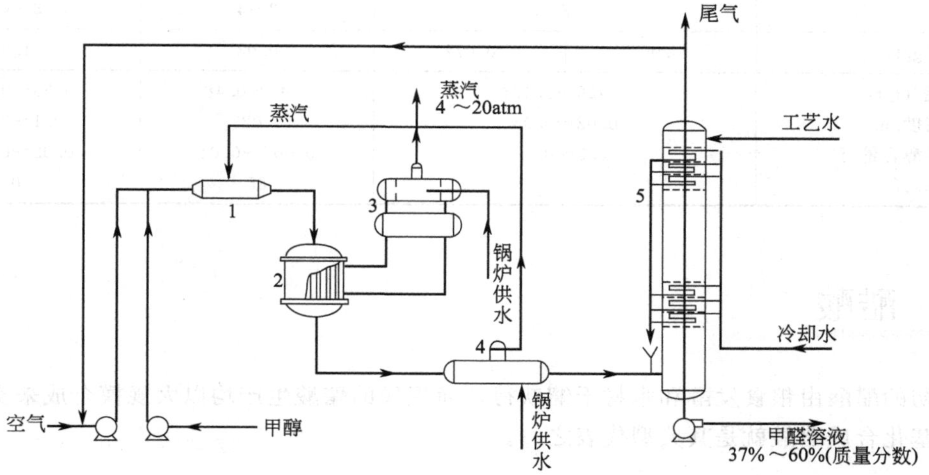

图4-15　铁-钼法甲醇空气氧化制甲醛工艺流程

1—汽化器；2—反应器；3—废热锅炉；4—冷却器；5—吸收塔

甲醇与空气通过汽化器加热成气体后进入管壳式反应器中，铁钼催化剂置于管内，反应温度为320～350℃，反应物离开反应器后迅速冷却，以避免副反应发生。反应气冷却器产生蒸汽供汽化器用。在反应器中产生的反应热被壳程传热介质带走，至废热锅炉副产2MPa的蒸汽，传热介质（如联苯醚等导热油）自然循环，既回收了能量，又易控温。甲醛在不锈钢吸收塔中被吸收，通过加水量调节，可得60%以下任何浓度的甲醛溶液。吸收过程的热量被吸收塔内的冷却系统带走。此法所得甲醛溶液只含0.02以下的甲酸，无需再处理便可作为商品。

4.2.2.4　甲醇氧化法中的催化剂

(1) 银及其合金类催化剂　银催化剂具有较高的活性，转化率可达97%以上，选择性也可达85%以上，但反应温度都较高。银催化剂又分为结晶银、电解银及浮石银三种。表4-8列出了国内外工业用银催化剂及其性能。其中电解银催化剂反应温度较低，选择性和产率优于浮石银，甲醇单耗低，催化剂再生容易（一般去掉表面铁和游离碳），填装床层薄，银回收率高，优点突出，已成为我国生产甲醛的主要催化剂。

(2) Fe-Mo类催化剂　Fe_2O_3-Mo_2O_3催化剂以硅藻土为载体，试验发现此催化剂在低比表面下具有较高的转化率和选择性。以SiO_2为载体的很低比表面的Fe_2O_3-Mo_2O_3在流化床反应器中可以得到较高的甲醛产率（90%～98%）和选择性（98%），其最佳操作条件是：催化剂组成1.7%，气压101.3～607.8kPa，甲醇和氧气等摩尔比，CH_3OH稍大于6%。如Fe_2O_3-Mo_2O_3（6.8%），在SiO_2上的比表面为1m^2/g时，选择性和活性都佳。但不适用固定床反应器，否则将失去活性。

表 4-8 工业用银催化剂及其性能

性能	结晶银		电解银	浮石银
	Ⅰ	Ⅱ		
反应温度/℃	600～650	680～720	680～720	680～720
转化率/%	93	97～98	97.7	87
选择性/%	90～94		≥85	84
产率/%	88.6～91		87～91.5	<81
寿命/月	8		3～4	3～4
催化剂/(g/t)	0.05	0.072	0.03	～1.35
甲醇单耗/(t/t)	0.426～0.428		0.46～0.48	0.53～0.53
催化剂高度/m	0.02～0.03		0.023	0.1～0.2
产品中甲醇含量/%	0.2～0.4		0.005～0.01	0.02～0.03
银回收率/%			85	30

4.3 醋酸

最初的醋酸由粮食发酵和木材干馏获得，而现代的醋酸生产均以大规模合成来实现，用甲醇羰基化合成醋酸就是其典型代表之一。

4.3.1 醋酸的性质和用途

醋酸（acetic acid），学名乙酸（ethanonic acid），分子式为 CH_3COOH，相对分子质量 60.06。醋酸是食用醋的主要成分，故得名醋酸。高纯度醋酸（99%以上）于 16℃左右即凝结成似冰片状晶片，故常称为冰醋酸。纯醋酸为无色水状液体，有刺激性气味与酸味，并有强腐蚀性。其蒸气易着火，能和空气形成爆炸性混合物。纯醋酸的物理性质见附表。

醋酸是重要的饱和脂肪羧酸之一，是典型的一价弱有机酸，在水溶液中能解离产生氢离子，故醋酸能进行一系列脂肪酸的典型反应如酯化反应、形成金属盐反应、氢原子卤代反应、胺化反应、腈化反应、酰化反应、还原反应、醛缩合反应以及氧化酯化反应等。

醋酸是重要的有机化工原料，可生产醋酐、醋酸酯、醋酸乙烯、醋酸纤维等，见图 4-16 所示。广泛用于纤维、增塑剂、造漆、胶黏剂、共聚树脂以及制药、染料等工业。

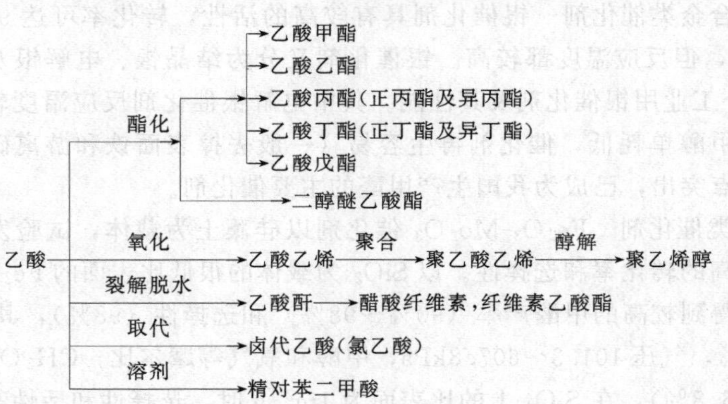

图 4-16 醋酸出发可以获得的重要化工产品

4.3.2 甲醇高压羰基化合成醋酸

甲醇高压羰基化合成醋酸的工艺由BASF公司开发并于1960年工业化。甲醇与一氧化碳在碘化钴均相催化剂存在下，压力63.7MPa、温度250℃时进行反应，制得醋酸，即：

$$CH_3OH + CO \xlongequal{} CH_3COOH + 138.64kJ/mol \tag{4-57}$$

高压羰基化法生产流程如图4-17所示。液态甲醇原料经尾气洗涤塔后，与二甲醚和一氧化碳一起连续加入反应器，由反应器顶部引出的粗醋酸及未反应的气体，冷却后进入低压分离器，从低压分离器底部出来的粗醋酸送至精制工段，顶部出来的尾气用进料甲醇洗涤以回收转化气中的甲基碘，经过洗涤的尾气用作燃料。

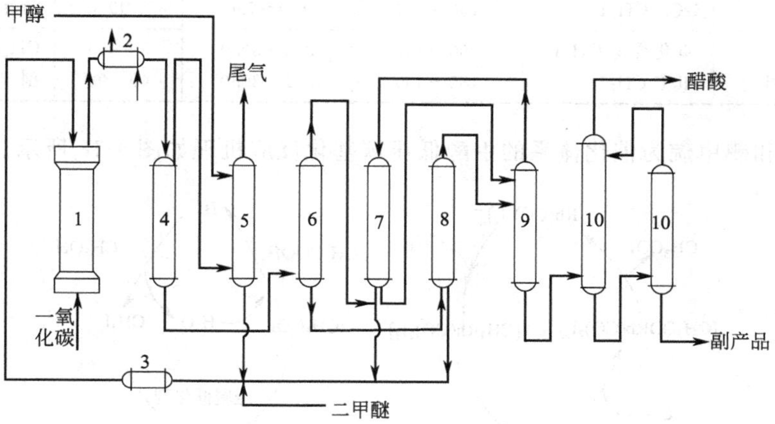

图4-17 甲醇高压羰基化制醋酸生产流程

1—反应器；2—冷却器；3—预热器；4—低压分离器；5—尾气洗涤塔；6—脱气塔；7—分离塔；8—催化剂分离器；9—共沸蒸馏塔；10—精馏塔

在精制工段，粗醋酸先进脱气塔，除去低沸点组分，然后在催化剂分离器中脱除碘化钴，碘化钴在醋酸水溶液中作为塔底残余物除去。脱除催化剂的粗醋酸在共沸蒸馏塔中脱水并精制，所用夹带剂是一种随蒸气蒸发的副产混合物，它是在反应过程中生成的，并在催化剂分离塔中分离出来。共沸蒸馏塔塔底得到不含水和甲酸的醋酸，再在两个精馏塔中加工成纯度99.8%以上的纯醋酸。

甲醇高压羰基化制醋酸，其收率以甲醇计为90%，以一氧化碳计为70%。但此法存在的主要问题是操作压力高，副产物多，产品精制复杂。

4.3.3 甲醇低压羰基化合成醋酸

甲醇低压羰基化合成醋酸的工艺由美国孟山都（Monsanto）公司于20世纪70年代开发，采用铑的羰基配合物与碘化物组成的催化体系。1986年孟山都公司将醋酸生产工艺的专利权转让给英国BP公司，该公司在孟山都工艺基础上进行了改进，开发了铱催化剂，已在全世界多套醋酸装置中使用。

4.3.3.1 催化剂及反应机理

甲醇低压羰基化制醋酸的催化剂有铑系、铱系、钴系和镍系四个体系，它们的催化剂性能比较见表4-9。铑系催化剂活性高，副产物少，醋酸收率最高，且操作压力低，但铑系催化剂价格昂贵，且不稳定，反应体系中需大量的碘化物促进剂，设备腐蚀严重，反应器需用昂贵的哈氏镍基合金不锈钢制造。由于催化剂和促进剂的循环使用，造成工艺流程较复杂。因此对甲醇低压羰基化制醋酸催化剂的研究一直在进行。

表 4-9 甲醇羰基化制醋酸催化体系的性能比较

催化体系	反应相系	催化剂	反应条件 温度/℃	反应条件 压力/MPa	醋酸收率/%	催化剂特点及副产物
Co 系	均相	$CoI-CH_3I$	200～250	50.0～70.0	87	乙醛，乙醇，甲烷
Rh 系	均相	$RhCl_3-CH_3I$	150～220	0.1～3.0	99	活性高，副产 CO_2
	非均相	$Rh/C-CH_3I$	170～250	0.1～3.0	30～95	活性不稳定，副产少
Ir 系	均相	$IrCl_3-CH_3I$	150～200	1.0～7.0	99	活性与铑相似
Ni 系	均相	Ni 化合物-CH_3I	150～330	3.0～30.0	50～95	CH_3I 用量多
	非均相	$Ni/C-CH_3I$	180～300	0.1～30.0	40～98	副产 CO_2，CH_4

铑配合物和碘甲烷为催化体系的甲醇低压羰基化反应机理如图 4-18 所示。

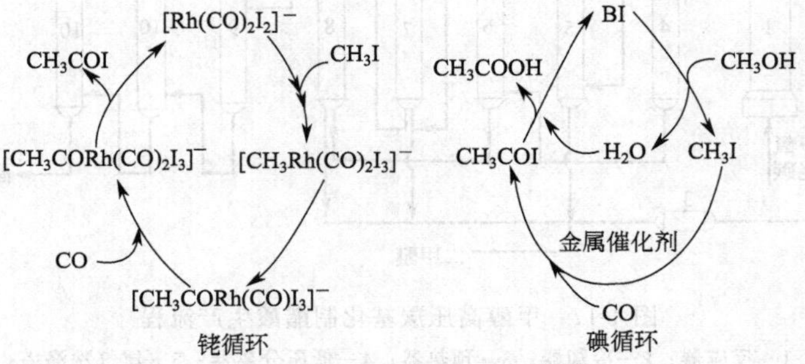

图 4-18 铑-碘催化体系的甲醇低压羰基化反应机理

反应的第 1 步，CH_3OH 与 HI 先生成 CH_3I；

第 2 步，CH_3I 与 $[Rh(CO)_2I_2]^-$ 进行氧化加成反应，生成配合物 $[CH_3Rh(CO)_2I_3]^-$；

第 3 步，CO 嵌入到 Rh—CH_3 键之间生成乙酰基配合物 $[CH_3CORh(CO)I_3]^-$；

第 4 步，气相 CO 与 Rh 配合物配位生成 $[CH_3CORh(CO)_2I_3]^-$；

第 5 步，此配合物通过还原消除反应，生成 CH_3COI 与一价铑配合物 $[Rh(CO)_2I_2]^-$，CH_3COI 与反应系统的 H_2O 作用得到产物醋酸，同时 HI 再生而完成催化循环。

总的反应步骤是铑配合物 $[Rh(CO)_2I_2]^-$ 与碘甲烷（CH_3I）的氧化加成反应，生成醋酸的反应速率可用式(4-58) 来表示。

$$r=\frac{dc_{CH_3COOH}}{dt}=kc_{CH_3I}c_{[Rh(CO)_2I_2]^-} \quad (4\text{-}58)$$

式中，k 为反应速率常数。

铱配合物和碘甲烷为催化体系的催化反应机理比铑催化剂体系的机理复杂得多。

4.3.3.2 生产工艺

孟山都法生产工艺中，甲醇和一氧化碳在水-醋酸介质中于压力 2.9～3.2MPa、温度 180～190℃的条件下反应生产醋酸。由于催化剂的活性和选择性都很高，副产物很少，主要副反应是水煤气变换反应，还有少量的醋酸甲酯、二甲醚和丙酸等副产物。

孟山都法甲醇制醋酸的工艺流程如图 4-19 所示，主要由反应工序、精制工序、轻组分回收工序、催化剂制备和再生工序四部分组成。

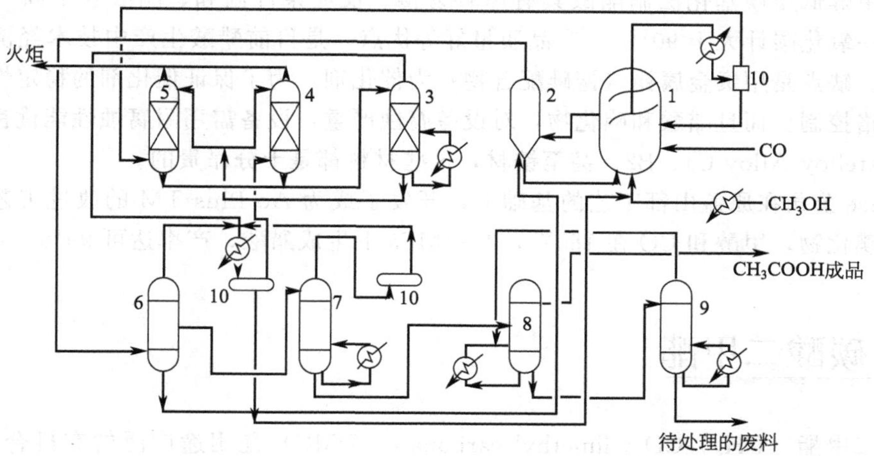

图 4-19 甲醇低压羰基化生产醋酸流程

1—反应器；2—闪蒸槽；3—解吸塔；4—低压吸收塔；5—高压吸收塔；
6—轻组分塔；7—脱水塔；8—重组分塔；9—废酸汽提塔；10—分离塔

(1) 反应工序 甲醇羰基化是气液相反应，反应器可采用搅拌釜或鼓泡塔，催化剂溶液放在反应器中，甲醇加热到 185℃与从压缩机来的一氧化碳在约 3.0MPa 压力下，喷入反应器底部，反应后的物料从塔侧进入闪蒸槽，含有催化剂的溶液从闪蒸槽底部出来，再返回反应器，含有醋酸、水、碘甲烷和碘化氢的蒸气从闪蒸槽顶部出来进入精制工序。反应器顶部排放出来的 CO_2、H_2、CO 和碘甲烷作为弛放气进入冷凝器，凝液重新返回反应器，其余不凝物送轻组分回收工序。反应温度控制在 180～190℃，以 185℃为最佳。温度升高，副产物甲烷和二氧化碳增多。

(2) 精制工序 由轻组分塔、脱水塔、重组分塔、废酸汽提塔组成。

轻组分塔：由闪蒸槽来的醋酸、水、碘甲烷和碘化氢在此进行分离，塔顶蒸出物经冷凝，凝液碘甲烷返回反应器，不凝尾气送往低压吸收塔。水和醋酸组合而成的高沸点混合物和少量铑催化剂以及溶解的碘化氢从塔底排出再返回闪蒸槽。含水醋酸由侧线出料进入脱水塔上部。

脱水塔：塔顶蒸出的水尚含有碘甲烷、轻质烃和少量醋酸，仍返回吸收塔，塔底主要是含有重组分的醋酸，送往重组分塔。

重组分塔：塔顶蒸出轻质烃，含有丙酸和重质烃的物料从塔底送入废酸汽提塔。塔侧线得到成品醋酸，其中，丙酸含量<50mg/m^3，水分含量<1500mg/m^3，总碘含量<40mg/m^3，可食用。

废酸汽提塔：从重组分中进一步蒸出醋酸，并返回重组分塔底部，汽提塔底部排出的是废料，内含丙酸和重质烃，需进一步处理。

(3) 轻组分回收工序 从反应器出来的弛放气进入高压吸收塔，用醋酸吸收其中的碘甲烷。吸收在加压下进行，压力约 2.8MPa。未吸收的废气主要含 CO、CO_2 和 H_2，送至火炬焚烧。

从高压吸收塔和低压吸收塔吸收了碘甲烷的两股醋酸富液，进入解吸塔汽提解吸，解吸出来的碘甲烷蒸气送到精制工序的轻组分冷却器，再返回反应工序。汽提解吸后的醋酸作为吸收循环液，再用于高压和低压两个吸收塔中。

由于甲醇低压羰基化法制醋酸具有原料易得、反应条件温和、醋酸收率高（以甲醇计99%，以一氧化碳计大于90%）、产品质量好等优点，是目前醋酸生产中技术经济指标最先进的方法。缺点是用贵金属铑（铑碘配合物）为催化剂，为了保证催化剂的稳定性，反应条件必须严格控制。而且醋酸和碘化物，对设备腐蚀严重，设备需用耐腐蚀性能优良的哈氏合金 C（Hastelloy Alloy C)、B2，甚至锆材，这些材料都是十分昂贵的。

Celance 公司在原孟山都工艺的基础上，开发了成为 Ao Plus TM 的改进工艺，催化剂仍为铑和碘化物，甲醇和 CO 在 180℃，3～4MPa 下生成醋酸，产率达可 99%。

4.4 碳酸二甲酯

碳酸二甲酯 $(CH_3)_2CO$（dimethyl carbonate，DMC）是用途广泛的有机合成中间体，是甲醇的重要下游产品之一，因其使用安全、污染少、毒性小，被视为“绿色”化工产品。

4.4.1 碳酸二甲酯的性质和用途

碳酸二甲酯是无色透明可燃液体，沸点 90.1℃，熔点 4℃，略带香味。碳酸二甲酯能以任何比例与醇、酮、酯等有机溶剂混溶，无腐蚀性；微溶于水。碳酸二甲酯可燃，在空气中的爆炸极限为 3.8%～21.3%。碳酸二甲酯属于无毒或微毒化学品，但对人体皮肤、眼睛和黏膜有刺激性。

碳酸二甲酯是优良溶剂，作为溶剂的主要特点表现为熔点-沸点范围窄、表面张力大、黏度低、介质介电常数小、蒸发热低、相对蒸发速度快，碳酸二甲酯与其他溶剂的性能比较见表 4-10。

表 4-10 碳酸二甲酯（DMC）与其他溶剂的性能比较

项目	DMC	丙酮	异丁醇	三氯乙烷	甲苯
相对分子质量	90.08	58.08	60.09	133.41	92.1
沸点/℃	90.3	56.1	82.3	74.1	110.6
熔点/℃	4	−94.4	−88.5	−32.6	−94.97
蒸气压(20℃)/kPa	5.60	24.66	4.27	13.33	2.93
闪点/℃	17	−18	11.7		4.4
爆炸极限/%	3.8～21.3	2.15～13	2.7～13.0		1.27～7.0
黏度/(10^{-3}Pa·s)	0.625	0.316	2.41	0.79	0.579
表面张力/(10^{-5}N/cm)	28.5		20.8	25.6	27.92
蒸发热/(J/g)	369.06	523.0	676.58	249.82	363.69
介电常数	2.6	1.01	18.6	7.12	2.2
相对蒸发速度（醋酸丁酯＝1）	4.6	7.2	2.9		2.4
卫生容许浓度/(mg/L)		0.40	0.20	0.24	200×10^{-6}

由表 4-10 可知，碳酸二甲酯具有闪点高、蒸气压低、空气中爆炸下限高的特点，在清洗和特殊领域（特种油漆、医药品制造介质等）用作溶剂等。

碳酸二甲酯分子中含有 CH_3—、CH_3O—、CH_3OCO—、—CO—等多种官能团，具有良好的反应活性，可代替光气作羰基化剂，代替硫酸二甲酯作为甲基化剂，代替氯甲酸甲酯进行羰基甲氧化反应生成多种化学品。因此碳酸二甲酯是用途广泛的有机合成中间体。利用碳酸二甲酯的羰基化反应、甲基化反应、羰基甲氧化等反应可生成多种化学品。碳酸二甲酯具有优良的溶解性能，与其他溶剂相溶性好，还具有较高的蒸发温度及蒸发速度快等特点，可用作低毒溶剂。另外作为最有潜力汽油添加剂，备受国内外关注。

4.4.2 光气甲醇法合成碳酸二甲酯合成工艺

碳酸二甲酯的合成工艺大致可分为光气甲醇法、酯交换法和甲醇氧化羰基化法。光气甲醇法是古老的生产方法，但是由于光气剧毒，腐蚀设备以及生产过程中存在三废处理问题，光气法受到了环保法规的限制。1979 年 Ugo Romano 等人在长期研究甲醇氧化羰基化基础上，成功开发了由甲醇、一氧化碳、氧气液相低压羰基化生产碳酸二甲酯的技术，并由意大利 Enichem Synthetic 公司于 20 世纪 80 年代初实现了工业化生产。20 世纪 90 年代以来，DMC 生产技术进入大量研究开发阶段。各国化工公司纷纷提出各自的生产工艺，代表性的有日本宇部兴产公司开发的气相亚硝酸酯法甲醇氧化羰基化技术，美国 Texaco 公司开发的联产乙二醇的酯交换法工艺。

4.4.2.1 光气甲醇法

光气和甲醇作用生成氯甲酸甲酯，生成的氯甲酸甲酯再与甲醇反应得到碳酸二甲酯：

$$CH_3OH + Cl_2CO \longrightarrow CH_3OCClO + HCl \qquad (4\text{-}59)$$

$$CH_3OH + CH_3OCClO \longrightarrow (CH_3O)_2CO + HCl \qquad (4\text{-}60)$$

工业上通常在反应器中一次完成上述两个反应。将光气和甲醇以摩尔比为 1∶(1.5～2.5) 引入反应器，反应器是高径比为 20 的填料塔，原料混合气从底部通入，也可在底部通光气，在顶部喷淋甲醇。光气和甲醇在 60℃ 的温度下反应 12～20h，即制得含碳酸二甲酯 90％的粗产品。在 70℃温度下，粗产品在回流设备中回流 1～2h。在回流设备中，未反应的光气和甲醇进一步反应，同时脱除大部分副产物 HCl。脱除的 HCl 送去进一步处理回收。反应液则引入中和器，用 Na_2CO_3 中和反应中未脱除的 HCl。中和后的反应液移入蒸馏塔进一步分离，可获得纯度 95％以上的碳酸二甲酯，其收率按甲醇计为 90％，按光气计为 99％。

光气甲醇法工艺复杂，周期长，原料剧毒，污染环境，腐蚀设备，故人们对光气甲醇法进行大改进，使用甲醇钠与光气按式(4-61) 反应生成碳酸二甲酯。

$$2CH_3ONa + Cl_2CO \longrightarrow (CH_3O)_2CO + 2NaCl \qquad (4\text{-}61)$$

此法可以避免副产具有强腐蚀性又不易回收的 HCl，但仍要使用剧毒的光气。

4.4.2.2 酯交换法

由碳酸乙烯酯（ethyl carbonate，EC）或碳酸丙烯酯（propylene carbonate，PC）与甲醇进行酯交换反应合成碳酸二甲酯，副产乙二醇（ethanediol glycol，EG）或丙二醇（propylene glycol，PG）。碳酸乙烯酯或碳酸丙烯酯由环氧乙烷或环氧丙烷与 CO_2 反应制得。

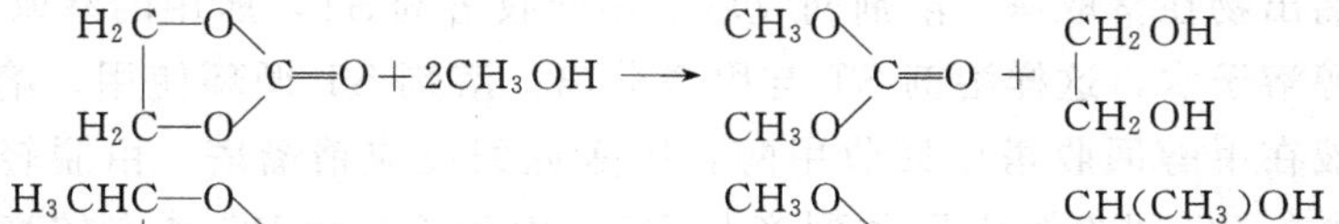

(4-62)

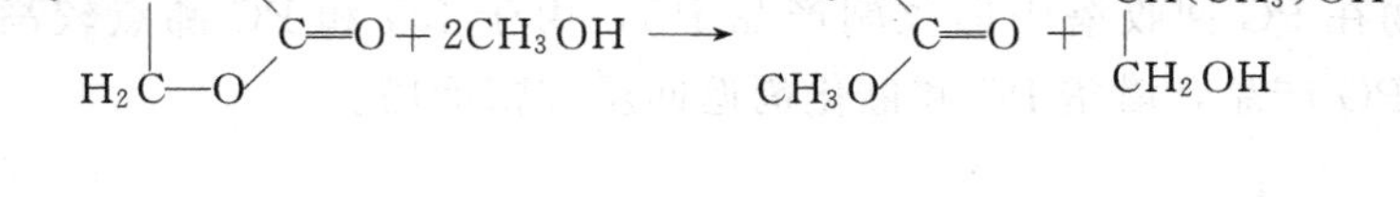

(4-63)

酯交换过程采用的催化剂一般为碱金属的氢氧化物、醇盐或碳酸盐（如氢氧化钠、氢氧化钾、甲醇钠和碳酸钾）以及离子交换树脂等。以碱金属的化合物为催化剂时，催化剂用量一般是反应物总质量的0.01%～0.5%。收率以碳酸乙烯酯计可达95%～96%。使用有机碱（如三乙胺）为催化剂可增加反应的选择性。也可采用路易斯酸和有机碱（三乙胺、三苯磷等）为催化剂，添加氧化锌为助催化剂。

酯交换反应是可逆反应，若及时将生成的碳酸二甲酯移出反应体系，则有利于反应向碳酸二甲酯生成方向移动。在反应过程中，应连续不断地蒸出碳酸二甲酯和甲醇的共沸物。用催化反应精馏技术，以碱性化合物和碱金属碳酸盐为催化剂生产碳酸二甲酯的工艺流程如图4-20所示。

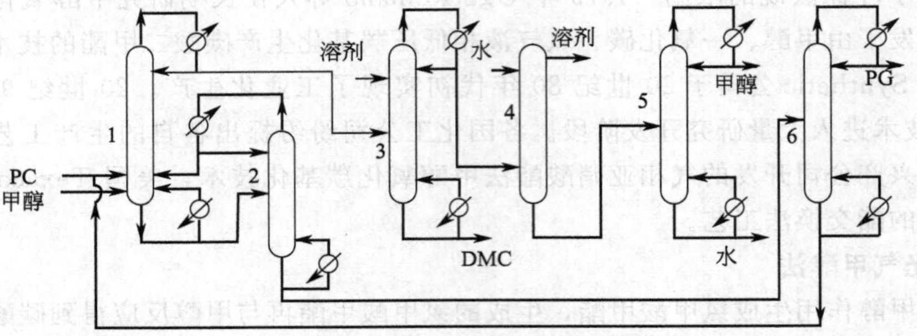

图 4-20 酯交换法合成碳酸二甲酯工艺流程

1—反应精馏塔；2—脱轻组分塔；3—萃取精馏塔；4—溶剂回收塔；5—甲醇回收塔；6—PG回收塔

整个工艺包括反应精馏、脱轻组分、共沸物分离、溶剂回收、甲醇回收和碳酸丙烯酯回收工序。反应精馏是将反应和分离两个过程结合在一个设备中进行，既满足反应规律，又遵守精馏原理。反应精馏优点为：反应产物一旦生成即从反应区蒸出，破坏可逆反应平衡，增加碳酸丙烯酯的转化率，并提高了反应速率。反应精馏在反应精馏塔中完成，甲醇与碳酸丙烯酯按一定比例加入反应精馏塔，在催化剂的作用下生成碳酸二甲酯和丙二醇，甲醇与碳酸二甲酯形成的共沸物从塔顶蒸出，共沸物组成（质量比）为碳酸二甲酯：甲醇＝30：70，共沸点大约63.5℃。反应精馏分为三段：下段是提馏段，中段为反应段，上段为精馏段。

反应中甲醇是过量的。由反应精馏塔塔釜出来的组分有甲醇、丙二醇及少量未反应的碳酸丙烯酯及催化剂，塔釜物料进入脱轻组分塔。在脱轻组分塔中完成轻组分甲醇、DMC与PG、PC的分离，脱轻组分塔塔釜为副产品PG和少量未反应的PC及催化剂，PG与PC是高沸点物质，去PC回收塔。甲醇与DMC共沸物采用萃取精馏法分离。反应精馏塔塔顶出来的甲醇与DMC共沸物进入萃取分离塔，加入溶剂苯乙烯（styrene，ST）以改变共沸物的相对挥发度，在萃取蒸馏塔塔顶蒸出甲醇和溶剂ST的混合物，塔釜得到产品DMC。萃取精馏塔塔顶馏出物在萃取塔（溶剂回收塔）中回收溶剂ST，所用的萃取剂是水，溶剂ST不溶于水而甲醇溶于水，这样溶剂ST与甲醇分离，溶剂ST循环使用。溶剂回收塔塔釜出来的甲醇水溶液在甲醇回收塔中回收甲醇，甲醇返回反应精馏塔。由脱轻组分塔塔釜来的PG、PC混合物在PG回收塔中回收副产品PG，由于PG和PC沸点较高，故采用真空精馏，塔顶得到PG产品，塔釜PC和催化剂返回反应精馏塔。

4.4.2.3　甲醇氧化羰基化法

甲醇氧化羰基化是以甲醇、CO 和 O_2 为原料直接合成碳酸二甲酯，总反应式为：

$$2CH_3OH+CO+1/2O_2 = (CH_3O)_2CO+H_2O \tag{4-64}$$

自 20 世纪 70 年代以来，国外用甲醇和一氧化碳为原料直接合成碳酸二甲酯的技术发展很快，甲醇氧化羰基化法是目前碳酸二甲酯的主要生产方法。意大利 Enichem 公司于 1983 年采用气液固三相反应率先实现甲醇氧化羰基化生产碳酸二甲酯，1992 年日本 Ube 公司以亚硝酸甲酯作反应的循环剂实现了工业生产碳酸二甲酯。而甲醇气相直接氧化羰基化法是富有工业前景的生产方法。根据甲醇在反应体系中的相态，甲醇氧化羰基化法可划分为液相法和气相法，气相法又根据是否使用亚硝酸酯作循环剂分为气相亚硝酸酯法和气相直接法。

(1) 催化剂　甲醇氧化羰基化有钯催化剂、铜催化剂及钯铜催化剂。

① 钯（Pd）催化剂。钯催化剂体系以氯化钯为主，并催化剂添加不同的助催化剂。甲醇氧化羰基化反应在具有搅拌和冷却装置的高压釜中进行，除了生成碳酸二甲酯外，还生成草酸二甲酯（DMO）。首先将甲醇和催化剂进行搅拌，使其充分混合，然后通入 CO 和 O_2 至各自的分压值，在 80～130℃下搅拌 3～6h 后停止反应，将反应液移去进一步分离出草酸二甲酯和碳酸二甲酯。改变反应条件及助催化剂可以改变草酸二甲酯和碳酸二甲酯的生成量。主催化剂除使用氯化钯外，还可使用醋酸钯、硝酸钯等。配位体、CO 压力和添加有机碱对该反应有较大的影响。研究结果表明，加入有机碱能提高碳酸二甲酯的选择性，降低 CO 压力和添加叔胺可增加碳酸二甲酯的生成量。此法的缺点是需用价格昂贵的钯盐为催化剂，草酸二甲酯和碳酸二甲酯的分离技术复杂。

② 铜（Cu）催化剂。铜系催化剂是以二价铜或一价铜为主的催化剂体系。二价铜盐活性不高，并且在反应中生成大量的二甲醚和氯甲烷，因此，只使用 $CuCl_2$ 得不到高收率的碳酸二甲酯。当 Cl/Cu 的比值为 1，即一价铜盐的催化体系时，碳酸二甲酯的收率最高，反应过程完全可避免二甲醚和氧甲烷的生成，从而使碳酸二甲酯的选择性接近 100％。

氯化亚铜为催化剂时，甲醇氧化羰基化反应实际上是一个氧化还原反应。第 1 步是 CuCl 在甲醇溶液中被氧化为甲氧基氯化铜。

$$2CuCl+2CH_3OH+1/2O_2 = 2Cu(CH_3O)Cl+H_2O \tag{4-65}$$

第 2 步是甲氧基氯化铜被 CO 还原成碳酸二甲酯

$$2Cu(CH_3O)Cl+CO = (CH_3O)_2CO+2CuCl \tag{4-66}$$

③ 钯铜（Pd-Cu）双组分催化剂。负载在活性炭载体上的双金属氯化物催化剂 $PdCl_2$-$CuCl_2$/AC（AC 为活性炭）比负载单一金属氯化物催化剂可明显提高碳酸二甲酯的收率。碱性助剂 K、Mg 能提高催化剂的活性，但以乙酸盐的形式加入为佳。活性炭载体上附载 KAc（醋酸钾）与氯化物 $PdCl_2$、$CuCl_2$ 而成催化剂 $PdCl_2$-$CuCl_2$-KAc/AC，由于 $PdCl_2$、$CuCl_2$ 间的相互作用，产生了 KCl 晶相，而 $CuCl_2$ 被部分还原，CuCl、$CuCl_2$ 有效抑制了 $PdCl_2$ 的还原。因为氯化物催化剂失活的原因是氯的流失，KAc 起到了抑制氯流失和改进 $PdCl_2$-$CuCl_2$ 催化剂电子结构的作用，从而提高了催化剂的活性和稳定性。

(2) 液相法合成工艺　意大利 ENI 公司的甲醇液相氧化羰基化合成碳酸二甲酯的工艺流程如图 4-21 所示。

甲醇液相氧化羰基化反应是在 3 个连续搅拌的罐式反应器中进行，在反应器中存在气液固三相，氯化亚铜为催化剂，反应温度 90～120℃，压力 2～3MPa。一氧化碳被压缩到反应

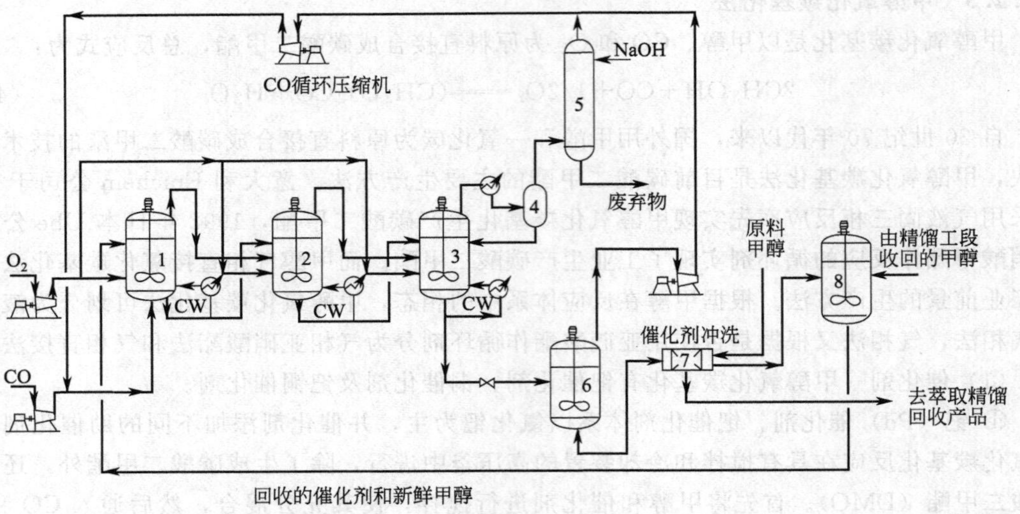

图 4-21 ENI 公司甲醇液相氧化羰基化合成碳酸二甲酯的工艺流程

1～3—氧化羰基化反应器；4—分离罐；5—洗涤器；6—闪蒸罐；
7—催化剂过滤器；8—混合器

压力后鼓泡进入第 1 反应器，回收的催化剂及甲醇送入第 1 反应器，氧分别进入第 1、2、3 反应器。在反应过程中，氧浓度始终保持在爆炸极限以下。通过 3 个反应器后，一氧化碳的单程转化率约 67%。离开第 3 反应器的气体被冷却后在分离罐中分成液体和气体，液体返回第 3 反应器，气体在洗涤器中经碱性溶液洗涤脱除 CO_2 后，经 CO 循环压缩机加压后送回第 1 反应器。出第 3 反应器的液体经闪蒸脱除溶解的气体，气体循环返回第 1 反应器，液体通过催化剂过滤器分离出催化剂，催化剂与甲醇用泵送回第 1 反应器，无催化剂的液体含有碳酸二甲酯、水和未反应的甲醇，送去萃取精馏。

ENI 公司甲醇液相氧化羰基化生产碳酸二甲酯，按一氧化碳计，碳酸二甲酯的选择性为 90%，按甲醇计，其选择性大于 98%。

(3) 气相法合成工艺　日本宇部兴产（Ube）公司开发的气相法，用亚硝酸甲酯作为催化反应的循环剂，以 $PdCl_2/CuCl_2$ 载于活性炭上为催化剂，通过气相亚硝酸甲酯的羰基化反应合成碳酸二甲酯，其反应过程为：

$$2NO+1/2O_2+2CH_3OH = 2CH_3ONO+H_2O \quad (4\text{-}67)$$

$$2CH_3ONO+CO = (CH_3O)_2CO+2NO \quad (4\text{-}68)$$

总反应式为：

$$2CH_3OH+CO+1/2O_2 = (CH_3O)_2CO+2H_2O \quad (4\text{-}69)$$

第 1 步反应，甲醇、O_2 和 NO 在亚硝酸甲酯再生器中反应生成亚硝酸甲酯和水。该再生器为一填充塔，操作压力为 0.28MPa，塔顶温度 40℃。

第 2 步反应，亚硝酸甲酯和 CO 在催化剂存在下进行羰基化反应合成碳酸二甲酯，该反应在管壳型固定床反应器中进行，反应管内装填 $PdCl_2/CuCl_2$ 催化剂，操作压力 0.21MPa、反应温度 100℃。工艺流程如图 4-22 所示。

该法使用亚硝酸甲酯为循环剂和贵金属负载催化剂，在 100℃、常压下，碳酸二甲酯的选择性可达 96%。此方法的优点是：与液相法相比，采用固定床反应器不需将催化剂从产

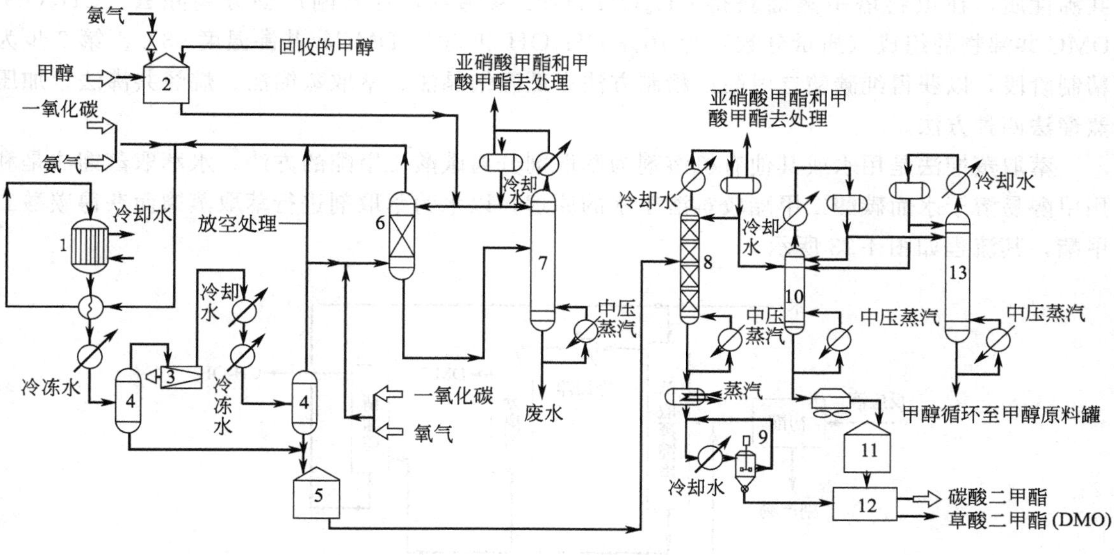

图 4-22 Ube 公司亚硝酸酯法甲醇气相氧化羰基化合成 DMC 工艺流程

1—羰基化反应器；2—甲醇原料罐；3—压缩机；4—闪蒸罐；5—粗 DMC 罐；
6—CH_3ONO 再生器；7—甲醇回收罐；8—DMC 塔；9—DMO 结晶罐；
10—DMC/CH_3OH 塔；11—DMC 储罐；12—包装工段；13—CH_3OH/DMC 塔

物中分离；反应在无水条件下进行，催化剂寿命延长。但是该工艺引入亚硝酸甲酯作循环剂，生成亚硝酸甲酯的反应是强放热快速反应，反应物的 3 个组分易发生爆炸；该工艺引入了有毒的对环境有污染的 NO 气体。

表 4-11 为 3 种 DMC 生产工艺条件比较。

表 4-11 3 种 DMC 生产工艺条件比较

项目		气相氧化法		液相氧化法		酯交换法
		日本 Ube 公司	美国 DOW 公司	意大利 ENI 公司	日本 Daicel 公司	德国 Bayer 公司
发展阶段		工业化	研究开发	工业化	研究开发	研究开发
反应条件	催化剂	Pd	$CuCl_2$	$CuCl_2$	Pd-Cu	
	温度/℃	50～150	100～120	120～150	50～200	50～250
	压力/MPa	常压～0.3	1.96～3.92	1.96～3.92	常压～9.8	
DMC 收率/[g/(L·h)]		200～500①	40～80①	40～135②	约 10②	选择性 38%
转化率/%		90	85	95	76	99

① 每升催化剂每小时的 DMC 收率；② 每升溶剂每小时的 DMC 收率。

4.4.3 碳酸二甲酯的萃取蒸馏

碳酸二甲酯合成系统中，除含有碳酸二甲酯外，尚有大量的未反应的原料和副产物，需进一步分离才能获得产品。采用光气甲醇法和醇钠法合成时，用蒸馏法分离反应液。采用酯交换法和甲醇氧化羰基化法时，由于甲醇和碳酸二甲酯形成共沸混合物，一次蒸馏不能获得较纯的产品，为此，通常都采用两步法分离。第 1 步是初馏阶段，利用甲醇和碳酸二甲酯的共沸性质，在填料塔中蒸馏获得 CH_3OH-DMC 共沸物，将其副产物分离除去。CH_3OH-DMC 共沸物的组成（质量分数）为 70% CH_3OH 和 30% DMC，共沸温度 63℃。第 2 步为精制阶段，以获得纯碳酸二甲酯。精制方法有低温结晶法、萃取蒸馏法、烷烃共沸法、加压蒸馏法四种方法。

萃取蒸馏法是用水或其他有机溶剂为萃取剂分离碳酸二甲酯的方法。水萃取蒸馏法是利用甲醇易溶于水而碳酸二甲酯较难溶于水的原理，以水为萃取剂进行萃取蒸馏而获得碳酸二甲酯，其流程如图 4-23 所示。

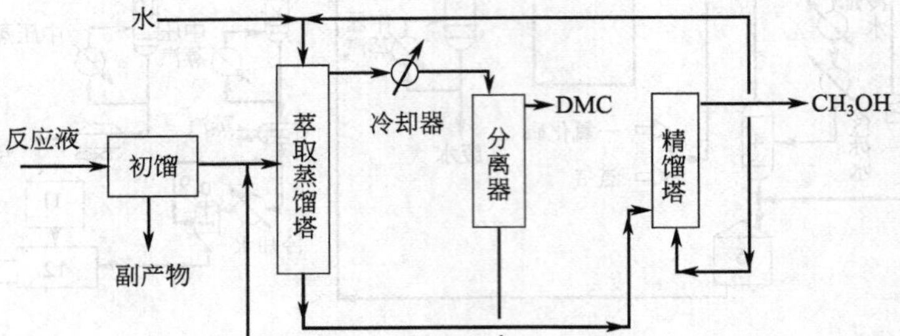

图 4-23　水萃取蒸馏法分离 DMC 流程

反应液经初馏后除去副产物，CH_3OH-DMC 共沸物则加热至 69℃使之汽化，然后从萃取蒸馏塔的中部进入塔内，在塔的顶部喷淋水。水-共沸物质量比应比回流比大 10 倍。萃取蒸馏塔为筛板塔，操作压力 0.1MPa，回流比为 1，再沸器温度 99℃，塔顶温度 79.5℃，共沸物流入温度（气相）69℃，萃取水温度 76℃。萃取塔顶的馏出物中含有大量的碳酸二甲酯，经冷却后进入倾析器，馏出物分为两层，一层为有机馏分层，另一层为水层。收集有机馏分层即为产品，其中含有碳酸二甲酯 97%、水 2.7%、甲醇 0.3%。水层中含有水 87%、碳酸二甲酯 11.8%、甲醇 1.2%。水层在倾析器与有机馏分层分离后返回萃取蒸馏塔中部。从萃取蒸馏塔的底部引出的液体中含有 95%的水、5%的甲醇和小于 0.05%的碳酸二甲酯。此液体被引入精馏塔蒸出甲醇，水则返回萃取蒸馏塔的顶部。

采用水萃取蒸馏法可获得纯度 97%、收率 90%以上的碳酸二甲酯，但在高温下碳酸二甲酯易发生水解生成 CO_2 和 CH_3OH，整个过程碳酸二甲酯的损失较大，此外，由于水的稀释，塔底流出液中仅含有 5%甲醇，使回收甲醇变得困难。

4.5　甲胺

4.5.1　甲胺的性质和用途

甲胺（methylamine），包括一甲胺（CH_3NH_2，monomethylamine，NMA）、二甲胺［$(CH_3)_2NH$，dimethylamine，DMA］和三甲胺［$(CH_3)_3N$，trimethylamine，TMA］。它们均为无色、有毒、易燃气体。一甲胺是有氨味的气体，可溶于水、乙醇、乙醚，易燃烧，与空气形成爆炸性混合物，弱碱性，沸点－6.8℃，凝固点－93.5℃。二甲胺能溶于水、醇、醚，沸点 7.4℃，凝固点－96℃。三甲胺有辛辣鱼腥味，味咸，常温时借加压或冷凝会液化，沸点为2.9℃，在−117.1℃凝固，呈弱碱性，易溶于醚、苯、氯仿。

商品甲胺除无水甲胺外，一般以水溶液形式出售。一甲胺水溶液含一甲胺40%±0.5%，二甲胺与三甲胺小于或等于1%。二甲胺水溶液含二甲胺40%±0.5%，一甲胺与三甲胺小于或等于1%。三甲胺水溶液含三甲胺30%±0.5%，一甲胺与二甲胺小于或等于1%。甲胺水溶液的物理性质见表4-12。

表4-12 甲胺水溶液的物理性质

物质	沸点/℃	冰点/℃	相对密度 d_4^{25}	蒸气压(25℃)/kPa	闪点(闭)/℃
40%一甲胺	48	−38	0.894	40	−12
40%二甲胺	54	−37	0.892	29	−18
60%二甲胺	36	−74.5	0.829	67	−52
25%三甲胺	43	6	0.930	45	5

甲胺有广泛的工业用途。这三种甲胺是生产多种溶剂、杀虫剂、除草剂、医药和洗涤剂的重要中间体。从数量上讲，二甲胺的需求量最大，它可用于制造*N*,*N*-二甲基甲酰胺、*N*,*N*-二甲基乙酰胺这两种用途广泛的溶剂，还可以用来生产橡胶硫化促进剂（二甲基二硫化氨基甲酸锌）、抗菌素、离子交换树脂及表面活性剂（十二烷基二甲基叔胺）。一甲胺在需求上占第二位，它主要用于生产医药（咖啡因、麻黄素等）、农药（乐果、杀虫脒、甲奈威等）、染料（蒽醌系中间体）、炸药（水胶炸药）的原料，还可用于生产*N*-甲基二乙醇胺（MDEA）、*N*-甲基吡咯烷酮（NMP）、二甲基脲等。三甲胺用途较少，用于合成除草剂、饲料添加剂和离子交换树脂等。表4-13是国外和我国的甲胺消费结构。

表4-13 甲胺消费结构 单位：%

产品和用途		美国	西欧	日本	中国
一甲胺	农药	22	—	—	66
	炸药	31	68	54	11
	医药	—	—	—	14
	染料	—	—	—	7
	NMP①	28	12	12	—
	其他	19	20	34	2
二甲胺	二甲基甲酰胺	32	70	72.5	12②
	农药	10	11	1	53
	水处理剂	22	—	8	—
	脂肪胺	14	—	—	7
	橡胶加工化学品	2	12	3.5	10
	其他	20	20	15	18
三甲胺	氯化胆碱农药	85	80	70	35
	201阳离子树脂	—	—	—	29
	二甲胺	—	—	—	35
	其他	15	20	30	1

① 我国已有几家用一甲胺和γ-丁内脂反应生产NMP（*N*-甲基-2-吡咯烷酮）的生产厂，未统计。

② 不包括自配二甲胺装置生产DMF（二甲基甲酰胺）。

4.5.2 甲胺生产工艺

甲胺的工业生产是用一定配比的甲醇与氨在温度350～500℃、压力2.0～5.0MPa下，以活性氧化铝或硅酸铝、磷酸铝为催化剂反应得到混合甲胺。混合甲胺经分离精制得到一甲胺、二甲胺和三甲胺。反应方程式如下：

$$CH_3OH+NH_3 = CH_3NH_2+H_2O+20.77kJ/mol \tag{4-70}$$

$$2CH_3OH+NH_3 = (CH_3)_2NH+2H_2O+61.0kJ/mol \tag{4-71}$$

$$3CH_3OH+NH_3 = (CH_3)_3NH+3H_2O+114.6kJ/mol \tag{4-72}$$

甲醇与氨生成甲胺的反应均为放热反应，得到的产物是3种甲胺的混合物。当氨过量、加水或循环三甲胺时，有利于一甲胺和二甲胺的生成。在500℃、NH_3/CH_3OH 为2.4时，可得到54%一甲胺、26%二甲胺和20%三甲胺的混合物。由于常压下三甲胺与其他甲胺形成共沸物，所以反应产物需加压精馏与萃取精馏结合的方法分离，分离过程有四塔分离和五塔分离两种流程。

图4-24和图4-25分别是Leonard公司和AAT公司的甲胺生产工艺流程，它们在反应部分是相同的，不同点是Leonard法分离部分采用四塔流程，而AAT法采用五塔流程。

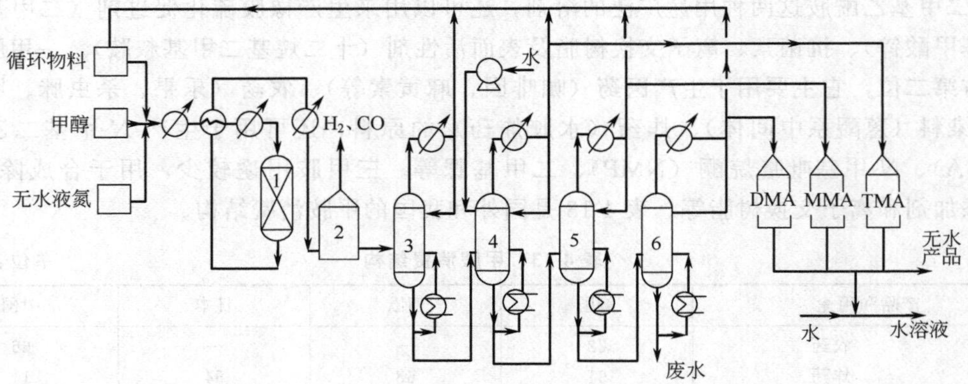

图4-24 Leonard公司的甲胺生产工艺流程

1—反应器；2—粗甲胺产品罐；3—氨回收塔；4—三甲胺塔；5—一甲胺塔；6—二甲胺塔

甲醇、无水液氨和循环液体按一定比例通过汽化器、热交换器与过热器，进入装填有氧化铝催化剂的反应器中，在5MPa、420～450℃条件下，甲醇与氨反应生成甲胺。此反应为放热反应，部分反应热用来预热原料气。粗产品送入4个串联的精馏塔中。第一塔分离过量的氨，操作压力约1.3～1.5MPa，部分三甲胺和氨的共沸物循环，塔底物去三甲胺精馏塔，在塔顶加入水，压力0.8～0.9MPa，通过水萃取精馏在塔顶得到三甲胺。纯三甲胺产品去储槽或循环，塔底物送一甲胺精馏塔。在一甲胺精馏塔中，纯一甲胺作为塔顶物去产品储槽或循环，塔底物去二甲胺塔。在二甲胺精馏塔中，纯二甲胺作为塔顶物送入产品储槽或循环返回反应器。根据需要，可将一甲胺、二甲胺、三甲胺分别作为产品，采用四塔分离工艺，甲醇、氨的转化率均大于95%，3种产品甲胺的纯度大于99%。

五塔精馏分离与四塔精馏分离的区别在于，第三塔塔顶产物去第四塔，塔底物去第五塔（回收塔）。第四塔塔顶得一甲胺产品，塔侧线得到二甲胺产品。第三塔操作压力0.6～0.7MPa，第四塔操作压力0.5～0.6MPa。第五塔采用常压操作，塔顶回收胺及甲胺去循环，塔底排出的废水经处理装置后排放。采用五塔精馏甲胺生产工艺，甲醇、氨的转化率为98%，产品纯度可达99.6%。

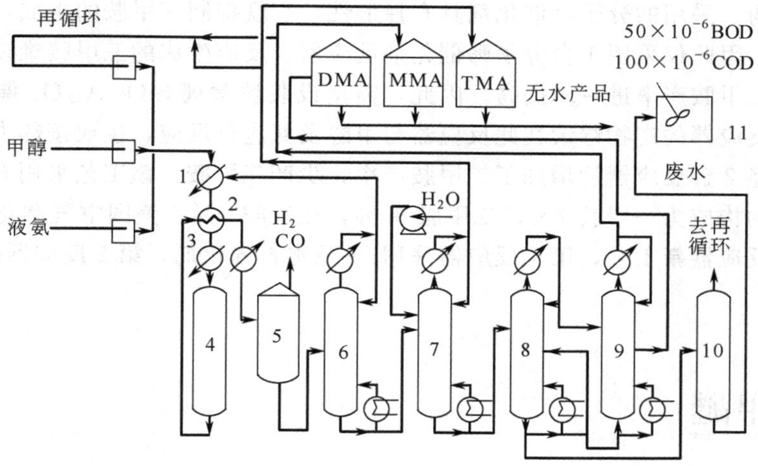

图 4-25　AAT 公司的甲胺生产工艺流程

1—汽化器；2—换热器；3—预热器；4—反应器；5—粗品储槽；6—氨回收塔；7—萃取塔；8—脱水塔；9—精馏塔；10—甲醇回收塔；11—废水处理

我国自主研究的甲胺生产工艺（见图 4-26）的反应部分与国外相同，压力采用 5.0MPa，不同之处是分离部分采用四塔流程，与国外四塔流程稍有不同，与五塔流程接近，只是少了一个甲醇回收塔。

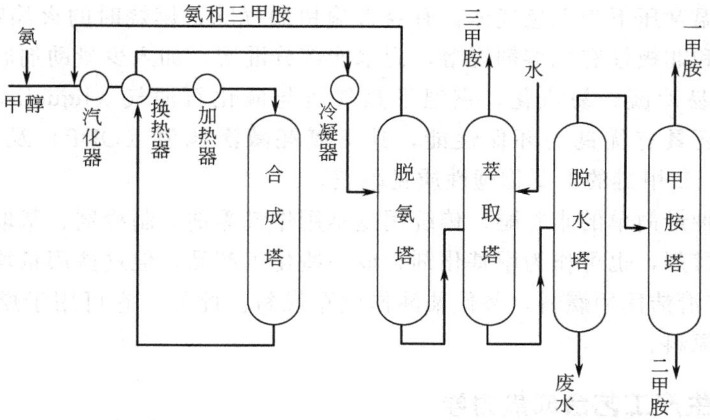

图 4-26　我国的甲胺生产工艺流程

甲胺反应常以活性氧化铝或硅酸铝、磷酸铝为催化剂，甲醇气相氨化反应受到热力学平衡限制，一甲胺、二甲胺、三甲胺的热力学平衡组成分别为 28.8%、27.4%、43.3%。而甲胺应用中二甲胺需求量最大，一甲胺次之，三甲胺最小。近年来，二甲胺作为生产二甲基甲酰胺的原料，需求量日益增加，人们竞相研究高活性、高二甲胺选择性的催化剂。由于分子筛催化剂的择形性，可提高二甲胺的选择性，其中尤以丝光沸石催化剂的性能为佳。

日本日东化学公司成功开发了以分子筛为催化剂、产品组成不受热力学平衡控制的合成甲胺新工艺，并已用于甲胺生产装置的改造和扩建。该工艺与常规工艺相比，二甲胺的选择性提高 1 倍，三甲胺的选择性减少 8%。采用丝光沸石催化剂，必须控制催化剂中碱金属的含量，并用蒸汽处理。该工艺采用两台反应器，第 1 反应器充装经化学改性和蒸汽处理的丝光沸石催化剂，甲醇和氨在反应器内进行氨化脱水反应，生成不受热力学平衡控制的高比例二甲胺反应产物。采用的分子筛催化剂具有择形性，它既抑制三甲胺的生成，也抑制三甲胺的进一步转化，因此仅采用 1 台分子筛催化剂反应器。反应生成的三甲胺难以转化为一、二甲胺，限制了二甲胺产率进一步提高。因此，需增设装填常规 SiO_2-Al_2O_3 催化剂的第 2 反应器，使第 1 反应器的产物继续在此反应器与甲醇及氨进行反应，生成按热力学平衡控制的胺组成，从而经 2 台反应器后增加了二甲胺产率，少产三甲胺。该工艺采用五塔流程进行分离，最终产品的构成为一甲胺 7%，二甲胺 86%，三甲胺 7%。美国空气和化学品公司也开发了类似的双反应器新工艺，第 1 反应器采用 H-毛沸石催化剂，第 2 反应器采用常规 SiO_2-Al_2O_3 催化剂。

4.6 二甲醚

二甲醚（dimethyl ether，DME）目前在国内外还不是一种大吨位的产品，但它作为代替液化石油气（LPG）的民用燃料已在开发推广。而二甲醚作为柴油的代用燃料以及汽油添加剂 MTBE（甲基叔丁基醚，methyl-tert-butyl ether）的替代物的潜在用途也十分广阔，故其产量近几年迅速增长，市场前景看好。

4.6.1 二甲醚的性质和用途

二甲醚在常温常压下为无色气体，有令人愉快的气味，燃烧时的火焰略带光亮，无毒。能同大多数极性和非极性有机溶剂混溶，同水能部分混溶，加入少量助剂后可与水以任意比例互溶。二甲醚易冷凝、易汽化，室温下蒸气压与液化石油气（liquefied petroleum gas，LPG）相似。它还具有优良的环保性能，其臭氧耗减潜能值（ODP）及全球变暖潜能值（GWP）均很低。二甲醚的主要物理性质见附表。

二甲醚是一种最简单的脂肪醚，传统用途是用作气雾剂、制冷剂、萃取剂和溶剂，高浓度二甲醚可作麻醉剂，也可作为甲基化剂合成一些化工产品，但这些用量均不大。其新型用途是替代 LPG 作清洁民用燃料，替代柴油作汽车燃料。此外，它可用于燃料电池以及作为生产低碳烯烃的原料。

4.6.2 二甲醚生产工艺合成热力学

目前工业上生产二甲醚的主要方法是甲醇脱水工艺。早期使用的脱水剂为硫酸，称为液相法。液相法由于装置腐蚀严重、污染环境、操作条件恶劣，甲醇耗量也大，逐渐被淘汰。现在常用的为气相法，甲醇以气相在固体催化剂上的弱酸性位上脱水生成二甲醚。

近几年，由合成气直接合成二甲醚已取得技术突破，已完成中试和小规模生产阶段，不久将大规模实现工业化。国内外常将由合成气直接合成二甲醚的工艺称为一步法，而将由合成气先行合成甲醇、再由甲醇脱水制二甲醚称为二步法。总的说来，当以二甲醚为目的产品时，一步法由于投资、能耗及产品成本较低而更具竞争力。

4.6.2.1 甲醇气相脱水制二甲醚的热力学

气相甲醇脱水制二甲醚的反应为：

$$2CH_3OH(g) \rightleftharpoons CH_3OCH_3(g) + H_2O(g) + 23.43kJ/mol \qquad (4\text{-}73)$$

其平衡常数表达式为：

$$K_p = \frac{p_{CH_3OCH_3} p_{H_2O}}{p_{CH_3OH}^2} \tag{4-74}$$

式中，p_i 为 i 组分的分压，MPa。基本热力学数据如表 4-14 所示。

表 4-14 甲醇脱水制二甲醚不同温度下的热力学数据

T/℃	反应热/(kcal/mol)	平衡常数 K_p	平衡转化率
220	−5.122	21.224	0.9021
240	−5.077	17.327	0.8928
260	−5.033	14.386	0.8835
280	−4.991	12.24	0.8744
300	−4.950	10.354	0.8655
320	−4.910	8.948	0.8568
340	−4.873	7.815	0.8483
360	−4.838	6.890	0.8400
380	−4.803	6.128	0.8320

注：1kcal=4.186kJ。

4.6.2.2 合成气直接制二甲醚的热力学

合成气直接制二甲醚中，二甲醚的生成反应包括：

$$2CO + 4H_2 \longrightarrow CH_3OCH_3 + H_2O + 205.2kJ/mol \tag{4-75}$$

$$3CO + 3H_2 \longrightarrow CH_3OCH_3 + CO_2 + 246.3kJ/mol \tag{4-76}$$

上述两反应式的差别在于过程中还有水煤气变换反应：

$$CO + H_2O \longrightarrow CO_2 + H_2 + 41.2kJ/mol \tag{4-77}$$

从以上反应式可见，合成气直接制二甲醚的反应是放出大量热量且分子数减少的反应，所以较低的温度及较高的压力可获得较高的平衡转化率。

合成二甲醚在热力学上优于合成甲醇。图 4-27 给出了在 280℃及 5MPa 下，合成气不同 H_2/CO 比时的平衡转化率。可见，合成甲醇时的最高平衡转化率不过在 35%左右；而由于反应协同效应，合成二甲醚的最高平衡转化率对反应（4-75）为 60%左右，对于反应（4-76）则可达到 75%左右。

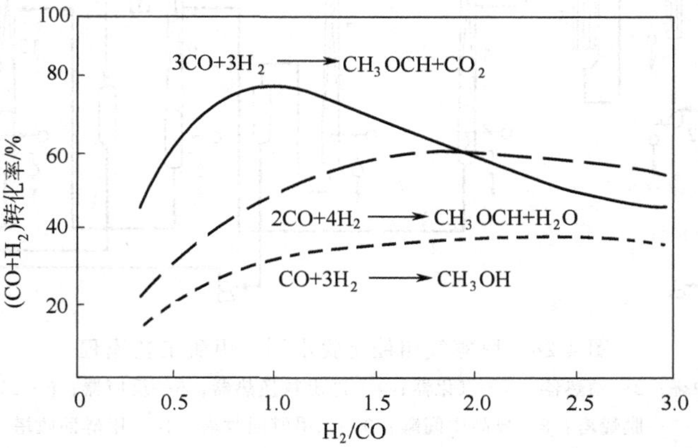

图 4-27 合成二甲醚及甲醇平衡转化率

合成气直接制二甲醚的主要优点在于打破了合成气制甲醇的化学平衡限制，使反应向有利于生成产品甲醇和二甲醚的方向进行。

4.6.3 甲醇脱水制二甲醚工艺

气相法甲醇脱水生成二甲醚的反应见式（4-73），为放热反应，使用固体催化剂。甲醇以气相在催化剂上的弱酸性位上脱水生成二甲醚。所用催化剂为 γ-Al_2O_3、分子筛、二氧化硅、阴离子交换树脂等。1965 年美国 Mobile 公司开展了以 ZSM-5 沸石催化甲醇脱水生成二甲醚的研究，甲醇转化率为 70%，二甲醚选择性大于 90%。1981 年该公司利用 HZSM-5 使甲醇脱水制备二甲醚，并申请了专利，反应条件比较温和，常压 200℃左右即可获得 80%转化率和二甲醚选择性大于 98%的结果。1991 年三井东压化学公司开发了一种新的甲醇脱水剂，该催化剂是一种具有特殊比表面积和孔体积的 γ-Al_2O_3，可长期保持活性，使用寿命达半年之久，转化率可达 74.2%，选择性约 99%。

我国从 20 世纪 80 年代开始研究甲醇脱水制二甲醚。1995 年，上海石油化工研究院开发的一套 2000t/a 甲醇脱水制甲醚装置开车成功，生产出合格的气雾剂级高纯度二甲醚，所用催化剂为自行研发的 D-4 型 Al_2O_3 甲醇脱水催化剂。其工艺流程如图 4-28 所示。

原料甲醇由进料泵增压到 0.9MPa 左右。经预热器加热到沸点，进入汽化器被加热汽化，又经换热器与反应器出料换热，升温至反应温度进入反应器催化剂床层，进行气相脱水反应，继而通过 4 个精馏塔分离各组分，获得高纯度的二甲醚产品。所得不凝气和排放的含芳烃的粗二甲醚可用作燃料。该工艺的操作条件为：反应温度进口 280℃左右，出口提高到 330℃，甲醇转化率 60%～70%，二甲醚选择性可达 99%以上。甲醇脱水生成二甲醚是放热反应，在列管式反应器中管内装填催化剂，管间用循环导热油吸收反应热量，反应压力 0.8MPa 左右。

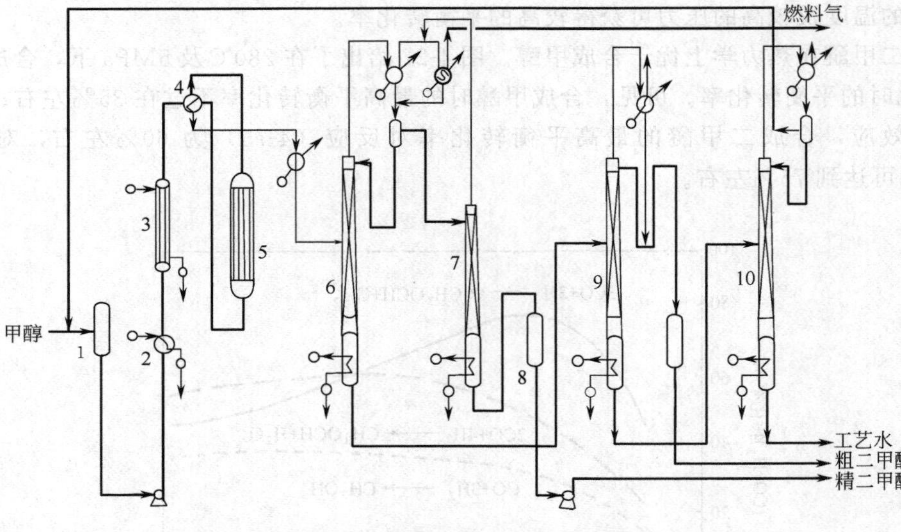

图 4-28 甲醇气相催化脱水制二甲醚工艺流程

1—原料缓冲罐；2—预热器；3—汽化器；4—进出料换热器；5—反应器；6—二甲醚精馏塔；7—脱烃塔；8—成品中间罐；9—二甲醚回收塔；10—甲醇回收塔

近年来，国内外在甲醇脱水催化剂性能进一步改善的同时，装置大型化取得长足进展，新建生产装置多在 10×10^4 t/a 以上。

4.6.4　合成气直接制二甲醚工艺

从 20 世纪 80 年代以来，国内外在一步法制二甲醚领域进行了大量的研究开发工作，正积极准备工业化实施。

4.6.4.1　催化剂

根据对合成二甲醚反应机理的研究，合成气直接制二甲醚实际上是一个顺序反应，合成气先在催化剂的某种活性中心上生成甲醇，然后甲醇又在另一种活性中心上脱水成为二甲醚。因此一步法所用催化剂或者是合成甲醇催化剂与甲醇脱水催化剂的组合，或者是双功能催化剂。由于顺序反应过程中甲醇生成是较慢的反应步骤，所以在催化剂比例中合成催化剂（或双功能催化剂中的活性中心）应多于脱水催化剂，例如为 3：1 或更多一些。

合成甲醇催化剂通常为铜基催化剂，而脱水则是 γ-Al_2O_3 或分子筛，因此合成气直接制二甲醚常用催化剂为 Cu-Zn-Al/γ-Al_2O_3 或 Cu-Zn-Al/分子筛（HZSM-5，HSY），除去催化剂量的匹配之外，还有反应温度的匹配问题。与脱水催化剂相比，合成甲醇的铜基催化剂对温度更为敏感，高温将使催化剂上的铜晶粒长大而降低甚至丧失活性。因此催化剂研制的目标是良好的低温活性及高选择性。

4.6.4.2　反应动力学

合成气直接制二甲醚是由甲醇合成、甲醇脱水、水煤气变换等反应集总而成，因此该反应体系由三个独立反应组成：

$$CO + 2H_2 = CH_3OH \tag{4-78}$$

$$2CH_3OH = CH_3OCH_3 + H_2O \tag{4-79}$$

$$CO + H_2O = CO_2 + H_2 \tag{4-80}$$

与此相适应的速率方程为：

$$r_1 = \frac{k_1 K_{CO}[p_{CO} p_{H_2}^{1.5} - p_{CH_3OH}/(p_{H_2}^{0.5} K_{p_1})]}{(1 + K_{CO}p_{CO} + K_{CO_2}p_{CO_2})[p_{H_2}^{0.5} + (K_{H_2O}/K_{H_2}^{0.5}) \cdot p_{H_2O}]} \tag{4-81}$$

$$r_2 = \frac{k_2[p_{CH_3OH} - (p_{CO_2} p_{H_2O}/K_{p_2})^{0.5}]}{[1 + K_{CH_3OH}(p_{CO_2} p_{H_2O}/K_{p_2})^{0.5}]^2} \tag{4-82}$$

$$r_3 = \frac{k_3 K_{CO_2}[p_{CO} p_{H_2O} - (p_{CO_2} p_{H_2}/K_{p_3})]}{(1 + K_{CO}p_{CO} + K_{CO_2}p_{CO_2})[p_{H_2}^{0.5} + (K_{H_2O}/K_{H_2}^{0.5}) \cdot p_{H_2O}]} \tag{4-83}$$

式中，K_{p_1}、K_{p_2}、K_{p_3} 分别为上述三个反应的化学平衡常数；p_i 为 i 组分的分压，MPa；K_i 为 i 组分的吸附平衡常数，分别为：

$$K_{CO} = 7.99 \times 10^{-7} \exp(58100/RT) \tag{4-84}$$

$$K_{CO_2} = 1.02 \times 10^{-7} \exp(67400/RT) \tag{4-85}$$

$$K_{H_2O}/K_{H_2}^{0.5} = 4.13 \times 10^{-11} \exp(104500/RT) \tag{4-86}$$

$$K_{CH_3OH} = 0.1676 \exp(45392/RT) \tag{4-87}$$

4.6.4.3　生产工艺

合成气直接制二甲醚的合成工艺有两种：固定床工艺和浆态床工艺。固定床工艺中合成气在固体催化剂表面进行反应，又称为气相法。浆态床工艺中合成气扩散到悬浮于惰性溶液中的固体催化剂表面进行反应，又称为液相法。

丹麦 Topsoe 公司的 TIGAS 工艺、日本三菱重工业公司和 COSMO 石油公司联合开发的 ASMTG 工艺及大连化学物理研究所的工艺都采用了固定床工艺，见表 4-15 所示。

表 4-15　固定床合成二甲醚工艺试验结果

项　　目	大连化学物理研究所	TIGAS	ASMTG
试验规模	实验室	1t/d	117kg/d
催化剂	—	$Cu-Zn-Al/Al_2O_3$	STD-60
合成气比例 H_2/CO	2	2	2
反应温度/℃	250～280	210～290	270
反应压力/MPa	＞3	7～8	4.5
CO 单程转化率/%	75	18	—
选择性/%	95	70～80	—

可见，固定床工艺均用 H_2/CO 为 2 的合成气，大连化学物理研究所工艺有较高的 CO 单程转化率和选择性。大连化学物理研究所在上海青浦化工厂的扩大试验装置上进行的长远期试验中，CO 转化率 75%～85%，二甲醚选择性 95%，产率达 100～200g/m^3 合成气。

与固定床相比，对于强放热的反应过程，浆态床具有一系列优点：传热性能好而可实现恒温操作，催化剂粒度小而表面积大可加快反应，催化剂的结炭可缓解，催化剂装卸方便；此外浆态床反应器结构较简单而可降低投资费用。因此，在合成二甲醚领域，浆态床反应系统的研发是主导方向。浆液可用液体石蜡油等制备。

国内外使用浆态床反应器合成二甲醚的有清华大学、华东理工大学、山西煤炭化学研究所、美国 APCI（LPDMETM）及日本 NKK 等，清华、APCI 及 NKK 并进行了中间试验。它们的试验结果见表 4-16。

表 4-16　浆态床合成二甲醚工艺试验结果

项　　目	清华大学	LPDME™	NKK
试验规模/(t/d)	10	10	5
反应器类型	循环浆态床	鼓泡浆态床	鼓泡浆态床
反应器内径/m	0.6(提升管)	0.475	0.55
反应器高度/m	21.56	15.24	15
催化剂	$LP201+Al_2O_3$	$Cu-Zn-Al+Al_2O_3$	—
合成气比例 H_2/CO	1	0.7	1
反应温度/℃	255	250～280	260
反应压力/MPa	4.5	5～10	5
CO 单程转化率/%	63	22	51
选择性/%	＞95	40～90	90

从表 4-16 所示结果可见，以清华大学所得结果最佳，CO 单程转化率可达 63%，二甲醚选择性则超过 95%。LPDMETM 所得转化率及选择性较低是由于合成催化剂与脱水催化剂的比例为 95∶5，目的是联产二甲醚和甲醇。清华大学研制出的适于浆态床使用的催化剂，可稳定分散在液相介质中，颗粒小而有较大的反应界面。

值得注意的是，三种浆态床工艺所用合成气的 H_2/CO 比为 1 或更低，看来此中有显著的水气转换反应，所以清华浆态床工艺在流程中安排有脱氢系统。图 4-29 为清华大学与重庆英力公司合建的 3000t/d 示范装置的工艺流程。

4.6.4.4　技术经济分析

NKK 公司对于合成二甲醚、合成甲醇及二者联产的过程进行了技术经济比较，其结果见表 4-17。

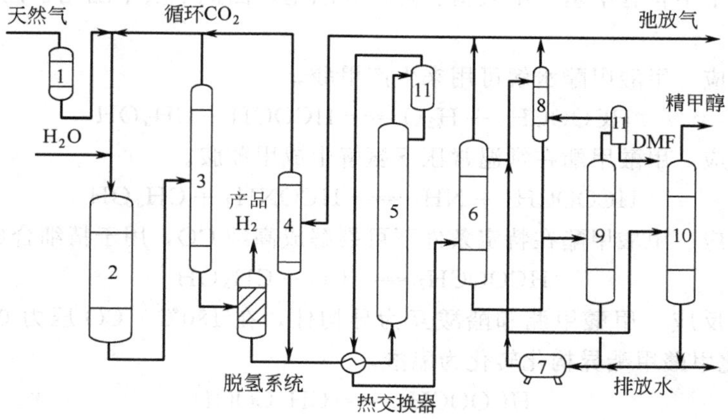

图 4-29　清华大学浆态床合成二甲醚工艺流程

1—脱硫塔；2—转化炉；3—脱碳塔Ⅰ；4—脱碳塔Ⅱ；5—DME 合成塔；6—吸收塔；7—储液罐；8—尾气吸收塔；9—DME 精馏塔；10—甲醇精馏塔；11—分离罐

表 4-17　三种合成过程的技术经济比较

项　　目	二甲醚	甲醇	甲醇及二甲醚
循环比	2	5	5
CO 单程转化率/%	50	14	18
总转化率/%	95	77	85
排放气量比/%	5	23	15
表观热效率/%	70.7	55.0	63.2
相对投资	85.9	100	94.5
相对天然气消耗量	81.1	100	90.6
生产能力/(t/d)	1797	2500	659/1325
生产成本/($/t)	127.4	109.2	128.0

从表 4-17 可见，一步合成二甲醚与合成甲醇装置相比，可节约投资 14.1%，天然气耗量节约近 19%；如果再计入甲醇制备二甲醚的成本，一步法与二步法相比，二甲醚的生产总成本降低 20%以上。

4.7　甲酸甲酯

甲酸甲酯（methyl formate）的分子式为 $HCOOCH_3$，分子量为 60.5，是无色易燃带香味的液体。甲酸甲酯的传统生产方法是甲酸和甲醇的酯化法，但由于工艺落后，甲酸消费量大，设备腐蚀严重，已逐渐被淘汰。20 世纪 80 年代以来，甲醇羰基化和甲醇脱氢法生产甲酸甲酯路线开发成功，使甲酸甲酯的生产成本大幅下降，成为生产甲酸甲酯的主要方法。

4.7.1　甲酸甲酯的性质和用途

甲酸甲酯是无色易燃带香味的液体，溶于甲醇、苯、乙醇和乙醚，20℃时在水中溶解度为 30.4%，并在水中逐渐水解。其物理性质见附表。

甲酸甲酯分子中含有甲基、甲氧基、羟基和酯基，因此甲酸甲酯化学性质活泼，可以发生许多化学反应。

(1) 水解反应　甲酸甲酯水解可用来生产甲酸。

$$HCOOCH_3 + H_2O \longrightarrow HCOOH + CH_3OH \tag{4-88}$$

(2) 氨解反应　甲酸甲酯在常温常压下氨解生成甲酰胺。

$$HCOOCH_3 + NH_3 \longrightarrow HCONH_2 + CH_3OH \tag{4-89}$$

(3) 裂解反应　甲酸甲酯在特定条件下可裂解成高纯 CO，用于精细合成工业。

$$HCOOCH_3 \longrightarrow CO + CH_3OH \tag{4-90}$$

(4) 异构化反应　甲酸甲酯和醋酸互为异构体，在 180℃、CO 压力 0.1MPa 条件下，用 Ni/CH_3I 催化甲酸甲酯异构化转化为醋酸。

$$HCOOCH_3 \longrightarrow CH_3COOH \tag{4-91}$$

(5) 其他反应　四氢呋喃溶剂中，甲酸甲酯和甲醇钠反应生成碳酸二甲酯。

$$HCOOCH_3 + CH_3ONa + 1/2O_2 \longrightarrow CH_3OCOOCH_3 + NaOH \tag{4-92}$$

因此，利用甲酸甲酯可以生产甲酸、甲酰胺、二甲基甲酰胺、双光气，可以合成醋酸、醋酸甲酯、醋酐，也可用于生产碳酸二甲酯、乙二醇。甲酸甲酯可用作有机合成原料、醋酸纤维的溶剂、杀菌剂、熏蒸剂、杀虫剂、谷物与烟草处理剂等。

4.7.2　甲醇羰基化法生产甲酸甲酯

甲醇羰基化法合成甲酸甲酯反应式为：

$$CH_3OH + CO \longrightarrow HCOOCH_3 \tag{4-93}$$

从原料路线和单耗考虑，这种方法生产甲酸甲酯是最合理的。

BASF 公司在 1925 年获得第 1 个甲醇羰基化制甲酸甲酯的专利，并开发了相应的生产工艺，但设备投资较大，存在催化剂的分离问题。到 1981 年，BASF 改革反应器的设计，改善 CO 与甲醇的质量传递，解决了 CO 制备及其净化之后实现了工业化，其工艺流程见图 4-30。

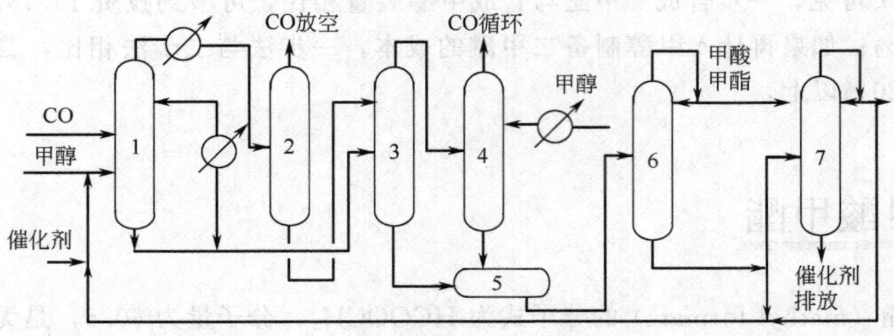

图 4-30　BASF 甲醇羰基化法合成甲酸甲酯工艺流程

1—反应器；2—冷却冷凝器；3—气液分离器；4—吸收塔；5—中间储槽；6—产品塔；7—重馏分塔

新鲜和循环甲醇与一氧化碳连续进入固定床反应器，反应器内设有专门设施，保证一氧化碳气体在甲醇溶液中高度分散，甲醇钠催化剂溶解于甲醇溶液中。用作原料的甲醇和一氧化碳应不含水、氧和 CO_2 等杂质，以防止催化剂通过反应生成甲酸钠和碳酸氢钠沉淀，引起催化剂失活，并导致反应器结垢和堵塞。由于原料一氧化碳中含有惰性气体，且未反应一氧化碳循环使用，因此为保持反应所要求的一氧化碳分压，防止惰性气体积累，就必须将反应器顶部出来的一部分气体排放掉。甲酸甲酯产品塔塔底馏出液中含有甲醇和催化剂，在循环使用前要除去不溶的无活性催化剂。

反应器操作条件：温度 80℃，压力 4.5MPa。由于是放热反应，反应混合物采用外循环进行冷却。甲醇单程转化率为 30%，一氧化碳单程转化率可达到 95%。该法生产每吨甲酸甲酯消耗甲醇（90%）560kg，一氧化碳 562m^3（标准状态）。

Leonard 公司与芬兰 Kemira 公司合作利用含 47%一氧化碳，其余为氮、氢和甲烷的合成氨放空气作原料，通过 Monsanto 的 Prism 中空纤维膜分离器，提高一氧化碳浓度后用来羰化甲醇合成甲酸甲酯，然后水解制取甲酸为目的产品的工业化装置，于 1982 年投入生产。羰化合成工艺部分的操作条件为：压力 4.5MPa，温度 80℃。以稀的或不纯的一氧化碳为原料，催化剂采用甲醇钠，并在甲醇钠中加了一种可改善收率和降低反应压力的添加剂。

Bethlehem Steel 工艺亦是以合成甲酸甲酯作为中间产品，然后水解制取甲酸为目的开发的，羰化使用的催化剂是用高级醇的醇化物和胆碱制成的。只要原料气中 H_2O、CO_2、O_2 及硫化物含量降至百万分之几的水平，羰化反应可使用一氧化碳浓度低于 50%的合成气作原料，原料气中存在 H_2、N_2 没有影响。

目前，甲醇羰基化生产甲酸甲酯唯一工业化的催化剂是甲醇钠（CH_3ONa）。它的突出优点是选择性高，甲酸甲酯是唯一产物。但由甲醇钠组成的一元催化剂体系有严重缺点。其对原料甲醇及 CO 中所含的 H_2O 和 CO_2 特别敏感，少量 H_2O 和 CO_2 就能使催化剂失活。在中压低温（$p_{CO}<6MPa$，$t<90℃$）条件下，甲醇钠使用浓度不小于 0.3mol/L 才有足够的活性。随着甲醇钠浓度的增高，它与水和 CO_2 间的反应速度也随之加快，导致催化剂更快地失活并使装置堵塞。水和 CO_2 使甲醇钠催化剂失活是由于发生了下列化学反应：

$$CH_3ONa + H_2O \longrightarrow NaOH + CH_3OH \tag{4-94}$$

$$NaOH + HCOOCH_3 \longrightarrow HCOONa + CH_3OH \tag{4-95}$$

$$CH_3ONa + CO_2 \longrightarrow CH_3OCOONa \tag{4-96}$$

结果是甲醇钠变为无活性的 HCOONa 和 $CH_3OCOONa$ 而导致催化剂失活，并使反应器中易堵的部位发生堵塞。解决甲醇钠催化剂的失活和堵塞问题有以下两个主要途径。

① 加入能减缓甲醇钠失活并同时能防止堵塞的，既是结构助剂又是助催化剂的添加剂。一般添加助催化剂的结果可使反应温度降低，从而使甲醇钠失活速率降低。

② 精制原料 CO 和甲醇，使之不含水和 CO_2。但是 CO 中微量 CO_2 的脱除和甲醇中微量水的脱除都相当困难，特别是甲醇中微量水的脱除。

正因为如此，助剂（含助催化剂）的研究与开发成为甲醇羰基化生产甲酸甲酯的重要课题，由单一甲醇钠催化剂向甲醇钠和特殊助剂构成的二元、三元羰化催化剂体系过渡。目前可添加的助剂有二甘醇与吡啶或聚乙二醇与吡啶。

4.7.3 甲醇脱氢法生产甲酸甲酯

4.7.3.1 催化脱氢

甲醇催化脱氢的反应为：

$$2CH_3OH \longrightarrow HCOOCH_3 + 2H_2 \tag{4-97}$$

甲醇脱氢在常压、温度为 150～300℃、催化剂存在下进行。甲醇脱氢反应是吸热反应。催化剂有铜锌锆、铜锌锆铝、铜四氟化硅云母系等。甲醇脱氢工艺流程简单，操作简便，无腐蚀性，设备投资较少，副产氢气，是一条具有工业意义的生产路线。甲醇脱氢法与甲醇羰基化法相比，综合原料成本和设备投资，两者的经济评价比较接近。

日本三菱瓦斯（Mitsubishi Gas Chemical，MGC）公司于1988年在世界上首先实现甲醇脱氢工艺工业化，其工艺流程如图4-31所示。催化剂是Cu-Zn-Zr/Al_2O_3（Cu：Zn：Zr：Al=1：0.3：0.3：0.1）。在反应温度250℃、常压条件下，甲醇单程转化率为58.5%，甲酸甲酯选择性可达90%，甲酸甲酯收率达50%时，时空产率达3kg/(L·h)。

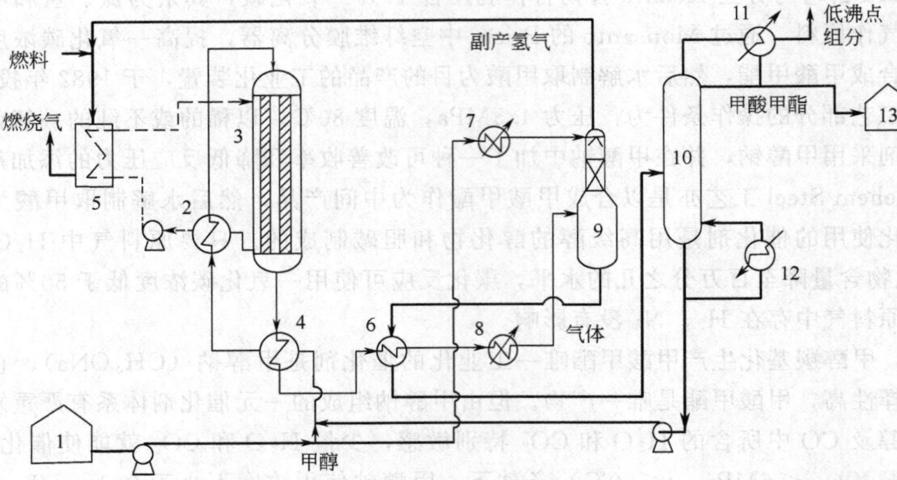

图4-31 MGC甲醇脱氢合成甲酸甲酯工艺流程

1—甲醇罐；2—蒸发过热器；3—合成反应器；4—预热器；5—锅炉；6—换热器；7—甲醇冷却器；8—换热器；9—洗涤塔；10—蒸馏塔；11—冷凝器；12—再沸器；13—甲酸甲酯罐

我国西南化工研究院所开发的甲醇脱氢生产甲酸甲酯工艺，建有2kt/a甲酸甲酯生产装置，催化剂为铜锌锆系，甲醇单程转化率约40%，甲酸甲酯选择性达80%～85%。

4.7.3.2 氧化脱氢

甲醇氧化脱氢是强放热反应，其反应式为：

$$2CH_3OH + O_2 \longrightarrow HCOOCH_3 + 2H_2O \qquad (4\text{-}98)$$

常采用钼与钨的氧化物作催化剂，反应在较高的温度和较低的压力下进行。日本东京大学功刀泰硕等研究了甲醇液相氧化脱氢制甲酸甲酯，反应是在半间歇式反应器中进行，活性炭载钯催化剂通过搅拌悬浮在甲醇中。试验结果表明，在氧分压为0.041MPa、50℃下反应4h后，甲醇转化率为22.6%，甲酸甲酯选择性为98.8%。反应产物除甲酸甲酯外，还有少量二氧化碳与微量甲醛。

4.8 低碳烯烃

低碳烯烃通常是指碳原子数不大于4的烯烃，如乙烯、丙烯及丁烯等。低碳烯烃是石油化工生产最基本的原料，是生产其他有机化工产品的基础。其传统的生产方法是通过石脑油裂解而得，近年来，以天然气为原料合成烯烃的技术日趋成熟，正逐步走上工业化轨道。

天然气制烯烃从工艺步骤上可分为三类（图 4-32）：一步法、二步法和三步法。一步法是以天然气（甲烷）为原料，通过氧化偶联（OCM）制取低碳烯烃的技术；二步法是以天然气或煤为原料制取合成气，合成气通过费-托合成（直接法）制取低碳烯烃的技术；三步法是合成气经由甲醇或二甲醚（间接法）制取低碳烯烃的技术。几种工艺中，甲烷氧化偶联（OCM）目前离实现工业化还有许多技术上的阻碍。而由合成气直接制烯烃、经甲醇制烯烃（SMTO）或经二甲醚制烯烃（SDTO）都是可望能实现工业化制取低碳烯烃的方法。SMTO 工艺中已证实甲醇转化为烯烃之前首先在催化剂上脱水变为二甲醚，而二甲醚合成反应过程中往往又经历甲醇的生成阶段，因此，SDTO 应当视为 SMTO 的一种差别很小的变体。

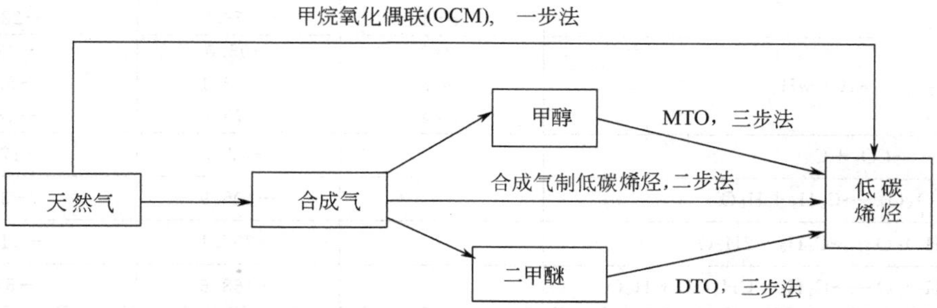

图 4-32 几种由天然气制低碳烯烃可行技术路线示意

甲醇制烯烃（methanol to olefin，MTO）就是以煤或天然气为原料经由甲醇制乙烯、丙烯等低碳烯烃的工艺过程，它是一个极具魅力又最有希望替代石脑油路线制烯烃的工艺。国际上的一些著名的大石油和化学公司，如巴斯夫公司（BASF）、埃克森美孚石油公司（Exxon-Mobil）、海德罗公司（Norsk Hydro）和环球油品公司（UOP）等均进行了多年的研究。在国内，中国科学院大连化学物理研究所也于 1991 年完成了处理甲醇 1 t/dMTO 固定床中试装置。

4.8.1 反应的热力学

甲醇制取低碳烯烃的反应是一个非常复杂的反应体系，表 4-18 给出了部分可能发生的化学反应及其热力学数据。

根据以上可能的反应及有关的热力学数据可以知道，其中大部分反应是热力学上十分有利的。反应 6、7 及活性很高的烯烃进一步聚合，将造成结炭；反应 3、5 及 11，与反应 8、9、10 的竞争则对提高低碳烯烃的选择性会造成困难。即使大部分副反应得到抑制，反应产物中有较高的低碳烯烃含量，其反应的放热效应也是显著的，这是反应器选择与设计中必须慎重考虑的问题。

4.8.2 反应机理

MTO 反应过程可以分为三步：在分子筛表面生成甲氧基，生成第一个 C—C 键和生成 C_3 以及 C_4。

(1) 形成表面甲氧基　MTO 反应过程中，甲醇脱掉一分子水生成二甲醚，甲醇/二甲醚迅速形成平衡混合物。甲醇/二甲醚分子与 SAPO-34 分子筛上酸性位作用生成甲氧基，而且可能有两种甲氧基生成。

表 4-18 部分可能发生的化学反应及其热力学数据

序号	反应	n 值	ΔG/(kJ/mol)	ΔH/(kJ/mol)
1	$nCH_3OH \longrightarrow (CH_2)_n + nH_2O$ $n=2,3,4,\cdots$	$n=2$ $n=3$ $n=4$	−115.1 −186.9 −241.8	−23.1 −92.9 −150.0
2	$2CH_3OH \longrightarrow (CH_3)_2O + H_2O$	—	−9.1	−19.9
3	$CH_3OH \longrightarrow CO + 2H_2$	—	−69.9	−102.5
4	$CO + H_2O \longrightarrow CO_2 + H_2$	—	−12.8	−37.9
5	$nCH_3OH + H_2 \longrightarrow C_nH_{2n+2} + nH_2O$	$n=1$ $n=2$ $n=3$ $n=4$	−117.8 −166.9 −219.0 −276.9	−118.2 −168.4 −221.8 −280.5
6	$(CH_2)_n \longrightarrow nC + nH_2$	$n=2$ $n=3$ $n=4$	−95.0 −128.1 −178.5	−42.5 −5.48 −18.9
7	$2CO \longrightarrow CO_2 + C$	—	−47.9	−173.1
8	$(CH_3)_2O \longrightarrow C_2H_4 + H_2O$	—	−105.9	−3.2
9	$2(CH_3)_2O \longrightarrow C_4H_8 + 2H_2O$	—	−297.1	−110.3
10	$2(CH_3)_2O \longrightarrow C_3H_6 + CH_3OH + H_2O$	—	−168.6	−51.0
11	$(CH_3)_2O \longrightarrow CH_4 + CO + H_2$	—	−178.6	4.1
12	$CH_3OH \longrightarrow CH_2O + H_2$	—	5.2	89.1
13	$(CH_2)_j + (CH_2)_n \longrightarrow C_nH_{2n+2} + C_jH_{2j-2}$	$n=j=2$ $n=j=3$ $n=j=4$	42.0 50.6 45.3	39.7 51.6 41.3

第一种由甲醇/二甲醚分子和 B 酸位作用生成，这种甲氧基在 MTO 反应过程中生成第一个 C—C 键时起关键作用；第二种是甲醇/二甲醚分子与端羟基作用生成，在 MTO 反应过程中可能不起作用。甲氧基的形成过程如下：

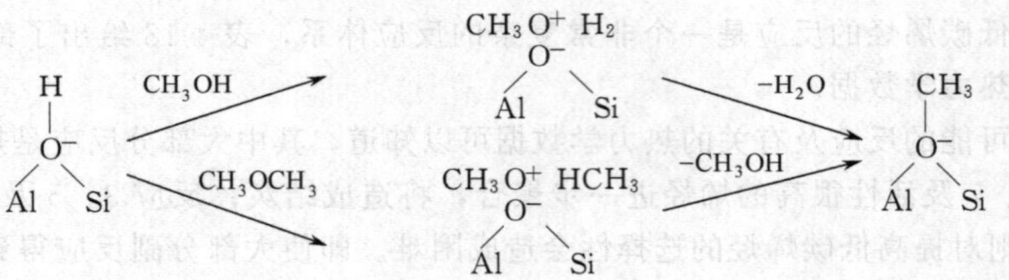

两种甲氧基的结构如下：

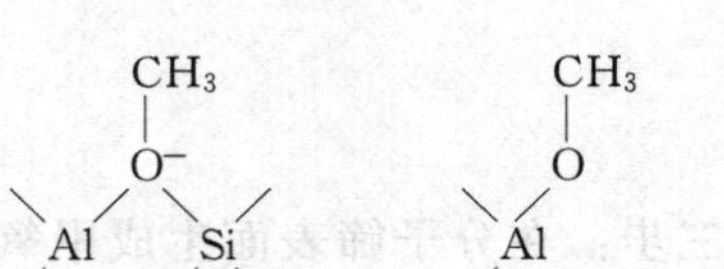

(2) 生成第一个 C—C 键　甲氧基生成后，如何生成第一个 C—C 键，相关机理有 20 余种之多。以 Oxium ylide 机理为例：甲氧基中一个 C—H 质子化生成 $C—H^+$，与甲醇分子中 $C—H^+$ 作用形成氢键，然后生成乙基氧正离子而生成第一个 C—C 键：

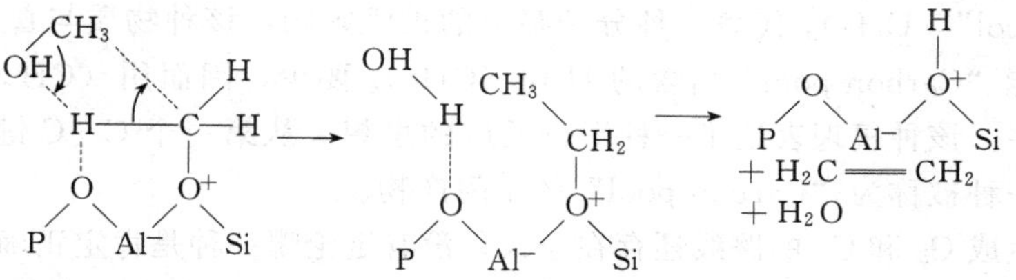

(3) C_3、C_4 的生成过程　SAPO-34 分子筛催化 MTO 反应时，产物分布较简单，以 C_2～C_4 特别是乙烯、丙烯为主，几乎没有 C_5 以上的产物。C_3、C_4 的生成有以下 5 种路线。

路线 1：

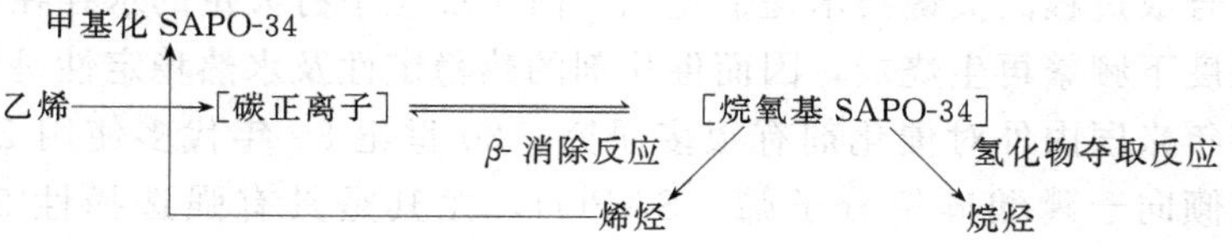

路线 2：

甲基化 SAPO-34＋甲醇⟶烯烃/烷烃

路线 3：

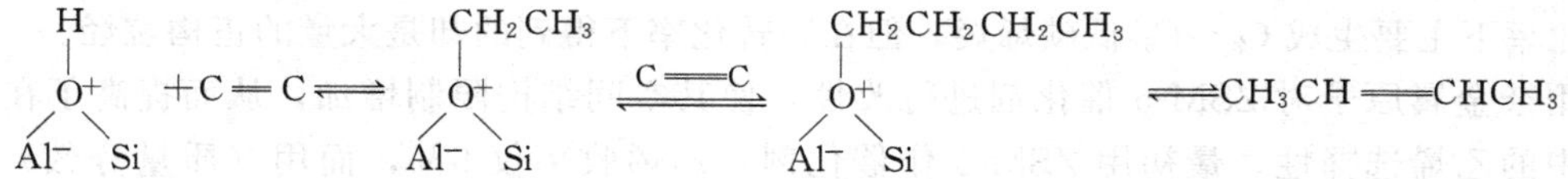

路线 4：

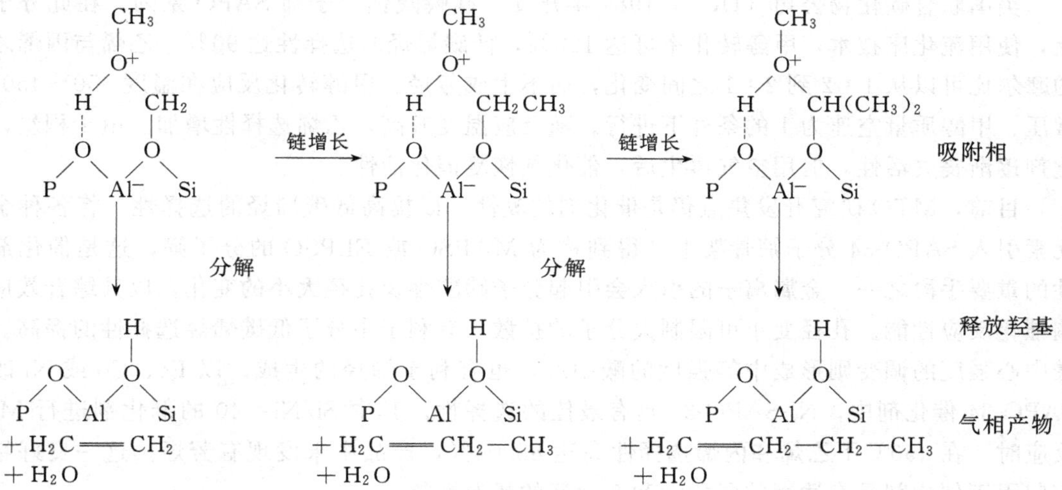

路线 5（Carbon Pool 机理）：

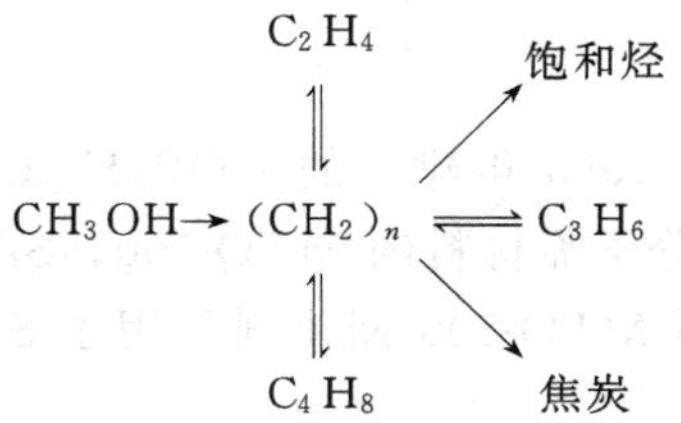

“Carbon pool”$(CH_2)_n$ 代表一种分子筛上的被吸附物，该种物质与普通积炭有很多相似之处。有可能“Carbon pool”所含的 H 比 $(CH_2)_n$ 要少，因而用 $(CH_x)_n$，$0<x<2$ 表示更加恰当一些。该种机理表达了一种平行反应的思想，从第一个 C—C 键到 C_3、C_4 甚至积炭都来源于一种被称为“Carbon pool”的中间产物。

上述 5 种生成 C_3 和 C_4 的路线还存在争议，没有定论哪一种是肯定正确的。其中“Carbon pool”机理避免了复杂的中间产物，被较多地应用于反应动力学和失活动力学研究中。

4.8.3 催化剂

甲醇制烯烃合成过程的关键技术是催化剂。由于反应中有大量的水存在，且催化剂运行中需要在较高温度下频繁再生烧炭，因而催化剂的热稳定性及水热稳定性是影响其化学寿命的决定因素。多年来国内外对催化剂有很多研究，20 世纪 80 年代多使用 ZSM-5 及其改性产品，近年来则倾向于磷酸硅铝分子筛（SAPO），尤其是具有强选择性 8 环通道的小孔 SAPO-34 显示了良好的活性及选择性。

甲醇在中孔和大孔沸石（如 ZSM-5）上反应通常得到大量芳烃和正构烷烃，而且在大孔沸石上反应会迅速结焦。小孔沸石只吸附直链烃类而不吸附带支链的脂肪烃和芳烃，即使在其孔内生成这些物质，也不能从孔内扩散逸出。小孔沸石如毛沸石、T 沸石、ZK-5 或菱沸石等在低转化率下主要生成 $C_2\sim C_4$ 低碳烯烃，但在高转化率下得到的却是大量的正构烷烃。

用杂金属原子对 ZSM-5 催化剂进行改性，使其空间结构限制增加，从而提高了在 MTO 反应中的乙烯选择性。最初用 ZSM-5 作催化剂，乙烯收率仅 5%，而用（质量分数）0.5% Pd、4.5% Zr 和 10% MgO 改性后，乙烯和丙烯的选择性分别达 45%和 25%。

美国联合碳化物公司（UCC）1984 年开发了硅磷酸铝分子筛 SAPO 系列。在此分子筛上，使用流化床技术，甲醇转化率可达 100%，低碳烯烃的选择性达 90%。乙烯与丙烯之间的摩尔比可以从 1：2 到 2：1 之间变化，而不生成芳烃。甲醇转化反应在温度 350～450℃、常压、甲醇质量空速为 1 的条件下进行。随反应温度升高，乙烯选择性增加。由于积炭，催化剂逐渐丧失活性，但用空气再生后，催化剂恢复催化活性。

目前，MTO 研究开发焦点仍是催化剂的改性，以提高低碳烯烃的选择性。将各种金属元素引入 SAPO-34 分子筛骨架上，得到称为 MAPSO 或 ELPSO 的分子筛，这是催化剂改性的重要手段之一。金属离子的引入会引起分子筛酸性及孔径大小的变化，以其综合效应影响催化反应性能。孔径变小可限制大分子的扩散，有利于小分子低碳烯烃选择性的提高。而酸中心强度的调变则形成中等强度的酸中心，也有利于烯烃的生成。以 Fe、Co 或 Ni 改性 SAPO-34 催化剂中，Ni-SAPO-34 具有最佳的选择性。其中 Si/Ni＝40 的催化剂进行 MTO 反应时，在 450℃下乙烯和丙烯选择性高达 88.04%，产品中未发现有芳烃。这一良好结果应归因于催化剂具有适度的弱酸性和 8 元环的择形性能。

4.8.4 工艺流程

4.8.4.1 UOP/Hydro 工艺流程

美国环球油品公司（UOP）1995 年建立的 UOP/Hydro-MTO 示范装置是以粗甲醇为原料，催化剂是基于 SAPO-34 分子筛材料的 MTO-100，SAPO-34 虽然是理想的催化材料，但对流化床操作不坚固耐用。而 MTO-100 催化剂采用了 SAPO-34 与一系列专门选择的黏合剂材料结合，达到了使用要求。

该工艺过程的原料是粗甲醇，节省了为生产高纯度甲醇所需要的蒸馏工序。整个装置包括原料甲醇和催化剂储存进料系统、空气压缩净化系统、氮气系统、压缩冷冻系统、冷却系统、冷换系统、产品分离系统、反应-再生系统及控制系统九大部分。

反应-再生部分工艺流程和设备基本上与炼油工业成熟的Ⅳ型催化裂化流程及设备相同，将流化床反应器与流化床再生器相连，来自新鲜催化剂料斗的新鲜催化剂与再生器来的再生催化剂以及甲醇气体（换热后汽化）一起进入反应器底部，与反应器中催化剂充分混合，在均匀温度下反应。反应器中多余的催化剂用空气输送至再生器底部，再生器中通入足够的空气，使催化剂上的焦炭在流化状态下完全燃烧。由于流化床条件和混合均匀的催化剂的作用，反应器几乎是等温的。反应产物在分离前流经专门设计的进料/馏出物热交换器组，经热回收被冷却，大部分水冷凝后自产物中分离出来。产品物流经压缩机脱 CO_2，再到干燥器脱水。经脱水后的物流进入产品回收工段，该工段根据需要可包括脱乙烷塔、脱甲烷塔、乙炔饱和器、C_2 分离器、C_3 分离器、脱丙烷塔和脱丁烷塔。甲醇裂解产品中丙烷、乙烷和 H_2 的产率非常低，可直接满足化学级丙烯和乙烯的要求。如果欲生产聚合级乙烯和丙烯，则需乙烷、乙烯分离塔和丙烷、丙烯分离塔。另外，由于反应物富含烯烃，只有少量的甲烷和饱和物，所以流程选择前脱乙烷塔，而省去前脱甲烷塔，节省了投资和制冷能耗。图4-33是带有聚合级乙烯和丙烯产物回收系统的 MTO 工艺流程示意。

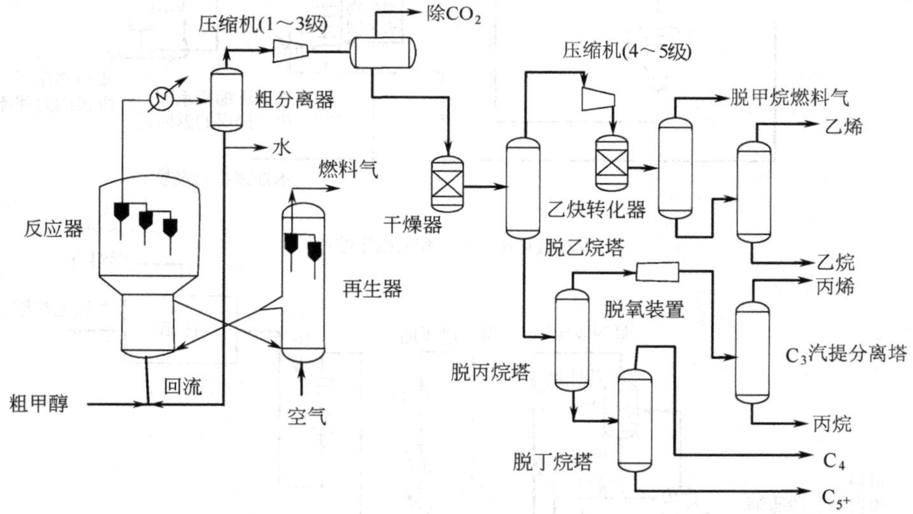

图 4-33 UOP/Hydro MTO 的工艺流程

UOP/Hydro MTO 工艺公开的操作温度为 350～525℃，最好为 350℃，操作压力为 0.2～0.4MPa。此外，可通过综合调节物料通过量、温度、压力和催化剂循环速率控制产品的选择性。反应温度和压力的提高都会大幅度增加 C_5 以上的烃类，因此 MTO 必须选取较低的反应温度和压力。因随着反应时间的增加，反应产物趋于重质化，低碳烯烃转化为芳烃和 C_5 以上的烃类，因此反应需采取较高的空速。

向 MTO 的甲醇原料中添加稀释剂（氢、氦、氮、水蒸气），可以提高乙烯的选择性。通常所加的稀释剂是水蒸气。添加稀释剂实质上就是降低甲醇的分压，同时还降低了生成的低碳烯烃的分压，从而不利于低碳烯烃的聚合。水蒸气还能调节催化剂表面性质，有利于烯烃脱附，从而获得更多的烯烃。由于甲醇制烯烃过程是放热过程，加水蒸气可将其反应热带走，使催化剂床层温升减少，从而使反应得到改善。但由于过多的水会对催化剂的活性产生不良影响，因此，两者之间的用量比是十分重要的。UOP 公司公开的最佳甲醇/水的物质的量比为 1∶4。

4.8.4.2 鲁奇公司的甲醇制丙烯工艺

20 世纪 90 年代末鲁奇（Lurgi）公司开发成功了 MTP 甲醇制丙烯工艺，这一工艺随着丙烯需求的增长以及甲醇的低价易获性而更富生命力。该公司于 2001 年夏季在挪威的一个工厂建设了一套示范性装置，由实验室向工业规模放大。该工艺技术利用含有甲醇蒸气和二甲醚蒸气与水蒸气的反应混合物进行转化生产低碳烯烃。反应在盐浴式管式反应器中的直接冷却式催化床上进行，催化剂由 Sud Chemie GmbH 公司提供，是基于 pentasi 型晶态铝硅酸盐，其硅/铝原子比至少为 10。催化剂的其他要求为：碱含量低于 380×10^{-5}；ZnO 质量

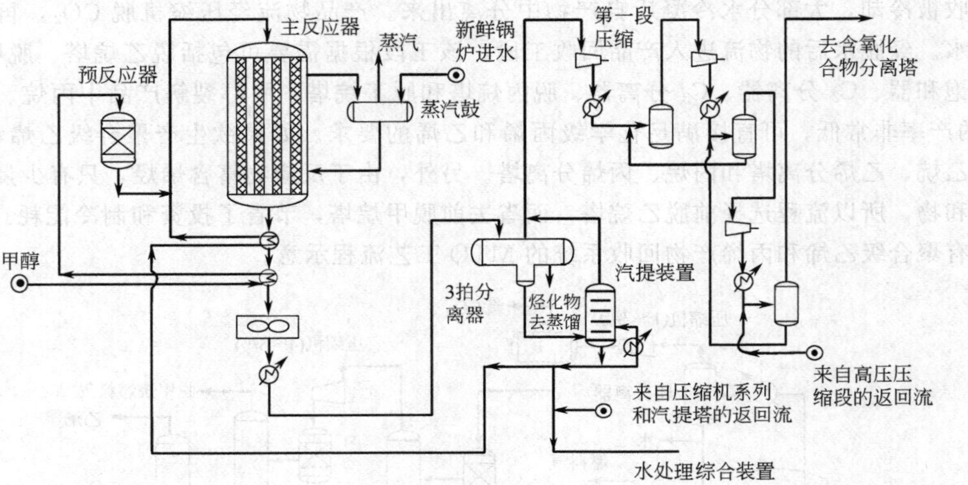

(a) 流化床反应器和初始压缩段

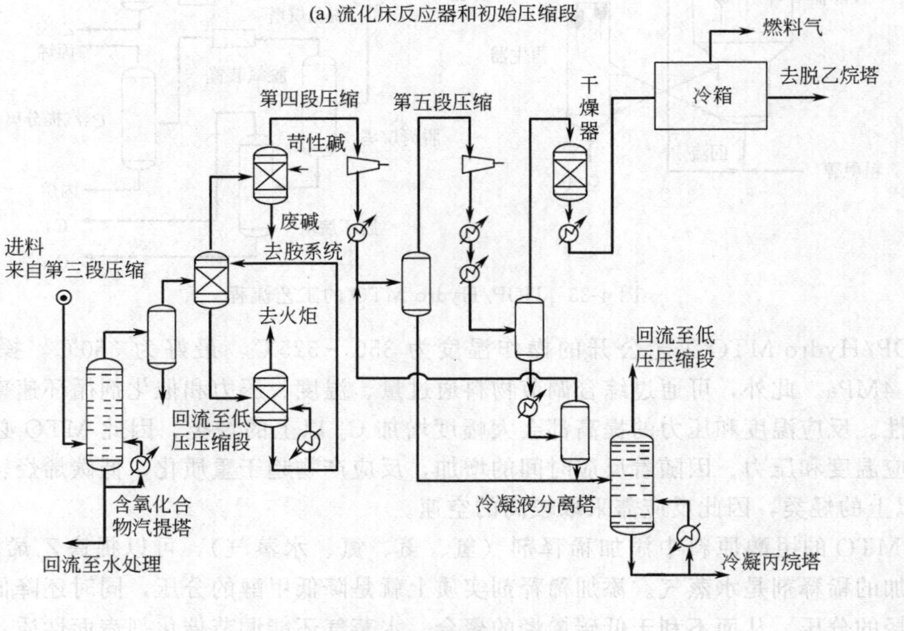

(b) 压缩、净化和初始分离

图 4-34 鲁奇 MTP 工艺流程示意

分数低于 0.1%；CdO 质量分数低于 0.1%；该公司公开的 MTP 操作条件为：压力为 0.13～0.16MPa，温度为 420～490℃。根据 1.6kt/a 规模装置的测试，丙烯选择性大于 70%。

采用管式反应器的 MTP 工艺流程如图 4-34 所示。借助于反应器馏出物首先将甲醇预热至 250～350℃（汽化）并送入预反应器，在此部分甲醇转化成二甲醚和水。在另一台反应器馏出物热交换器中产生的蒸汽与预反应器的馏出物相汇合并送至固定床反应器。主反应器是配有盐浴式冷却系统的管式反应器，反应管长度一般为 1～5m，其内径为 20～50mm。馏出物首先用循环水进行冷却，然后再用甲醇进料冷却，最后通过空气和水冷却至冷凝温度。将混合物送至相分离器，烃类化合物液体送至下游的蒸馏工序。将水汽提出来，部分水回流至反应器，蒸汽去装置的压缩和蒸馏工序。压缩工序和蒸馏工序与蒸汽裂解装置后端相似。蒸汽首先被压缩至 2.76～3.45MPa，将压缩蒸汽进行干燥去除掉 CO_2 之类的含氧化合物，洁净的和干燥的蒸汽送至脱乙烷塔，在此脱除乙烷和轻质气体，然后送入燃料气系统。乙烯产量很少，出于经济性考虑一般不进行回收。脱乙烷塔塔釜液送至脱丙烷塔，从塔顶馏出物取出丙烯和丙烷，然后送至 C_3 分离塔回收聚合级乙烯。从脱丙烷塔排出的釜液含 C_4 和重质烃。可用脱丁烷塔回收 C_4，并将其回流至 Propylur™装置以生产更多的丙烯，从脱丁烷塔釜液得到的 C_5 和重质组分送至汽油掺混槽。

MTP 工艺过程的设计当中，增设了上游的预反应器，甲醇和二甲醚从预反应器进入内冷的绝热反应器，以降低主反应器中催化剂的温升幅度。借助空气为稀释气，且其温度和压力接近反应温度和压力，对催化剂进行就地再生。

参考文献

[1] 徐文渊，蒋长安．天然气利用手册．第二版．北京：中国石化出版社，2001.

[2] 应卫勇，曹发海，房鼎业．碳一化工主要产品生产技术．北京：化学工业出版社，2004.

[3] Kirk R E，Othmer D F. Encyclopedia of Chemical Technology. 3rd ed，Vol. 14，New York：John Wiley&Sons Inc. 1981.

[4] 房鼎业，姚佩芳，朱炳辰．甲醇生产技术及进展．上海：华东化工学院出版社，1990.

[5] Herman R G，Kilierk K，Simmons G W. Catalytic Synthesis of Methnaol from CO/H_2 Ⅰ Phase Composotion，Electronic Properties and Activity of $Cu/ZnO/M_2O_3$ Catalysts. J Catal，1979，56：407-429.

[6] Klier K，Chatikavanij V，Herman R G. Catalytic Synthesis of Methnaol from CO/H_2 Ⅳ The Effects of Carbon Dioxide. J Catal，1980，74：343-360.

[7] 洪传庆，王京力，张祖硕，朱伟．铜基合成甲醇催化剂的研究成果Ⅰ铜锌铝系催化剂中活性组分的研究．燃料化学学报，1985，13（1）：39-48.

[8] 何奕工，陈邦和，朱起明，彭少逸．合成甲醇反应中 CO_2 和微量 O_2 的作用及反应机理的研究．燃料化学学报，1986，14（2）：97-107.

[9] 高森泉，朱起明．铜基催化剂上合成甲醇的过渡应答研究．催化学报，1985，6（1）：14-28.

[10] ［俄］TpyhckИЙ，朱炳辰，徐懋生．C301 铜基催化剂上 CO、CO_2 和 H_2 合成甲醇反应模式的研究．华东化工学院学报，1987，13（4）：472-482.

[11] 宋维端，朱炳辰，王弘轼．C301 铜基催化剂甲醇合成反应动力学（Ⅰ）本征动力学模型．化工学报，1988，39（4）：401-408.

[12] 陈闽松，姚佩芳，房鼎业，朱炳辰．加压铜基催化剂上 CO-H_2 合成甲醇本征动力学．天然气化工，1989，39（6）：23-28.

[13] 张均利，宋维端，王弘轼，房鼎业．C301 铜基催化剂甲醇合成反应动力学（Ⅱ）宏观动力学模型．化工学报，1988，39（4）：409-415.

[14] 杜智美，姚佩芳，房鼎业，朱炳辰．压力对甲醇合成本征反应速率常数的影响．高校化学工程学报，1992，25（4）：323-327.
[15] 李峰，朱铨寿．甲醛及其衍生物．北京：化学工业出版社，2006.
[16] Gerberich H R，Seaman G C，Formaladhyde in Encylopedia of Chemical Technology. 4th ed. Vol. 11. New York：John Wiley and Sons，1994：929-951..
[17] 谢克昌，李忠．甲醇及其衍生物．北京：化学工业出版社，2002，131-176.
[18] 房鼎业，应卫勇，骆光亮．甲醇系列产品及其应用．上海：华东理工大学出版社，1993. 106-129.
[19] 吕环春，历明蓉，蒋桂垒．甲醇生产中的催化剂．天津化工，1997，137：7-8.
[20] 沈伯弘．高浓度甲醛合成新工艺缩醛氧化法．天津化工，1996，136：30-31.
[21] 秦学洵，潘晓红，吴指南．甲醛缩合成的本征动力学研究．华东理工大学学报，1995，21：23-29.
[22] 魏文德．有机化工原料大全（第二卷）．北京：化学工业出版社，1989.
[23] 戴文涛．甲醇低压羰基法合成醋酸的特点及发展．化工生产与技术，1999，6（4）：35-38.
[24] 应卫勇，房鼎业．甲醇羰基化．煤炭转化，1994，17（4）：39-48.
[25] 吴指南主编．基本有机化工工艺学（修订版）．北京：化学工业出版社，1990.
[26] Forster D，Singleton T C．Homogeneous Catalytic Reaction of Methanol with Carbon Monoxide. J Mol Catal，1982，17（3-4）：299.
[27] 方云进，肖文德，陆婉珍．碳酸二甲酯做为汽油添加剂的应用．现代化工，1998，（4）：20-22.
[28] 潘鹤林，田恒水，宋新杰．碳酸二甲酯在有机合成中的应用．合成化学，1997，138-144.
[29] 潘鹤林，田恒水，宋新杰．酯交换合成碳酸二甲酯工艺过程开发研究．石油与天然气化工，2000，29（1）：5-8.
[30] Buysch H J，Krimm H，Rudolph H.（Bayer AG）. DE 2748718，1984.
[31] Romano U．Synthesis of Dimethyl Carbonate from Methanol，Carbon Monoxide and Oxygen Catalyzed by Copper Compounds. Ind Eng Chem Prod Res Dev，1980，19（3）：396-403.
[32] 王延吉，赵新强，范保国等．甲醇气相氧化羰基化合成碳酸二甲酯的研究．燃料化学学报，1997，25（4）：323-327.
[33] 化工部石油化工信息总结．国内石油化工快报，1994，（4-5）：1～4.
[34] 管精师，向本琴，王太海．从一碳化学品制取碳酸二甲酯（上）．天然气化工，1985，（3）：21-26.
[35] Alessandro G，Giovanni P. GB 1441356，1976；Ramano U，（Anic Spage）. GB 1470160，1977.
[36] 化学工业部．化工生产流程图（下册）．增订二版．北京：化学工业出版社，1990.
[37] 沈炎芳．甲胺生产及应用．湖北化工，1992，9（3）：42-44.
[38] 江镇海．混合甲胺的市场情况和工艺技术简析．中氮肥，1992，（4）：17-22.
[39] 许锡恩，张革利，田松江，白庚辛．合成二甲胺高选择性催化剂的研究．石油化工，2001，30（6）：437-440.
[40] 安静，黄风兴，刘晓红等．高选择性合成二甲胺催化剂中试的研究．石油化工，1997，26（1）：13-15.
[41] 房鼎业，张海涛，曹发海．CO、CO_2、H_2 选择性合成二甲醚与甲醇的化学平衡．煤化工，1999，24（3）：29-32.
[42] 杜明仙，郝栩，胡惠民．CO＋H_2 合成甲醇、二甲醚及其动力学研究（Ⅰ）实验部分．煤炭转化，1993，16（3）：89-95.
[43] 杜明仙，李永旺，胡惠民．CO＋H_2 合成甲醇、二甲醚及其动力学研究（Ⅱ）动力学模型．煤炭转化，1993，16（4）：68-75.
[44] 沈福泉．合成甲基叔丁基醚平衡常数的计算与探讨．齐鲁石油化工，1984，（6）：1-7.
[45] 申文杰，胡津化．甲基叔丁基醚的合成．合成化学，1997，5：331-337.
[46] 李乃华，赵新强．甲基叔丁基醚合成反应的热分子检测及分析．河北工业大学学报，2000，29（2）：44-48.
[47] Ancilloti F．Mechanisms in the Reaction between Olefins and Alcohols Catalyzed by Ion Exchange Resin. J Mol Catal，1978，4：37-48.
[48] 杭道耐．甲基叔丁基醚生产和应用．北京：中国石化出版社，1993.
[49] 王金安，李承烈．高辛烷值汽油添加剂 MTBE 和 TAME 的技术进展．天然气化工，1995，20：45-49.
[50] 部广铃．合成 MTBE 的分子筛催化剂研究评述．天津化工，2001，6：9-11.
[51] 张维轲，焦明林，孙树忠．甲基叔丁基醚的合成．吉林石油化工，1993，（1）：1-9.

［52］ 张维轲．甲基叔丁基醚合成反应动力学的研究．化工学报，1985，(3)：356-362.
［53］ Zhong T，Datta R. Integral Analysis of Methyl Tert-butyl Ether Synthesis Kinetics. Ind Eng Chem Res，1995，35：730-740.
［54］ 李永红，余少兵，含森等．甲醇和异丁烯在HBT6分子筛上的反应机理．化工学报，2001，52 (4)：339-342.
［55］ 张倩，曹守凯．甲基叔丁基醚生产技术概况．山东化工，2002，31 (4)：14-16.
［56］ 姚国欣．甲基叔丁基醚的需求及催化蒸馏新工艺．现代化工，1987，(4)：12-16.
［57］ 杨宗仁，郝兴仁．MTBE催化蒸馏技术开发．齐鲁石油化工，1984，(6)：1-7.
［58］ 王洪记，张士金，胡东山等．甲醇甲酯合成技术新进展．化工生产与技术，2002，(3)：18-21.
［59］ 李锦春．一碳化学路线合成甲醇甲酯. 天然气化工，1989，14 (5)：46-53.
［60］ 王乐夫，黄仲涛．甲醇及其下游产品技术和发展研讨会论文集。成都：中国化工学会煤化工利用专业委员会，1989，14 (5)：129-133.
［61］ Tronconi E，Elmi A S，Ferlazzo N，Forzatti P. Methyl Format from Methanol Oxidation over Copercipitated V-Ti-O Catalysis. Ind Eng Chem Res，1987，26 (7)：1269-1275.
［62］ Dombek Bernaed D. US 4540712，1985.
［63］ Dombek Bernaed D. US 4731386，1986.
［64］ 杨迎春，刘兴泉，罗仕忠，吴玉塘．合成气一步法合成甲醇甲酯的研究．天然气化工，1998，23 (1)：22-26.
［65］ 胡杰，朱博超，王建明．天然气化工技术及利用．北京：化学工业出版社，2006.
［66］ 徐龙伢，陈国权，蔡光宇等．合成气直接合成低碳烯烃概述．天然气化工，1990，15 (2)：46-57.
［67］ Marchi A J，Froment G F. Catalytic Conversion of Methanol into Light Alkenes on Mordenite-like Zeolite. Appl Catal，1993，94 (1)：91-106.
［68］ 刘红星，谢在库，张成芳等．甲醇制烯烃（MTO）进展．天然气化工，2002，27 (3)：49-56.
［69］ Exxon. Use of Alkaline Earth Metal Containing Small Pore Nonzeolitic Molecular Sieve Catalysts in Oxygenate Conversion. US 6040264. 2000.
［70］ 白尔铮．甲醇制烯烃用SAPO-34催化剂新进展．工业催化，2001，9 (4)：3-8.
［71］ Bipin V V，et al. 天然气到乙烯和丙烯的转化-UOP/HY-DRO MTO工艺．石油与天然气化工，1997，26 (3)：3-137.
［72］ UOP. Process for Producing Light Olefins. US 5744680. 1998.
［73］ UOP. Process for Producing Light Olefins Using Reaction with Distillation as a Intermediate Step. US 5817906. 1998.
［74］ 齐胜远．天然气制烯烃GSMTO. 天然气化工，1999，24 (4)：44-47.
［75］ 李新生，徐杰，林励吾. 催化新反应和新材料．河南：河南科学技术出版社，1996.

5 天然气制乙炔

5.1 概述

5.1.1 乙炔的性质和用途

乙炔在常温常压下为具有麻醉性的无色可燃气体。纯时没有气味，但是在有杂质时有讨厌的大蒜气味。比空气轻，能与空气形成爆炸性混合物，极易燃烧和爆炸。微溶于水，在25℃、101.325kPa时，在水中的溶解度为0.94cm^3/cm^3。溶于酒精、丙酮、苯、乙醚等。在15℃、一个大气压下，一个容积的丙酮可溶解25个容积的乙炔，而在12个大气压下，可溶解300个容积的乙炔。与汞、银、铜等化合生成爆炸性化合物。能与氟、氯发生爆炸性反应。在高压下乙炔很不稳定，火花、热力、摩擦均能引起乙炔的爆炸性分解而产生氢和碳。因此，必须把乙炔溶解在丙酮中才能使它在高压下稳定。一般，在乙炔的发生和使用管道中的乙炔的压力均保持在1个大气压的表压以下。

乙炔本身无毒，但是在高浓度时会引起窒息。乙炔与氧的混合物有麻醉效应。吸入乙炔气后出现的症状有晕眩、头痛、恶心、面色青紫、中枢神经系统受刺激、昏迷、虚脱等，严重者可导致窒息死亡。乙炔通常是溶解在丙酮等溶剂及多孔物中，装入钢瓶内，钢瓶应存放在阴凉通风干燥之处，库温不宜超过30℃。最好要在室外单独隔离存放。要远离火种、热源，避免阳光直射，要与氧气、压缩空气、氧化剂、氟氯溴、铜银汞、铜盐、汞盐、银盐、过氧化有机物、炸药、毒物、放射性材料等隔离。设备管道应接地，要严格密封。可用表面活性液检漏。

乙炔气体的安全储存和运输，目前只有溶解乙炔的方法。因为乙炔很不稳定，在加压时能自行分解放出大量热；或在催化物质（与铜反应生成爆炸性化合物，乙炔铜）的存在下有爆炸危险；与空气混合有很宽的爆炸范围。然而把乙炔气加压溶解在用丙酮浸泡过的多孔性物质中则非常安全。即使有一部分引起燃烧之类的情况，也不会传播到其他部分，对整体仍然安全。但是，这种安全性与乙炔的纯度有密切的关系。乙炔气的纯度要大于98.0%，不允许含有2%以上的助燃性气体，不允许含有硫化氢和磷化氢。

发生火灾时可用雾状水、二氧化碳灭火。漏气时，用强制通风使其浓度低于爆炸浓度。泄漏容器可转移至空旷处，让其在大气中缓慢漏出，或者用管子导入燃烧炉中，或在凹地处小心点火焚烧。

乙炔的重要用途之一是燃烧时所形成的氧炔焰的最高温度可达3500℃，用来焊接或切割金属。但乙炔最主要的用途是用作有机合成的原料。图5-1列举了乙炔的主要用途。

5.1.2 天然气乙炔工业概况

1836年化学家戴维（Davy）用碳化钾与水作用制得乙炔，其后大量的乙炔生产用电石

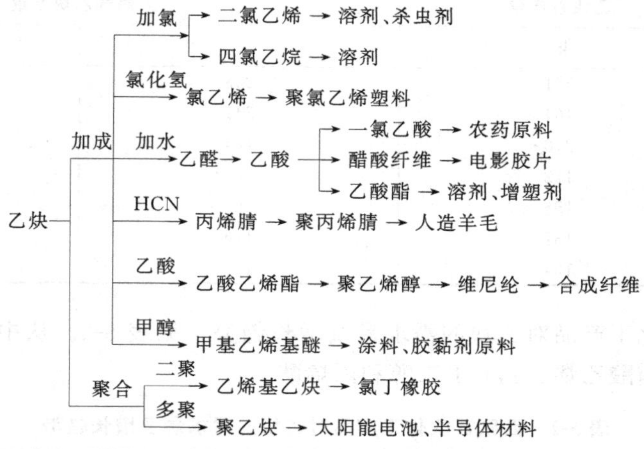

图 5-1 乙炔的主要用途

（碳化钙）与水作用制取。1860 年别尔捷诺（Bierdino）首次用电裂解烃类制得乙炔，但直到 1940 年德国休尔斯（Hüels）工厂才首次将其用于工业化生产。此后由烃类热解生产乙炔的方法相继投入工业化应用，并不断得以发展和改进。目前世界上主要从天然气、电石和乙烯副产品来生产乙炔。

天然气裂解生成乙炔的反应是高温吸热反应，其生产过程按供热方式可分为电弧法、部分氧化法和热裂解法三大类。电弧法是最早工业化的天然气制乙炔方法，至今仍在工业中应用。此方法利用电弧产生的高温和热量使天然气裂解成乙炔。部分氧化法是天然气制乙炔的主体方法，它利用部分天然气燃烧形成的高温和产生的热量为甲烷裂解成乙炔创造了条件，其典型的代表工艺就是 BASF 的部分氧化工艺。热裂解法就是利用蓄热炉将天然气燃烧产生的热量储存起来，然后再将天然气切换到蓄热炉中使之裂解产生乙炔。此方法现在基本上已退出工业生产。

近年来在电弧法基础上发展起来的利用等离子体技术裂解天然气制乙炔的方法已进入工业性试验阶段，极有可能成为取代电弧法生产乙炔的工业技术。

（1）天然气乙炔工业的发展趋势　乙炔是有机合成的重要基本原料。20 世纪 70 年代以来，石油化工的不断发展提供了大量较廉价的乙烯和丙烯，在不少领域中乙炔被乙烯和丙烯所取代。然而，由于各国资源条件和经济发展状况不同以及在生产 1,4-丁二醇系列（γ-丁内酯、四氢呋喃）、炔属精细化学品（叔戊醇、2,5-二甲基己二醇、β-紫罗兰酮、β-胡萝卜素）、丙烯酸（酯）和醋酸乙烯等方面以乙炔为原料的技术路线仍然具有竞争优势，乙炔在有机化工中仍占有一席之地。

乙炔的生产原料主要为电石和天然气，电石法是最古老且迄今为止仍在工业上普遍应用的乙炔合成方法，但工业发达国家乙炔生产的原料已转移到廉价的天然气和液态烃。天然气制乙炔比电石法制乙炔更加经济、更加环保，已成为工业发达国家生产乙炔的主导方法。国外乙炔总生产能力约为 2500kt/a，其中以天然气作原料生产乙炔的占 25%，在美国要占 75%，而我国则只占 3.5%。随着人们环境意识的不断增强及天然气资源的日益丰富，以天然气为原料生产乙炔将成为乙炔工业的发展趋势，具有光明的前景。表 5-1 列出了美国乙炔产量及天然气法的构成比例。

表 5-1　美国乙炔产量及天然气法的构成比例

年份	乙炔总产量	天然气乙炔产量	
	kt	kt	%
1965	521	208	40
1970	464	241	46
1975	210	124	59
1980	172	68	39
1985	156	97	62
1986	157	106	67
1987	164	111	65

近期西欧乙炔化工产品对乙炔的需求量及增长趋势，见表 5-2。从中可以看出，在西欧乙炔主要用于生产醋酸乙烯、1,4-丁二醇和丙烯酸。

表 5-2　西欧乙炔化工产品对乙炔的需求量及增长趋势

产品	乙炔需求量/kt						年均增长率/%	
	1992	1993	1994	1995	2000	2005	1995～2000	2000～2005
氯乙烯	25	0	0	0	0	—	—	—
醋酸乙烯	50	56	59	62	68	69	1.9	1.1
1,4-丁二醇	52	42	56	59	73	79	4.4	3.0
丙烯酸	22	24	26	0	0	—	—	—
乙炔炭黑	6	6	6	6	6	—	—	—
其他	22	22	20	20	20	20	－0.4	0
合计	177	150	167	173	167	174	0.7	0

(2) 我国天然气制乙炔工业的发展前景　我国乙炔主要采用电石乙炔原料，天然气制乙炔所占比重较小。2003 年生产的电石约 480×10^4t，相当于 167×10^4t 乙炔。由于我国可持续发展的能源战略的制定，加之环境保护要求日益严格，发展绿色化工的呼声日益高涨，近年新疆、内蒙古等大气田的发现，为发展大规模天然气制乙炔奠定基础。偏远地区天然气小气田数量较多，价格具有竞争优势。另外，与我国邻近的俄罗斯、中亚、中东、亚太四地区天然气资源丰富，是世界天然气的主要生产地和出口地，我国有可能部分利用这些地区的天然气资源。

我国天然气乙炔科研工作起步于 20 世纪 60 年代初期，已取得天然气部分氧化法旋焰炉（100～500t/a）和多管炉（100～200t/a）制乙炔等多项中试成果，其主要技术经济指标均达到国外同期水平。四川维尼纶厂 20 世纪 70 年代末引进了国外 BASF 公司的生产技术，生产能力及各项技术指标均达到或超过合同值。但国内生产技术还存在一些问题，主要表现在天然气脱硫工艺落后、余热没有充分利用、综合利用程度不够等方面。经过 10 多年的消化吸收，现已有国产化装置（0.75×10^4t/a）投入运行。目前，国内柴达木天然气-盐湖化工正在拟建 7.5×10^4t/a 天然气制乙炔装置，塔里木石油天然气公司和海南天然气综合化工厂分别筹建 4.5×10^4t/a 和 3×10^4t/a 的天然气制乙炔装置。

天然气等离子体法制乙炔的研究在我国仅有中科院成都有机化学研究所开展了此项工作。经过多年的研究，主要技术方面基本成熟，工艺、技术和设备均由国内自行解决。天然气等离子体法在技术、经济诸方面都优于现有的天然气部分氧化法和电石法，是完全可以国产化的新的乙炔生产方法。天然气制乙炔具有较大发展空间。

5.2 天然气乙炔的制备原理和方法

烃类裂解制乙烯时，如温度过高，乙烯就会进一步脱氢转化为乙炔，但乙炔在热力学上很不稳定，易分解为碳和氢。

$$烃类 \xrightarrow{裂解} C_2H_4 \longrightarrow C_2H_2 + H_2 \quad (5\text{-}1)$$

$$C_2H_2 \longrightarrow 2C + H_2 \quad (5\text{-}2)$$

甲烷裂解为乙炔时，也经过中间产物乙烯，但因很快进行脱氢，故其总反应式可写为：

$$2CH_4 \longrightarrow C_2H_2 + H_2 \quad (5\text{-}3)$$

烃类裂解制乙炔时，乙炔的收率主要决定于反应（5-1）与反应（5-2）或反应（5-3）与反应（5-2）在热力学和动力学上的竞争。烃类的生成自由能与温度关系图如图 5-2 所示，从图 5-2 看到，在一定的温度条件下，反应（5-1）和反应（5-3）的 $\Delta G^{\ominus}$ 都是很大的正值，只有在高温条件下才能有较大的平衡常数值，而反应（5-2）的 $\Delta G^{\ominus}$ 却是很大的负值，在热力学上占绝对优势但随温度的升高，其优势愈来愈小。故从热力学分析，烃类裂解制乙炔，必须在高温条件下进行。但即使在接近 2000℃的温度下，反应（5-3）在热力学上还是占有利地位，因此，是否能获得乙炔，决定于它们在动力学上的竞争。

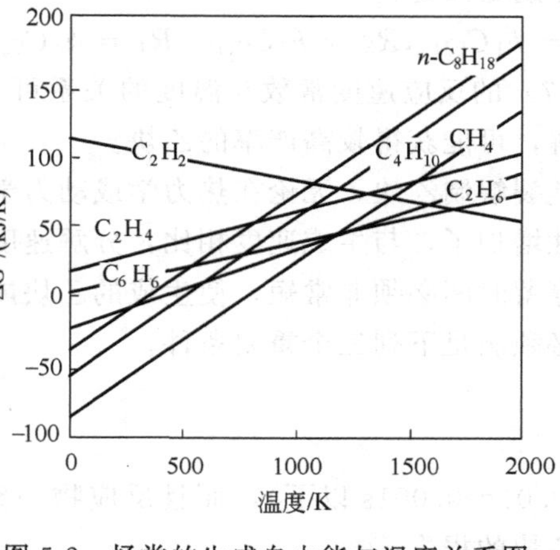

图 5-2 烃类的生成自由能与温度关系图

乙炔裂解的动力学基于 Kassel 简化动力学模型。Kassel 模型提出了如下连串反应机理：

$$2CH_4 \xrightarrow{k_1} C_2H_6 + H_2 \quad (5\text{-}4)$$

$$C_2H_6 \xrightarrow{k_2} C_2H_4 + H_2 \quad (5\text{-}5)$$

$$C_2H_4 \xrightarrow{k_3} C_2H_2 + H_2 \quad (5\text{-}6)$$

$$C_2H_2 \xrightarrow{k_4} 2C + H_2 \quad (5\text{-}7)$$

并认为各项反应均为一级反应，同时研究指出上述反应中 $k_2 \gg k_1$，则上述方程式可简化为：

$$2CH_4 \xrightarrow{k_1} C_2H_4 + 2H_2 \quad (5\text{-}8)$$

$$C_2H_4 \xrightarrow{k_3} C_2H_2 + H_2 \quad (5\text{-}9)$$

$$C_2H_2 \xrightarrow{k_4} 2C + H_2 \quad (5\text{-}10)$$

其中乙炔裂解为二级反应，但研究认为，乙炔的裂解反应不是简单的二级反应，而应包含体系中第三体的影响，其反应机理为

$$C_2H_2 + M \xrightarrow{k_4} 2C + H_2 + M \quad (5\text{-}11)$$

因此，甲烷热裂解系列反应的动力学关系可表示为：

$$-\frac{dC_{CH_4}}{dt} = k_1 C_{CH_4} \quad (5\text{-}12)$$

$$\frac{dC_{C_2H_4}}{dt} = \frac{1}{2}k_1 C_{CH_4} - k_3 C_{C_2H_4} \quad (5\text{-}13)$$

$$\frac{dC_{C_2H_2}}{dt} = k_3 C_{C_2H_4} - k_4 C_{C_2H_2} C_M \quad (5\text{-}14)$$

式中，C_{CH_4}、$C_{C_2H_4}$、$C_{C_2H_2}$、C_M 分别为各物质的量浓度，$kmol/m^3$，反应速率常数分别为：

$$k_1 = 4.5 \times 10^{13} \exp(-4.575 \times 10^4 / T)(s^{-1}) \quad (5\text{-}15)$$

$$k_3 = 2.58 \times 10^8 \exp(-2.011 \times 10^4 / T)(s^{-1}) \quad (5\text{-}16)$$

$$k_4 = 4.57 \times 10^4 \exp(-2.069 \times 10^3 / T) \quad [m^3/(kmol \cdot s)] \quad (5\text{-}17)$$

则对应的反应速率可分别定义为：

$$R_1 = k_1 C_{CH_4}, R_3 = k_3 C_{C_2H_4}, R_4 = k_4 C_{C_2H_2} C_M \quad (5\text{-}18)$$

由式（5-16）和式(5-17）的反应速度常数与温度的关系可见，当温度很高时，$k_3 > k_4$，乙炔的生成大于乙炔的分解，可能获得较高产率的乙炔。

由以上讨论可知，烃类裂解制乙炔，无论在热力学或动力学方面都要求高温。但在高温时，虽然乙炔的相对稳定性增加了，与生成速度相比，分解速度相对地减慢了，但其绝对分解速度还是增快的，因此停留时间必须非常短，使生成的乙炔能尽快地离开反应区域. 由此可知，烃类裂解生产乙炔必须满足下列三个重要条件。

① 供给大量反应热。

② 反应区温度要很高。

③ 反应时间特别短（0.01～0.001s 以下），而且反应物一离开反应区即要被急冷下来，才能终止二次反应，避免乙炔的损失。

5.3 天然气乙炔的典型工艺介绍

这里主要介绍甲烷部分氧化法和电弧法两种制乙炔的工艺与设备。

5.3.1 甲烷部分氧化法

天然气部分氧化热解制乙炔的工艺包括两个部分，一是稀乙炔制备，另一个则是乙炔提浓。工艺流程如图 5-3 所示。

（1）稀乙炔制备　将 0.35MPa 压力的天然气和氧气分别在预热炉内预热至 650℃，然后进入反应器上部的混合器内，按总氧比［$n(O_2)/n(CH_4)$］为 0.5～0.6 的比例均匀混合。

混合后的气体经多个旋焰烧嘴导流进入反应道，在1400～1500℃的高温下进行部分氧化热解反应。

反应后的气体被反应道中心塔形喷头喷出的水幕淬冷至90℃左右。出反应炉的裂化气中乙炔体积分数为8%左右。由于热解反应中有炭析出，裂化气中炭黑质量浓度约为1.5～2.0g/m^3，这些炭黑依次经沉降槽、淋洗冷却塔、电除尘器等清除设备后，降至3mg/m^{3}以下，然后将裂化气送入稀乙炔气柜储存。

旋焰裂解反应炉结构如图5-4所示。

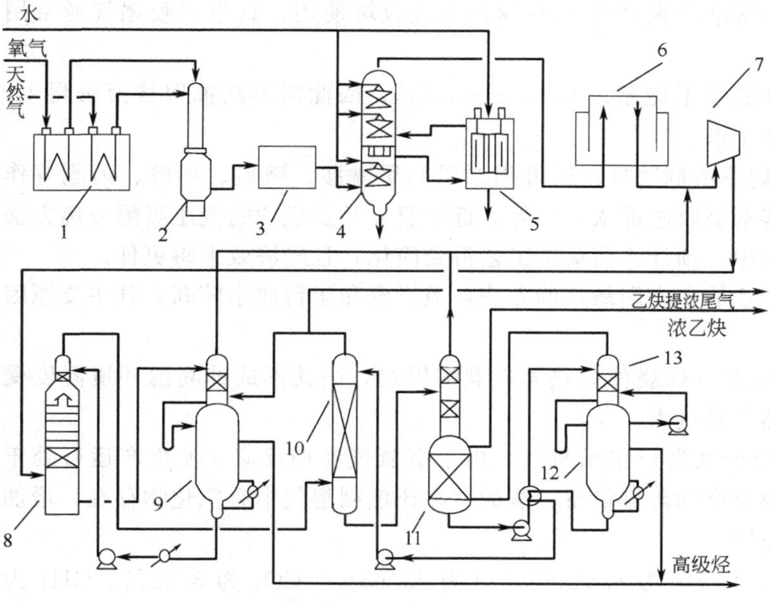

图5-3 天然气部分氧化热解制乙炔的工艺流程

1—预热炉；2—反应器；3—炭黑沉降槽；4—淋洗冷却塔；5—电除尘器；6—稀乙炔气柜；7—压缩机；8—预吸收塔；9—预解吸塔；10—主吸收塔；11—逆流解吸塔；12—真空解吸塔；13—二解塔

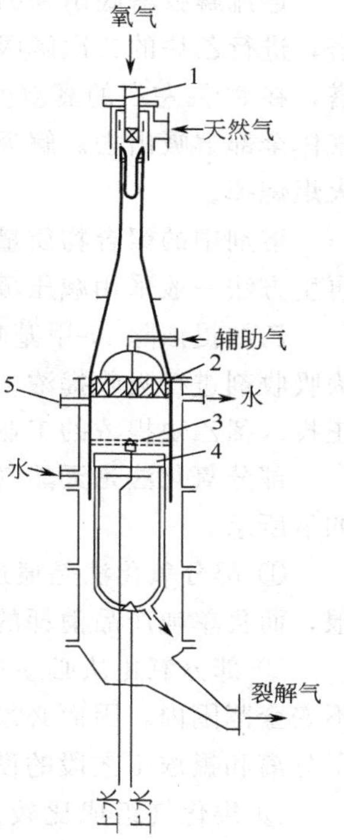

图5-4 旋焰裂解反应炉结构

1—旋流混合器；2—旋焰烧嘴；3—淬火头；4—炭黑刮刀；5—点火孔

(2) 乙炔提浓　现行的乙炔提浓工艺主要用*N*-甲基吡咯烷酮为乙炔吸收剂进行吸收富集。如图5-3所示。由气柜6来的稀乙炔气与回收气、返回气混合后，由压缩机7两级压缩至1.2MPa后进入预吸收塔8。在预吸收塔中，用少量吸收剂除去气体中的水、萘及高级炔烃（丁二炔、乙烯基炔、甲基乙炔等）等高沸点杂质，同时也有少量乙炔被吸收剂吸收。

经预吸收后的气体进入主吸收塔10时压力仍为1.2MPa左右，温度20～35℃。在主吸收塔内，用*N*-甲基吡咯烷酮将乙炔及其同系物全部吸收，同时也会吸收部分二氧化碳和低溶解度气体。从顶部出来的尾气中CO和H_2体积分数高达90%，乙炔体积分数很小（小于0.1%），可用作合成氨或合成甲醇的合成气。

预吸收塔8底部流出的富液，用换热器加热至70℃，节流减压至0.12MPa后，送入预解吸塔9上部，并用主吸收塔10尾气（分流一部分）对其进行反吹解吸其中吸收的乙炔和CO_2等，上段所得解吸气称为回收气，送循环压缩机。余下液体经U形管进入预解吸塔9

下段，在80%真空度下解吸高级炔烃，解吸后的贫液循环使用。

主吸收塔底出来的吸收富液节流至0.12MPa后进入逆流解吸塔的上部，在此解吸低溶解度气体（如CO_2，H_2，CO，CH_4等），为充分解吸这些气体，用二解吸塔导出的部分乙炔气进行反吹，将低溶解度气体完全解吸，同时少量乙炔也会被吹出。此段解吸气因含有大量乙炔，返回压缩机7压缩循环使用，因而称为返回气。经上段解吸后的液体在逆流解吸塔的下段用二解吸塔解吸气底吹，从中部出来的气体就为乙炔的提浓气，乙炔纯度在99%以上。

逆流解吸塔底出来的吸收液用真空解吸塔解吸后的贫液预热至105℃左右后送入二解吸塔，进行乙炔的二次解吸，解吸气用作逆流解吸塔的反吹气，解吸后的吸收液进真空解吸塔，在80%左右的真空度下，以116℃左右温度加热吸收液（沸腾），将溶剂中的所有残留气体全部解吸出去。解吸后的贫液冷至20℃左右返回主吸收塔使用，真空解吸尾气通常用火炬烧掉。

溶剂中的聚合物质量分数最多不能超过0.45%～0.8%，因此需不断抽取贫液去再生，再生方法一般采用减压蒸馏和干馏。

乙炔提浓除*N*-甲基吡咯烷酮溶剂法外，还可用二甲基甲酰胺、液氨、甲醇、丙酮等作为吸收剂进行吸收提浓。除溶剂吸收法提浓乙炔外，近年研究开发成功的变压吸附分离方法正投入稀乙炔提浓的工业应用中，预计将使提浓工艺得到简化，且经济效果将更佳。

部分氧化法是天然气生产乙炔中应用最多的方法，但投资和运行成本较高。其主要原因如下所示。

① 部分氧化法是通过甲烷部分燃烧作为热源来裂解甲烷，因此形成的高温环境温度受限，而且单吨产品消耗的天然气量过大。

② 部分氧化法必须建立空分装置以供给氧气，由于有氧气参加反应，使生产运行处于不安全范围内，因而必须增设复杂的防爆设备。氧的存在还使裂解气中有氧化物存在，增加了分离和提浓工艺段的设备投资。

③ 裂化气组成比较复杂，C_2H_2为8.54%、CO为25.65%、CO_2为3.32%、CH_4为5.68%和H_2为55%。这给分离提浓工艺的消耗及人员配置等诸方面都带来了麻烦，从而增加了运行成本。

5.3.2 电弧法

电弧法制乙炔是利用气体电弧放电产生的高温对天然气进行热裂解制得乙炔的。早在20世纪30年代，德国Hüels公司就开始了电弧法裂解甲烷制乙炔的研究，并随之开发了用于天然气转化的Hüels工艺。经过多年的持续发展，目前生产能力已达12×10^4t/a。美国杜邦公司、前苏联和东欧各国均采用类似方法生产。

图5-5为电弧法制乙炔的工艺流程。天然气进入电弧炉的涡流室，气流在电弧区进行裂解，其停留时间仅有0.002s裂解气先经沉降、旋风分离和泡沫洗涤除去产生的炭黑，然后经碱液洗、油洗去掉其他杂质。净化后的裂解气暂存于气柜，再送后续工段进行乙炔提浓。

图5-6为电弧裂解炉示意。以天然气或C_1～C_4烃为原料，同时作为放电气体沿切线方向进入既是反应器又是电弧发生器的中空柱形区，形成旋涡运动，然后通过外加电能产生电弧。天然气在电弧高温区内被裂解形成含乙炔的裂解气，然后沿中心管出来急冷。裂解反应实现的最高温度为1900K，单程转化率约50%。与部分氧化法不同的是，单程转化后通过

分离将未反应的甲烷再次送回反应器进行循环利用。乙炔收率可达 35%，每生产 1t 乙炔消耗甲烷 $4200m^3$，副产氢气 $3500m^3$。

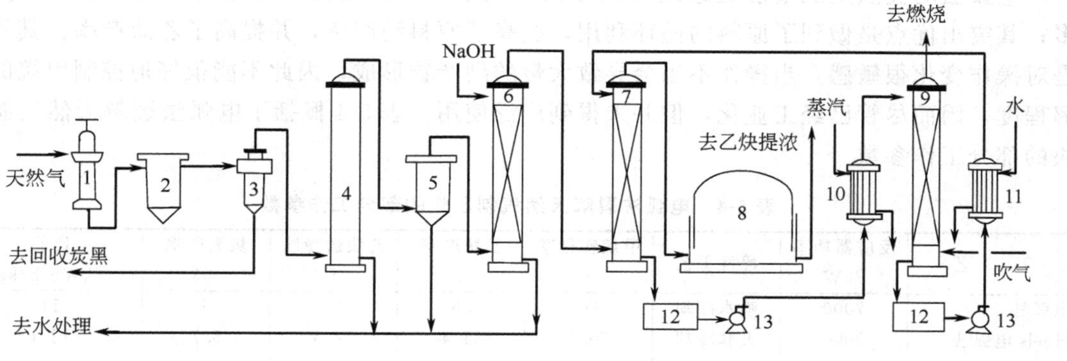

图 5-5 电弧法制乙炔的工艺流程

1—电弧炉；2—炭黑沉降器；3—旋风分离器；4—泡沫洗涤塔；5—湿式电滤器；6—碱洗塔；7—油洗塔；8—气柜；9—解吸塔；10—加热器；11—冷却器；12—储槽；13—泵

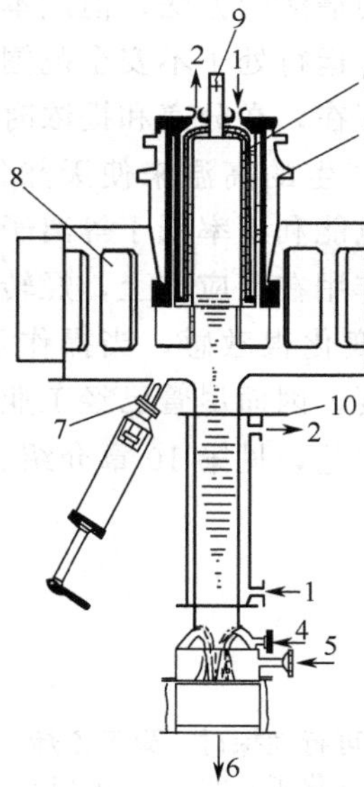

图 5-6 电弧裂解炉示意

1—冷却水进口；2—冷却水出口；3—供气；4—冷却水；5—供氮；6—反应气出口；7—值班电极；8—切向进气；9—阴极；10—接地阳极；11—瓷绝缘体

电弧法要求天然气中的甲烷含量较高。以甲烷含量为 92.3%的天然气使用电弧法裂解所得裂解气的烃类体积分数见表 5-3 所示。

表 5-3 电弧法裂解气的烃类体积分数 单位：%

CH_4	C_2H_2	C_2H_4	C_2H_6	C_3H_4	C_3H_6	C_3H_8	C_4H_6	丁二烯	乙烯基乙炔
16.3	14.5	0.90	0.04	0.40	0.02	0.03	0.02	0.01	0.10

电弧法是直接使甲烷在电场区产生电弧并裂解，然后再偶联生成 C_2 烃。它没有成流

气，也就没有更高温度的等离子射流，因此单程收率较低，裂化气中残余甲烷相对较多。甲烷既是工作气体也是反应物。

电弧法的优点是能量能迅速地作用在反应物上，烃转化为乙炔比部分氧化法明显高很多；其突出优点是做到了原料的循环利用，提高了原料利用率，并提高了乙炔产率。其不足是对操作变化很敏感，当操作不当会导致大量的副产物形成，因此不能很好地控制甲烷的裂解程度，因而尽管已经工业化，但并未得到广泛使用。表 5-4 概括了电弧法裂解天然气制乙炔的部分工作参数。

表 5-4 电弧法裂解天然气制乙炔的部分工作参数

工艺	反应器功率/kW	淬冷工艺	甲烷转化率/%	乙炔产率/%	乙炔选择性/%	炭黑产率/%	比能/(kW·h/kg)
电弧法	7000	喷水冷却	50	35	70	5	11
Huels 电弧法	8000	夹套冷却	70.5	51.4	72.9	5.7	12.1
DuPont 电弧法	9000	直接冷却	—	70	—	—	—

5.3.3 乙炔生产方法的比较

部分氧化法是天然气生产乙炔中应用最多的方法，但成本较高，还必须建立空分装置以供给氧气。由于有氧气参加反应，使生产运行处于不安全范围内，因而必须增设复杂的防爆设备。氧的存在还使裂解气中有氧化物存在，在分离和提浓时费用提高，增加成本。

电弧法天然气制乙炔是利用电弧所产生的高温来使天然气裂解成乙炔的。它没有成流气，也就没有更高温度的等离子射流，电能利用率低于等离子法，所以裂化气中残余甲烷相对较多。电弧法的优点是能量能迅速的作用在反应物上，烃转化为乙炔比蓄热炉法或部分燃烧法明显高很多。最大缺点是它对操作变化很敏感，当操作不当时会导致大量的副产物形成，因此不能很好的控制甲烷的裂解程度，因而尽管已经工业化，但并未得到广泛使用。

天然气等离子体法制乙炔是一种新工艺，见第 10 章介绍。

参考文献

[1] 陈立春，蔡春艳，周贤洪．天然气制乙炔可行性探讨．聚氯乙烯，2002，2：5-11.
[2] 高建兵．乙炔生产方法及技术进展．天然气化工，2005，30 (1)：63-66.
[3] 曾毅，王公应．天然气制乙炔及下游产品研究开发与展望．石油与天然气化工，2005，34 (2)：89-93.
[4] 张祥富，曾达权．天然气等离子体法制乙炔．天然气化工，2005，23 (4)：39-43.
[5] 郭春文．天然气合成乙烯乙炔技术．四川化工，2004，7 (1)：24-26.
[6] 夏顶，杨朝富，秦圣样等．天然气制乙炔工艺简介．中国氯碱，2005，4：18-24.
[7] 薛荣书，谭世语，周志明等．化工工艺学．重庆：重庆大学出版社，2004：281-285.
[8] 中国氯碱协会专家委员会．天然气制乙炔工艺装置调查报告．中国氯碱，2000，3：3-4.

6 天然气制炭黑

6.1 概述

炭黑为工业中不可或缺的化工原料，是仅次于钛白粉的重要颜料。炭黑是最好的黑色颜料，着色力及遮盖力最强，视觉感官上呈中性，具有稳定、耐热、耐化学品、耐光等特点。同时，炭黑又是塑料、橡胶制品的改质添加剂。

据记载，中国是世界上最早生产炭黑的国家之一。在古时候，人们焚烧动植物油、松树枝，收集火烟凝成的黑灰，用来调制墨和黑色颜料，这种被称之为“炱”（音 tái）的黑灰就是最早的炭黑。1872 年，美国首先以天然气为原料用槽法生产炭黑，从此定义炭黑为“气态或液态的碳氢化合物在空气不足的条件下进行不完全燃烧或热裂分解所生成的无定形碳，为疏松、质轻而极细的黑色粉末”。1912 年，S. C. 莫特发现炭黑对橡胶的补强作用之后，炭黑工业才迅速发展起来。20 世纪 20 年代，又出现了以天然气为原料的气炉黑和热裂黑。后来，J. C. 克雷奇致力于从液态烃生产炭黑，开发了油炉法工艺。1941 年，试产出第一批油炉黑。1943 年，世界上第一座工业化规模的油炉黑工厂在美国投产。当今，油炉法是效率最高、经济效益最好的炭黑生产方法，油炉黑的产量已占炭黑总量的 70%～90%。

炭黑是用多烃类的固态、液态或气态的物质经不完全燃烧而产生的微细粉末，气态、液态或固态的烃类都可以用作炭黑生产的原料，气体原料有天然气、矿坑瓦斯、炼油尾气、电石气等；液体原料有煤焦油、石油炼制的馏分油等；固体原料有萘、蒽等。炭黑外观为纯黑色的细粒或粉状物，颜色、粒径、密度均随原料和制造方法的不同而有差异。炭黑不溶于水、酸、碱，能在空气中燃烧变成二氧化碳。

6.1.1 炭黑的分类

“炭黑”是各种用途的炭黑产品的总称，每一种炭黑有其特定的物理化学性质，这些性质与所使用的原料、燃烧裂解过程、生产方式和工艺操作条件紧密有关。炉法炭黑是烃类在反应炉内不完全燃烧制取的；槽法炭黑是天然气火焰与槽钢相接触制取的；乙炔炭黑则是热裂炭黑的特殊品种，它是由乙炔放热热解制得的；灯烟炭黑是在敞口浅盘中燃烧烃类制取的。

炭黑既可按其制造方法分类；也有按生产原料分类，如乙炔炭黑；也有按其应用领域分类，如橡胶炭黑、色素炭黑和导电炭黑；也可按最终制品的性能分类，如高耐磨炉黑（HAF）和快压出炉黑（FEF）等。

6.1.1.1 按制造方法分类

炭黑的生产方法主要有接触法炭黑和炉法炭黑两种形式，即不完全燃烧法和热分解法，见表 6-1。

表 6-1 炭黑按制造方法分类

制造方法			主要原料
不完全燃烧法	接触法	槽法	天然气、煤层气(煤矿瓦斯)、焦炉煤气、芳烃油
		滚筒法	
		圆盘法	
	油炉法		芳烃油
	气炉法		天然气、煤层气(煤矿瓦斯)
	灯烟法		矿物油、植物油
热分解法	热解法、乙炔热分解法		天然气、乙炔

(1) 接触法炭黑　接触法是把原料气燃烧的火焰同温度较低的收集面接触，使裂解产生的炭黑冷却并附着在收集面上加以收集。接触法炭黑包括槽法炭黑、滚筒法炭黑和圆盘法炭黑。

槽法炭黑以天然气为原料，通过特制的火嘴，在火房内与空气进行不完全燃烧，其火焰的还原层与缓慢往复运动的槽钢相接触，使炭黑沉积在槽钢表面，通过刮刀将炭黑刮下，掉入漏斗内，而后输出并加以收集。因其原料主要使用天然气或煤层气，故又称为天然气槽法炭黑或瓦斯槽法炭黑。

利用固体烃类（如萘、蒽等）或液体烃类（蒽油、防腐油等），辅以焦炉煤气或甲烷含量较低的煤层气，以这种油、气为主要原料所生产的炭黑称为槽法混气炭黑，也称为粗蒽炭黑。当去掉槽钢时，称为无槽混气炭黑或混气炭黑。

滚筒法炭黑采用回转运行的钢制水冷滚筒为冷却收集面，使之与燃烧火焰接触，并加以收集。滚筒法的原料主要为焦炉煤气，或水煤气与防腐油或蒽油等混配。

圆盘法炭黑中，火焰接触收集面为钢制圆盘，该法已基本被淘汰。

(2) 炉法炭黑　炉法炭黑是将气态烃、液态烃、或气态烃和液态烃混合作为原料，在反应炉内与适量的空气高温燃烧、裂解，生成的炭黑悬浮在烟气中，经冷却、收集而获得炭黑。只使用天然气、油田伴生气或煤层气等气态烃原料生产的炭黑，称为气炉法；而只使用煤焦油系统或石油系统的油类等液态烃为原料生产的炭黑，称为油炉法。灯烟炭黑是在炉子内，把液烃原料加入敞口浅盘中，在限制空气量的条件下，进行大火焰燃烧，用这种方法生产的炭黑称为灯烟法。改变炉型结构、火嘴形式和控制温度，可制得不同品种的炭黑。

(3) 热裂法炭黑　热裂法炭黑以气态烃类为原料，间歇式生产。首先将原料气和空气按完全燃烧比例混合，同时送入炉内燃烧，温度逐渐上升至1300～1400℃后，停止供给空气，只送进原料气，使原料气在高温下热分解生成炭黑和氢气。由于裂解反应吸收热量，炉温不断降低，当温度至1000～1200℃时，再通入空气，使原料气完全燃烧而升高炉温，然后停止供给空气进行生产炭黑，如此间歇进行的生产方法称热裂法。热裂炭黑主要有三个品种，即中热裂黑、不污染的中热裂黑和细热裂黑。中热裂黑的氮吸附比表面积为6～10m^2/g，细热裂黑则为10～15m^2/g。以天然气为原料经裂解生成的炭黑称为热裂炭黑；以乙炔气为原料经热裂生成的炭黑称为乙炔炭黑。

在炭黑工业发展的早期，主要是就地利用油（气）田气态烃原料生产各种槽法和炉法炭黑。20世纪40年代以来，合成橡胶用量的增大以及环境保护要求的日益严格，以油为原料的各种油基炉黑迅速发展，到20世纪70年代已占到炭黑总产量的90%以上。但由于某些国家在油气资源开发利用的特殊情况以及天然气炭黑在性能上尚具有不能完全为油炉法炭黑所代替的某些特点，天然气炭黑至今在炭黑工业中还占有一定比重。我国目前以天然气为原料生产的炭黑主要为槽法炭黑和半补强炉法炭黑。

6.1.1.2 按用途和使用特点分类

按用途可将炭黑分为两大类，即橡胶用炭黑和非橡胶用炭黑，非橡胶用炭黑也称特种炭黑或专用炭黑，包括色素炭黑、导电炭黑、塑料用炭黑以及各种专用炭黑等。

美国 2000 年炭黑用量见表 6-2，它详细列出了各种不同应用领域的炭黑耗用情况。

表 6-2 美国 2000 年炭黑用量

使用领域	耗用量/10^6t	所占比例/%
汽车用橡胶轮胎和轮胎制品	1.17	70
胶带、胶管和其他汽车用橡胶制品	0.17	10
工业橡胶制品	0.16	9
非橡胶用	0.18	11
总计	1.67	100

（1）橡胶用炭黑　在橡胶制品中加入一定数量的炭黑，可以起到填充和补强作用，以改善橡胶制品的性能。橡胶用炭黑的品种繁多，其生产方法有接触法、炉法和热裂法。在橡胶工业中，将炭黑又分为硬质炭黑和软质炭黑。硬质炭黑对橡胶补强作用大，而软质炭黑对橡胶补强作用较小，仅仅起填充作用。

我国橡胶用炭黑的国家标准为 GB 3778—2003，并以炭黑胶料的硫化速度、炭黑的粒径和结构性等联系起来作为命名原则。通常采用一个字头和三个数字的命名法，字头 N 或 S 代表硫化速度，其中 N 表示正常硫化速度，S 表示缓慢硫化速度。三个数字的第一个数字表示粒径范围，划分成由 0～9 共十个等级，见表 6-3，其余后两个数字用以区别炭黑结构和使用性能方面的差异。

表 6-3 橡胶用炭黑粒径范围划分的等级

序号	平均粒径/nm	炭黑品种	序号	平均粒径/nm	炭黑品种
0	1～10		5	40～48	快压出炉黑
1	11～19	超耐磨炭黑	6	49～60	通用炉黑
2	20～25	中超耐磨炭黑	7	61～100	半补强炉黑
3	26～30	高耐磨炭黑	8	101～200	细粒子热裂炭黑
4	31～39	细粒子炉黑	9	201～500	中粒子热裂炭黑

GB 3778—2003 共列出了 48 个橡胶用炭黑品种。其中 N 系列品种 44 个、S 系列品种 2 个、中文名称系列 2 个，见表 6-4。其中硬质炭黑 27 个品种、软质炭黑 20 个品种、导电炭黑 1 个品种，目前国内市场大约有 20 个品种有实物产品。

（2）非橡胶用炭黑

① 色素炭黑。炭黑除橡胶工业应用外，主要用在油漆和油墨工业。加入炭黑的油墨，其流动性，光学性质及化学稳定性等均优于其他黑色颜料。用掺混炭黑的油墨，可使印刷品字迹清楚，增加印刷张数。同时，炭黑具有耐酸性、黑度高、着色力强等特点，可作为优质黑色涂料使用于油漆工业。

我国色素炭黑的国家标准为 GB/T 7044—93，按照粒径范围分为高色素炭黑、中色素

表 6-4 我国橡胶用炭黑品种

分类	品种个数	品种名称
N100	7	N110、N115、N120、N121、N125、N134、N135
N200	7	N219、N220、N231、N234、N242、N293、N299
S200	1	S212
N300	11	N326、N330、N332、N335、N339、N343、N347、N351、N356、N358、N375
S300	1	S315
N400	1	N472
N500	3	N539、N550、N582
N600	5	N630、N642、N650、N660、N683
N700	6	N754、N762、N765、N772、N774、N787
N800	0	—
N900	4	N907、N908、N990、N991
中文名称	2	天然气半补强炭黑、混气炭黑
合计	48	—

炭黑和普通色素炭黑三种类型。标准中各个品种的名称由四个符号组成，见表 6-5。第一个符号 C，代表“色素”；第二个符号为数字 1、3 和 6，分别表示高色素、中色素和普通色素的类别；第三个符号表示生产方式及后处理情况，1～4 表示接触法炭黑，其中的偶数表示经过后处理；5～9 表示炉法炭黑，其中的偶数表示经过后处理；第四个符号表示色素炭黑结构高低，其中 1～4 表示 DBP（邻苯二甲酸二丁酯）吸收值＞1.0mL/g，5～9 表示 DBP 吸收值≤1.0mL/g。

表 6-5 色素炭黑分类及品种

分类	粒径范围/nm	品种
高色素接触法炭黑 HCC	9～17	C111
		C121
高色素炉法炭黑 HCF		C151
		C161
中色素接触法炭黑 MCC	18～25	C311
		C312
中色素炉法炭黑 MCF		C151
		C161
普通色素接触法炭黑	26～37	C661
普通色素炉法炭黑		C665
		C665

② 导电炭黑。某些炭黑具有低电阻或高电阻性能，可用于不同的制品，如干电池、导电橡胶、电缆料、无线电元件等，称为导电炭黑。乙炔炭黑具有较多的链枝结构，导电性能良好。随着不同行业对导电炭黑的需求日益增多，新型的导电炭黑系列产品相继问世，它们不仅具有优良的导电性能，而且分散性好，加工性能也好。

③ 塑料用炭黑。炭黑在塑料制品中可作为着色剂、紫外光屏蔽剂和抗静电剂。

④ 其他专用炭黑。根据使用要求，生产适合于某种用途的专用炭黑，如合成革用炭黑、黑色农膜用炭黑等。

现在炭黑应用范围日益扩大，市场需求不断增加，随着炭黑原料生产方法的改进，新品种炭黑也不断出现。

6.1.2 炭黑的性质

不同种类炭黑之间的差异主要在表面积（或粒子大小）、聚集体形态、粒子和聚集体的质量分布和化学组成等方面。

(1) 表面积 表面积是用来鉴别和分类命名炭黑的重要性质之一，表面积主要用气相或液相吸附法测定。最经典的测定方法是低温氮吸附法（即 BET 法）。由于氮分子相对较小，可进入炭黑微孔之中，该法测得的结果表征炭黑的总表面积。近年来研究成功大分子吸附法（如 CTAB），因大分子不能进入微孔，可用测定结果表征炭黑的外表面积，即“光滑”表面积。大多数橡胶用炭黑是无内孔的，所以 BET 测定结果和 CTAB 测定结果是一致的。对某些色素用炭黑，这两种测定结果的差值可表征炭黑的粗糙度或孔隙度。另外，吸碘法也广泛被用于生产控制和产品分类，其特点是简单快速，但测定结果易受炭黑表面氧化程度的影响。

(2) 结构 炭黑的结构取决于聚集体尺寸、形状以及每个聚集体内的粒子数和平均质量，这些特性也都影响聚集体的堆积状态和粉末的空隙容积。通常，炭黑的结构用 DBP (dibutyl phthalate，邻苯二甲酸二丁酯）吸油值表示。炭黑在 170MPa 下压缩四次后的吸 DBP 值，习惯上称为压缩吸油值。压缩吸油值更真实地反映炭黑聚集体在胶料中的状态。

(3) 着色强度 表征炭黑性质的指标。将一定量的炭黑和白色颜料（通常是氧化锌或钛白）混于油类展色剂中，制成灰色墨浆，然后测定该墨浆对可见光的散射能力。高着色强度的炭黑，光吸收系数高而反射率低。着色强度主要反映聚集体的平均体积和尺寸分布。

(4) 化学组成 不同炭黑的化学组成不尽相同，如橡胶工业用的油炉法炭黑的碳元素含量在 97%以上；热裂法炭黑和乙炔炭黑的碳含量高于 99%。部分炭黑的元素分析结果示于表 6-6。炉法炭黑中，除了碳元素之外，还有元素氢、氧、硫、氮以及无机氧化物、无机盐类，并且还可能吸附有痕量的烃类物质。氢和硫可能分布在聚集体的表面或聚集体的内部，而氧是以复杂的 C_xO_y 化合物的形式，分布于聚集体的表面。

表 6-6 各种炭黑的化学组成

炭黑类型	碳/%	氢/%	氧/%	硫/%	氮/%	灰分/%	挥发分/%
橡胶用炭黑	97.3～99.3	0.20～0.80	0.20～1.50	0.20～1.20	0.05～0.30	0.10～1.00	0.60～1.50
热裂炭黑	99.4	0.30～0.50	0.00～0.12	0.00～0.25	—	0.20～0.38	—
乙炔炭黑	99.8	0.05～0.10	0.10～0.15	0.02～0.05	—	0.00～0.40	—

6.2 天然气制炭黑的生产方法

6.2.1 炭黑的生成机理

自 1860 年，先后提出过许多关于炭黑生成过程的理论，但是，至今为止，关于炭黑的生成机理，仍一直存在着许多争议。目前基本公认的炭黑生成历程包括如下几个阶段。

（1）在高温下形成气态的炭黑先质　初级烃类分子经过脱氢作用，成为碳原子或带一个碳原子的自由基和离子，它们凝结成半固态的多核芳烃碎片和/或聚合成大的烃类分子，然后脱氢成为粒子的炭黑先质。

（2）晶核形成　由于炭黑粒子的先质相互碰撞，其质量不断增大，一些较大的碎片已不稳定，从气相中凝结，形成晶核或生长中心。

（3）粒子的长大和聚集　在该体系中，有三个过程同时发生，即①更多的炭黑先在晶核上凝结；②小粒子合并成较大的粒子；③新晶核的形成。其中粒子的合并长大可能占主导地位。这个阶段的产物是不规则球状粒子。

（4）表面长大过程　该过程中，那些小的初级烃类分子附着或沉积在现有的粒子或聚集体表面上，形成具有洋葱状微观构造的不规则的球状体和聚集体，大约总碳量的90%都参与了这种表面长大过程。由于聚集体形成了连续的碳网络，所以十分坚固。在该阶段中，聚集体形成并使其加固。

（5）附聚过程　一旦没有更多的碳生成，聚集体的长大过程就停止了，聚集体会相互碰撞和依靠范德华力而相互附着。但是，由于没有新的碳生成，这些聚集体不会互相黏结在一起。因此，聚集体的附聚过程形成的是暂时结构。

（6）聚集体的气化　在聚集体形成和长大之后，炭黑表面要经受气相反应，因而表面受到侵蚀。一些物质，如 CO_2、H_2O 以及残留的氧都会与炭黑表面发生化学反应。炭黑表面的氧化程度，取决于气相的温度、氧化剂浓度和流动速度等条件。通过调节各种反应参数，能很好地控制炭黑的形态和表面化学性质。对于炉法炭黑而言，反应温度是最关键的因素，它决定了炭黑的表面积。炉温越高，热解速率越快，晶核生成得更多。由于在给定原料的情况下，有限的起始物料，使粒子和聚集体过早地停止长大，因此，较高的反应温度可以提高炭黑的表面积。反应温度，可通过改变空气、燃料和原料流量来调节。向反应炉内添加碱金属盐类，例如钾盐，可以改变聚集过程，从而影响炭黑的结构。碱金属盐类在反应温度下发生离子化，正离子将吸附在刚刚形成的炭黑粒上，为粒子间的碰撞构成某种静电屏障，导致炭黑具有较低的结构。

控制炭黑的生成时间，可有效地改变炉法炭黑的粒径范围。对于表面积大约为 $120m^2/g$ 的炭黑而言，从原料油的雾化到急冷，炭黑的生成过程低于10ms。表面积范围在 $30m^2/g$ 的炭黑，炭黑的生成时间是在十分之几秒。

6.2.2 天然气槽法制炭黑的生产工艺

槽法炭黑属于接触法，是炭黑发展史上最早的一种生产方法。1872 年国外建立了第一座利用天然气为原料的槽法火房。为满足橡胶工业需要，我国在 1951 年建起第一座天然气槽法炭黑火房。

6.2.2.1 生产过程

天然气槽法生产炭黑的工艺流程如图 6-1 所示。天然气经减压后均匀分布至每台火房 2 内的分配气管，由安装在气管上的火嘴喷出燃烧，产生蝙蝠翅形火焰；当槽钢 3 切断火焰，炭黑则附积在槽钢面上；槽钢缓慢地作往复运动，经过固定的刮刀将炭黑刮下落入炭黑斗 6 内；经风管或螺旋输送器 7 将炭黑汇总送至加工间；经杂质分离器 8 除去硬炭，再经造粒机形成粒状炭黑后进行包装。调节不同的工艺参数（火嘴缝口宽度，火嘴与槽钢距离，槽架运行周期，进入空气量及原料成分等）可以制得不同品种的炭黑。

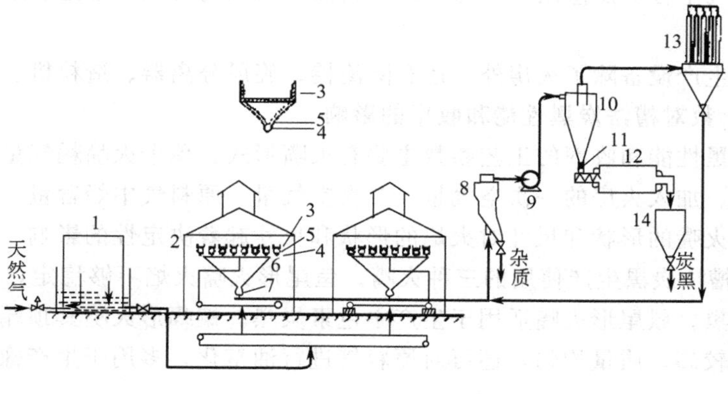

图 6-1 天然气为原料生产槽法炭黑的工艺流程

1—定压储气罐；2—火房；3—槽钢；4—燃烧气管；5—火嘴；6—炭黑斗；7—风管或螺旋输送器；8—杂质分离器；9—抽风机；10—旋风分离器；11—回转气密阀；12—造粒机；13—回收过滤箱；14—储存斗

火嘴燃烧是在自然通风的火房内进行，空气是由火房底侧的进气窗进入火房，和燃烧后废气一起从火房顶的排气窗排入大气。可用进气窗的插板和排气窗的挡板，根据火焰燃烧情况调节空气量。

槽法炭黑具有较高的橡胶补强性能和着色强度，虽然国外不断发展油基炉黑来代替槽法炭黑，但作为天然橡胶补强剂，槽法炭黑的综合性能仍为其他炭黑所不可替代。在制造着色素炭黑方面，目前仍以槽法炭黑为主。槽法炭黑的主要缺点是收率低，消耗天然气多，产量低，投资大，所用钢材多，工艺过程落后，大气污染严重。但由于槽法炭黑有其特殊用途，目前在炭黑生产中仍占一定的地位。为了解决大气污染及综合利用热能，可采用低浓度的气田卤水洗涤火房排出的尾气，以清除其中的炭黑粉尘，使尾气排放达到国家标准；同时可回收燃气余热，将淡卤水得以浓缩制盐；回收的热量折算为天然气，约相当于火房用气量的30％～40％。

6.2.2.2 生产设备

一座槽法炭黑厂由几十到几百个火房组成。每个火房长 30～45m，宽 3～4m，高 3～3.5m。火房四壁用砖砌，顶部盖有镀锌铁皮。在火房里，有天然气管、分配管、火嘴组成的灯车、槽钢、滑车、炭黑收集斗和与斗接通的螺旋输送机等。

每座火房，水平设置 8～10 根槽钢，其宽度一般为 150～200mm，两根相邻的槽钢之间留有一定的间隙，槽钢用平头螺栓固定在滑车上。卡车轮沿平行于槽钢的钢轨以 3～4mm/s 的速度往复移动。

在槽钢下面，每 1.5～2m 设一炭黑收集斗。每座火房一般有 20～30 个收集斗，每个斗之间有一架灯车。灯车的燃烧气管的排数与其上的槽钢相对应，每排位于槽钢的中心线下，管上安有瓷质火嘴。

天然气从火嘴槽口喷出，形成火焰，火嘴到燃烧气管间距为 70～140mm。火嘴顶部与槽钢面的距离为 50～90mm。每座火房有 2000～4000 个火嘴。

火焰燃烧所需的空气量和燃余气的排出速度，由火房两侧下部的风门和火房顶部的排气管蝶阀来调节。

从火房排气管线排出的燃余气中所含的炭黑相当于炭黑产量的5%～20%。生产炭黑的粒径愈小，燃余气中含炭黑量愈大。为了减轻炭黑对大气的污染，应把燃余气经袋滤器净化后放空。

槽法炭黑的生产设备除了火房外，还有除渣器、旋风分离器、造粒机、袋滤器等。

6.2.2.3 工艺参数对槽法炭黑性能和收率的影响

影响槽法炭黑性能和收率的工艺参数主要有火嘴形式、单个火嘴耗气量、火嘴与槽钢间距离、火嘴间距、加入火房的一次空气量、二次空气量、原料气中烃含量、烟幕高度和气相条件等。其中，火嘴的形状和尺寸对火焰的形状和尺寸起着决定性的影响。

图6-2示出槽法炭黑生产使用的三种火嘴。鱼尾形火嘴火焰不够稳定，可用于生产较细粒径的高色素炭黑。鼠尾形火嘴适用于生产中色素炭黑。蝙蝠形火嘴其顶端开有槽缝，火焰稳定，炭黑收率较高，质量均匀，还可对原料气进行油富化，多用于生产橡胶用炭黑和普通色素炭黑。

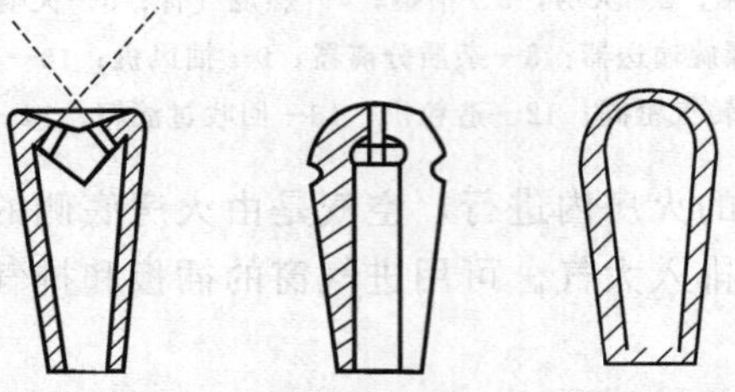

图6-2 槽法炭黑生产用火嘴结构

火嘴的外截面积与内截面积的比是恒定的，其槽口（孔）的宽窄取决于生产炭黑的性能和原料气的组成。火嘴槽口窄，火焰长度也变短变薄，炭黑粒径变小，收率下降。

火嘴间距在114～140mm范围为佳。如果火嘴间距减小，则需降低火嘴气流率；如果火嘴间距过大，又受供给火房原料气总流量的限制。上述火嘴间距是为保护火房内设备所取的最小间距，即火嘴原料气流率上限。如果火嘴原料气流率再大，在火房放出的热量过多，会使槽钢温度过高而挠曲变形，导致槽钢不能正常运转。

随着火房的原料气量增加，火房温度升高。随火焰的加大，炭黑产量增加，但可能炭黑收率下降。过大的火焰最后要损坏槽钢，使其挠曲变形甚至氧化剥落脱层。

原料气成分对炭黑性能和收率均有影响。天然气的平均相对分子质量越大，即天然气中乙烷、丙烷、丁烷或其他较重烃含量越高，炭黑收率越高。

6.2.2.4 生产工艺数据

① 火嘴参数，火嘴与火嘴间距70～140mm；火嘴与槽钢距离50～90mm；每个火嘴气流率1～2.9m³/d；每个火嘴生产炭黑0.25～1.6g/h；火嘴槽口度0.6～1.2mm。

② 原料气压力，在火嘴进口处100～250Pa，在火嘴出口处100～250Pa。

③ 耗气量为50～55m³/kg。

④ 天然气生成率为8～20g/m³。

⑤ 火房内温度，槽钢底面500～550℃；排出燃余气温度340～360℃；火焰温度1200～1400℃。

⑥ 火房排出燃余气组成，O_2 为15%～17%；CO_2 为2%～3%；N_2 为80%～81%；

CH_4 为 0.1%～0.2%；CO 为 0.1%；H_2 为 0.1%。

6.2.3 天然气半补强炉法炭黑生产工艺

6.2.3.1 生产过程

天然气生产半补强炉黑的工艺流程如图 6-3 所示。天然气与空气按 1∶(4～4.5) 的比例经特制的火嘴箱 2 喷入炉内，在炉内形成旋转燃焰，炉内温度控制在 1250～1350℃，其所生成的炭黑悬浮在含有一氧化碳、二氧化碳、氢气、水蒸气和氮的燃余气中。燃余气在高温下停留 4～6s 后进入冷却塔 5 中用喷雾水冷却，使燃余气冷却至 350～380℃，然后进入过滤箱上的玻璃纤维滤袋 7，使悬浮在气流中的炭黑附着于滤袋上，燃余气则透过滤袋排于大气中。利用反吸风自动振抖装置使滤袋产生吸胀作用，将炭黑从滤袋上抖下，送至加工间进行造粒。根据生产炭黑的品种和粒径要求，控制不同风气比；增加空气将使炉温提高，收率降低，粒径减小，空气的混合和紊流好坏也是影响收率和炭黑质量的重要条件。

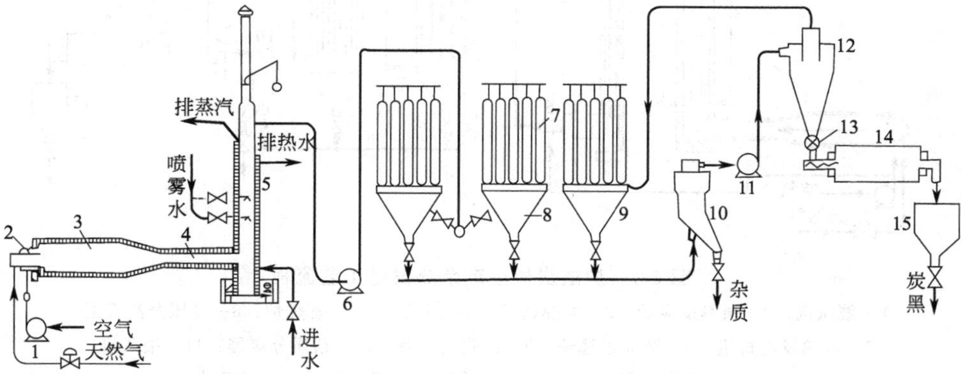

图 6-3 天然气半补强炉法炭黑生产工艺流程

1—鼓风机；2—火嘴箱；3—燃烧炉；4—烟道；5—冷却塔；6—抽风机；7—滤袋；8—收集箱；9—回收过滤箱；10—杂质分离器；11—抽风机；12—旋风分离器；13—回转气密阀；14—造粒机；15—储存斗

在半补强炉黑生产过程中，用喷雾冷却降低高温燃余气的温度，这部分热能未得到利用。现在，我国某些半补强炉黑的生产装置已采用废热锅炉代替冷却塔，回收热能发电，工艺流程如图 6-4 所示。经生产实践证明，用废热锅炉代替冷却塔，对炭黑产量和质量都无明显影响，不用水进行急冷，炭黑的灰分还有所降低。

近年来，对气炉法炭黑生产技术进行了两项改进，即加油富化和富氧生产。加油富化是在气炉法炭黑火嘴箱的中心，插入一根带有机械雾化喷嘴的喷油管，向炉内喷入蒽油或煤焦油。加油富化提高了产量，降低了成本，取得了较好的经济效益。富氧生产是以富氧空气代替空气通入反应炉来生产炭黑。炭黑生产需要的是空气中的氧，而空气中的氮气在反应过程中被加热到系统相同的温度，吸收了热量，最后随尾气排出，浪费了热量。富氧生产降低了气耗，可以提高处理量；降低了炭黑尾气的总量，相当于增加了后部收集设备的能力；降低了尾气中的氮含量，相对提高了一氧化碳和氢的含量，使氮氢比适于作合成氨的原料气，实现富氧生产气炉法炭黑联产合成氨。

采用空气生产半补强炉黑，每吨炭黑耗气 6315m^3，尾气量 6035m^3；采用富氧空气（氧含量 33.5%），则每吨炭黑耗气量 4769m^3，尾气量 1717m^3，可生产合成氨 2.24t，且尾气不再排入大气，消除了尾气对环境的污染。

影响气炉法炭黑性质和收率的因素较多，如天然气成分、炉温及烟道温度、空气和天然气比例等。控制空气和天然气比例（通称风气比）是气炉法炭黑生产中最重要的工艺条件。实际上，炉温也是由空气与天然气量之比来控制的。空气量越多，完全燃烧的天然气量越多，炉温越高，炭黑收率及单炉能力下降，炭黑粒子变细。当加大天然气处理量和降低炉温，会提高炭黑的 DBP 吸收值。

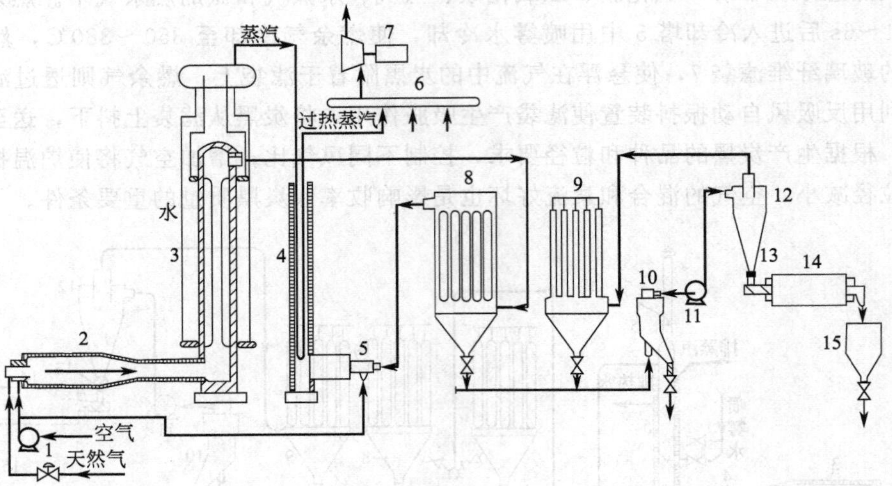

图 6-4　炉法炭黑生产余热发电工艺流程

1—鼓风机；2—炭黑反应炉；3—废热锅炉；4—过热器；5—燃烧炉；6—高压蒸汽管汇；7—汽轮发电机组；8—圆筒过滤箱；9—回收过滤箱；10—杂质分离器；11—抽风机；12—旋风分离器；13—回转气密阀；14—造粒机；15—储存斗

6.2.3.2　生产设备

天然气半补强炉法炭黑的基本设备是反应炉。炉子外形多为圆柱形，外为钢板焊制的炉壳，内层从里到外用黏土砖和轻质砖砌筑，现也有用耐火浇注料和绝热浇注料代替的。炉膛和烟道的尺寸根据炭黑产率确定。反应炉有单炉头、双炉头和多炉头三种。通常，两个炉头为一组，一个总烟道。炉头装有天然气-空气火嘴箱，中心为气室，喷出天然气，环隙间为风室，空气沿切线方向通入，使气流在炉内旋转燃烧。紧接着反应炉炉膛出口处设置一段由耐火砖或耐火浇注料浇注的较长烟道，用于延长炭黑在高温区的停留时间，起到活化炭黑的作用。一个炉子或几个炉子的气流在烟道中汇集通向冷却塔。

冷却塔是一个夹层的空心塔，夹层中通入循环水，塔周围安装高压喷嘴向塔内喷入水雾，使燃余气温度迅速降低。烟气进入冷却塔的温度在 950～1050℃范围内，可不喷水或少喷水急冷，炭黑反应终止。喷水降温最终至 350～400℃，以保证袋滤器的正常使用。

收集设备是由收集箱、风送管道、振抖装置组成，在箱体盖上安装 32～40 根玻璃纤维过滤袋，每个生产单元有 30～36 个过滤箱，温度降低后的燃余气经过滤袋，使炭黑从燃余气中分离出来。

炉前鼓风机将空气鼓入炉内燃烧，抽风机安装在冷却塔后，将燃余气鼓入滤袋，若炉前风机风压较高，可以不用抽风机。精制风机是过滤箱至加工间炭黑风送的动力，并造成自动振抖的吸力。

振抖装置使滤袋上的炭黑利用滤袋的吸胀交换动作振抖下来。利用过滤箱上两个活门一开一关使滤袋产生吸胀动作，将炭黑抖下送至加工间，经旋风分离器进入造粒机，每次操作以两个过滤箱为一组，交叉进行吸胀动作，当吸胀5～10次后，调换至另外两个过滤箱，控制吸胀动作和换组程序的是一套电磁自动程序控制机构。

6.2.3.3 生产工艺数据

① 天然气与空气比1∶(4～4.5)。

② 高温区停留时间4～6s。

③ 温度：炉内温度为1250～1350℃；进冷却塔温度为1050～1100℃；出冷却塔温度为350～380℃；进过滤箱温度为200～250℃。

④ 压力：火嘴箱压力为1000～3000Pa；滤袋压力为900～1500Pa。

⑤ 滤袋负荷为1.0～1.2$m^3/(m^2 \cdot min)$。

⑥ 滤袋面积为1500～2000m^3/工段。

⑦ 天然气生成率为140～150g/m^3。

⑧ 燃余气组成（干基）：CO_2为3.5%～4.0%；CO为9%～10%；O_2为0.2%～0.5%；H_2为19%～20%；CH_4为0.5%～1.0%；N_2为67%～69%；湿基含水为35%～40%。

6.2.4 炭黑的加工处理

炭黑生成后用机械方法进行处理，用以除去炭黑中的硬炭、杂质及将炭黑造粒等。

槽法炭黑和炉法炭黑的加工处理工序基本相同，各工序均在密闭系统内进行。精制风机先将收集的炭黑与空气混合送入杂质分离器，在此除去硬炭及较重灰分后再送入旋风分离器，分离的炭黑从下部回转气密阀进入造粒机，使炭黑进行造粒；从旋风分离器顶部排出的空气中含少量炭黑，进入回收过滤箱分离出炭黑，排出空气。造粒机流出的粒状炭黑经检验合格，称量包装后即为成品。

6.3 国内外炭黑的发展情况和展望

6.3.1 国外炭黑的发展情况和展望

据统计，2004年全球炭黑市场总需求量为8100kt，其中，67%用于轮胎，24%用于非轮胎橡胶制品，如管、带和卷材等；9%用于非橡胶制品，如油墨、塑料和油漆等。其中亚太地区、北美和西欧是炭黑最大的消费地区，需求量分别为1960kt、1830kt和1400kt。我国需求量的增长速度最快，年均增长率高达5.3%。预计今后全球炭黑需求量将以4%的速率增长，基本上与全球橡胶耗用量的增长速度同步。到2010年，世界炭黑需求量接近9840kt。

从世界范围看，特种炭黑的需求增长最为强劲，它在整个炭黑市场中的耗用量所占比例不到10%，但其价格却比橡胶用炭黑高很多。由于橡胶用炭黑的生产工艺和技术日趋成熟，特种炭黑将成为研究和开发活动的焦点。近年，世界炭黑实际需求和需求预测见表6-7。

表 6-7 近年世界炭黑实际需求和需求预测

应用领域	2005 年	2015 年	2025 年	年均增长率/%
轮胎/kt	5899	8735	12550	3.8
非轮胎橡胶制品/kt	2095	3100	4380	40
特种炭黑/kt	780	1115	1470	3.6
需求总量/kt	8864	12950	18400	3.9

炭黑是一种高耗能产品，在油价不断上涨和能源短缺的情况下，炭黑生产中的节能显得尤为重要。同时，国际上对环保、安全和卫生的要求日益严格，对炭黑的生产也提出了更高的要求。基于上述背景，炭黑产品正在向节能环保、多功能和专用化方向发展，生产工艺也在向高技术化、节能环保方向发展。其新进展主要表现在以下几方面。

(1) 油炉法炭黑生产技术　目前，世界油炉法炭黑工厂的规模平均约 70kt，最大的 190kt。每套装置的年生产能力为 20～60kt，几大生产厂商的反应炉型各有其特点，但都属于“新工艺炭黑反应炉”的范畴，装置的工艺流程和设备已经趋同。

近几年油炉法的主要技术进展有：①改进反应炉的结构、工艺，提高反应温度，以增加品种、提高产品质量和收率；②采用富氧空气，在原料油或者反应过程中添加结构调节剂、活化剂或其他成分，以显著改变产品性能和提高收率；③扩大单台反应炉的生产能力，采用高温空气预热器、在线锅炉和尾气锅炉，以充分利用烟气的物理和化学热，达到节能降耗的目的；④采用高效袋滤器和新型滤袋、炭黑尾气燃烧废气脱硫装置，使排放气体的粉尘含量和硫含量符合环保要求；⑤改进包装设备和包装方式，消除在运输和使用时可能产生的污染。

(2) 等离子体法炭黑生产技术　以等离子体法生产炭黑的技术，正在挪威和法国积极研究开发，有可能取得突破，并实现产业化。等离子体法是利用等离子电弧产生的高温，以裂解油或其他含碳的原料生产炭黑，其优点是：①没有燃烧过程，原料碳的收率高；②产生的氢气可作化工原料或清洁的汽车燃料；③生产过程中，不产生和排放 CO、CO_2、SO_2、NO_x 等有害废气，有利于环境保护；④等离子体的温度高，原料多样，有利于产品炭黑品种的多样化。

(3) 炭黑的改性处理　采用物理或者化学的方法，对炭黑进行改性处理，在此基础上开发炭黑新产品。

国外炭黑新产品开发的特点是高功能化和专用化，具体可分为如下几类。

(1) 低滚动阻力和高性能轮胎用炭黑　低滚动阻力轮胎或称“绿色轮胎”，“绿色轮胎”要求轮胎兼有耐磨性、行驶安全性（主要是抗湿滑性）和低滚动阻力，是轮胎发展的主要方向。它是在发展子午线轮胎的基础上，进一步降低汽车油耗，减少汽车废气排放量，从而达到进一步节能和环保的目的。

(2) 高纯净度炭黑炭黑　产品中常有一些硬粒，硬粒含量高时，会影响高压电缆护套、橡胶油封等制品的使用寿命，影响橡胶、塑料制品的外观和气密性，影响涂料涂层的表面光洁度，影响化纤原液着色和塑料加工时的工艺性能。为此国外已开发生产了纯净度高、硬粒含量少的高纯净度炭黑新品种系列。

(3) 工业橡胶制品专用炭黑　汽车用橡胶制品如门窗密封条、雨刷、空调管、油封、传动带、密封圈等，对胶料的要求是具有不同的硬度、压出和阻尼性能，为此国外开发生产了以硬度、压出和阻尼性能进行分类命名、便于用户选择的品种系列。又如轮胎的气密层，主要要求气密性，为此也有专用的炭黑品种。

（4）色素炭黑新品种　色素炭黑的品种是以其黑度、色相、流动性等为性能特征。国外开发的这些新品种除了具备不同的黑度和色相以外，还具有不同的功能，分别适用于特别光滑的塑料薄膜、电缆的绝缘护套、接触食品的塑料制品以及电子器件制品的着色等用途。

（5）导电炭黑新品种　导电炭黑品种，原来是以其导电性能的高低来命名的，品种只有几个。近几年又增加了一些具有特殊功能、专用性较强的品种。例如：导电性和分散性好，表面光滑、容易剥离，适用于高压电缆屏蔽料的新品种；导电性适中、分散性好，加工性好，适用于抗静电塑料薄膜或制品的新品种。

6.3.2 我国炭黑的生产状况和前景

6.3.2.1 我国炭黑生产的状况

在汽车和轮胎制造业的带动下，中国炭黑工业近十年来取得了长足发展，主要表现在：一是产能和水平不断提高，二是产品结构调整成效显著。我国炭黑产量已由1995年的51.50kt扩大到2005年的1610kt。2005年，湿法造粒炭黑所占比例已达79%，比2002年高出33%，产品结构调整成效显著。

近年来我国炭黑新增生产能力发展很快，2005年新增生产能力的企业有18家，新增新工艺湿法造粒生产线28条，增加生产能力656kt。到2005年底投产生产线13条，投产280kt。全国已经建成年产15kt以上湿法造粒炭黑生产线84条，总计湿法炭黑生产能力为1565kt，占国内炭黑总生产能力的78.7%，显示出行业的产品结构调整工作取得了显著成效。中国轮胎工业的飞速发展吸引了美国卡博特、德国德固赛等跨国炭黑公司纷纷到中国投资。除了外资企业的加入以外，我国内资企业也普遍进行了以推广千吨级新工艺炭黑生产技术为主要内容的技术改造，企业的生产技术水平和装备水平有较大的提高。预计今后5年，我国炭黑产量还会以年均8%的速度增长，产品也可逐渐满足子午线轮胎、其他汽车用橡胶制品以及塑料、涂料、油墨等领域高档产品的使用要求，节能效率也将进一步提高。

虽然我国炭黑产量增长很快，但由于我国炭黑企业比较分散，规模普遍较小，年产80kt以上的炭黑企业产能之和仅占全国总产能的33%，如太原市宏星炭黑有限公司、河北龙星化工集团、江西黑猫炭黑股份有限公司、浙江省绍兴仁飞炭黑有限公司等；年产10～30kt的炭黑企业却有52家之多，产业结构很不合理。因此，我国必须依靠科技进步和创新、调整产品结构，提高管理能力，不断提升我国炭黑产业水平。

6.3.2.2 我国炭黑生产存在的问题

2005年，我国炭黑产量仅次于美国，位居世界第二，但由于炭黑企业比较分散，规模普遍较小，因此我国还不能算炭黑强国。我国炭黑行业存在的问题主要有以下几点。

（1）产业结构不合理　近几年来炭黑基本建设呈现遍地开花的局面，多数新建企业年产能力只有20kt，抗风险能力弱，只能以低价倾销（只有正常价格的1/2甚至更低），严重影响了炭黑行业的经济效益。

（2）原料油资源紧缺是制约全行业发展的瓶颈　目前炭黑制造业普遍使用乙烯焦油、煤焦油和天然气作为原料，这些原料都是不可再生资源。2005年7月份以后，煤焦油市场一度出现了有价无市的局面。能源紧张以及对原料需求的日益增多，使炭黑原料油供应不足。而且大产能新工艺炭黑生产线的开发以及湿法造粒炭黑的发展，对乙烯焦油的需求量大幅度增加。

（3）炭黑总产能过剩　2003～2005 年，我国炭黑的总产量和表观需求量基本持平，近 5 年全行业综合设备利用率仅为 60%，造成企业资金短缺，发展没有后劲。

（4）生产技术仍有差距　国内企业湿法造粒单台炉年产能力多数为 15～20kt/a，而国外大多为 20～50kt/a。国外橡胶用炭黑品种已发展到 40 多种，并实现了炭黑品种的高功能化和专用化，而国内炭黑品种只有 20 种左右，"绿色轮胎"所必需的炭黑品种还处于研发阶段。

（5）环境污染日益严重　在炭黑生产中，碳含量为 90%的原料油在 800℃预热时，只有大约 2/3 的碳可以转化为炭黑，其余 1/3 的碳作为二氧化碳往往被排放到大气中，加剧了温室效应。炭黑生产尾气中一氧化碳和氢气虽然可用来干燥炭黑或用于发电，但其发电效率也只有 30%左右；生产过程中排放的氮气温度也在 220℃左右，同样会使全球变暖。因此，如何提高生产效率和加强生产的环保性，将是炭黑业面临的两大挑战。

6.3.2.3　我国炭黑生产的发展前景

我国炭黑行业近年来虽然发展速度较快，但与跨国炭黑公司相比，在适应市场经济发展上仍有较大差距。其整体产能较高，技术水平相对落后，生产规模较小，企业核心竞争力不强。今后在发展中应该考虑以下几点。

（1）加大开发新品种力度。全行业要尽快缩小与发达国家的差距，加强科研投入，建立较大规模的研发中心。同时，以产学研相结合的方式进行炭黑生产理论、应用、新品开发、先进装备等多方面的研究，除继续发展橡胶用炭黑常规品种外，还要研发生产绿色轮胎所需要的低滞后炭黑和转化炭黑等新品种以及非橡胶领域所需的特种炭黑，以满足不断变化的市场需求。

（2）充分利用油、气资源，解决好优质炭黑原料油短缺问题。大力发展煤焦油加工产业，如大型炭黑企业可自己建立焦油加工装置；充分利用天然气、煤层气和焦炉煤气资源，将其用于反应炉燃料，替代部分原料油；进一步研发合理配用粗煤焦油技术；积极开发应用国产催化裂化澄清油。每吨炭黑的原料油消耗平均值应降低到 1.8t 以下，大型企业应降低到 1.7t 以下。

（3）实施清洁生产和安全生产。环保性、安全性是当今炭黑产业面临的一大挑战。炭黑企业必须努力开发并推广应用节能环保新技术，充分利用炭黑生产过程产生的余热和可燃尾气；推广应用炭黑污水处理和回收利用技术，实现污水的零排放；积极开发等离子体法炭黑生产技术以及炭黑尾气脱硫、脱氮技术；所有炭黑企业"三废"排放和厂界噪声，均应达到所在地区的环保标准；尾气必须用来烧锅炉或在焚烧后方可排放；主要炭黑生产企业均应通过 ISO14000 环保体系认证。

（4）提高生产效率。如采用高碳含量的燃料、提高火焰的温度、使用富氧空气、采用低氢含量的原料油、提高原料油预热温度、通过提高反应空气的预热温度、采用等离子法（目前还处于试验阶段）等不含燃烧过程的炭黑制造方法。

参考文献

[1]　王定友.《GB 3778—2003 橡胶用炭黑》介绍.炭黑工业，2006，3：12-17.

[2]　Meng jiao Wang，郭隽奎，张秀英.炭黑的性质、生产方法及其应用（续 1）.炭黑工业，2006，5：

9-14.
[3]　Meng jiao Wang，郭隽奎，张秀英．炭黑的性质、生产方法及其应用（续 2）．炭黑工业，2007，5：4-8.
[4]　Meng jiao Wang，郭隽奎，张秀英．炭黑的性质、生产方法及其应用（续 3）．炭黑工业，2007，2：8-11.
[5]　钱伯章．世界炭黑的产能和需求分析．橡胶科技市场，2006，14：31-32.
[6]　胡浩．国内外炭黑市场现状及发展．橡胶科技市场，2006，13：6-15.
[7]　刘桂香，郭隽奎．世界炭黑市场竞争态势．橡胶科技市场，2006，1：7-11.
[8]　李炳炎，范汝新．炭黑新技术新产品进展．中国橡胶，2007，6（23）：4-7.
[9]　姜艳，谢刚，唐晓宁等．炭黑生产工艺的进展．化学工业与工程技术，2007，1（28）：25-29.
[10]　李炳炎．炭黑生产与应用手册．北京：化学工业出版社，2000.
[11]　薛荣书，谭世语，周志明等．化工工艺学．重庆：重庆大学出版社，2004：281-285.

7 天然气的直接衍生物

天然气的直接衍生物，是指利用天然气中的甲烷直接反应生成的目标产物。甲烷上的氢被卤元素取代，可得到不同的甲烷卤化物；被硝基取代，可得到甲烷硝化物；被硫取代，可得到甲烷硫化物；被氨氧化可得到氢氰酸；直接用氧氧化还可得到甲醇和甲醛。

7.1 甲烷的氯化物

7.1.1 甲烷氯化物性质与用途

根据氯取代甲烷上氢原子的多少，甲烷氯化物有一氯甲烷、二氯甲烷、三氯甲烷和四氯化碳。这些甲烷氯化物都是有机合成工业中的重要原料或溶剂，用途广泛，是甲烷卤化物中用量最大的一类。

甲烷氯化物中，除一氯甲烷是气体外，其余都是无色易挥发液体。甲烷氯化物的主要物性数据见表 7-1。

表 7-1 甲烷氯化物的主要物性数据

性 质	一氯甲烷	二氯甲烷	三氯甲烷	四氯化碳
分子式	CH_3Cl	CH_2Cl_2	$CHCl_3$	CCl_4
相对分子质量	50.49	84.93	119.38	153.82
密度(20℃)/(g/cm³)	0.920(−25℃)	1.316	1.489	1.595
沸点/℃	−23.7	40.4	61.3	76.7
熔点/℃	−97.7	−96.7	−63.2	−22.9
自燃点/℃	632	640	>1000	>1000
临界温度/℃	143.1	237.0	263.4	283.2
临界压力/MPa	6.90	6.08	5.45	4.56
比热容(20℃)/[kJ/(kg·℃)]	1.574(−25℃)	1.206	0.980	0.867
蒸发热/(kJ/kg)	428.75	329.52	247.03	194.90
黏度(20℃)/(mPa·s)	0.244(−25℃)	0.443	0.563	0.965
表面张力(20℃)/(mN/m)	16.20(−25℃)	28.12	27.14	26.77
折射率(20℃)	1.3712(−25℃)	1.4244	1.4467	1.4604

从表 7-1 可知，甲烷的氯化度越高，沸点越高，密度越大。除一氯甲烷外，其余三种都是很好的有机溶剂，对油脂、橡胶、树脂等都有良好的溶解性，且都是不燃性液体，因此被广泛用于多个领域。甲烷氯化物的主要性质和用途见表 7-2。

7.1.2 甲烷的氯化反应

当反应温度不太高时，饱和烃的氯化反应是典型的自由基连锁反应，其反应过程包括链

表 7-2 甲烷氯化物的主要性质和用途

名 称	性 质 和 用 途
一氯甲烷 (chloromethane)	有麻醉作用，毒性比其他甲烷氯化衍生物小，曾大量用作制冷剂，现已被其他制冷剂代替。在丁基橡胶生产中用作低沸点溶剂，在有机合成中主要用于生产甲基纤维素，季胺和甲基氯硅烷，后者用于制造热稳定的具有特殊性能的硅树脂和硅橡胶
二氯甲烷 (dichloromethane)	它的蒸汽与空气的混合物在任何比例下都不可燃，对脂肪、油类和树脂有很好的溶解能力，也能溶解纤维素的酯和橡胶，它的毒性小，不易水解，不腐蚀金属设备，不燃，用于生产醋酸纤维素和不燃性薄膜的溶剂，还有脱蜡、脱油漆等用途。在药物和食品工业也有一定用途
三氯甲烷(氯仿) (trichloromethane)	它是不燃液体，对脂肪、油脂、树脂、橡胶等具有很好的溶解能力。它有强烈的麻醉作用，但毒性较大，特别是在光线作用下，能和空气生成剧毒的光气，因此，空气中三氯甲烷浓度过高是危险的。氯仿在医药上曾用作麻醉剂和药剂，现已被毒性较低的药品代替。三氯甲烷是一种强有力的消毒剂，可用于防止烟草幼苗生霉，土壤消毒。它还是很好的溶剂，大量用于脂肪的抽提和回收、精油和生物碱的抽提，青霉素等抗菌素的抽提和精制及树脂、石蜡、橡胶等的溶剂。在有机合成中它用作氟里昂和聚四氟乙烯的原料，还用于某些染料、化学试剂和药物的生产
四氯化碳 (carbon tetrachloride)	它是不燃液体，对脂肪、油类、橡胶有很好的溶解能力，也能溶解硫、磷、卤素等，可用作灭火剂，特别适用于用电场所的灭火，也可用于油、脂膏、蜡、有机化合物的抽提和回收以及对金属表面油脂的清洗。由于它没有二硫化碳那样的可燃性，故很适合于仓库内各种各样的消毒和熏蒸，在有机合成工业中还可用作生产其他卤代甲烷的原料

的引发、链的传递和链的终止三个阶段，通常采用加热或射入一定波长的光线以提供连锁反应的能量，这就是热氯化或光氯化方法。由于甲烷热氯化或光氯化要副产等分子的 HCl，使氯的计算收率不高。20 世纪 70 年代开发出的 Transcat 氧氯化工艺解决了副产 HCl 的问题，提高了以氯计算的收率。

7.1.2.1 热氯化与光氯化反应机理

在 430℃以上，甲烷氯化是不可逆的双分子均相反应，在此温度以下，主要按连锁反应机理进行。在室温和光线不强时，甲烷和氯气不发生反应，只有当氯气分子获得足够能量，被分解为自由基后，连锁反应才能开始。

（1）链的引发 由于外界输入一定的能量，如热或光，或由于氯分子与反应器金属器壁表面简单碰撞，氯分子离解成氯原子：

$$Cl_2 \xrightarrow{\text{热或光}} Cl\cdot + Cl\cdot \qquad (7\text{-}1)$$

或

$$Cl_2 + M(\text{金属器壁}) \longrightarrow 2Cl\cdot + M(\text{金属器壁}) \qquad (7\text{-}2)$$

氯原子进一步对甲烷产生链引发，形成烷基自由基；烷基自由基再与氯分子作用生成氯代烷和氯原子：

$$Cl\cdot + RH \longrightarrow R\cdot + HCl \qquad (7\text{-}3)$$

$$R\cdot + Cl_2 \longrightarrow RCl + Cl\cdot \qquad (7\text{-}4)$$

（2）链的传递 当氯原子引发甲烷自由基后，链的传递在体系里随之开始：

$$Cl\cdot + CH_4 \longrightarrow CH_3\cdot + HCl \qquad (7\text{-}5)$$

$$CH_3\cdot + Cl_2 \longrightarrow CH_3Cl + Cl\cdot \qquad \Delta H = -99.85\text{kJ/mol} \qquad (7\text{-}6)$$

$$Cl\cdot + CH_3Cl \longrightarrow ClCH_2\cdot + HCl \qquad (7\text{-}7)$$

$$ClCH_2\cdot + Cl_2 \longrightarrow CH_2Cl_2 + Cl\cdot \qquad \Delta H = -98.68\text{kJ/mol} \qquad (7\text{-}8)$$

$$Cl\cdot + CH_2Cl_2 \longrightarrow Cl_2CH\cdot + HCl \quad (7\text{-}9)$$

$$Cl_2CH\cdot + Cl_2 \longrightarrow CHCl_3 + Cl\cdot \quad \Delta H = -99.90\text{kJ/mol} \quad (7\text{-}10)$$

$$Cl\cdot + CHCl_3 \longrightarrow Cl_3C\cdot + HCl \quad (7\text{-}11)$$

$$Cl_3C\cdot + Cl_2 \longrightarrow CCl_4 + Cl\cdot \quad \Delta H = -101.65\text{kJ/mol} \quad (7\text{-}12)$$

（3）链的终止　由于氯原子与甲基自由基周而复始地传递，其反应也随之层层深入，只有当氯原子或自由基被销毁，连锁反应才能终止。通常有以下四种情况可终止连锁反应：①氯原子与金属器壁碰撞形成氯分子；②甲基自由基之间相互碰撞形成乙烷；③氯原子发生氧化反应；④有阻止剂存在。

7.1.2.2　甲烷的氧化氯化

由于在热氯化和光氯化反应中都要产生等分子的HCl，使氯的利用率大大降低。甲烷氧化氯化的基本思路是，将不需要的HCl重新变成可利用的氯，以提高氯的利用率。

采用氯化铜-氯化亚铜的熔盐混合物作催化剂，使HCl发生氧化重新生成氯，这就是著名的Deacon反应：

$$CH_4 + nCl_2 \longrightarrow CH_{4-n}Cl_n + nHCl \quad (7\text{-}13)$$

$$4HCl + O_2 \longrightarrow 2Cl_2 + 2H_2O \quad (7\text{-}14)$$

其总反应式为：

$$CH_4 + (n/2)O_2 + nHCl \longrightarrow CH_{4-n}Cl_n + nH_2O \quad (7\text{-}15)$$

该反应中，关键的反应是氯化氢氧化生成氯气的反应（7-14），其催化反应机理如下：

$$[Cu_mCl_n] + O_2 \rightleftharpoons [Cu_mCl_nO_2^{\delta-}] \quad (7\text{-}16)$$

$$[Cu_mCl_nO_2^{\delta-}] + 4HCl \rightleftharpoons [Cu_mCl_n] + 2Cl_2 + 2H_2O \quad (7\text{-}17)$$

$$[Cu_mCl_n] + Cl_2 \rightleftharpoons [Cu_mCl_nCl_2] \quad (7\text{-}18)$$

甲烷氯化的产物实际上是四种甲烷氯化物的混合物，各种氯化物的比例受进气比和反应温度的影响较大，温度高，高氯化物含量高；温度一定，进气中Cl_2/CH_4越高，高氯化物也越高（见图7-1）。

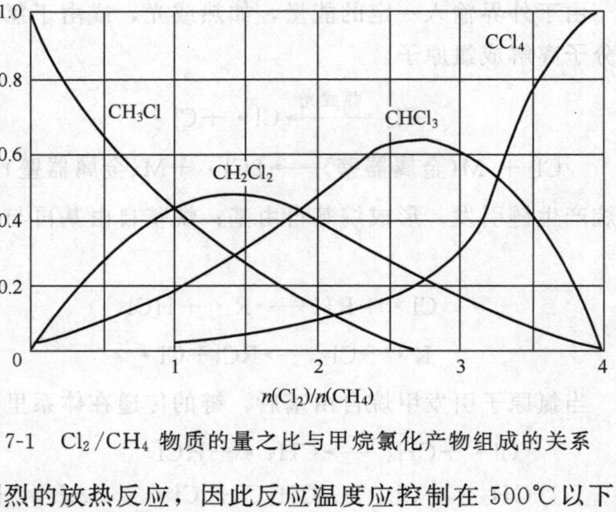

图7-1　Cl_2/CH_4物质的量之比与甲烷氯化产物组成的关系

甲烷氯化反应是剧烈的放热反应，因此反应温度应控制在500℃以下，超过此温度可能引起爆炸，同时生成碳和氯化氢气体：

$$CH_4 + 2Cl_2 \longrightarrow C + 4HCl \quad \Delta H = -291.82\text{kJ/mol} \quad (7\text{-}19)$$

7.1.3 甲烷氯化生产工艺

7.1.3.1 甲烷综合氯化生产工艺

以甲烷热氯化法制取甲烷的低氯化物，再以光氯化法使低氯化物进一步氯化成甲烷高氯化物的方法称为综合氯化法，该技术由美国 DOW 化学公司开发，其目的产物包括甲烷的四种氯化物。

在生产上，为了安全和简化生产条件，在较低温度下对甲烷先进行热氯化，得到的氯化物中，低氯化度甲烷比例较大，然后再用石英水银灯产生 340nm 波长的紫外光对低氯化产物进行光化氯化，提高高氯化甲烷的比例。工艺流程如图 7-2 所示。

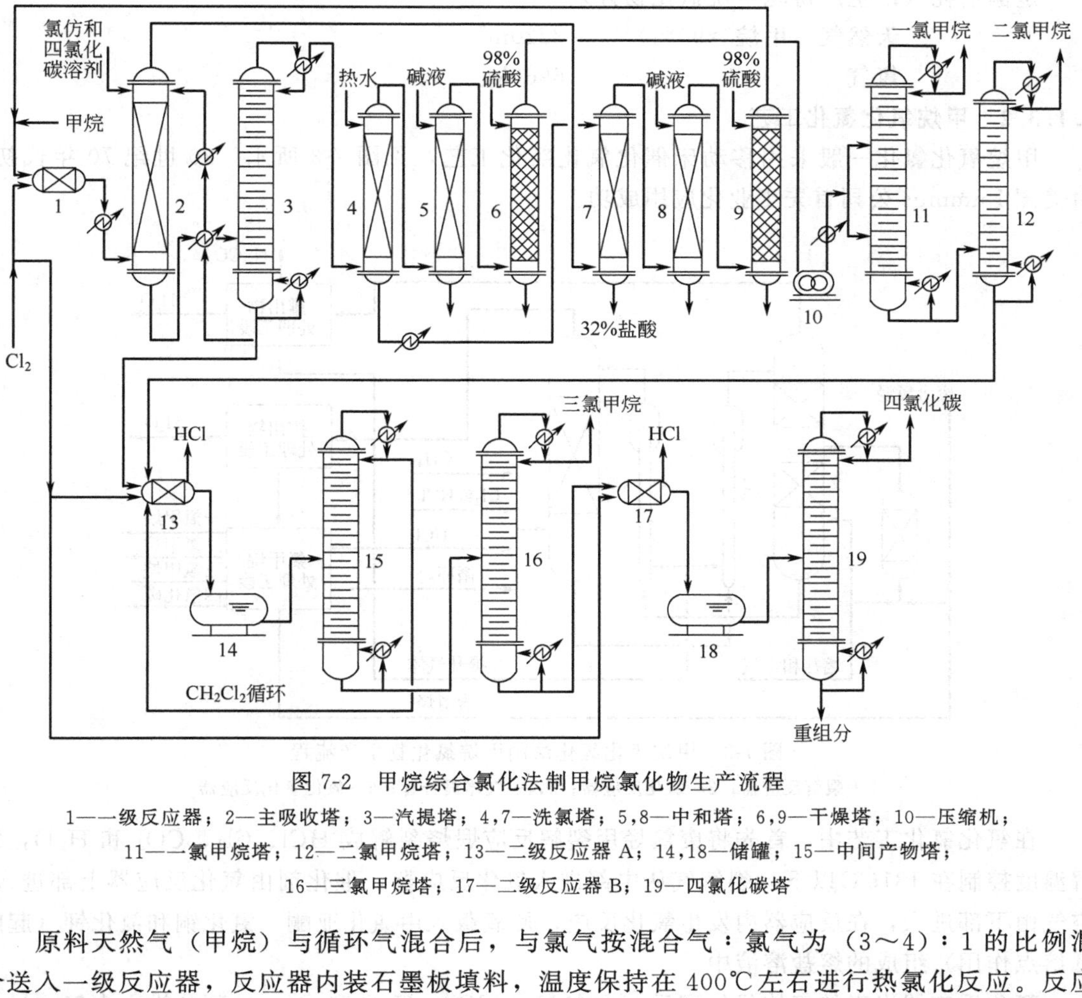

图 7-2 甲烷综合氯化法制甲烷氯化物生产流程

1—一级反应器；2—主吸收塔；3—汽提塔；4,7—洗氯塔；5,8—中和塔；6,9—干燥塔；10—压缩机；11—一氯甲烷塔；12—二氯甲烷塔；13—二级反应器 A；14,18—储罐；15—中间产物塔；16—三氯甲烷塔；17—二级反应器 B；19—四氯化碳塔

原料天然气（甲烷）与循环气混合后，与氯气按混合气：氯气为（3～4）：1 的比例混合送入一级反应器，反应器内装石墨板填料，温度保持在 400℃左右进行热氯化反应。反应后的气体中除甲烷氯化物外，还有未反应的甲烷和产生的氯化氢气体，氯气通常被消耗完。

反应气经换热器冷却后，在主吸收塔内用－30～－20℃的三氯甲烷和四氯化碳混合液吸收，分离出氯化产物；剩余气体送入洗氯塔用热水脱除 HCl，然后经中和塔中和、干燥塔干燥后返回与原料气混合再用。

主吸收塔底出来的吸收液进汽提塔解吸出大部分一氯甲烷和二氯甲烷，解吸气用热水洗涤除去夹带的 HCl 后，经中和、干燥，送至蒸馏塔依次蒸馏出 CH_3Cl 和 CH_2Cl_2 作为产品。

汽提塔和第二蒸馏塔的残余物送入二级反应器 A 中进行液相光化氯化反应，紫外光 340nm，常温下反应。反应产物溢流进入储罐后，送中间产物塔将二氯甲烷分离出来返回光氯化反应器（二级反应器 A）回用，余液送入氯仿精馏塔蒸出三氯甲烷产品；残液再经二级反应器 B 光化氯化成四氯化碳，送四氯化碳精馏塔提纯后得四氯化碳产品。

产品规格：

CH_3Cl 纯度	99%
CH_2Cl_2 纯度	90%
$CHCl_3$ 纯度	99.5%
CCl_4 纯度	99.5%

定额消耗（以生产每吨甲烷氯化物计）：

天然气（甲烷＞90%）	2220m^3
氯气	6960kg

7.1.3.2 甲烷氧化氯化工艺

甲烷氧化氯化一般采用移动床催化氧化氯化工艺，见图 7-3 所示，20 世纪 70 年代初，由美国 Lummus 公司首先工业化应用成功。

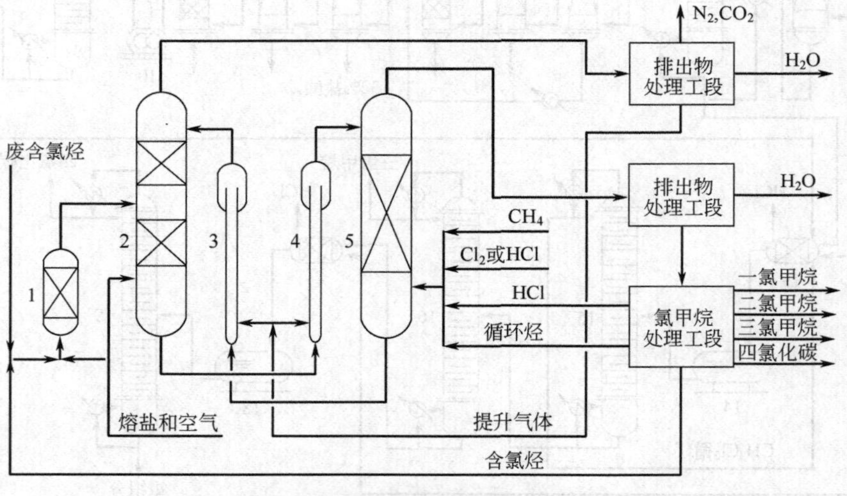

图 7-3 甲烷氧化氯化法制甲烷氯化物生产流程

1—裂解反应器；2—氧化反应器；3,4—气体提升管；5—氧化氯化反应器

在氧化氯化工艺中，首先将废氯烃用裂解反应煅烧裂解成 HCl、Cl_2、CO_2 和 H_2O，裂解温度控制在 1316℃以下，裂解气从中部进入氧化反应器，催化剂由氧化反应器上部进入，空气由下部进入，在反应器内发生氧化反应，使氧载入由氯化亚酮、氯化铜和氯化钾（起降低熔点作用）组成的熔盐溶液中。

氧化反应器出来的气体经处理后，含有 N_2、CO_2、H_2O 和 O_2，一部分排入大气，另一部分返回系统作为提升气，将氧化反应器底部出来的含氧熔盐提升到氧化氯化反应器中以及将氧化氯化反应器出来的用过的熔盐提升到氧化反应器中去载氧。

与氧化反应器一样，载氧的熔盐从反应器上部进入氧化氯化反应器，经填料床层与下部进来的 CH_4、Cl_2 等混合气逆流接触，发生甲烷的氧化氯化反应，生成甲烷氯化物混合气。生成气由塔顶导出，至流出物处理工段除去 CO_2 和 H_2O，然后再到氯甲烷分离工段分离出不同甲烷氯化物产品。

氧化氯化法不仅可用天然气作原料，还可用乙烷、乙烯等作原料生产烷烃氯化物。由于氧分子不直接与原料气接触，操作较安全，而且氧化氯化反应区压力不超过 0.7MPa，温度 371～545℃，设备要求相应较低。

7.1.3.3 四氯化碳生产工艺

无论用综合氯化法还是氧化氯化法生产甲烷氯化物，其最终产品都可得到四氯化碳。如果所需产品仅为四氯化碳，可采用单一四氯化碳生产工艺（见图 7-4）。

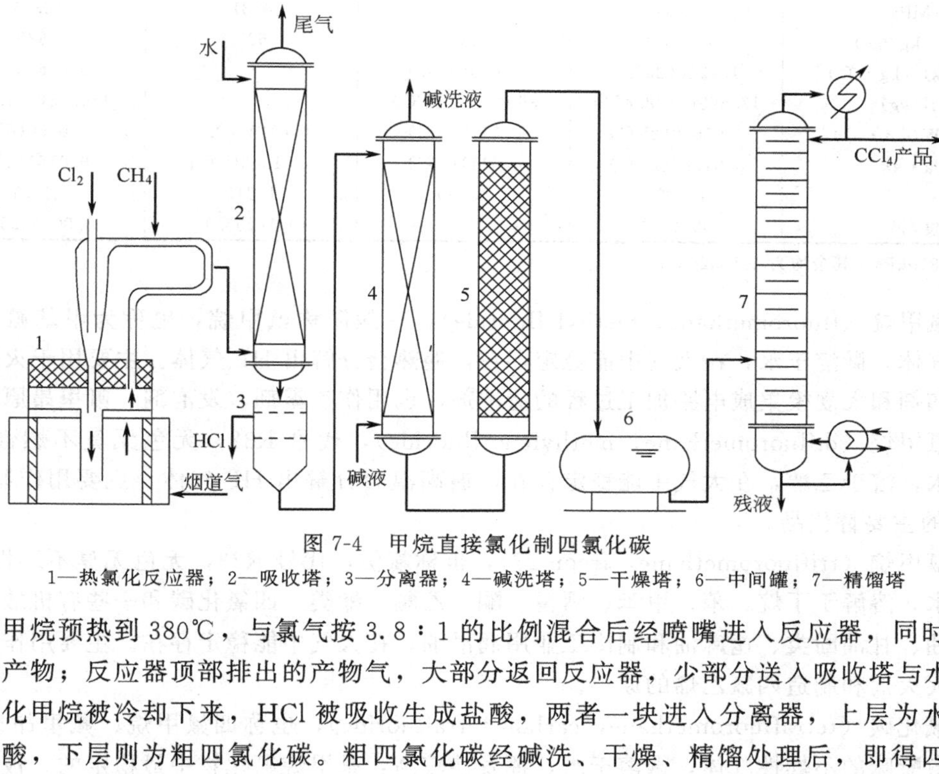

图 7-4 甲烷直接氯化制四氯化碳

1—热氯化反应器；2—吸收塔；3—分离器；4—碱洗塔；5—干燥塔；6—中间罐；7—精馏塔

将甲烷预热到 380℃，与氯气按 3.8∶1 的比例混合后经喷嘴进入反应器，同时带入部分氯化产物；反应器顶部排出的产物气，大部分返回反应器，少部分送入吸收塔与水逆流接触，氯化甲烷被冷却下来，HCl 被吸收生成盐酸，两者一块进入分离器，上层为水相，排出为盐酸，下层则为粗四氯化碳。粗四氯化碳经碱洗、干燥、精馏处理后，即得四氯化碳产品。

7.2 甲烷的其他卤化物

甲烷中的氢除可被氯取代外，也可被其他卤素元素取代生成相应的卤代甲烷，如氟甲烷、溴甲烷和碘甲烷。当甲烷中的氢分别被不同的卤素元素取代时，还能生成混合卤代甲烷，如一氟一氯甲烷，二氯一溴甲烷等。

7.2.1 甲烷的氟化物

7.2.1.1 甲烷氟化物的性质与用途

与甲烷氯化物一样，甲烷氟化物也有一氟甲烷、二氟甲烷、三氟甲烷和四氟化碳，甲烷氟化物的主要物性数据见表 7-3。

表 7-3 甲烷氟化物的主要物性数据

性 质	一氟甲烷	二氟甲烷	三氟甲烷	四氟化碳
分子式	CH_3F	CH_2F_2	CHF_3	CF_4
相对分子质量	34.03	52.02	70.01	88.01
液体密度/(g/cm³)	0.808(−78.4℃)	1.213(−51.65℃)	1.439(−82.2℃)	1.603(−128℃)
气体密度/(kg/m³)	1.4397(20℃)	2.187①(0℃)	2.86(25℃)	3.946(0℃)
熔点/℃	−141.8	—	−155.2	−186.8
沸点/℃	−78.4	−51.65	−82.2	−128.0
临界温度/℃	44.9	78.4	25.7	−45.6
临界压力/MPa	5.86	5.83	4.81	3.74
临界密度/(kg/m³)	301	430	525	629
比热容/[kJ/(kg·℃)]	1.1216(25℃)	0.823(25℃)	—	0.696(25℃)
蒸发热/(kJ/kg)	17.698(−78.4℃)	360(−51.65℃)	—	135.65(−128℃)
热导率/[W/(m·℃)]	0.01699(25℃)	0.0125(0℃)	0.0121(0℃)	0.0150(0℃)
黏度/(mPa·s)	0.01086(25℃)	0.0111(0℃)	0.01343(0℃)	0.0161(0℃)
折射率	1.1674	1.190	1.215	1.51
水中溶解度/%	0.023(15℃)	—	0.1(25℃)	0.0015(25℃)

① 为 810kPa，其余均为 101.325kPa。

一氟甲烷（fluoromethane，methyl fluoride），一般简称氟甲烷，也称为甲基氟，是无色易燃气体，微溶于水，在大气中能稳定存在，遇热会分解出 HF 气体。主要用于火箭推进剂的掺和剂和大规模集成电路加工过程的清洗剂，也用作喷雾剂、发泡剂、氟里昂原料等。

二氟甲烷（difluoromethane，methylene fluoride），代号 R32，无色无臭不燃性气体，不溶于水，溶于乙醇，在大气中能稳定存在，遇高温会分解出 HF 气体。主要用作制冷剂，是 R22 的主要替代品。

三氟甲烷（trifluoromethane，freon-23），也称氟仿，代号 R23，无色无臭不燃性气体，微溶于水，溶解于丁烷、苯、甲苯、酒精、酮、乙醚、酯类、四氯化碳和一些有机酸中，不溶于甘油、甘油酚类、蓖麻油和制冷工业用润滑油，在大气中能稳定存在。主要用作低温制冷剂、灭火剂和制造四氟乙烯的原料。

四氟化碳（tetrafluoromethane，carbon tetrafluoride），也称四氟甲烷、氟里昂 14，无色有轻微醚味的不燃性气体，微溶于水，挥发性较高，是甲烷氟化物中最稳定的。被广泛用于电子器件表面清洗、太阳能电池的生产、激光技术、气相绝缘、低温制冷、泄漏检验剂、控制宇宙火箭姿态、印刷电路生产中的去污剂等方面，其高纯气与高纯氧气的混合体，专用于硅、二氧化硅、氮化硅、磷硅玻璃及钨薄膜材料的蚀刻。

7.2.1.2 甲烷氟化物的生产方法

甲烷氟化物从结构上看，是甲烷上的氢原子部分或全部被氟取代的结果。从理论上讲，可以用氟直接取代甲烷上的氢生成不同的氟甲烷，即：

$$CH_4 + nF_2 \longrightarrow CH_{4-n}F_n + nHF \tag{7-20}$$

但是，由于其反应效率和副产物 HF 的利用问题，在实际工业化生产中，大部分甲烷氟化物都采用间接方法生产，其中用甲烷氯化物间接生产的方法较为常见：

$$CH_{4-n}Cl_n + nHF \longrightarrow CH_{4-n}F_n + nHCl \tag{7-21}$$

除氯化物转化法外，工业上还可利用其他方法来生产甲烷氟化物。如利用甲醇与氟化氢脱水反应来生产一氟甲烷：

$$CH_3OH + HF \longrightarrow CH_3F + H_2O \tag{7-22}$$

甲醇和氢氟酸水溶液通过固定床反应器，在氟化物催化剂的作用下发生脱水反应生成氟甲烷。制备出的氟甲烷用液氮或干冰冷却下来，再通过低温精馏提纯得到99%以上的氟甲烷产品。

7.2.1.3 二氟甲烷的气相合成工艺

二氟甲烷的气相合成法是甲烷的一种间接氟化法，其污染小，易于控制，可连续化生产，并能实现物料的循环利用，是目前二氟甲烷生产提倡和推广的方法。

二氟甲烷的气相合成法以 CH_2Cl_2 和无水 HF 为原料，在铬催化剂表面实现 Cl-F 交换得到 CH_2F_2。其反应过程为：

$$CH_2Cl_2+HF \longrightarrow CH_2FCl+HCl \tag{7-23}$$

$$CH_2FCl+HF \longrightarrow CH_2F_2+HCl \tag{7-24}$$

$$2CH_2FCl \longrightarrow CH_2F_2+CH_2Cl_2 \tag{7-25}$$

其总反应为：

$$CH_2Cl_2+2HF \longrightarrow CH_2F_2+2HCl \tag{7-26}$$

反应可在常压下进行，反应温度为200～300℃。催化剂的主要活性组分为 Cr 的氧化物、氟化物和氟氧化物，其他助活性组分为 Co、Ni、Cu、Ag、Cd、Hg、Sn、Pd、Zn 等，使用不同助活性组分时，其与 Cr 的摩尔比在0.003～0.3之间。

典型的二氟甲烷气相合成法生产工艺流程如图7-5所示。

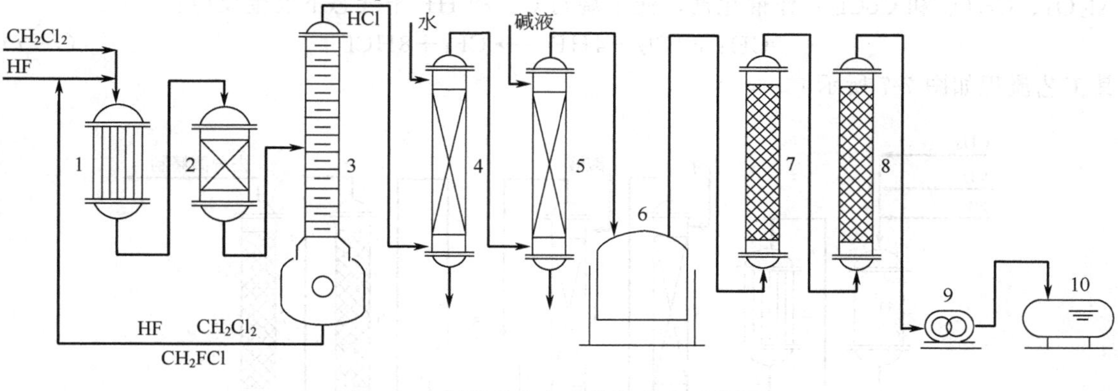

图7-5 二氟甲烷气相合成法生产工艺流程

1—预混加热器；2—反应器；3—冷凝分离塔；4—水洗塔；5—碱洗塔；6—储气柜；7,8—干燥塔；9—压缩机；10—接收槽

加压到1.0～1.3MPa的 CH_2Cl_2 和无水 HF 按（1∶6）～（1∶12）的比例，先进入混合预热器预热到250～280℃，再进入装填有催化剂（如 CrF_2-ZnF_2）的固定床反应器中进行 Cl-F 交换反应，反应停留时间控制在1.8～7.2s。反应器出来的气体进入冷凝分离器用10～25℃冷却水进行冷凝精馏分离，约需40块精馏塔板。分离器底部出来的液体主要是 CH_2Cl_2、HF 和大部分 CH_2FCl，这部分物料都返回混合预热器循环使用。精馏分离塔顶出来的 CH_2F_2、HCl 和少量 CH_2FCl 混合气分别经水洗、碱洗除去 HCl，再经两级干燥除去夹带水分后压缩成含 CH_2F_2 95%左右的液体粗产品进入接收槽。

由于 CH_2FCl 的沸点居于 HF 和 CH_2F_2 中间，在普通冷凝精馏分离塔中大量集中在塔的中部，为了有效地提高一次性产品纯度，降低生产费用，美国 Allied Signal 公司提出了冷凝分离的改进工艺，在塔顶回流位置的下方，物料入口的上方处侧线抽出 CH_2FCl 直接返回预混加热器（见图 7-6），有效地提高了产品纯度和生产效率。

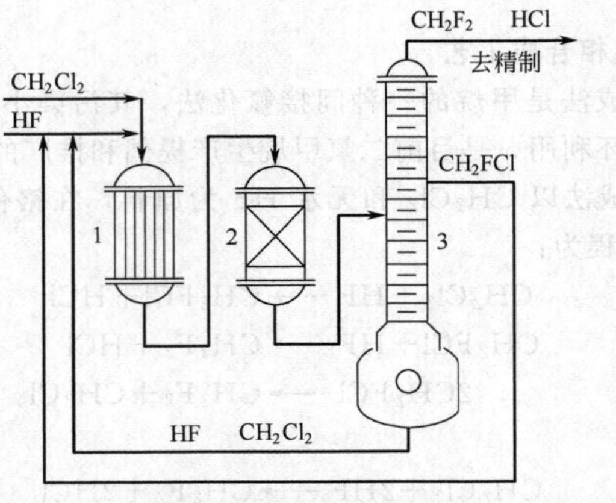

图 7-6　二氟甲烷气相合成法冷凝分离工艺的改进

1—预混加热器；2—反应器；3—冷凝分离塔

7.2.1.4　四氟化碳的甲烷氯氟化生产工艺

四氟化碳有多种生产方法，其中以间接法居多。由甲烷直接氯氟化生产四氟化碳的方法是杜邦（法国）公司的专利技术。该方法以预先经 HF 活化的金属氧化物或卤化物（如 Al_2O_3、Cr_2O_3 和 $CoCl_2$）作催化剂，使甲烷与 Cl_2 和 HF 于气态下发生反应：

$$CH_4 + 4Cl_2 + 4HF \longrightarrow CF_4 + 8HCl \tag{7-27}$$

其工艺流程如图 7-7 所示。

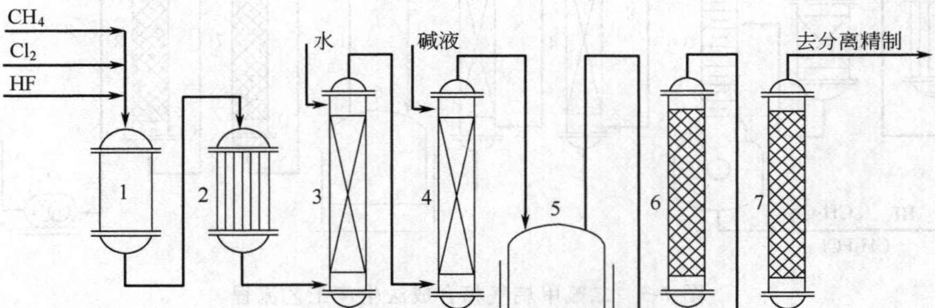

图 7-7　四氟化碳的甲烷氯氟化生产工艺流程

1—混合器；2—管式反应器；3—水洗塔；4—碱洗塔；5—储气柜；6,7—干燥塔

干燥的原料气按一定的摩尔比在混合器中混合后进入催化反应器中进行氯氟化反应。反应器可选择填充催化剂的管式反应器或流化床反应器，控制反应温度在 450～550℃，反应物接触时间在 0.5～5s。反应出来的产物经碱洗、水洗和干燥后，去分离、精制出不同的产品。

由于同时存在氯化、氟化和氯-氟交换反应，所以该方法出来的产物相对比较复杂。例如，用 HF 活化的 Cr_2O_3 作催化剂，控制 CH_4、Cl_2 和 HF 的摩尔比在 1：5：7，反应温度 500℃，接触时间 0.8s。经碱洗、水洗和干燥后，用气相色谱（GC）分析，组成（质量分数）为：CF_4 68.6%、CHF_3 22.2%、CF_3Cl 8.3%、CH_4 0.1%、其他 0.8%。

7.2.2 甲烷的溴化物

7.2.2.1 甲烷溴化物的性质与用途

甲烷的溴化物在化学工业中主要用作有机合成原料，用于合成染料、农药、医药等的中间体。除此之外，不同溴代的甲烷还分别有着不同的用途。

一溴甲烷（bromomthane，methyl bromide），简称溴甲烷，也称为甲基溴，常温下是无色气体，通常无臭，高浓度时具有类似氯仿的甜气味，有辛辣味。在空气中不易燃，但在氧中能燃烧。与空气形成爆炸性混合物，爆炸极限（体积分数）13.5%～14.5%。微溶于水，低于4℃时生成水合结晶$CH_3Br \cdot 20H_2O$；易溶于醇、氯仿、醚、二硫化碳、四氯化碳和苯，液体溴甲烷能与醇、醚、酮等混溶。溴甲烷的化学性质活泼，易发生水解、氨化、氰化、成酯等反应。除用于有机合成外，主要用于农业上的熏蒸剂，可杀虫、鼠和某些病菌，也可作为木材防腐剂、制冷剂、低沸点溶剂。

二溴甲烷（dibromomethane，methylene bromide），也称为溴化亚甲基，无色或淡黄色液体。稍溶于水，能与乙醇、乙醚、氯仿、丙酮混溶。不易燃。除用作有机合成原料外，还可作溶剂、制冷剂、阻燃剂和抗爆剂的组分；在医药上也用作消毒剂和镇痛剂，在冶金和矿山工业中用作选矿剂。

三溴甲烷（tribromomethane，bromoform），也称为溴仿，无色重质液体，有氯仿气味，味甜，不易燃不易爆。稍溶于水，能与醇、苯、氯仿、醚、石油醚、丙酮、不挥发和易挥发的油类混溶，并能与许多有机溶剂形成共沸物。久储逐渐分解成黄色液体，空气及光可加速其分解，储存时可加入4%乙醇作稳定剂。在医药上用作镇痛剂、麻醉剂和空气熏蒸清毒剂，也用作染料中间体、制冷剂、选矿剂、沉淀剂、溶剂和抗爆液组分等。

四溴化碳（tetrabromomethane，carbon tetrabromide），也称为四溴甲烷，白色粉末或片状闪光晶体。不溶于水，溶于乙醇、乙醚、氯仿和二硫化碳等有机溶剂，也溶于氟氢酸。与热浓硫酸反应生成碳酰溴（carbonyl bromide，$COBr_2$），该化合物与光气相似为无色发烟液体，难于水解，但在150℃以上时即慢慢分解为一氧化碳和溴。除用于合成药物、染料中间体外，也用于制造麻醉剂、制冷剂，并可直接作为农药原料、染料中间体、分析化学试剂使用。

甲烷溴化物的主要物性数据见表7-4。

表7-4 甲烷溴化物的主要物性数据[5]

性　质	一溴甲烷	二溴甲烷	三溴甲烷	四溴化碳
分子式	CH_3Br	CH_2Br_2	$CHBr_3$	CBr_4
相对分子质量	94.94	173.84	252.78	331.63
外观	无色气体	无色或淡黄液体	无色液体	白色粉末或晶体
密度(20℃)/(g/cm³)	3.974×10^{-3}	2.4970(20℃)	2.8912(20℃)	3.42(20℃)
熔点/℃	−93.6	−52.6	7.7	90.1
沸点/℃	3.56	96.0	149.5	190.0
临界温度/℃	194.0	310.0	25.7	—
临界压力/MPa	5.22	7.19	4.81	—
临界密度/(kg/m³)	610	—	—	—
比热容/[kJ/(kg·℃)]	474.199(25℃)	—	—	—
蒸发热/(kJ/kg)	252.045(3.56℃)	—	—	—
热导率/[W/(m·℃)]	0.008039(15℃)	—	—	—
黏度/(mPa·s)	0.01303(15℃)	1.02(20℃)	2.152(15℃)	—
折射率	1.4432	1.5420	1.5976	1.5942
水中溶解度	0.175g/L(20℃)	11.7g/L(15℃)	3.01g/L(15℃)	不溶

7.2.2.2 甲烷溴化物的合成方法

甲烷溴化物很难由甲烷直接溴化得到，实际工业生产中都采用间接法来合成。如溴甲烷用溴素或溴化钠溴化甲醇合成，或用氢溴酸溴化氯甲烷合成。溴素溴化甲醇需用硫磺作溴化助剂，在加热条件下反应得到溴甲烷：

$$4CH_3OH + 2Br_2 + S \longrightarrow 4CH_3Br + SO_2 + 2H_2O \quad (7\text{-}28)$$

溴化钠溴化甲醇用硫酸作溴化助剂，在加热条件下反应得到溴甲烷：

$$CH_3OH + NaBr + H_2SO_4 \longrightarrow CH_3Br + NaHSO_4 + H_2O \quad (7\text{-}29)$$

用氢溴酸溴化氯甲烷合成溴甲烷需要用无水溴化铝作催化剂，在加热条件下实现：

$$CH_3Cl + HBr \longrightarrow CH_3Br + HCl \quad (7\text{-}30)$$

由于溴化钠溴化甲醇法和氢溴酸溴化氯甲烷法因原料消耗高、来源困难，设备腐蚀严重，因此，国外已不大采用。

二溴甲烷通常采用溴仿脱溴法、二氯甲烷溴化法和溴氯甲烷溴化法合成。溴仿脱溴法需要采用三氧化二砷作脱溴剂，毒性大；溴氯甲烷溴化法实际上是将二氯甲烷溴化法的中间产物溴氯甲烷进一步溴化；二氯甲烷溴化法就是在无水溴化铝催化下，用溴化氢溴化二氯甲烷：

$$CH_2Cl_2 + HBr \longrightarrow CH_2ClBr + HCl \quad (7\text{-}31)$$

$$CH_2ClBr + HBr \longrightarrow CH_2Br_2 + HCl \quad (7\text{-}32)$$

工业上生产三溴甲烷一般采用丙酮溴化法，溴化剂为溴素。先用溴素与碱液配制次溴酸钠，在碱性条件下，将丙酮迅速加入0～5℃的次溴酸钠中，保持温度不超过50℃，丙酮与次溴酸钠反应生成三溴丙酮，进而分解为溴仿：

$$CH_3COCH_3 + 4NaBrO + 2Br_2 \longrightarrow 2CHBr_3 + Na_2CO_3 + 2NaBr + 2H_2O \quad (7\text{-}33)$$

四溴化碳通常采用四氯化碳在无水溴化铝催化下，用溴化氢逐级溴化得到。近年出现了用四丁基溴化铵催化丙酮深度溴化合成四溴化碳的方法，溴化剂为溴素。

7.2.2.3 甲醇溴素法生产溴甲烷的工艺

甲醇溴素法是溴甲烷工业生产普遍采用的工艺，工艺流程如图7-8所示。该工艺以甲醇、溴素、硫磺为原料，物料利用率较高，设备腐蚀相对较小。

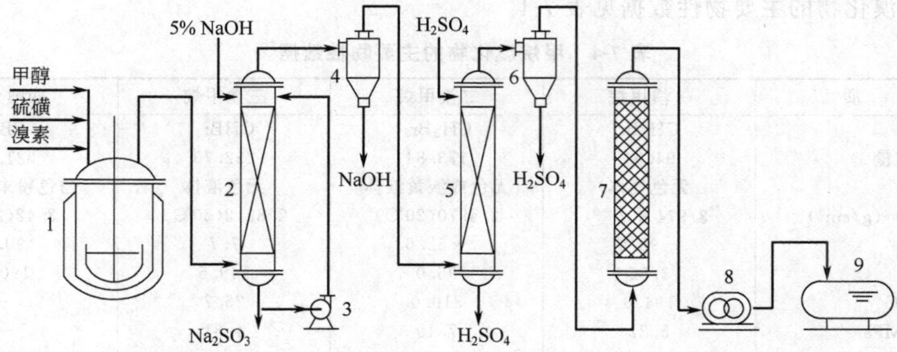

图7-8 甲醇溴素法生产一溴甲烷的工艺流程

1—合成釜；2—碱洗塔；3—碱液循环泵；4,6—气液分离器；5—酸洗塔；7—干燥塔；8—压缩机；9—溴甲烷储罐

先将甲醇与硫磺在合成釜中加热至沸腾，再将溴素滴加入釜中，控制反应温度在60℃以上。反应生成的溴甲烷气体被蒸出并进入碱洗塔，用5%氢氧化钠溶液洗涤除去气体中的

二氧化硫。碱洗后的气体经气液分离后，进入酸洗塔用硫酸洗涤，洗去夹带的碱性物质。酸洗后的气体再经气液分离后，进入干燥塔用无水氯化钙干燥，最后用压缩机压缩液化得产品溴甲烷存入储罐。溴甲烷储罐需用冷冻盐水保持低温状态。

此工艺合成的溴甲烷纯度可达98%以上。每吨产品消耗溴素887kg，甲醇374kg，硫磺90kg，氢氧化钠15kg。

7.2.3 甲烷的碘化物

7.2.3.1 甲烷碘化物的性质与用途

甲烷的碘化物也主要用于有机合成。

一碘甲烷（iodomethane，methyl iodide），简称碘甲烷，也称为甲基碘，通常为无色液体，易燃，暴露于空气中时因析出游离碘逐渐变成黄色或褐色。微溶于水，溶于乙醇、乙醚和四氯化碳。能与氨反应成甲基胺衍生物，与硝酸银或硝酸亚汞反应生成硝基甲烷，与乙炔钠作用生成甲基乙炔，是很好的甲基化试剂。

二碘甲烷（diiodomethane，methylene iodide），也称碘化亚甲基，重质高折射率黄色液体。置于空气中易分解，暴露于光、空气和湿气中将变黑。微溶于水，能与乙醇、丙醇、异丙醇、己烷、环己烷、乙醚、氯仿、苯混溶，并可溶解硫和磷。除用于化学试剂和有机合成外，还用于制造X光造影剂，测定矿物相对密度及折光率，检定吡啶以及分离矿物等。

三碘甲烷（diiodomethane，methylene iodide），也称为碘仿，黄色晶体或粉末，有滑腻感和特殊气味。可随水蒸气一起挥发，能升华，加热温度高于熔点时分解析出碘。易溶于苯和丙酮，溶于醇、醚、氯仿、二硫化碳和橄榄油，微溶于水、甘油和石油醚。除用作有机合成原料外，常用作医药中的杀菌消毒剂和防腐剂以及印刷中的敏化剂。

四碘甲烷（carbon tetraiodide），也叫四碘化碳，从乙醚中可得到暗红色正八面体结晶，加热则升华，暴露于空气中会逐渐分解为二氧化碳和碘，遇热和在溶液中则加速变化；140℃时与氢反应则分解为碘化氢和碘仿。主要用于有机合成。

甲烷碘化物的主要物性数据见表7-5。

表 7-5 甲烷碘化物的主要物性数据

性　质	一碘甲烷	二碘甲烷	三碘甲烷	四碘化碳
分子式	CH_3I	CH_2I_2	CHI_3	CI_4
相对分子质量	141.93	267.83	393.73	519.62
外观	无色液体	黄色液体	黄色粉末或晶体	暗红色结晶
密度(20℃)/(g/cm³)	2.279	3.3254	4.008	4.32
熔点/℃	−66.45	5.7	123	168
沸点/℃	42.5	181(分解)	218	易升华
黏度/(mPa·s)	—	3.35(10℃)	—	—
折射率	1.5317(15℃)	1.7425(15℃)	—	—
水中溶解度	14g/L(20℃)	14.3g/L(20℃)	微溶	—

7.2.3.2 甲烷碘化物的合成方法

与甲烷溴化物类似，甲烷碘化物的合成也是用间接法得到的。从理论上讲，大多数的甲烷碘化物都可由甲烷的氯化物经催化碘化而制备：

$$CH_{4-n}Cl_n + nHBr \longrightarrow CH_{4-n}Br_n + nHCl \qquad (7\text{-}34)$$

但在实际实施中，该方法实现的难度很大，在多数情况下都采用其他方法来合成。如，用甲醇、海绵铁和碘合成碘甲烷：

$$2CH_3OH + 3I_2 + 3Fe \longrightarrow 2CH_3I + Fe(OH)_2 + 2FeI_2 \qquad (7\text{-}35)$$

工业上用硫酸二甲酯经碘化来生产碘甲烷。将水、碘化钾、碳酸钙依次加入反应釜内，搅拌加热使碘化钾完全溶解。升温至60～65℃，滴加硫酸二甲酯，反应生成的碘甲烷：

$$(CH_3)_2SO_4+2KI+CaCO_3 \longrightarrow 2CH_3I+K_2CO_3+CaSO_4\downarrow \quad (7\text{-}36)$$

生成的碘甲烷逐渐被蒸出，收集蒸馏物，分去水层即为碘甲烷。进一步精制时，可经无水氯化钙干燥，加几粒碘化钾进行蒸馏，收集41～43℃馏分即可，收率约90%。

二碘甲烷通常用碘仿脱碘来制备。而碘仿的合成则是用丙酮（或乙醇）经碘化、水解而得：先将水、碘化钠及丙酮加入反应锅，加冰降温至10℃。搅拌下缓缓加入次氯酸钠，直至不产生浑浊即达终点，控制温度不超过20℃。静置1h，吸去上层清液，取出碘仿层过滤。滤饼用水洗至中性，再用蒸馏水洗至无氯根为止。然后将其他35～40℃干燥，即得成品。

四碘化碳通常则由四氯化碳与二硫化碳在三碘化铝（AlI_3）存在下加热制得，也可用碘仿与次碘酸钾反应制取。

7.2.4 甲烷的混合卤化物

甲烷除有单一卤素的氯化甲烷、氟化甲烷、溴化甲烷和碘化甲烷外，还可以有同时被两种或三种卤素同时卤化的甲烷卤化物。同时被两种卤素卤化的称为二元混合卤化甲烷，同时被三种卤素卤化的称为三元混合卤化甲烷。目前，还未见商品化的含碘的混合卤化甲烷。

7.2.4.1 二元混合卤化甲烷

二元混合卤化甲烷中最多的是氟氯甲烷，常见的有一氟二氯甲烷、一氟三氯甲烷、二氟二氯甲烷和三氟一氯甲烷。由于氟氯烃对大气臭氧层有严重的破坏作用，现在已成为限制生产和使用的产品。

氯溴混合卤化甲烷常用的有一氯一溴甲烷和一氯二溴甲烷。一氯一溴甲烷也简称为氯溴甲烷，主要用作灭火剂；一氯二溴甲烷也称为二溴一氯甲烷，主要用于饮用水消毒。氯溴混合卤化甲烷通常用氯化甲烷在催化剂作用下进一步溴化得到。

氟溴混合卤化甲烷常用的有二氟二溴甲烷和三氟一溴甲烷。二氟二溴甲烷主要用于有机合成，也用作灭火剂；三氟一溴甲烷，也称为一溴三氟甲烷，主要用作制冷剂。氟溴混合卤化甲烷通常利用氟化甲烷或氟氯化甲烷催化溴化制备。

7.2.4.2 三元混合卤化甲烷

目前商品化的三元混合卤化甲烷是二氟一氯一溴甲烷，商品名叫哈龙-1211，用作制冷剂、金属表面润滑剂、火箭燃料和高效灭火剂、航空发电机保护剂。

二氟一氯一溴甲烷由二氟一氯甲烷与溴作用而得：二氟一氯甲烷和溴通过溴化器后进入反应炉，控制反应温度在500℃左右，生成二氟一氯溴甲烷粗品。反应气体先在水洗塔中洗去大部分溴和溴化氢，再进入碱洗塔，洗净微量的溴和溴化氢。然后在气水分离器中分去水，经压缩泵压缩；脱氧，进入提馏塔分离二氟一氯甲烷，再进入精馏塔分离高沸物，提纯后的二氟一氯溴甲烷冷凝后即为成品。

7.3 天然气的硝化物

7.3.1 甲烷硝化物的性质和用途

实现工业化生产的甲烷硝化物有三种：硝基甲烷、三硝基甲烷和四硝基甲烷。

(1) 硝基甲烷　也称一硝基甲烷，CH_3NO_2，相对分子质量 61.04，是具有芳香味和一定挥发性的无色透明易流动油状液体，有毒。密度 1.1371，沸点 101℃，凝固点－29℃，闪点 45℃，燃点 418℃，折射率 1.3817；20℃时，黏度 0.631mPa·s，蒸汽压 3.706kPa。溶于乙醇、乙醚和丙酮等，并能与多种有机溶剂混溶。20℃时水中溶解度 9.5%，水溶液呈酸性反应。具有爆炸性，强烈震动，受热或遇无机碱类、氧化剂、胺类等能引起爆炸。易燃，蒸气能与空气形成爆炸性混合物，爆炸极限下限（体积分数）为 7.3%。

硝基甲烷是一种重要的化工原料和溶剂，可用于合成硝基醇、羟胺盐、氯化苦、三羟基甲基氨基甲烷等，它是一种对涂料、树脂、橡胶、塑料、染料、有机药物等选择性良好的溶剂，常用作硝化纤维、醋酸纤维、丙烯腈聚合物、聚苯乙烯、酚醛塑料等的溶剂。

(2) 三硝基甲烷　又称硝仿（nitroform），$CH(NO_2)_3$，相对分子质量 151.04，纯品为无色晶体。熔点 25℃，沸点 48℃（2.3kPa），液体相对密度（20/4℃）1.479，折射率 1.445。酸性极强。有两种互变异构体，硝基式和酸式，前者无色，存在于酸化的溶液、乙醚或二硫化碳溶液中；后者黄色，存在于水或碱液中。易溶于水和一般有机溶剂，其饱和水溶液有爆炸的危险。易与有机碱或无机碱生成敏感的盐。性质不稳定，碰撞、快速加热及高温存储均可引起爆炸。化学反应能力极强，可进行缩合、加成及取代等反应。

三硝基甲烷是制造硝仿系炸药及其他多种猛炸药的重要原料，也用作火箭燃料。

(3) 四硝基甲烷　$C(NO_2)_4$，相对分子质量 151.04，无色至淡黄色刺激性流动性液体，有刺激性气味。熔点 13.8℃，液体相对密度（20/4℃）1.6380，沸点 126℃，25℃时蒸气压 1.73kPa，折射率 1.4384。不溶于水，易溶于乙醇和乙醚，在氢氧化钾溶液中分解。爆炸性极强，遇芳香族有机化合物会引起爆炸，混入杂质时具有高度爆炸性。对铁、铜、锌、橡胶均有腐蚀性。

四硝基甲烷主要用作火箭推进剂的氧化剂，与甲苯混合用作炸药。也用于柴油作为辛烷值提高剂，用作试剂可测定有机化合物中的双键。

7.3.2 甲烷硝化物的合成方法

甲烷的三种硝化物中，只有硝基甲烷可直接由天然气气相硝化得到：

$$CH_4 + HNO_3 \longrightarrow CH_3NO_2 + H_2O \tag{7-37}$$

该反应在 300～500℃下进行，是放热反应，$\Delta H = -112.2\text{kJ/mol}$。由于高温下硝基甲烷也很容易分解，所以，反应时间要求很短，且产物气体必须快速降温。硝化剂除使用硝酸外，也可使用二氧化氮或四氧化二氮。

除天然气气相硝化法外，硝基甲烷还可以通过亚硝酸盐置换法间接合成。如，亚硝酸盐置换硫酸二甲酯合成硝基甲烷：

$$(CH_3)_2SO_4 + 2NaNO_2 \longrightarrow CH_3NO_2 + Na_2SO_4 \tag{7-38}$$

在 30℃下置换反应 4h 左右，可得纯度高于 99%的硝基甲烷，置换收率约为 69%。

也可用亚硝酸盐置换氯甲烷得到硝基甲烷，此方法需相转移催化剂，反应温度约 80℃，反应时间约 4h，置换收率约为 50%。

三硝基甲烷通常用发烟硝酸硝化氧化乙炔：

$$2C_2H_2 + 4NO_2 + 5HNO_3 \longrightarrow 3CH(NO_2)_3 + CO_2 + 3H_2O \tag{7-39}$$

实际的硝化反应过程比式(7-39) 更为复杂，得到的硝化液经恒沸蒸馏和后续分离处理后，可得到成品三硝基甲烷。

四硝基甲烷的工业化生产一般采用乙酐硝化方法：将浓硝酸搅拌冷却，慢慢加入乙酐。加毕，继续搅拌 15min，经降温后继续升温，在 5℃下搅拌反应 12～14h，然后用 3 倍水稀释分出粗品，用硫酸脱水，过滤、提纯得四硝基甲烷，含量 95%。

7.3.3 天然气气相硝化法生产硝基甲烷的工艺

天然气气相硝化法生产硝基甲烷，工业上常用硝酸为硝化剂，其工艺流程如图 7-9 所示。

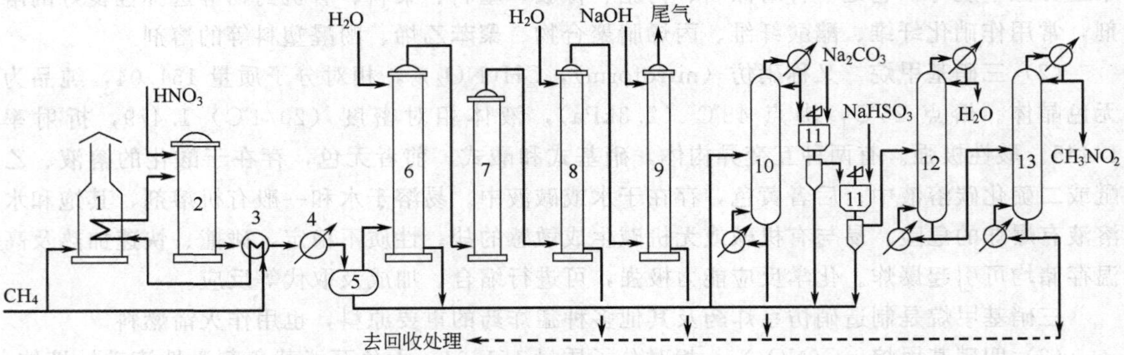

图 7-9 甲烷气相硝化制硝基甲烷的流程

1—过热器；2—反应器；3—速冷器；4—冷却器；5—气液分离器；6—硝基甲烷吸收塔；7—氧化塔；8—吸收塔；9—尾气洗涤塔；10—初分塔；11—化学洗涤器；12—脱水塔；13—精馏塔

1MPa 的天然气经加热至 300℃后与雾化后的硝酸一起进入硝化反应器，在常压、300～500℃下完成硝化反应。反应接触时间一般不超过 2s，反应气体在速冷器中冷至 200℃以下，再用水冷却至室温后，用分离器分出冷凝物，气相送水吸收塔吸收硝基甲烷。

冷凝液与吸收液混合后含硝基甲烷 30～40g/L，在初分塔中进行初分，操作压力为常压，釜温 101～103℃，喷淋密度为 50～200m³/(m²·h)，塔顶温度 88～95℃，用油水分离器分出粗硝基甲烷，水相回流。

粗硝基甲烷用 30～60g/L 的碳酸钠和亚硫酸氢钠溶液洗涤，洗涤后的水相回送初分塔，油相送脱水塔蒸去水和轻组分后，再进精馏塔精馏，塔顶馏出物即为含硝基甲烷 95%以上的产品。

甲烷气相硝化法制硝基甲烷的吨耗指标见表 7-6。

表 7-6 甲烷气相硝化法制硝基甲烷的吨耗指标

天然气(CH_4 体积分数>95%)/m³	硝酸(98%)/t	纯碱/kg	亚硫酸氢钠/kg	电/(kW·h)	冷却水/m³	蒸汽/t
6000	1.86	25	37	450	450	3

7.4 天然气的硫化物

7.4.1 二硫化碳的性质和用途

二硫化碳，CS_2，无色透明液体，纯品几乎无味，工业品因含有杂质而带黄色并有恶臭，有毒。熔点－112℃，沸点 46.3℃，闪点－25℃，燃点 100℃，折射率 1.461；20℃时，密度 1.263，黏度 0.363mPa·s，蒸气压 39.663kPa。易燃烧，蒸气与空气形成爆炸性混合物，爆炸极限（体积分数）1%～5%。几乎不溶于水，20℃时在水中溶解度为 0.294%，水在二硫化碳中的溶解度小于 0.005%，在 0℃以下，可析出 $2CS_2 \cdot H_2O$ 结晶。溶于苛性碱和硫化碱，能与无水乙醇、乙醚、苯、氯仿、四氯化碳混溶。溶解能力很强，能溶解碘、溴、硫、黄磷、脂肪、蜡、树脂、橡胶、樟脑、黄磷等，是一种用途较广的溶剂。

除用作溶剂外，二硫化碳是生产人造丝、赛璐玢、四氯化碳、农药杀菌剂、橡胶助剂的原料；在生产油脂、蜡、树脂、橡胶和硫磺等产品时，二硫化碳是优良的溶剂；可用作羊毛去脂剂、衣服去渍剂、金属浮选剂、油漆和清漆的脱膜剂、航空煤油添加剂等。

7.4.2 二硫化碳的生产方法

二硫化碳的生产方法较多，但目前工业化的方法只有两类，木炭法和甲烷法。

木炭法以木炭和硫磺为原料，将熔融的硫磺与木炭反应后，经冷凝、精馏得成品二硫化碳：

$$C+2S \longrightarrow CS_2 \tag{7-40}$$

此法在实际生产中又分为外加热法和内加热法。外加热法也叫铁甑法，该法是将木炭放置在内衬耐火材料的铁甑中，在外部加热使木炭处于炽热状态，从甑底进入的硫磺蒸汽在甑中与热炭反应生成二硫化碳。该法因效率低，环境污染严重已基本不用。内加热法也叫电炉法，该法就是将铁甑法的外加热方式改为电炉内加热，使生产效率有了较大的提高。

甲烷法以天然气和硫磺为原料，在高温条件下，天然气中的甲烷与硫磺蒸气反应生成二硫化碳：

$$CH_4+4S \longrightarrow CS_2+2H_2S \tag{7-41}$$

反应生成的硫化氢气体通常用克劳斯法还原成硫返回使用。

该法在工艺实施中又分为催化法和非催化法两类。催化法技术由美国食品机械化学公司（FMC）开发，用硅胶或活性氧化铝作催化剂，反应温度为 500～700℃，压力 0.5MPa，甲烷单程转化率 90%，副反应少。此法与铁甑法相比，反应温度低，可连续生产。由于催化法中的催化剂经常会因为天然气中所含杂质烃类的裂解结焦，使生产受到影响，因此，现在普遍改用非催化法生产。非催化法根据操作压力的不同，又分低压非催化法和高压非催化法。

7.4.3 天然气制二硫化碳的生产工艺

天然气制二硫化碳的三种工艺方法中，最早工业化应用的是催化法，低压非催化法和高压非催化法都是基于催化法的改进工艺。天然气催化法的工艺流程如图 7-10 所示。

将熔融的硫磺在汽化器中汽化成硫蒸气，将预先干燥过的天然气预热到 650℃后，与硫蒸气混合进入反应器，在反应器中经催化反应生成二硫化碳和硫化氢。

反应气体在除硫器中除去未反应的硫，冷凝后在吸收塔中用柴油吸收 CS_2，尾气送硫回收工段回收硫。吸收后的二硫化碳在解吸塔中解吸出来，经二级精馏提纯，得二硫化碳产品，产品纯度 95%。

催化法定额消耗为：硫磺（硫含量≥99.5%）900kg，天然气（甲烷含量≥95%）约 280m³。

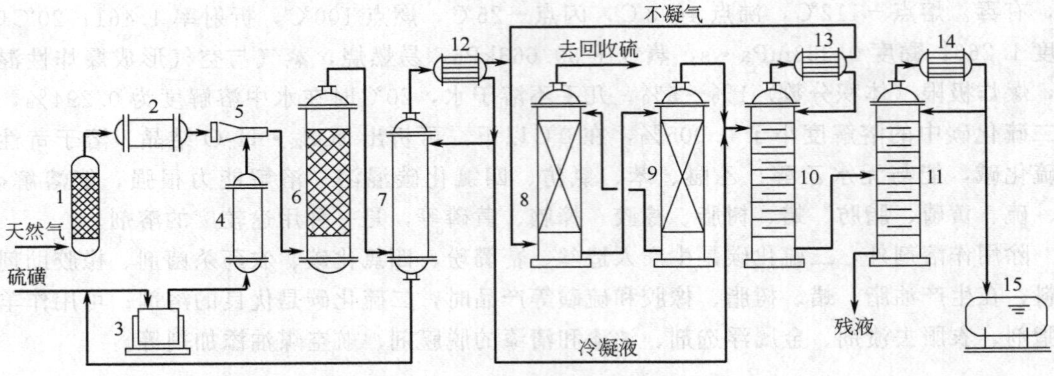

图 7-10 天然气制二硫化碳生产工艺流程

1—干燥器；2—预热器；3—熔硫炉；4—汽化器；5—混合器；6—反应器；7—除硫器；8—吸收塔；9—解吸塔；10—第一精馏塔；11—第二精馏塔；12～14—冷凝器；15—储存罐

非催化法的工艺流程与图 7-10 类似，流程中的反应器改为非催化反应器，将吸收和解吸塔换成硫化氢加压分凝器。三种生产工艺情况的比较见表 7-7 所列。

表 7-7 天然气生产二硫化碳的工艺方法比较

工 艺 指 标	催化法	低压非催化法	高压非催化法
催化剂	硅胶/活性氧化铝	无	无
反应温度/℃	625	625	650
反应压力/MPa	0.6	0.6	1.1
空速/h^{-1}	400～600	1000～2000	1000～2000
生产操作	易结焦	不结焦	不结焦
除硫工艺	冷凝及液硫洗涤较复杂	加压分离回收硫效率高	比低压法更好
硫化氢分离工艺	油吸收,设备较复杂	精馏塔加压分离效率高	比低压法更好

高压非催化法效率虽然比低压非催化法高，但装置投资比较高，因此，采用低压非催化法的相对较多。低压非催化法的主要吨耗指标见表 7-8 所列。

表 7-8 天然气低压非催化法生产二硫化碳吨耗指标

天然气/m^3	硫磺/t	蒸汽/t	电/(kW·h)	循环水/m^3
302	1.01	2.5	350	250

7.5 天然气制氢氰酸

7.5.1 氢氰酸的性质和用途

氢氰酸，HCN，又叫氰化氢，相对分子质量 27.03，易挥发无色液体，具有苦杏仁味，有剧毒，在大气中允许浓度为 0.0003mg/L 以下。密度 0.687，熔点 −13.3℃，沸点 25.65℃，蒸汽压 53.32kPa（9.8℃），可燃，闪点 −17.8℃，蓝色火焰，空气中的可燃极限为 5.6%～40%。在 20～100℃以内可以任何比例与醇、甘油、氨、苯或氯仿等多种有机溶剂混溶。极易溶于水，是弱酸性的无机酸，$K=2.1\times10^{-9}$，具有一般无机酸的通性，其水溶液沸腾时，部分水解生成甲酸铵。气态氰氢酸一般不产生聚合，但有水分时，有聚合反应出现。在碱性、高温、长时间放置、受光、放射线照射、放电或电解条件下，皆会引起聚合放热，而放出热会加速聚合引起爆炸。氢氰酸低温下氢氰酸比较稳定，当混入水、碱金属或碱土金属化合物、铁屑等杂质后，易起分解或聚合反应，反应放热，有自催化作用，可能引起爆炸。

氢氰酸是重要的化工原料，用途极广，可用来合成甲基丙烯酸酯（有机玻璃单体）、三聚氯氰、草酰胺、核酸碱、二氨基马来腈、氰化钠等，在石油化工、机电、冶金、轻工等行业用量较大。

7.5.2 天然气制氢氰酸的工艺

工业化生产氢氰酸基本上都采用以天然气为原料的安氏法（Andrussow），即天然气中的甲烷与氨和空气在高温和铂合金催化剂作用下发生不完全氧化反应制取氢氰酸：

$$CH_4+NH_3+\frac{3}{2}O_2 \longrightarrow HCN+3H_2O \quad \Delta H=-475.2\text{kJ/mol} \tag{7-42}$$

其工艺流程如图 7-11 所示。

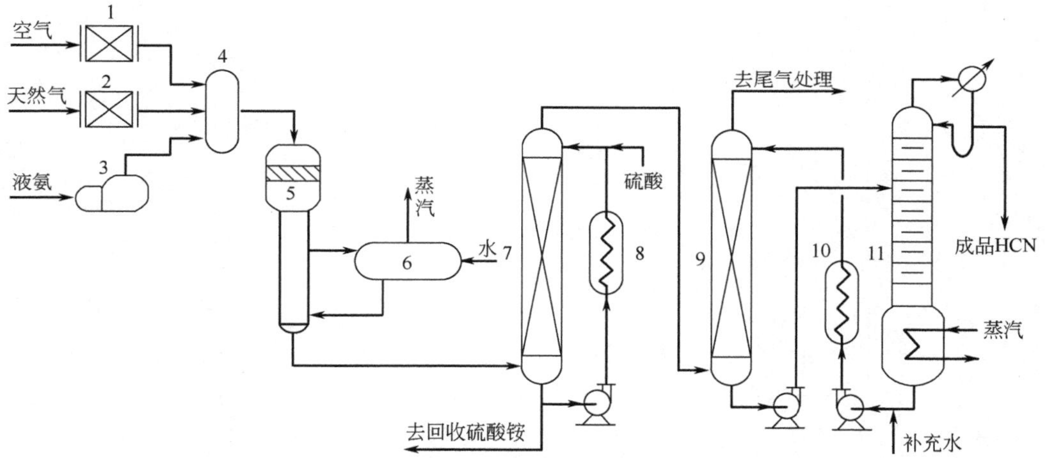

图 7-11 安氏法天然气制氢氰酸的工艺流程

1—空气净化器；2—天然气净化器；3—氨汽化器；4—混合器；5—反应器；
6—废热锅炉；7—氨吸收塔；8,10—冷却器；9—水吸收塔；11—精馏塔

天然气、氨、氧气按（1.05～1.1）∶1∶（1.33～1.35）的比例混合均匀后，以 0.8～1.2m/s 的流速自上而下通过装有 3～4 层铂网催化剂的反应器，在温度 1070～1120℃、压力 0.065MPa 下反应生成氢氰酸。为防止氢氰酸的高温分解，反应后的气体立即进入废热锅炉冷至 200℃左右，然后进入吸收塔，用硫酸除去未反应完的氨。脱氨后的气体用 5℃左右的水吸收 HCN 成水溶液，尾气送专门的处理装置处理。

水吸收塔出来的含 HCN2%～3%的水溶液在精馏塔精馏后，得 99%以上含量的 HCN 成品，水冷却后返回使用。安氏法生产氢氰酸的吨耗指标见表 7-9。

表 7-9 安氏法生产氢氰酸的吨耗指标

天然气 /m^3	氨 /t	硫酸(100%) /kg	电 /(kW·h)	冷却水 /m^3	软水 /m^3	催化剂 /g	副产硫酸铵 /kg	副产蒸汽 /t
1600	0.98～1.0	420～475	710～800	230	11～12	0.2～0.3	600～800	4.5～6.5

参考文献

[1] 胥会祥，吕剑．气相合成二氟甲烷（HFC-32）的工艺．有机氟工业，2001，(4)：6-9，60.

[2] Cerri G，Kong Kin Ching．Process for the Preparation Diflouromethane．EP，805136，1997.

[3] Webster J L，Leron J J．Preparation of Fluorinated Methanes．WO，9425418，1994.

[4] 于剑昆．四氟化碳的合成与开发．化学推进剂与高分子材料，2004，2 (3)：14～17，(5)：10-13.

[5] http：//www．chemyq．com/xz．htm.

[6] 倪家生．用海绵铁优化合成碘甲烷．浙江化工，2003，33 (3)：19-21.

[7] 薛荣书，谭世语．化工工艺学．第二版．重庆：重庆大学出版社，2004.

[8] 徐文渊，蒋长安．天然气利用手册．北京：中国石化出版社，2002.

8 天然气物理加工技术

天然气物理加工技术包括天然气液化（liquefied natural gas，LNG）、吸附天然气（absorbed natural gas，ANG）以及通过低温冷凝和膜参透技术提取氦。

8.1 液化天然气技术

8.1.1 概述

对于离消费地区距离较远的天然气资源，建设管道进行输送非常困难，投资费用很大。目前世界上采用液化天然气（LNG）的方式来运输。将原料天然气经预处理，脱除 C_5^+、H_2S、CO_2 及水等组分和杂质后，经深冷到 $-162℃$（在常压条件下）液化制成 LNG。因 LNG 的体积仅为气态天然气的 1/625，适合用船运输。

天然气的主要组分是甲烷，其临界温度为 190.58 K，故在常温下无法仅靠加压将其液化。LNG 是天然气经脱水、脱重烃、脱酸性气体（三脱）冷却后（$-162℃$）形成的，其主要成分是甲烷（75%以上），相对密度（气体）0.60～0.70，液体密度 430～460 kg/m^3，高位发热量 41.5～45.3MJ/m^3，燃点 650℃，爆炸极限 5%～15%，压缩系数 0.73～0.82，其 H_2S 含量不超过 40×10^{-6}，总硫含量不超过 30mg/m^3。表 8-1 是典型的 LNG 组成。

表 8-1 典型的 LNG 组成（GB/T 19204—2003）

性　质	1	2	3	常压泡点下的性质	1	2	3
组成/%				相对分子质量/(kg/kmol)	16.41	17.07	18.52
N_2	0.5	1.79	0.36	泡点温度/℃	−162.6	−165.3	−161.3
CH_4	97.5	93.9	87.20	密度/(kg/m^3)	431.6	448.8	468.7
C_2H_5	1.8	3.26	8.61	每立方米液体转化为气体的体积(0℃,1atm)/m^3	590	590	568
C_3H_8	0.2	0.69	2.74				
i-C_4H_{10}	—	0.12	0.42	每吨液体转化为气体的体积(0℃,1atm)/m^3	1367	1314	1211
n-C_4H_{10}	—	0.15	0.65				
C_5H_{12}	—	0.09	0.02				

液化天然气（LNG）从 20 世纪 60 年代开始商业化以来，近十年内 LNG 贸易发展很快，1995～2003 年世界 LNG 贸易量年均增长率 7.9%，预计今后十年内 LNG 的年增长速度仍将保持在 7% 左右，大约为全球天然气增长速度的两倍，为原油增长速度的 3 倍。

从天然气气田到用户的 LNG 工业系统见图 8-1。LNG 工厂、海上大型运输船及接收终端是 LNG 工业系统中的主要组成。天然气在液化工厂被液化为 LNG，经海上运输到接收站后，储存在大型储罐内，然后在汽化器内加热逐渐汽化后经管道输送至用户，小部分 LNG 经水或陆路运到卫星装置，再供用户使用。

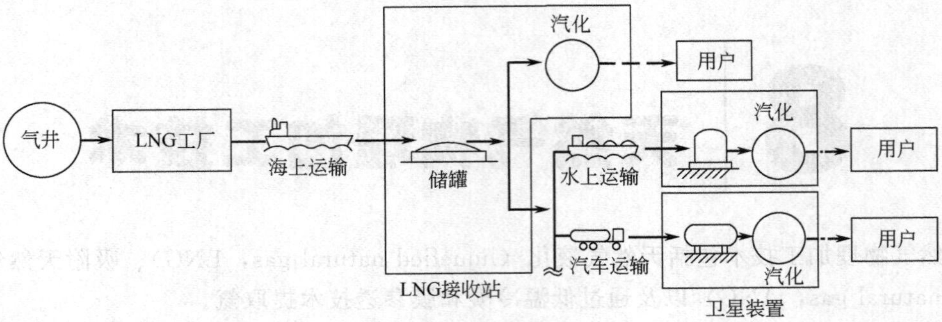

图 8-1 LNG 工业系统简图

LNG 工业系统总成本中原料天然气成本占 15%～20%，液化工厂（包括预处理、液化、装船等）成本占 30%～40%，LNG 运输成本占 10%～30%（与运输距离有关），接收站到用户成本占 15%～25%。据统计，在过去十年中，由于 LNG 工厂和运输船的规模扩大，使 LNG 成本降低了 35%～50%，有利于与管道贸易相竞争。

8.1.2 LNG 装置的类型

（1）调峰型　将天然气液化储存用于调节用气高峰，主要建设在远离天然气气源的地区。在发达国家广泛用于天然气输气管网中，对城市用气量的波动进行平衡。城市天然气的用量随时间变化，比如在北方，冬季由于取暖的原因用气量要远远大于夏天，冬夏季天然气峰谷用量相差 2～5 倍。由于城市用气量的不均匀性，就需要一定的调峰手段，把用气低谷时多余的天然气储存起来用于用气高峰时段。城市天然气的调峰通常有两种手段，一种是以气态的方式储存高压的天然气，另一种是以液态的方式储存低压低温的天然气。液态天然气容器的单位容积储存量远远大于气态方式，所以 LNG 储存调峰单位造价更节省。用于调峰的小型液化天然气装置应具有较大的市场灵活性，能够满足不同地区在不同发展阶段对天然气的需求。小型液化天然气装置应该具备简单、有效、可靠的工艺特点，能力配置要充分结合。

（2）基地型　又称基荷型装置，主要用于大量生产 LNG 供出口或贸易。LNG 基地装置多建在沿海地区，便于装船运送到输入国或地区。工厂处理量很大，且要与气源的规模和 LNG 运输船的装运能力相匹配。基地装置的液化能力很大，没有再汽化设施。在国外也有小型的基地装置生产液化天然气供交通工具或卫星城镇使用，LNG 作为交通燃料比较新颖而且前景非常好。生产液化天然气的液化装置本质上和调峰装置相同，只是液化天然气的储罐更小些，而且是以液体而不是气体的形式输出。

（3）终端型　终端装置又称接收站，用于大量接收、储存由 LNG 运输船从海上运来的 LNG。储存的 LNG 汽化后进入管网供应用户。

（4）卫星型　主要用于调峰，由船或特殊槽车从接收站运来 LNG，加以储存，到用气高峰时汽化补充使用，此类装置也可专用于为用户提供天然气。装置无液化能力，只有储罐和汽化设备。

8.1.3 天然气液化生产工艺

天然气的液化一般包括天然气净化（也称预处理）过程和天然气液化过程两部分，其核心是制冷循环系统。首先将原料天然气经过“三脱”（即脱水、脱烃、脱酸性气体）净化处理脱除液化过程的不利组分，之后再进入制冷系统的高效换热器不断降温，并将丁烷、丙烷、乙烷等逐级冷凝分离，最后在常压下使温度降低到－162℃左右，即可得到LNG产品。图8-2是典型的LNG生产工艺流程。

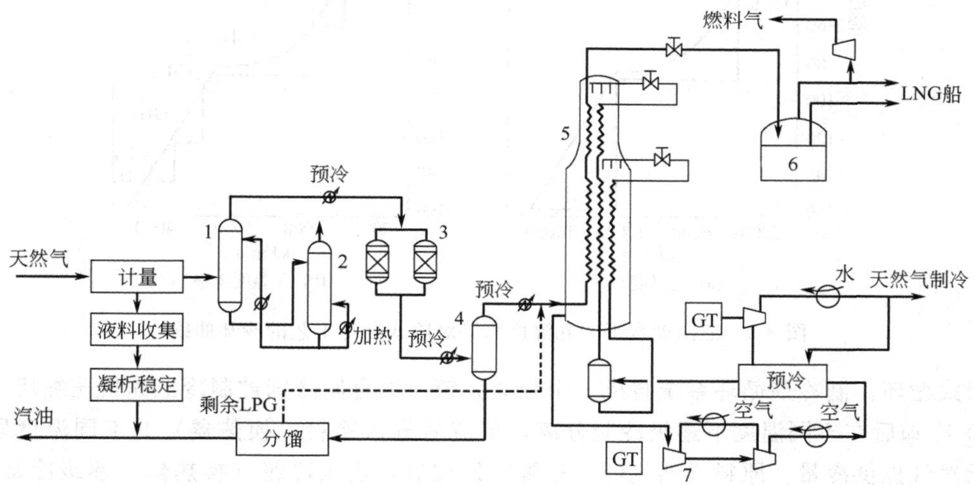

图8-2　典型的LNG生产工艺流程

1—吸收器；2—再生器；3—涤气柱；4—气液分离器；5—主换热器；6—LNG储罐；7—制冷压缩机

8.1.3.1　天然气液化

原料天然气经预处理后，进入换热器进行低温冷冻循环，冷却至－160℃左右就会液化。天然气的液化工艺流程根据所采用的制冷循环可以分为3种，即阶式制冷循环、混合制冷循环和膨胀制冷循环。三种液化工艺在基荷型LNG工厂中均有采用，而调峰型LNG工厂较多采用膨胀机制冷液化工艺。

(1) 阶式制冷工艺　阶式制冷工艺是一种常规制冷工艺。对于天然气液化过程，一般是由丙烷、乙烯和甲烷为制冷剂的3个制冷循环阶组成，逐级提供天然气液化所需的冷量，制冷温度梯度分别为－38℃、－85℃及－160℃左右。净化后的原料天然气在三个制冷循环的冷却器中逐级冷却、冷凝、液化并过冷，经节流降压后获得低温常压液态天然气产品，送至储罐储存。为了使实际级间操作温度尽可能接近原料气的冷却曲线，减少熵增，提高效率，人们后来将三个温度级改进为九个温度级，即再将丙烷段、乙烯段、甲烷段各分为三段。图8-3(a)和图8-3(b)分别是三温度水平和九温度水平级阶式制冷工艺的冷却曲线。

阶式制冷工艺制冷系统与天然气液化系统相互独立，制冷剂为单一组分，各系统相互影响少，操作稳定，较适合于高压气源。但由于该工艺制冷机组多，流程长，对制冷剂纯度要求严格，且不适用于含氮量较多的天然气。因此这种液化工艺在天然气液化装置上已较少应用。

(2) 混合制冷工艺　混合制冷工艺是20世纪60年代末期由阶式制冷工艺演变而来的，多采用烃类混合物（N_2、C_1、C_2、C_3、C_4、C_5）作为制冷剂，代替阶式制冷工艺中的多个纯组分。其制冷剂组成根据原料气的组成和压力而定，利用多组分混合物中重组分先冷凝、轻组分后冷凝的特性，将其依次冷凝、分离、节流、蒸发得到不同温度级的冷量。又据混合制冷剂是否与原料天然气相混合，分为闭式和开式两种混合制冷工艺。

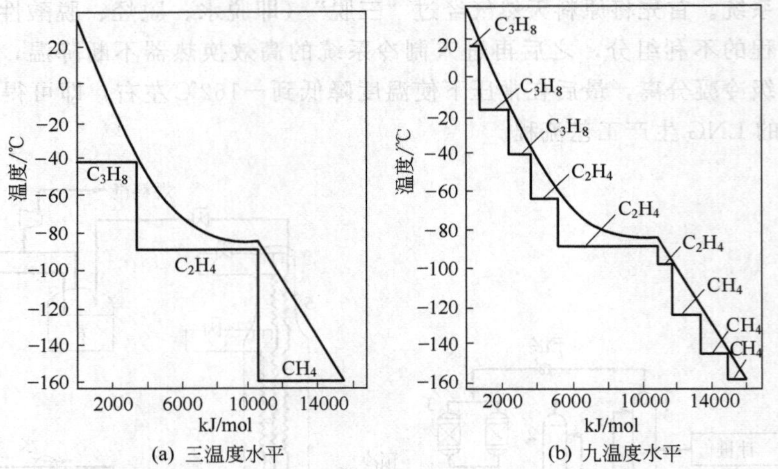

图 8-3　三温度水平和九温度水平级阶式制冷工艺的冷却曲线

闭式循环：制冷剂循环系统自成一个独立系统。混合制冷剂被制冷压缩机压缩后，经水（空气）冷却后在不同温度下逐级冷凝分离，节流后进入冷箱（换热器）的不同温度段，给原料天然气提供冷量。原料天然气经“三脱”处理后，进入冷箱（换热器）逐级冷却冷凝、节流、降压后获得液态天然气产品。

开式循环：原料天然气经“三脱”处理后与混合制冷剂混合，依次流经各级换热器及气液分离器，在逐渐冷凝的同时，也把所需的制冷剂组分逐一冷凝分离出来，按制冷剂沸点的高低将分离出的制冷剂组分逐级蒸发，并汇集构成一股低温物流，与原料天然气进行逆流换热制冷循环。开式循环系统启动时间较长，且操作较困难，技术尚不完善。

与阶式制冷工艺相比，混合制冷工艺具有流程短、机组少、投资低等优点；其缺点是能耗比阶式高，对混合制冷剂各组分的配比要求严格，设计计算较困难。图 8-4 是典型的天然气液化混合制冷工艺。

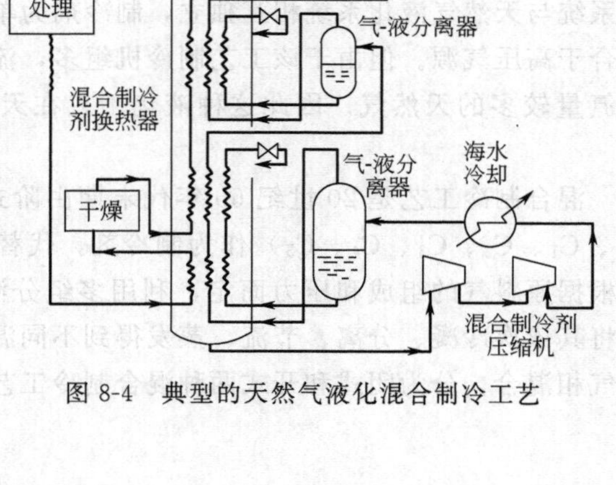

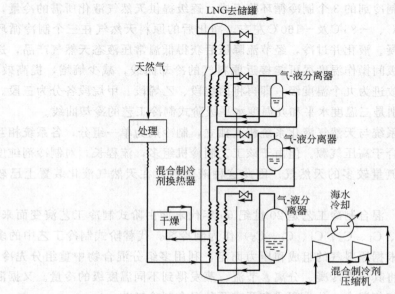

图 8-4　典型的天然气液化混合制冷工艺

混合制冷工艺可以分为全混合制冷剂工艺和预冷并混合制冷剂工艺。目前有多家公司开发出了各具特色丙烷预冷的混合制冷剂循环工艺。选用丙烷预冷的混合冷剂液化循环（见图8-2）。原料天然气经由燃气引擎带动的压缩机两级压缩，经冷却后，通过脱硫单元除去酸性组分（CO_2、硫组分等），然后进入分子筛干燥系统进行深度脱水（水的体积分数控制在1×10^{-6}以下）。

净化后的天然气经预冷器与尾气换热，并由丙烷冷剂预冷，预冷后的天然气进入主冷却器，由混合冷剂冷冻至－120～－125℃（全凝、过冷）。冷却后的天然气经节流，温度进一步降低，通过气液分离器分离出液相 LNG 产品和气体。气体经主换热器和预冷器换热，作为尾气排出装置。

混合制冷剂经过压缩后与丙烷预冷器换热，发生部分冷凝，然后通过气液分离器分离成气相和液相两部分。液相经节流降温后，由中部进入（喷淋）主换热器，在主换热器的热区（下部）冷却冷剂的气相部分（使之部分冷凝）和原料气；气相部分先在主换热器的热区被冷冻，后在冷区被进一步冷却，并通过节流降温，作为低温冷剂由上部进入（喷淋）主换热器。换热并汽化后的混合冷剂由主换热器底部引出，换热后，进入混合冷剂压缩机压缩，进行制冷循环。

(3) 膨胀制冷工艺　膨胀制冷工艺的特点是利用原料天然气的压力能对外做功以提供天然气液化所需的冷量。系统液化率主要取决于膨胀比和膨胀效率。该工艺特别适用于天然气输送压力较高而实际使用压力较低，中间需要降压的气源场合。优点是能耗低、流程短、投资省、操作灵活；缺点是液化率低。

8.1.3.2 LNG 储存

(1) LNG 接收站　LNG 接收站工艺可分为两种，一种是蒸发气体（boiling of gas，BOG）再冷凝工艺，另一种是 BOG 直接压缩工艺。两种工艺并无本质上的区别，仅在 BOG 的处理上有所不同。现以 BOG 再冷凝工艺为例介绍 LNG 接收站的工艺流程，如图 8-5 所示。LNG 运输船抵达接收站的码头后，经卸料臂将 LNG 输送到储罐，再由 LNG 泵升压后输入汽化器，LNG 受热汽化后输入用户管网。LNG 在储罐的储存过程中，因冷量损失产生气体，正常运行时，罐内 LNG 的日蒸发率为 0.06%～0.08%；但卸船时，由于船上储罐内

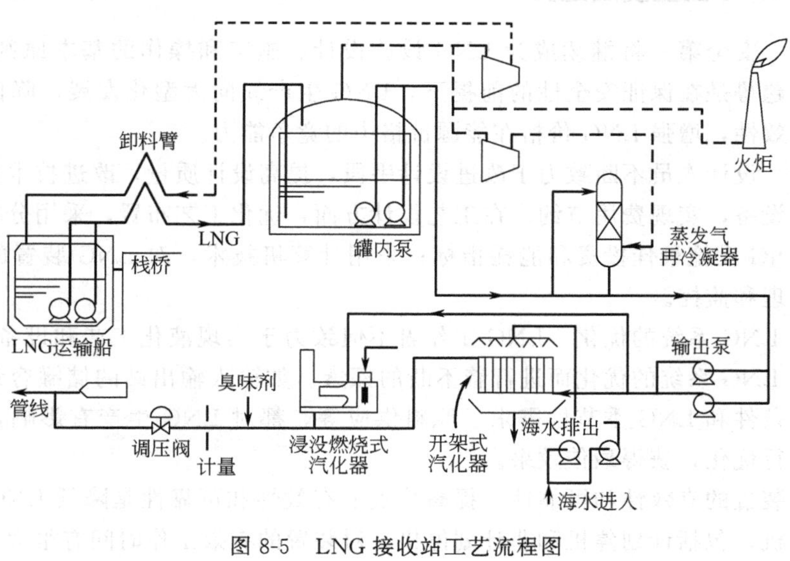

图 8-5　LNG 接收站工艺流程图

输送泵运行时散热、船上储罐与接收站储罐的压差、卸料臂漏热及 LNG 与蒸发气置换等，蒸发气量可数倍增加。BOG 先通过压缩机加压后，与 LNG 过冷液体换热，冷凝成 LNG。为了防止 LNG 在卸船过程中造成 LNG 船舱形成负压，一部分 BOG 需返回 LNG 船以平衡压力。若采用 BOG 直接压缩工艺，由压缩机加压到用户所需压力后，直接进入外输管网，需消耗大量的压缩功。

(2) LNG 储罐　LNG 储罐是 LNG 接收站和各种类型 LNG 工厂及装置不可缺少的重要设备。由于 LNG 具有可燃性和超低温性（－162℃），因而对 LNG 储罐有很高的要求。罐内压力 0.1～1MPa，储罐的蒸发量一般为 0.04%～0.2%，小型储罐蒸发量高达 1%。储罐可分为地面储罐和地下储罐。

目前世界上应用最为广泛的地面储罐以金属材质地面圆柱状双层壁储罐为主（图 8-6），这种双层壁储罐是由内罐和外罐组成，两层壁间填以绝热材料，与内壁接触的内罐材料是含 Ni9% 的不锈钢、奥氏体不锈钢或铝合金，外罐材料一般为碳钢，绝热材料采用珠光砂、聚氨酯泡沫塑料、聚苯乙烯泡沫塑料、玻璃纤维或软木等。为了防止罐顶因气体压力而浮起和地震时储罐倾倒，内罐用锚固钢带穿过底部隔热层固定在基础上，外罐用地脚螺栓固定在基础上。

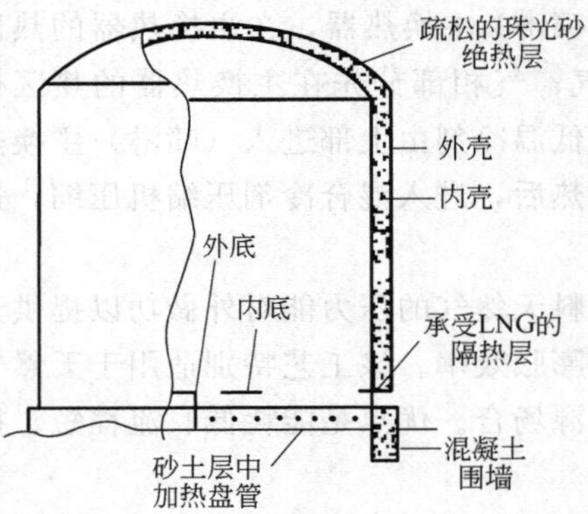

图 8-6　地面圆柱状双层壁储罐

地下储罐主要为特大型储罐采用，除罐顶外，大部分（最高液面）在地面以下，罐体坐落在不透水稳定的地层上。为防止周围土壤冻结，在罐底和罐壁设置加热器，有的储罐周围留有 1m 厚的冻结土，以提高土壤的强度和水密性。LNG 地下储罐的钢筋混凝土外罐，能承受自重、液压、土压、地下水压、罐顶、温度、地震等载荷，内罐采用金属薄膜，紧贴在罐体内部，金属薄膜在－162℃具有液密性和气密性，能承受 LNG 进出时产生的液压、气压和温度波动，同时还具有充分的疲劳强度，通常制成波纹状。

8.1.4　世界 LNG 工业发展趋势

(1) 安全　安全第一将继续成为 LNG 设施设计、施工和操作的基本原则。世界 LNG 工业总的发展趋势是在保证安全性的前提下，LNG 生产线向大型化发展，降低能耗，提高效率，提高有效性，增强 LNG 价格在能源价格中的竞争能力。

(2) 设计　设计人员不断致力于改进设计手段，提高设计质量，改进技术参数，正确选择液化工艺和设备，实现费用节约。在工艺设计方面，优化工艺布置，采用分析方法和预演技术，确定 LNG 设施最佳投资和能耗指标；采用计算机技术，对 LNG 装置的操作和维护进行自动化管理和监控。

(3) 实现 LNG 系统的优化　LNG 工作者不但致力于实现液化工艺和设备选择的优化，还为实现整个 LNG 系统的优化而进行着不断的探索。如输入输出站的储罐容量、海运效率和速度、气候条件和 LNG 季节性需求、原料供应等，都对 LNG 生产有影响，必须对所有变量或参数进行优化，获得最佳效果。

(4) 提高装置的有效性和可靠性　提高装置的有效性和可靠性是降低 LNG 费用的重要途径。装置停机，包括计划停机和非计划停机，对装置的有效工作时间有很大影响，如何将计划停机和非计划停机控制到最低水平，一直是人们研究的课题之一。

(5) 延长装置的使用寿命　延长装置的使用寿命，能降低 LNG 费用。一些易磨易损元件，如轴承和密封件，对装置维修次数和维修时间以及装置的寿命有很大影响，是研究的主要对象。其他研究技术有工艺和环境造成设备腐蚀的探测和防护、较理想的隔热材料和隔热措施等。

(6) LNG 生产线向大型化发展　人们认识到，发展规模经济，扩大 LNG 生产线生产能力，减少 LNG 生产线数量，可以进一步降低能耗，降低 LNG 生产成本。20 世纪 60 年代单套规模为 (50～100)×10^4t/a，到 20 世纪 90 年代便达到 (240～300)×10^4t/a。

(7) 降低 LNG 生产能耗　LNG 生产厂的动力需求大约需要消耗 10%的原料气。液化 1m^3 天然气的理论最小能耗为 0.18～0.21kW·h，而前面所述几种液化天然气制冷循环所需能耗比这要高得多。目前世界上对降低 LNG 生产厂能耗进行着不懈的努力，力求达到更低的能耗指标。

8.1.5 液化天然气与天然气合成油的比较

天然气利用的最大争议就是发展液化天然气（LNG）还是发展天然气合成油（gas to liquid，GTL）。前者本质上是一个物理过程，目的是把天然气转变成液体以便于运输。而后者是一个化学过程，目的是将天然气转化为石蜡、柴油等其他专用化学品。LNG 的一个明显的优势是已经有 40 年的历史，技术较成熟，市场多年稳定增长，并有优良的安全记录。而 GTL 是一个全新的技术，其在经济、技术可靠性和安全性方面还需证明。就市场而言，LNG 主要是海上运输，与管道天然气贸易竞争。LNG 的中短期市场将保持稳定的增长，但长期有供大于求的趋势。而 GTL 还处于其发展的婴儿阶段，其主要市场是不断发展的交通运输用油，尤其是柴油。当今世界对柴油的需求巨大，其主要来源是石油炼制。GTL 产品因其优良的环保品质，将毫无阻力的进入这个市场，因而有巨大的市场潜力。从投资来看，LNG 和 GTL 都需较大的资金投入。与 LNG 相比，投建 GTL 装置虽然也是规模越大效益越好，但是与 LNG 的大规模相比，GTL 装置规模可大可小，对开发小气田或小储气油田而言，GTL 比 LNG 更大的优势在经济利益方面。总之，投资 LNG 还是 GTL 的争议在近期还会持续，投资者必须根据实际情况考虑投资成本、天然气资源规模、技术风险、目的市场等许多因素作出决定。

8.1.6 我国天然气液化技术应用前景

我国天然气资源多分布于中西部地区，而东南沿海发达地区则是能源消耗量最大的地区。要合理利用资源，就必须解决利用与运输间的矛盾。“西气东输”管线的建成投产，为我国天然气的广泛应用拉开了序幕，但长距离输送管线巨额的建设投资、地质地貌造成的施工技术困难和高昂的维护运行费用，在很大程度上又影响和制约着对下游用户经济灵活、安全平稳的气源供应。就经济发展迅速的中小型城市而言，近期燃气消费量变化趋势和远期用气规模受社会环境、地理环境和经济政策等诸多因素限制而难以确定，输气管网的经济性恰恰与输气管网输气能力的利用率密不可分，输气管网能否获得预期的经济收益更是各大燃气供应商所关注的焦点，所以“舍远求近”必然成为绝大多数燃气供应商采取的重要战略措施。随着城市燃气消费量的增加，对原输气管网的系统改造和扩容，势必导致原有资产的报废或重复投资，在给各大燃气供应商造成巨大经济损失的同时，更增大了燃气本身的附加成本，不利于燃气市场的开拓和用户的培育。一些城市“气化”以后，由于民用气量季节差异较大、输气管网出故障等，都会造成定期或不定期的供气不平衡，而建设LNG调峰工厂（储存汽化装置）可以起到很好调峰的作用。据国外资料统计，在美国、日本、欧洲已建成投产100多座LNG调峰装置，它比建设地面高压储气罐和地下储气库节省土地、资金，缩短工期，而且方便灵活，不受地质条件限制。天然气液化后便于经济可靠的运输，可用专门的LNG槽车、轮船把边远、沙漠、海上油气田以及新区分散的天然气，经液化后进行长距离运输到销售地，而且风险性小、适应性强。随着城市居民生活水平的提高和车用燃料的紧缺，城市车辆对安全、经济、环保和可靠的车用燃料的需求量也会不断增加，天然气以其优良的燃烧、排放性能愈来愈受到广大用户的青睐。

因此，加快对适合我国特点的天然气液化装置的工艺技术研究，加大对相关应用技术研究的力度和投入，已成为天然气应用开发领域的重要课题之一，具有广阔的市场前景。

8.2 吸附天然气技术

8.2.1 概述

与传统的能源石油、煤相比，由于天然气的能源密度低，要使其成为大规模使用的常规能源，必须解决其储存及运输问题。经过近20年的研究，天然气的储存技术研究已有很大的发展。在众多的储存技术中，吸附天然气（absorbed natural gas，ANG）储存技术受到越来越多的重视，特别是在天然气汽车方面必须解决其体积能量密度低的问题，1L汽油燃烧后可释放热值约45MJ的热量，而常温常压下1L天然气完全燃烧仅释放0.04MJ的热量，因此如何提高天然气的随车储存能量密度是天然气能否代替汽油的关键。现行的天然气汽车均采用高压（20MPa以上）压缩天然气（compressed natural gas，CNG）作为储存方式，但由于CNG压力高，该技术尚存在储气瓶自重大、建CNG充气站费用高、安全隐患多等缺陷。针对CNG储存技术的不足，人们开辟了ANG储存技术的研究。

ANG储存技术是指在储罐内装入活性吸附剂，充分利用吸附剂巨大丰富微孔结构的内表面，以达到在常温、低压（3.0～6.0MPa）下使ANG具有与CNG相接近的储能密度。在储存容器中加入吸附剂后，虽然吸附剂本身要占据部分储存空间，但因吸附相的天然气密度高，总体效果是将显著提高天然气的体积能量密度。ANG的最大优点在于压力较低（3.5～5MPa），仅为CNG压力的1/4～1/5。因其储气压力低，故在储气设备的容重比、类型、系统的成本等方面较CNG有较大优势。与CNG相比，ANG的优点还表现在单级压缩、储罐形状和用材选择余地大、质量轻、压力低、使用方便、安全可靠，ANG技术是较经济的方法，其总费用仅为CNG的一半，吸附剂使用寿命超过一年并可重复使用。

如果吸附储存天然气的应用研究获得成功并得以广泛应用，一方面可以改进天然气储存技术；另一方面可以扩大天然气的应用领域，尤其是在天然气汽车方面的应用。

8.2.2 ANG储存技术的基本原理和特点

吸附式存储天然气技术的成功与否，核心是高甲烷吸附含量和高脱附速度吸附剂的选择与开发。当今的研究热点是高效、低成本吸附剂的制备以及各种吸附材料的微孔结构、制备方法对吸附性能的影响。与吸附分离不同，吸附式存储是利用吸附剂表面吸附相的高密度，而吸附分离利用的是吸附剂表面的吸附选择性。天然气的主要成分甲烷是球形的非极性分子，与吸附剂之间的作用力主要是范德华力中的色散力，因而吸附剂的表面极性对吸附过程影响极小，其吸附量主要取决于吸附剂的微孔孔容和比表面积。

天然气被吸附剂吸附，是一个由气相向吸附相转变的过程，这一过程会放出吸附热，若吸附系统的换热不足，吸附系统升温，而影响吸附量大小；相反，天然气从吸附剂中解吸释放，是由吸附相向气相转变的过程，为吸热过程，若吸附系统供热不足，则系统温度下降较大，甚至影响系统的正常操作。所以，关于 ANG 存储技术的研究必须考虑几个问题：①开发高比体积存储容量的吸附剂；②吸附热效应对存储系统的影响；③吸附剂对杂质组分有一定包容性，实际天然气组成中含有少量的二氧化碳、水蒸气、硫化物以及高碳碳氢化合物，这些杂质会影响吸附剂的吸附性能。

8.2.3 ANG 吸附剂

8.2.3.1 ANG 吸附剂应有的特点

目前天然气吸附剂主要是炭质吸附剂。ANG 技术中，吸附剂的研究、开发、优选是首要问题，也是 ANG 技术研究得最为广泛的内容。大量的研究结果表明，影响吸附剂储气性能的因素主要有以下五项。

(1) 吸附剂结构　存储天然气时，由于存储体积本身的限制，应考虑单位体积的吸脱附量，而不是单位质量吸附剂的吸脱附量，吸附剂结构型式对吸附量的影响极大。①比表面积。为了有效地储存天然气，增加吸附剂储存天然气的能量密度，要求制备的吸附剂具有高度发达的微孔结构，这就意味着吸附剂的比表面积应该很大。研究表明，吸附剂比表面积在 2500～3000m^2/g 时可望获得较高的天然气吸附量。但大量研究也表明，并非比表面积越大越好，吸附剂储存甲烷的能力还与其孔结构、填充密度有关。有效的吸附剂应使其比表面积、微孔结构、填充密度三者合理匹配。②孔壁碳密度。孔壁碳原子的密度对吸附态甲烷的密度有着相当大的影响。孔壁上碳原子密度的减小（38.18～31.90 个/nm^2）导致吸附甲烷量显著减少。③孔径。微孔炭质吸附剂吸附储存甲烷量不仅与它的比表面积有关，而且与它的孔径大小分布有关。甲烷的分子结构为球型分子，其分子直径 0.38nm，一般情况下炭质吸附剂对甲烷的吸附均为 Langmur 型，当填充度为 92%时，微孔吸附质的孔径 4 倍于分子直径，即 1.52nm，随着吸附条件的变化，如随着压力的增大，最佳孔径也将增大，但最大值为 1.85nm。所以综合考虑，25℃炭质吸附剂的最佳孔径应为 1.5～1.85 nm，因此，微孔分布集中的高比表面积活性炭应该是天然气吸附储存的最好材料。有资料表明，对吸附剂利用率最高的孔径与吸附质分子直径的比值为 1.7～3.0，对需要重复再生的吸附剂，该比值为 3～6 或更高。

(2) 填充密度　甲烷的总存储量包括吸附态气体与压缩态气体。所有存储甲烷为吸附态时才可获得最高存储密度。增加活性炭的储气能力目标之一，就是使其不发生吸附的空隙最小化。对于颗粒状和粉末状炭，则包括了大孔与颗粒之间的空隙。这些空隙中天然气吸附剂的填充密度一般通过两种方法来提高，一是通过活性炭成型将吸附剂颗粒之间的空隙最小化。在压缩状态下，活性炭颗粒之间的空隙随活性炭块密度的升高而减小，但活性炭的压缩并未改变颗粒的结构。二是应用颗粒尺寸分布范围宽的吸附剂，可使尺寸较小的颗粒填充在尺寸较大的颗粒之间的空隙中。

(3) 微孔容积　影响甲烷吸附储存量的因素除了孔径大小外，还有微孔容积。微孔容积占总孔容积的比例越大，对甲烷的吸附越有利。研究表明，微孔容积应大于0.5mL/g。

(4) 吸（脱）附热　在天然气吸附的实际应用中，由于活性炭是热不良导体，而吸附和解吸过程中往往伴随着热量的变化。由于吸附和解吸过程中的放热和吸热所引起的吸附剂温度的升高和降低对甲烷的吸附储存量和解吸释放量均有一定的影响，这种影响在快速充气和放气时更加明显。理论计算表明，在298K，从0.14MPa绝热充气到3.45MPa时，吸附剂的温度将升高85K，此时的吸附容量比等温充气时减少48%。试验结果表明，绝热充气活性炭温度升高53K，吸附容量减少20%，解吸过程中由于温度降低，使吸附剂在仍吸附有8.2%～18%的甲烷时就停止解吸了。当快速释放时，温度降低了35K，此时解吸量比等温解吸量减少24%，若以中等速度解吸，解吸释放量可望只减少14%～19%。

(5) 气质组分　天然气中少量的水蒸气、乙烷、丙烷和丁烷等杂质的存在会影响甲烷在活性炭上的吸附容量，从而影响天然气吸附剂的使用寿命。其中高于C_4的烃在活性炭上是不可逆地吸附，而CO_2对活性炭吸附储存天然气的影响，要视其在天然气中的含量来确定。在CO_2含量为0.04%～1.00%时，CO_2的存在不会影响甲烷的吸附，但当其含量大于1%时，对其影响必须加以考虑。综上所述，当吸附剂吸附含杂质的天然气循环使用一段时间后，需要在高于523K、0.4kPa压力下脱附1h。

综上所述，优良的天然气吸附剂应具备以下特点。①吸附剂应具有较大的比表面积和适宜的微孔结构。普通吸附剂的比表面积在1000m^2/g左右，天然气吸附剂的比表面积介于2000～3000m^2/g；孔径分布集中，孔径大小介于1.0～2.0nm；微孔孔容应占总孔容的85%以上。吸附剂表面积、孔径分布、微孔数量是决定吸附剂性能的三个重要参数。②吸附剂对天然气的储气能力高，在3.5MPa下，吸附剂应有100（体积比）以上（固定吸附储存）或150（体积比）以上（移动式吸附储存）的天然气（主要包括甲烷和乙烷）有效存储能力。也要求吸附剂的体积要小，即单位体积吸附剂的吸附量应尽可能大。③由于吸附时放热而升温，脱附时吸热而降温，都会直接影响吸附和脱附速率，故要求吸附剂有比较良好的导热性。④正常情况下，吸附和脱附的速率要高；当压力下降到常压时，残留在壁内的“垫气”要少。⑤吸附剂的使用寿命长，能再生使用及其制备工艺简单、成本低。以上特点也是评价一种ANG吸附剂吸附性能优良与否的基本条件。

高比表面积的活性炭对甲烷的吸附量远远高于普通活性炭和活性炭纤维。对于吸附储存甲烷的实际应用来讲，由于储罐体积有限，必须考虑单位体积吸附剂的吸附量而非单位质量吸附剂的吸附量。当储罐内装入活性炭吸附剂后，储罐内的空间被分为4个部分：炭骨架体积、过渡孔与大孔体积、微孔体积、吸附剂颗粒间的空隙体积。对比表面积约为1500m^2/g、孔容为0.7～0.8cm^3/g的粉状活性炭的充填技术研究表明，其体积分布情况大致为：炭骨架占总体积的21%，大孔与过渡孔占30%，微孔占18%，空隙占31%。由于甲烷在常温（远远高于其临界温度190K）的吸附情况下基本是微孔起作用，为提高甲烷的储存密度就必须减少大孔体积和空隙体积。目前已商品化的活性炭由于比表面太低（约1000m^2/g），孔分布太宽，导致储存甲烷的量只相当于20MPa下储存甲烷量的1/2。

8.2.3.2 ANG吸附剂的种类

自20世纪50年代起，人们就开始筛选适合于天然气存储用的各种吸附剂，如天然沸石、分子筛、硅胶、炭黑、活性炭等。20世纪80年代以来，新型活性炭吸附剂的开发和应用奠定了碳基吸附材料在该领域的统治地位，是目前应用最广的吸附剂。按照活性炭的特性及出现的顺序，碳基吸附材料可分为常规活性炭、颗粒活性炭（grain actived carbon，GAC）、碳分子筛（carbon molecular sieve，CMS）、球状活性炭（spherical activated carbon，SAC）。

（1）硅胶 硅胶是由多聚硅酸经分子内脱水而形成的一种多孔性物质，其化学组成为 $SiO_2 \cdot xH_2O$，属于无定型结构。硅胶的基本结构质点为 Si—O 四面体，是由 Si—O 四面体相互堆积形成硅胶的骨架。堆积时，质点内的空间即为硅胶的孔隙。由于硅胶为多孔性物质，具有较大的比表面，而且表面的羟基具有一定程度的极性，故能优先吸附极性分子。硅胶对天然气的吸附研究早在 20 世纪 50 年代就开始，然而根据大量研究表明，硅胶在天然气吸附方面也有一定的条件。表 8-2 是 QD 和 WJ 两种不同硅胶的孔径分布。

表 8-2 硅胶的孔径分布

孔径/nm	QD		WJ	
	孔体积/(mL/g)	百分数/%	孔体积/(mL/g)	百分数/%
20～30	—	—	0.00329	0.38
10～20	0.00463	5.13	0.01501	1.73
5～10	0.0071	7.87	0.313	36.15
4～5	0.00244	2.7	0.2965	34.25
3～4	0.00487	5.4	0.1836	21.21
2～3	0.01287	14.26	0.05444	6.29
1～2	0.05844	64.77	0.00009	0.01

表 8-3 是 QD 硅胶的微孔分布。

表 8-3 QD 硅胶的微孔分布

孔径/(10^{-10}m)	孔比表面/(m^2/g)	孔体积/(mL/g)	dV/dr/(10^{10}mL/m)
5.2341～5.8546	72.709	0.04031	0.06496
5.8546～6.3743	179.29	0.1096	0.211
6.3743～6.9944	161.71	0.1081	0.1743
6.9944～7.4989	100.86	0.07309	0.1449
7.4989～8.1145	54.874	0.04284	0.0696
8.1145～8.9043	26.678	0.0227	0.02874
8.9043～9.9914	12.836	0.01213	0.01116
>9.9914	31.901	0.02313	—
合计	640.86	0.4319	—

从表 8-2 的数据可以清楚地看出：两种硅胶的孔结构及分布完全不同。硅胶 WJ 的孔道直径大多集中在 3～10nm，直径小于 2nm 的孔几乎没有；硅胶 QD 的总表面积为 640.86m^2/g。

由表 8-3 可以看到，孔径为 0.5～1nm 的微孔总的表面积为 608.96m^2/g，占全部微孔表面积的 95.0%，总孔体积为 0.4319mL/g，其中孔径为 0.5～1nm 的微孔体积为 0.4088mL/g，占总体积的 94.65%，可见微孔结构在 QD 内部孔结构中占据了主体地位，且微孔集中在孔径为 0.5234～0.81145 nm。这些数据表明有些硅胶如 QD 有符合天然气吸附剂的条件，因而可以考虑作为天然气的吸附剂。

（2）沸石分子筛 沸石分子筛是结晶硅铝酸盐，化学式为 $M_{x/n}[(AlO_2)(SiO_2)_y]\cdot$

mH_2O，阳离子和带负电荷的硅铝氧骨架本身就带有极性。阳离子给出强的正电场，吸引极性分子的负极中心，或是通过静电诱导使可极化的分子极化。极性越强的或越易被极化的分子，也就越容易被沸石吸附。其比表面积为 580m²/g、孔容 0.32mL/g、平均孔径 1.1nm。沸石分子筛在吸附天然气方面虽具备一定的条件但不具有优势，其主要应用也是在气体分离方面，因而国内外对其在天然气吸附应用方面的研究比较少。

（3）活性炭纤维　作为一种新型的高效吸附剂，活性炭纤维（ACFS）的吸附和脱附性能要优于一般的活性炭，其原因在于 ACFS 具有的特殊的形态、高的比表面积和独特的孔结构。通过对活性炭和活性炭纤维的孔结构进行研究发现，ACFS 的孔径分布窄，微孔丰富且开口于纤维表面，有少量中孔，很少或基本上没有大孔；而活性炭的孔径分布宽，含有相当数量的中孔和大孔，且在填充到吸附罐时需要使用黏结剂成型，从而损失了部分比表面积，并且吸附、脱附速度相对比较慢。由于天然气发生吸附作用时主要以微孔为主，所以在相同的条件下，ACFS 的吸附效果和速率都远远高于活性炭。从微观结构上来看，决定 ACFS 吸附性能的优劣的最根本的因素还在于其孔径分布情况，其次是微孔的孔径（<3nm）和孔容（>0.5mL/g），这是天然气吸附剂制作过程中最重要的参数。

ACFS 最显著的特点就是很大的表面积（1000～3000m²/g）和丰富的微孔，微孔体积占总体积的 90% 以上，微孔直径在 1 nm 左右且直接开口于纤维表面。作为一种高效的天然气吸附材料，它具有如下优点：①总表面积大及微孔丰富；②吸附与解吸附速度快；③通气性能佳，可以很快使罐内气压平衡；④低粉尘、质量轻、易操作和处理；⑤容易制成各种形态。

（4）活性炭　活性炭是一种具有高度发达的孔隙结构和极大内表面积的人工炭材料制品。它是利用木炭、木屑、椰壳、各种果核、纸浆液以及其他农林副产品、煤以及重质油为原料经炭化活化而得的产品。它主要由碳元素（质量分数为 87%～97%）组成，同时也含有氢、氧、硫、氮等元素以及一些无机矿物质。吸附作用是活性炭的最显著的特征之一，它可以从气相或液相中吸附各种物质，且吸附能力很大，通常其孔容积达 0.2～1.0cm³/g。内表面积为 400～1000m²/g。与其他吸附剂（树脂类、硅胶、沸石等）相比，活性炭的优点在于：高度发达的孔隙结构和巨大的内比表面积；活性炭表面上含有多种官能团；性能稳定，可以在不同温度、酸碱度中使用；可以再生循环。近年来为了满足高性能吸附剂的需求，人们对活性炭的研究也越来越深入，并研制得到一系列性能不同的高效活性炭吸附剂，表 8-4 列出了一些最新的高效活性炭吸附剂性能。炭质吸附剂的吸附性能可以通过活化不断

表 8-4　国内外高效活性炭吸附剂的性能指数

研究人员、机构	制取材料	活化剂	比表面积 /(m²/g)	吸附量 (25℃, 3.4MPa)	解吸释放量 (25℃, 3.4MPa)	堆密度 /(g/cm³)	微孔孔容 /(cm³/g)
英国 Harry Mash	石油焦，木炭	KOH	2700	—	—	—	—
美国 Amoco 公司	活性炭	KOH	3000	170	135	—	—
日本川崎钢铁公司	中碳微球	KOH	2145	164	146	0.58	0.96
中国石油大学	木质素	—	2912	—	—	—	—
中国石油大学	石脑焦	—	2399	148(4.0MPa)	—	—	—
山西煤炭化学研究所	石脑焦	—	3882	122.4	—	—	1.1
中国石油大学	—	—	2700	—	—	0.5	—
华南理工大学	聚氯乙烯	—	3191	—	—	—	—
北京化工大学	新型赋活剂	—	2966	—	—	—	—

得到提高升级，这为ANG储存技术的进一步发展提供了重要研究方向。活性炭以及活性炭纤维在天然气吸附储存方面有着比较大的优势，因而在进行天然气吸附剂优化选择时可重点从这两大类吸附剂进行研究。

(5) 碳分子筛 碳分子筛（CMS）自20世纪60年代末实现工业化以后，得到迅速发展。高温碳化法制备分子筛时，将热固性聚合物制成中空纤维或薄膜，然后在惰性气体或真空中加热碳化，聚合物高分子链断裂，释放出气体分子，产生多孔质的CMS。制备分子筛时，碳化过程中发生脱氢、缩水作用，从而生成以碳为骨架的网络结构。当碳化时脱出的氢及水分子溢出时，势必在网络中打开通道，这就构成了孔径与分子尺寸同数量级的微孔。CMS中有可能存在两种类型的孔，一种是微孔，另一种是大孔。由碳骨架所构成的网络中具有分子尺度大小的孔，碳化时裂解气逸出时开辟的通道也构成具有分子尺寸大小的孔，这两种成孔机理所构成的孔的孔径在数纳米以下，由球状粒子堆积的空隙所构成的孔或由活化气烧蚀所构成的半孔，孔径在数十纳米到数百纳米。控制碳化温度、活化气氛、活化时间，可制备不同孔径大小分布的CMS。CMS孔径均匀，一般介于0.3～0.7nm，具有较高的选择吸附性。CMS与其他吸附剂相比，优点是不吸附水，对天然气中的CO_2和其他杂质的吸附能力弱，不造成天然气吸附储存量的下降。

8.2.3.3 吸附剂制备技术

吸附剂制备技术包括制备和成型两个步骤。

(1) 吸附剂的制备技术 目前多采用以KOH为主活化剂的化学活化法来制备天然气吸附剂。其优点在于反应速度快、生产周期短、吸附剂孔径分布窄、微孔含量大等，并可根据不同的原料和处理工艺，通过添加助活化剂或特殊后处理工艺等方式来提高吸附剂的性能。其制备过程在本质上可概括为四个步骤：①原料的选择和预处理；②与活化剂充分混合，并在300～500℃温度下进行脱水预活化；③500～1000℃下活化冷却；④充分水洗和干燥。前三个过程是决定吸附剂性能的关键技术。

制取天然气吸附剂的原料来源非常广泛，主要有木炭、泥煤、泥煤焦炭、石油产物、褐煤及其半焦炭等含碳物质，这些原料的共同特点就是含有大量的稠环芳烃结构。原料的广泛性为此项技术的产业化提供了充分的现实基础。预活化过程主要是发生部分脱水和碳化反应，产生大量甲烷、氢气、一氧化碳以及一些重烃气体，改善了原料表面的憎水特性，使其容易与活化剂充分润湿，并形成部分大孔，为活化剂进入原料颗粒内部提供充分的途径。活化过程主要是原料在KOH作用下发生芳环缩聚反应，形成石墨碳和芳香碳，从而构建成微孔，并在微孔内表面生成羟基、羧基、醌、过氧化物及醛等多种含氧官能团，从而有利于甲烷的吸附。

(2) 吸附剂的成型技术 吸附剂成型的主要目的是提高单位体积内的微孔含量。粉体吸附剂成型技术研究方向都倾向于添加黏结剂压制成型，包括黏结剂的筛选和成型工艺研究两个技术要素，其重点在于胶黏剂或增强剂材料的选择。有机类的黏结剂以其高黏度、高强度、低添加量、低惰性、多功能性以及可能的造孔功能而在黏结成型中得到最广泛的应用，近几年逐渐受到研究者的重视。常用的黏结剂有聚丙烯酰胺（PAM）、聚乙烯醇（PVA）、羧甲基纤维素（CMC）、聚氯乙烯（PVC）、酚醛树脂（PF）、石油树脂、聚四氟乙烯等。

成型工艺主要包括粉体吸附剂与黏结剂的混合、物料的成型以及型炭后处理过程。这3个过程在技术上都非常成熟，已广泛应用于传统活性炭行业，但在天然气吸附剂的成型工艺上则要求黏结剂含量低、型炭密度大，因此比活性炭的黏结剂含量少、成型压力高、成型时间长。黏结剂含量少，要求物料混合的均匀程度高；成型压力高，模具成本和液压机运行成本就高；成型时间长，则降低了设备使用效率，必然增加吸附剂成型成本。目前国内外成型工艺技术的研究成果尚不够理想，黏结剂占用了型炭吸附剂的有效空间，且严重堵塞了吸附剂的微孔通道，使微孔得不到充分利用。研制具有空间立体结构的高分子新型黏结剂，其本身可以形成大量微孔，既可保持型炭的强度和密度，又能增加型炭的吸附性能，导电高分子材料聚苯胺（PAn）、聚吡咯（PPy）、聚噻吩（PTi）等有望在此领域得到广泛的应用。

8.2.4 天然气吸附剂研究进展

近几年，国内外各研究单位在天然气吸附剂制备技术上取得了较大进展。首先，在吸附剂性能方面取得稳步发展。美国的 F. S. Baker 采用木基材料研制出甲烷吸附量和脱附量体积比分别为 177 和 153（3.45MPa，25℃）的吸附剂；澳大利亚的 A. L. Chaffee 以褐煤为原料，制备出甲烷吸附量和脱附量体积比分别为 194 和 145（3.45MPa，25℃）的吸附剂；美国的 T. Burchell 以碳纤维为原料，研制的吸附剂对甲烷的吸附量体积比达到 120～140（3.45MPa，25℃）；日本的 K. Seki 采用合成聚合物研制出甲烷吸附量为 $210cm^3/g$（3.45MPa，25℃）的吸附剂。美国公司制造的 AX21 吸附剂，其体积吸附储存量和解吸释放量（体积比）分别为 170 和 135（3.45MPa，25℃）；中国石油大学陈进富等人以石油焦为原料，采用复合活化技术制备出甲烷吸附量和脱附量（体积比）分别达到 180 和 169（5.0MPa，25℃）的型炭吸附剂。

其次，在制备工艺及其产业化方面取得初步成效。国外已建成天然气吸附剂的小批量生产装置，可实现订购生产，但其成本较高，限制了吸附剂的应用深度和范围。在国内，此类技术多数处于实验室小试阶段，目前中国石油大学发明的复合活化技术进行过中试，开展了活化热量的综合利用、吸附剂的洗涤工艺及其活化剂污水的回用技术等相关产业化技术研究。中国石油大学、清华大学和四川石油管理局正在进行吸附剂实验。

我国 ANG 技术经历了实验室小试、厂矿中试和大试的 15 年艰苦研发之路，建立了完整的吸附剂生产、洗涤、成型以及污水回用装置，基本解决了吸附剂生产过程中出现的系列安全问题，实现了可连续的、大规模的中试生产，其产品性能达到实验室小试水平，从技术角度讲，我国已具备独立的知识产权和可实施产业化的 ANG 技术。

8.2.5 ANG 技术展望及研究方向

ANG 技术是一项先进的储气技术，可用于 ANG 汽车、无法管输的零散气井以及放空天然气的吸附回收，并部分替代地下储气库储存天然气，以供工业、民用、调峰和国防等使用，从而极大地降低成本。此外该技术还可用于高效脱色剂、精脱硫剂、气焊等方面。国内 ANG 技术的研究主要集中在高效天然气吸附剂的开发研究方面，并已取得了一定的成果，为实际应用奠定了一定基础，该技术已引起了许多企业的关注。用椰壳为原料经低度活化制取优质活性炭以及制造热能储存器（TES）的工艺已经解决，可进行批量生产。然而目前 ANG 技术应用存在的最大问题是吸附剂的吸附性能还不是很理想。ANG 储存技术的关键在于技术上如何提高吸附剂的性能，吸附剂的优选；吸附剂优化是 ANG 储存技术趋向成熟的前提。高效且低成本吸附剂的工业化生产、吸附剂成型技术、吸附储存设备的开发方面的研究还有待加强。

综上所述，目前在ANG技术的研究工作上应集中于寻找合适的吸附剂材料、增大比表面积和微孔孔容，优化孔径分布技术，并在此基础上改进吸附储存设备技术，为ANG技术推广应用提供技术保证。

8.3 天然气制氦

氦是一种稀有的惰性气体，氦元素是在1868年日全食时在太阳的日珥上偶然发现的，因此以前把氦称为“太阳物质”。过了27年（1895年）才在地球上从钇铀矿里找到了氦。直到1908年才第一次成功地将氦液化。

一般说氦的来源有空气、天然气、含放射性元素矿石及某些矿泉水中。目前工业规模的提氦来源有两个，一是从空气中；二是从含氦的天然气中。由于空气中含氦很少（5×10^{-6}左右)，氦只能作为空气液化分离的副产品。要大量提取氦，目前几乎全部是用含有氦的天然气进行分离的。

8.3.1 氦的主要性质和用途

氦是一种稀有惰性气体，具有很强的扩散性、良好的导热性、低密度、低溶解度、低蒸发潜热等性质，对一般化学反应和放射性都具有惰性。普通氦气在常压下的密度是$0.1785kg/m^3$（0℃)，其液体是一种容易流动的无色液体。常压下氦的液化温度为－269℃，可以利用氦制冷获得接近绝对0K的低温。液氦表面张力极小，仅$1.3\times10^{-5}N/cm$，折射率1.02。氦不存在三相点，单独降温不能固化，只有在降温的同时加压至2.5MPa以上才能获得固体氦。在2.19K时液氦的各种物理性质（密度、比热容、热导率等）均发生突变，产生“超流动体”，使液氦能迅速通过直径小于$10^{-5}cm$的毛细管。

利用氦具有很强的扩散性的特点，氦可用为压力容器和真空系统的检漏指示剂。另外，将氦气和氧气配成混合气，可供深海潜水人员的呼吸，避免昏眩及智力丧失，以保证潜水人员在深海中的正常工作。

由于氦的沸点很低，在负压液氦的温度下，绝热退磁可达接近绝对零度的低温，因此氦是低温工程中最理想的制冷剂。随着科学技术的发展，氦除在色谱分析中作为载气外，还用于等离子工业、气体激光器、超导雷达探测及摄影和宇宙空间技术等尖端技术领域。

另外，利用氦的惰性和良好的导热性，氦可作为高级合金的焊接、切割和冶炼钛、锆、硅等时的保护气体，同时在气冷或原子能反应堆中可用氦作为载热体，在火箭和导弹中作为燃料的压送剂。

氦的用途十分广泛，但它在自然界中的富集度却不高。对工业提氦来说，氦的来源只有两个途径：一是通过空气分离的副产物获得，二是从含氦天然气中提取。由于空气中氦的含量甚微，一般空分产氦极少。而含氦天然气中氦的体积分数约为0.2%，大大高于空气中的含量，具有很高的提取价值。

目前主要通过低温冷凝法和膜分离法从天然气制取氦。

8.3.2 低温冷凝法天然气制氦工艺

低温冷凝法从天然气中制氦，其基本原理是通过加压降温，使原料气液化，蒸馏分离出粗氦，粗氦精制脱氢后即可得到较纯的氦气产品。其工艺流程分为氦气提浓和粗氦精制两部分。

（1）氦气提浓　图8-7是氦气提浓部分流程。含氦天然气要先经充分的分离、脱水和去除二氧化碳，以免在后续低温过程中结冰。含氦天然气经初步分离、脱水后，在压力为3.0～3.3MPa进入提氦系统。进入系统的天然气要进一步脱水，使露点降至－52℃以下；进一步冷却后，用5A分子筛脱除残留的微量二氧化碳，使其体积分数降到10×10^{-6}以下。净化后的天然气经一系列冷却器降温至－107～－112℃，此时的原料气已有95%左右液化。出冷却器后再通过氦气提浓塔底部的蒸发器盘管节流到1.8MPa入氦提浓塔，产生的气相与塔底蒸汽一起，经下冷凝器和上冷凝器将甲烷和氮气冷凝到－168～－170℃，最后在塔顶获得体积分数为70%的粗氦。节流后的液体在塔釜蒸发出溶解的氦后，从塔底排出作冷源使用。

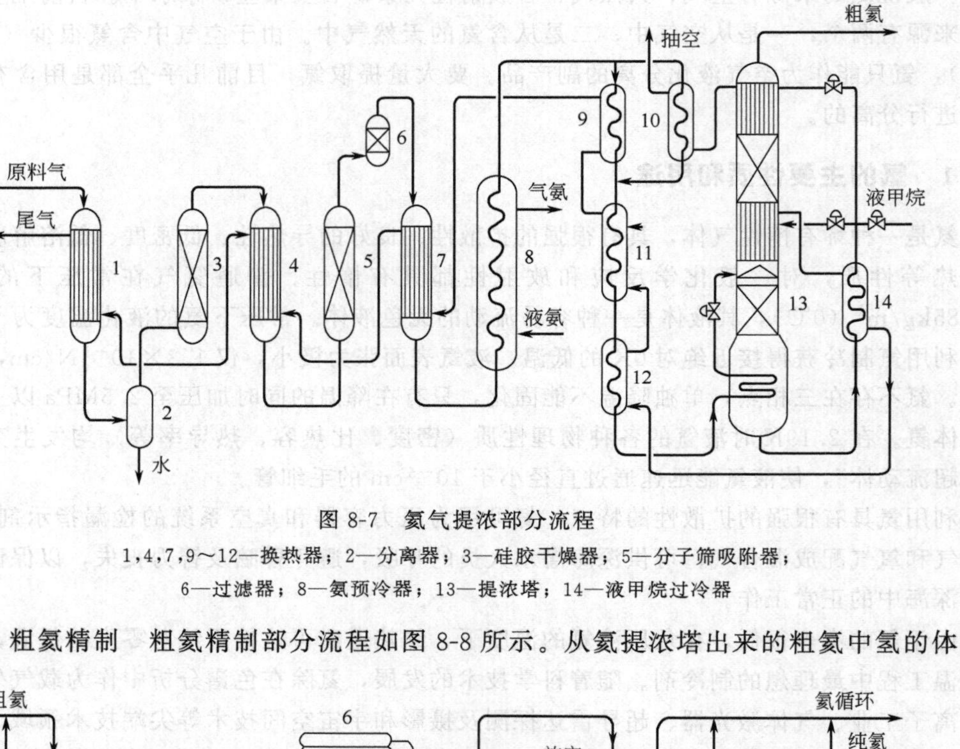

图8-7　氦气提浓部分流程

1,4,7,9～12—换热器；2—分离器；3—硅胶干燥器；5—分子筛吸附器；6—过滤器；8—氨预冷器；13—提浓塔；14—液甲烷过冷器

（2）粗氦精制　粗氦精制部分流程如图8-8所示。从氦提浓塔出来的粗氦中氢的体积分

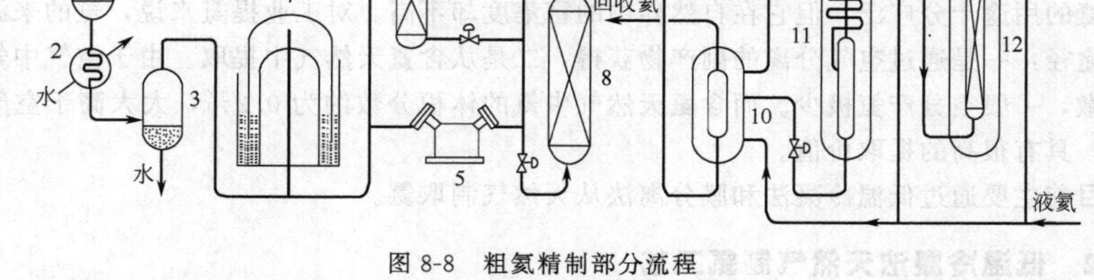

图8-8　粗氦精制部分流程

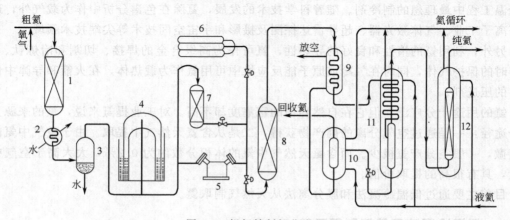

1—催化脱氢反应器；2—水冷却器；3—水分离器；4—油封罐；5—氦压缩机；6—粗氦干式储罐；7—氧化铜脱氢反应器；8—粗氦干燥器；9—预冷器；10—氦回收器；11—冷凝器；12—活性炭吸附器

数为 2×10^{-3}～5×10^{-3}，在精制前配入定量氧气，用钯-活性氧化铝作催化剂将其除去，使氢体积分数小于 2×10^{-6}后，储入油封罐。

脱氢后的粗氦加压至 15～18.7MPa 进行精制，先冷凝除去其中的大部分氮和残余的全部甲烷，使氦的体积分数提高到 98％以上。最后用活性炭吸附器除去残留氮，得到纯度为 99.99％以上的氦产品。冷凝液中夹带约 2％～3％的氦，用节流方式回收。

（3） 主要技术指标

① 净化部分　原料气干燥后水分质量分数 10^{-5}，分子筛吸附净化后 CO_2 体积分数 5×10^{-6}～10^{-5}。

② 提浓部分　原料气压力 3.0～3.3MPa，粗氦冷凝分馏塔压力 1.8～2.0MPa，氨预冷温度－40～－45℃，一级氦分离器顶部温度－155℃，二级氦分离器顶部温度－168～－170℃，粗氦的体积分数 70％～75％，提氦后天然气残氦约 10^{-5}～2.0×10^{-6}，粗氦提浓系统氦收率约 90％～97％。

③ 精制部分　粗氦冷凝及吸附压力 15～18.7MPa，粗氦冷凝及吸附温度－190℃，产品氦纯度＞99.99％，粗氦精制系统氦收率约 95％，氦总收率约 90％。

④ 装置　低温冷凝法天然气制氦装置主要设备及技术要求见表 8-5。

表 8-5　低温冷凝法天然气制氦装置主要设备及技术要求

设备名称	介质	压力/MPa	温度/℃	材质	用途
列管式换热器	天然气	管程 3.0 壳程 0.1	－10	钢	天然气预冷
硅胶干燥器	天然气	3.0	常温～180	钢	干燥
分子筛吸附柱	天然气	3.0	常温～180	钢	除微量 CO_2
氨冷却器	管程 天然气 壳程 液氨	管程 3.0 壳程 负压	－50	低合金钢	预冷
横流式蛇管换热器	天然气	管程 3.0 壳程 0.1	－50～－110	铜	冷却冷凝
提氦塔	液化天然气	1.8	－115～－170	黄铜或不锈钢	氦分离
粗氦精制冷凝器	氦	15.0～18.7	－196	不锈钢	提纯
粗氦精制吸附器	氦	15.0～18.7	－196	不锈钢	提纯
粗氦脱氢反应器	粗氦	0.1	80	不锈钢	脱氢
浮顶式油封罐	粗氦	0.1	常温	钢	计量及储存

8.3.3 膜分离法天然气制氦简介

深冷分离法是从天然气提氦的主要方法，产品纯度和收率都较高，但操作弹性低，设备投资和操作费用都较大。

8.3.3.1 气体膜分离的基本原理

膜法气体分离的基本原理是根据混合气体中各组分对各种膜的渗透性差别而使混合气体分离的方法。这种分离过程不需要发生相态的变化，不需要高温或深冷，并且设备简单、占地面积小、操作方便。

有机聚合膜分均相无孔膜和微孔膜。在微孔膜内存在着固定的孔隙，气体以流体流动的方式穿过薄膜；而在均相无孔膜中，没有固定的孔隙，但由于聚合膜分子的热运动而产生分子链节间的空隙，这些空隙的位置和大小不断变化着，气体分子是以活性扩散的方式由这个空隙跳入另一空隙逐步渗过聚合膜。

一般认为气体通过聚合膜的渗透过程主要分以下三步：①气体以分子状态在膜表面溶解；②气体分子在膜的内部向自由能降低的方向扩散；③气体分子在膜的另一表面解析或蒸发。气体渗透的速率，取决于扩散过程，在稳定的情况下，可以用费克第一定律得到：

$$q_d = -D\frac{\xi_H - \xi_L}{\delta} \tag{8-1}$$

式中，q_d 为单位时间内，通过单位面积扩散的气体量；D 为扩散系数；ξ_H、ξ_L 为气体分子在膜的高压和低压二侧表面上的质量分数。

因气体在聚合膜中的溶解度服从亨利定律，即气体在膜中溶解质量分数 ξ 与此气体在气相中的分压力 P 成正比，其比例系数称溶解度 S，即 $\xi = SP$，所以：

$$q_d = -DS\frac{p_H - p_L}{\delta} = -P\cdot\frac{p_H - p_L}{\delta} \tag{8-2}$$

式中，$P(P=DS)$ 为气体渗透常数，它是扩散系数和溶解度之积。对于一定的气体-聚合物，P 为常数。P 表示混合气体分离的重要的特性，不同的聚合膜和不同气体 P 值大小不同。若气体和聚合膜一定时，P 的大小可判断气体透过膜的难易程度。

当二元混合物渗透通过某一膜时，两种气体渗透常数不同，单位时间、单位面积透过量不同，反映这种差异程度的参数为分离系数。设 A、B 二元混合气体在分离高压侧的成分以 y_{HA}、y_{HB} 表示，低压侧即已渗透气体 A、B 的成分以 y_{LA}、y_{LB} 表示。则分离系数为：

$$\alpha_{A/B} = \frac{y_{LA}/y_{LB}}{y_{HA}/y_{HB}} = \frac{y_{LA}y_{HB}}{y_{HA}y_{LB}} \tag{8-3}$$

如果 $\alpha_{A/B}=1$，则 $y_{LA}=y_{HA}$，$y_{LB}=y_{HB}$，表示完全不能分离气体；

如果 $\alpha_{A/B}>1$，则 $y_{LA}>y_{HA}$，$y_{LB}<y_{HB}$，表示 A 组分易渗透，而 B 组分难渗透；

如果 $\alpha_{A/B}>1$，则 $y_{LA}<y_{HA}$，$y_{LB}>y_{HB}$，表示 A 组分难渗透，而 B 组分易渗透。

当 A、B 两组分进行渗透分离、经过一定时间后，在渗过侧 A、B 组分摩尔分数之比等于渗透量之比，即：

$$\frac{y_{LA}}{1-y_{LA}} = \frac{AP_A(p_H y_{HA} - p_L y_{LA})/\delta}{AP_B[p_H(1-y_{HA}) - p_L(1-y_{LA})]/\delta} \tag{8-4}$$

式中，A、δ 分别为膜的有效面积和有效厚度。令操作压力比 $p_L/p_H=\beta$，则有：

$$\frac{y_{LA}}{1-y_{LA}} = \alpha_{A/B}\frac{y_{HA} - \beta y_{LA}}{1-y_{HA}-\beta(1-y_{LA})} \tag{8-5}$$

对分离器进出口作物料衡算可得：

$$F_0 = F_1 + F_2 \tag{8-6}$$

$$F_0 y_{0A} = F_1 y_{HA} + F_2 y_{LA} \tag{8-7}$$

式中，F_0 为进料量，mol/s；F_1 为高压侧出口未透过气量，mol/s；F_2 为低压侧出口透过气量，mol/s；y_{0A} 为进料气中 A 组分的摩尔分数。

令透过分率 $\theta = F_2/F_0$，操作因子 $\phi = \beta + \theta - \theta\beta$，则可得到：

$$\frac{y_{LA}}{1-y_{LA}} = \alpha_{A/B}\frac{y_{0A} - \phi y_{LA}}{1-y_{0A}-\phi(1-y_{LA})} \tag{8-8}$$

由式(8-8) 即可解出分离器低压侧分离组分的浓度。

8.3.3.2　膜分离制氮的膜材料和类型

薄膜渗透分离中的关键问题是膜的综合性能。近年来某些薄膜渗透分离过程实现了工业化，主要原因在于解决了薄膜材料和成膜方法。因此，选择具有优良综合性能的薄膜是该分离技术的关键之一。

工业上应用的薄膜必须具备以下要求：渗透率高，以保证产量并减少膜面积；对于所分离的组分具有高的选择性，即分离因子要尽量大以减少渗透级数，并使流程简化；具有化学、机械和热稳定性，使膜长期使用，性能不变。膜对气体的渗透性和选择性主要体现在渗透常数 P 上，渗透常数可通过试验求得。如硅橡胶对氦的渗透系数为 172.5×10^{-10}，而对甲烷的渗透系数 442.5×10^{-10}，氦对甲烷的理论分离系数 0.39，显然此膜不适用于天然气中回收氦，虽然它有较高的渗透率。而 F_{46} 膜氦的渗透系数为 46.5×10^{-10}，而对甲烷的对甲烷的渗透系数 1.05×10^{-10}，氦对甲烷的理论分离系数 4.4，表现出渗透率稍低些但选择性很高，适宜作为天然气提氦的薄膜材料。

为了使聚合膜适合气体分离要求，采用各种化学和物理处理方法以提高其选择和渗透性能。如聚乙烯膜经 Co60 照射后，该膜对氦渗透率变化不大，氦的渗透系数由 3.2×10^{-10} 变化到 2.3×10^{-10}，而对甲烷的渗透率降低很大，甲烷的渗透系数由 1.8×10^{-10} 降至 0.1×10^{-10}，使氦对甲烷的分离系数由照射前为 1.7 提高到 23。再如聚苯乙烯膜用紫外线照射后，使氦对甲烷的由 50 猛增至 700。

薄膜的形式可考虑采用平膜和很细的中空纤维膜。平膜内装有多孔的耐压支撑物，加压后的混合气体从供气口导入，渗过薄膜的气体从取气口收集，废气从排气口排出。中空纤维膜系采用直径为 15～100μm 的空心纤维，混合气从供气口导入加压室，被分离的气体组分透过中空纤维膜，经纤膜内孔集于透过室中，再由取气口收集。加压室和渗透气室用隔板隔离。中空纤维的两端都嵌在隔板上，使其在上述两室中不产生泄漏。隔板通常是用如环氧树脂一类可塑型的树脂加工成型的。

两种膜形式最大不同点是：中空纤维膜在耐压容器中的膜面积（膜的填充密度）非常大，操作压力低（<0.3MPa）。因此，如果膜材料相同，则中空纤维膜单位体积所产的气量较大，生产成本较低。中空纤维膜分离装置不足之处是单根纤维管损坏时需要更换整个膜件。目前日本开发了一种中空纤维带电膜，将聚砜空心纤维材料表面经过特殊处理，引入带电基，这样除过滤效果外，又产生一个与溶质的静电排斥效果，从而可以分离某些非带电膜不能分离的溶质，并能抑制溶质的吸附。

一种中空纤维膜分离器如图 8-9 所示。

8.3.4 天然气膜分离制氦的工艺

从天然气中分离氦，由于原料气中氦的体积分数很低，一级分离只能起到相对富集的作用，必须采用多级分离才能得到纯度较高的氦。图 8-10 是一种典型天然气膜分离制氦的流程。流程采用了三级分离方式，可得到产品氦的纯度为体积分数 97.1%。

各国对天然气膜分离法制氦研究很多，不断有新成果问世。美国 Union Carbide 公司用聚醋酸纤维平板膜分离器从天然气中提氦，经二级膜分离，氦浓度达 82%左右。四川省化工研究院研制的聚碳酸酯中空纤维膜已用于威远天然气化工厂的粗氦精制。由于单级膜分离法所得氦的浓度不高，级数太多又失去了膜分离法经济的优点。因此，将深冷分离方法和膜分离法结合起来的研究起来越多。如我国疏朝龙、庄震万及陈华、蒋国梁等都对此进行了研究并得出了较好的结果。

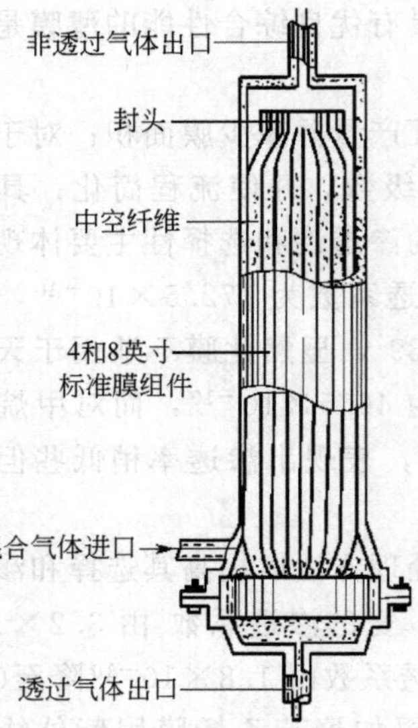

图 8-9 PRISM 分离器

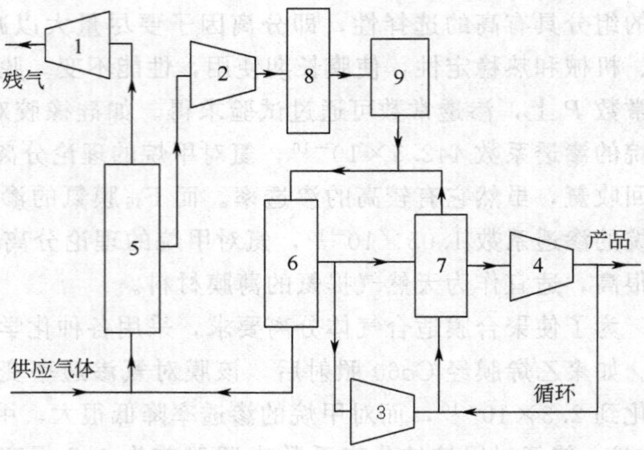

图 8-10 三级分离天然气制氦工艺示意

1～4—压缩机；5～7—膜渗透器；8—气体洗涤器；9—干燥器

参考文献

[1] 徐文渊，蒋长安．天然气利用手册．北京：中国石化出版社，2001.

[2] 张炕，庞名立．世界 LNG 生产现状及前景．国际石油经济，2005，13（10）：55-59.

[3] 阎光灿，王晓霞．天然气液化技术．天然气与石油，2005，23（2）：10-18.

[4] 王保庆．天然气液化技术及其应用．天然气工业，2004，24（7）：91-94.

[5] 李兴存，单敏，刘晓君，陈进富，李术元．吸附天然气技术．河南化工，2003，（5）：1-3.

[6] 蓝少健，邹华生，黄朝辉，欧兵．吸附天然气（ANG）储存技术吸附剂研究进展．广东化工，2006，33（10）：40-43.

[7] 刘保华，赵乃勤，李家俊，姜召阳．用活性炭纤维吸附天然气的研究．中山大学学报（自然科学版），2003，42（增刊）：126-129.

[8] 廖志敏，蒋洪．吸附天然气技术及其应用．油气储运，2005，24（4）：19-22.

[9] 徐文东，华贲，陈进富．吸附天然气技术研究进展及发展前景．天然气工业，2006，26（6）：126-129.

[10] 陶北平．专用天然气（甲烷）吸附剂的研究进展．低温与特气，2000，18（5）：5-8.

[11] 光灿，王晓霞．天然气液化技术．天然气与石油，2005，23（2）：10-18.

[12] 王保庆．天然气液化技术及其应用．天然气工业，2004，24（7）：91-94.

[13] 廖巧丽，米镇涛．化学工艺学．北京：化学工业出版社，2001.

[14] 韩冬冰等．化工工艺学．北京：中国石化出版社，2003.

[15] 薛荣书，谭世语．化工工艺学．第二版．重庆：重庆大学出版社，2004.

[16] 陈华，蒋国梁．膜分离法与深冷法联合用于天然气中提氦．天然气工业，1995，15（2）：71.

[17] 疏朝龙，庄震万等．膜法天然气提氦．南京化工学院学报，1994，16（1）：61-66.

[18] 白玉洁，顾爱萍．气体膜分离的进展及在石油化工中的应用．陕西化工，2000，1.

[19] 黄禹忠，何红梅，诸林．天然气化工中膜分离技术的应用．化工时刊，2002，10.

9 天然气制合成油

9.1 概述

9.1.1 天然气制合成油的发展史

将合成气（CO 和 H_2 的混合气体）经过催化剂作用转化为液态烃的方法称为天然气制合成油（gas to liquid，GTL），是 1923 年由德国科学家 Frans Fischer 和 Hans Tropsch 发明的，简称费托（F-T）合成。1936 年首先在德国实现工业化，到 1945 年为止，在德、法、日、中、美等国共建了 16 套以煤基合成气为原料的合成油装置，总的生产能力为 136 万吨/a，主要使用钴-钍-硅藻土催化剂，这些装置在二战后先后停产。

第二次世界大战后，GTL 的发展主要分为 20 世纪 50 年代、70 年代和 90 年代 3 个阶段，特别是 20 世纪 90 年代，无论是催化剂还是工艺，都取得了突破性的进展，使其有可能实现大规模工业化。在 20 世纪 50 年代，南非联邦由于受国际制裁的限制，迫使该国利用丰富的煤炭资源发展 F-T 技术，自 1955 年以来采用新的 GTL 工艺，陆续建立了三座大型煤基合成油工厂，即 Sasol Ⅰ、Ⅱ、Ⅲ，产品包括发动机燃料、聚烯烃等多种产品。SasolⅠ的 Arge 低温固定床反应器采用沉淀铁催化剂，目的产品是石蜡烃；Sasol Ⅱ、Ⅲ的 Synthol 高温循环流化床反应器，采用熔铁催化剂，目的产品是汽油和烯烃。

20 世纪 70 年代初两次石油危机的冲击，重新引起了人们对 GTL 技术的兴趣。美孚(Mobil) 公司开发出一系列具有独特择形作用的新型高硅沸石催化剂，为由合成气出发选择性合成窄分子量范围的特定类型烃类产品开辟了新途径。但自 1986 年油价大幅度下跌以后，推迟了 GTL 大规模工业化进程。进入 20 世纪 90 年代以来，石油资源日趋短缺和劣质化，而天然气探明的可采储量持续增加。通过 GTL 开发利用边远地区和分散的天然气资源，显得更为迫切。

早期 F-T 法合成的产品是沸点范围较宽的混合烃，合成气生产费用昂贵，缺乏竞争力。为了满足对液体燃料和化工原料的需求，世界各大石油公司均投入巨大的人力和物力开发 GTL 新型催化剂和新工艺，尤其把重点放在制取需求迅速增长的柴油、航空煤油与高附加值的优质石蜡上，如 Shell 公司的 SMDS 工业装置，南非 Sasol 公司的 SSPD 浆态床工艺，Mobile 公司的 MTG 工艺，Syntroleum 公司开发出 GTL 工艺，Exxon 公司的 AGC-221 工艺，Energe International 公司的 Gas Cat F-T 新工艺，都标志着 GTL 技术进入了一个崭新的时代。

从目前 GTL 的发展看，不论是 GTL 装置的投建数量，还是 GTL 装置的规模都有所突破。根据2004年的统计资料，在未来5～7年内全世界将有十几套GTL装置投入运行，GTL合成燃料生成能力将会达5000×10^4t/a（100×10^4桶/d）以上，到2020年，天然气炼油工业会达到相当规模，总能力将达到1×10^8t。这不仅得益于不断开发的越来越先进的GTL技术，丰富的天然气资源和不断严格的环保法规也是其主要推动力。储量巨大的偏远地区天然气为合成油发展提供了良好的发展契机，仅在卡塔尔就有好几家世界大型石化公司计划或准备筹建GTL装置。目前，我国也在积极推动这方面的工作。

9.1.2 GTL的主要产品类别及特点

GTL可以合成很多液体化工产品和原料。GTL产品中，C_5～C_9为石脑油馏分，C_{10}～C_{16}为煤油馏分、C_{17}～C_{22}为柴油馏分、C_{23}以上为石蜡馏分，其中柴油是天然气制合成油中最重要的产品，其质量远优于石油炼厂生产的常规柴油，如表9-1所示，具有十六烷值高、硫含量低、不含或低含芳烃等特点。发动机排放比较试验的结果表明，GTL柴油比普通柴油可大大减少污染物排放，未燃烃类减少59%、CO减少33%、NO_x减少28%、颗粒物减少21%。

表9-1 几种GTL柴油同世界先进柴油标准比较

类　别	相对密度	硫含量/(μg/g)	芳烃体积分数/%	十六烷值
Shell GTL柴油	0.78	5	0.1	>74
Sasol GTL柴油	0.78	5	<0.5	>70
Syntroleum GTL柴油	0.77	<1		73.6
Exxon Mobile GTL柴油	0.78	<10		74
EPA 2号柴油	0.85	350	31	47
CARB柴油	0.83	155	8	51
瑞典城市柴油	0.82	<10	4	52
EN 590(A-F级)	0.82/0.85	<10		51
世界燃料规范化(Ⅳ)	0.82/0.84	<10	15	55

GTL煤油不含硫、氮化合物，燃烧性能非常好。GTL煤油也是符合严格环保要求的特种溶剂，可用于萃取植物油、生产聚合物和橡胶；GTL煤油因无色、无味、透明的特点，还特别适用于生产油墨、化妆品和其他干燥洁净产品。

GTL石蜡产品质量甚佳，广泛应用于食品包装、清洁剂原料、印刷油墨、化妆品、药品以及橡胶的生产，这也是提高GTL生产装置经济效益的重要途径。

天然气合成润滑油基础油是GTL合成油的另一个比较重要的产品，它是GTL石蜡馏分经过加氢异构，脱蜡后得到的，不含硫，黏度指数高，可高度生物降解，非常适用于调制新一代发动机油，见表9-2，通常被称为GTL基础油（GTLBO）或费托基础油（FTBO）。

表9-2 GTL润滑油基础油与常规润滑油基础油指标比较

性　质	Ⅰ类	Ⅱ类	Ⅲ类	GTL基础油
饱和烃体积分数/%	<90	≥90	≥90	≥90
硫体积分数/%	>0.03	≤0.03	≤0.03	0
黏度指数	80～120	80～120	≥120	≥140
Noack挥发性	<25	<22	<22	～15

除了合成上述油品以外，GTL合成原油还可生成很多中间产品和化工原料。所有产品都不含或低含硫、氮和芳烃，无色、无味、燃烧清洁并可生物降解，既是很好的清洁燃料或

润滑油基础油，也是很好的石油化工原料和专用化学品。

9.2　天然气制合成油技术与工艺

天然气制合成油按照是否采用合成气工艺这个步骤分为两大类，即直接由天然气合成液体燃料的直接转化和由天然气先制合成气（CO 和 H_2 的混合气体）再由合成气合成液体燃料的间接转化。直接转化可节省生产合成气的费用，但甲烷分子很稳定，反应需高的活化能，而且一旦活化，反应将难以控制。现已开发的几种直接转化工艺，皆因经济上无吸引力而尚未工业化应用。

目前比较可行且工业化的 GTL 技术都是间接转化法，整个流程分为三个步骤，见图 9-1。

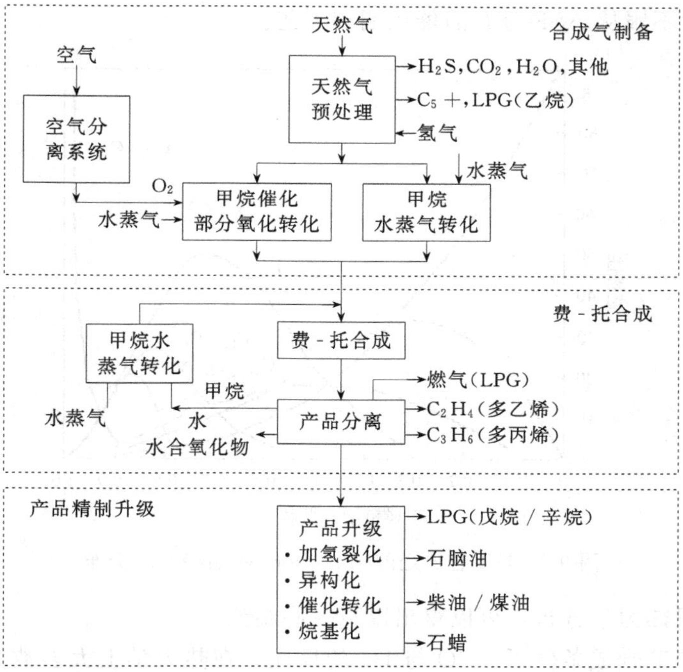

图 9-1　间接法 GTL 工业过程示意图

① 合成气制备　天然气转化制合成气，约占总投资的 60%。

② F-T 合成　在费-托反应器中，用合成气合成液体烃，约占总投资的 25%～30%。

③ 产品精制　将得到的液体烃经过精制、改质等具体操作工艺，变成特定的液体燃料、石化产品或一些石油化工所需的中间体，约占总投资的 10%～15%。

合成油加工和普通油品加工工艺基本相同，技术的核心在合成气生产与合成油生产两部分。天然气制合成气技术在本书第 3 章已有详细介绍，本章将重点介绍 F-T 合成制液体烃工艺，对合成油加工部分作简单介绍。

9.2.1　费-托合成热力学分析

F-T 合成是在催化剂作用下将天然气合成气（CO+H_2）中的气态烃转化成液体运输燃

料和相关石化产品的工艺。一般在 2～3MPa，温度 200～300℃下采用铁或钴为催化剂进行反应。F-T 合成是一个极为复杂的反应体系，一些主要的反应如下：

$$nCO+(2n+1)H_2 \longrightarrow C_nH_{2n+2}+nH_2O \quad (9\text{-}1)$$

$$nCO+2nH_2 \longrightarrow C_nH_{2n}+nH_2O \quad (9\text{-}2)$$

$$nCO+2nH_2 \longrightarrow C_nH_{2n+2}O+(n-1)H_2O \quad (9\text{-}3)$$

$$CO+H_2O \longrightarrow CO_2+H_2 \quad (9\text{-}4)$$

除了上述由合成气生成烃类和含氧化合物外，F-T 合成中还发生许多副反应，反应产物包括直链烯烃、醇等含氧化合物。传统的 F-T 合成烃的链增长服从聚合机理，产物碳数分布遵循 Anderson-Schulz-Flory（ASF）分布，见图 9-2。只有甲烷和高分子蜡有较高的选择性，其余馏分都有选择性极限：汽油 48%、柴油 25%、C_2 30%左右。因此 F-T 法只能得到混合烃产物，F-T 合成的单程转化率一般较低，需要循环气体以提高产品总收率。所产烃类的链长取决于反应温度、催化剂和反应器类型等。为了做到选择性地合成烃类产品，许多研究者正致力于开发不服从 ASF 分布的催化剂和工艺。

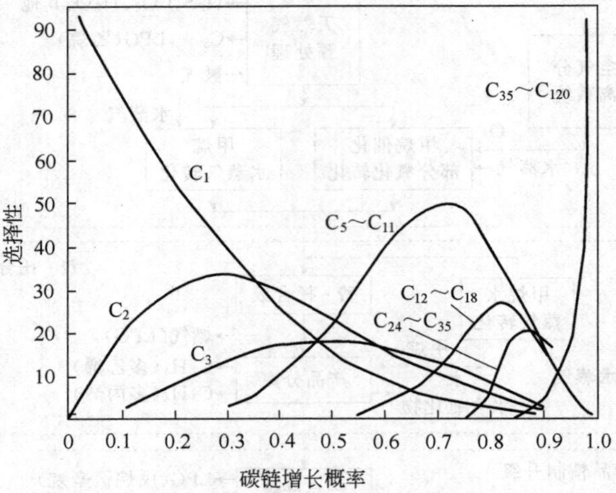

图 9-2 F-T 合成烃的 Anderson-Schulz-Flory 分布

通过 F-T 合成热力学分析，可以得出以下一些结论。

（1）在正常 F-T 合成条件下，CO 与 H_2 的反应，在热力学上大多数为强放热反应，温度过高不利于反应的进行。例如：

$$CO+H_2 \longrightarrow CH_4+H_2O+206kJ/mol \quad (9\text{-}5)$$

$$CO+5H_2 \longrightarrow C_2H_6+2H_2O+347kJ/mol \quad (9\text{-}6)$$

$$2CO+2H_2 \longrightarrow CH_3COOH+215kJ/mol \quad (9\text{-}7)$$

$$2CO+3H_2 \longrightarrow CH_3CHO+H_2O+457kJ/mol \quad (9\text{-}8)$$

$$2CO+4H_2 \longrightarrow CH_3CH_2OH+H_2O+256kJ/mol \quad (9\text{-}9)$$

（2）从热力学上来说，在温度为 50～350℃的范围内，F-T 合成反应产物形成的概率按顺序 CH_4＞饱和烃＞烯烃＞含氧化合物而降低，即反应更容易生成甲烷和饱和烃。但反应产物的选择性还受催化剂、反应物配比、温度和压力等因素的影响。

（3）合成气生成烃类及含氧化合物的反应均为分子数减少的反应，较高的反应压力有利于 CO 转化率的提高。与生成烃类反应相比，生成含氧化合物反应分子数减少的程度更大，因此较高的压力有利于提高含氧化合物的选择性。

(4) 在正构烷烃范围内，链越长形成的概率越小；而正构烯烃的情况正好相反。

(5) 合成气中 H_2/CO 摩尔比高有利于饱和烃的生成，反之如果不考虑析炭反应，则有利于烯烃和富氧化合物的生成。

但是 F-T 合成的实际产物分布，与从热力学分析所估计的有所不同。还应考虑动力学、催化剂、反应条件的影响。

9.2.2 费-托合成动力学分析

F-T 合成反应产物种类与数量繁多，所用催化剂多种多样，是一个非常复杂的反应体系，因此对其动力学研究的难度非常大。人们主要从两大类模型出发开展 F-T 合成反应动力学研究。一是研究合成气消耗速率的动力学，称之为集总动力学；另一类是基于 ASF 聚合机理或非聚合机理的详细动力学。前者通常只能给出合成气转化率随操作条件的变化规律，不能有效地将 F-T 合成中各种反应的作用加以区别，因此集总动力学模型在预测 F-T 合成产物选择性方面存在严重缺陷，不能满足反应器设计分析的要求。后者的研究尽管相对较少，但可以弥补集总动力学的缺陷，代表着 F-T 合成反应动力学的研究方向。

F-T 合成是一个非常复杂的催化反应过程，产物种类繁多，难以获得每一基元反应速率方程，这也是 F-T 合成反应动力学研究中经常采用集总模型的一个原因。从文献报道来看，常见的 F-T 合成反应集总动力学模型有如下几种形式：

$$-r_{H_2+CO}=\frac{ap_{H_2}}{1+bp_{H_2O}/p_{CO}} \tag{9-10}$$

$$r_{F\text{-}T}=\frac{kp_{H_2}p_{CO}}{p_{CO}+ap_{CO_2}} \tag{9-11}$$

$$r_{F\text{-}T}=\frac{kp_{H_2}^2p_{CO}}{p_{CO}p_{H_2}+ap_{H_2O}} \tag{9-12}$$

$$r_{F\text{-}T}=\frac{kp_{H_2}p_{CO}}{p_{CO}+ap_{H_2O}+ap_{CO_2}} \tag{9-13}$$

$$-r_{H_2+CO}=\frac{kp_{H_2}p_{CO}^{0.5}}{1+ap_{CO}^{0.5}+bp_{H_2O}} \tag{9-14}$$

式中，a、b 为不同组分的吸附平衡常数；k 为反应速率常数；p_i 为组分 i 的分压，MPa；r_{H_2+CO} 为 F-T 合成反应体系中合成气消耗速率，mmol/(g · s)；$r_{F\text{-}T}$ 为 F-T 合成反应速率，mmol/(g · s)。

集总动力学的优点是简单明了，可以清晰反映出反应产物或目的产物的分压对 CO 转化率的影响程度，这类动力学模型在反应器分析设计时通常都对 CO 转化率能给出很好的预测。缺点是不能提供不同碳数或不同馏分产物的信息。为了解决这一不足，出现了可以表示反应物消耗速率和产物分布信息的详细机理动力学。

1993 年，Lox 等开创了 F-T 合成反应的详细机理动力学研究工作，首次创新性地由 F-T 合成反应的详细机理出发，建立了碳化物机理和 CO 插入机理共 7 种 F-T 合成反应详细机理模式，在理想 ASF 聚合链增长机理下，获得了由详细动力学实验回归所得的最佳 F-T 合成反应的动力学模型。这一模型的出现使得过程模拟和化工分析中传统 CO 消耗动力学所不能够提供的各种烃类选择性信息的理论预测变为现实。但这一模型的缺点是参数太多、计算繁琐。而且 Lox 等建立详细动力学模型所依据的是理想 ASF 聚合机理。实验表明，F-T 合成体系中烯烃的再吸附二次反应造成 F-T 合成反应产物分布偏离 ASF 分布。因此，Lox 等建立的详细动力学模型在 C_1 和 C_2 烃的生成量的估算上会出现较大误差。为弥补这些不足，马文平等建立了包括烯烃再吸附的 F-T 合成反应详细动力学模型。

$$r_{C_nH_{2n+2}}=\frac{k_5 p_{H_2}\prod_{j=1}^{n}\alpha_j}{1+\left(1+\frac{1}{K_2K_3K_4}\times\frac{p_{H_2O}}{p_{H_2}^2}+\frac{1}{K_3K_4}\times\frac{1}{p_{H_2}}+\frac{1}{K_4}\right)\sum_{i=1}^{n}\left(\prod_{j=1}^{i}\alpha_j\right)} \tag{9-15}$$

$$r_{C_nH_{2n}}=\frac{k_6(1-\beta_n)\prod_{j=1}^{n}\alpha_j}{1+\left(1+\frac{1}{K_2K_3K_4}\times\frac{p_{H_2O}}{p_{H_2}^2}+\frac{1}{K_3K_4}\times\frac{1}{p_{H_2}}+\frac{1}{K_4}\right)\sum_{i=1}^{n}\left(\prod_{j=1}^{i}\alpha_j\right)} \tag{9-16}$$

$$\alpha_n=\frac{k_1 p_{CO}}{k_1 p_{CO}+k_5 p_{H_2}+k_6(1-\beta_n)} \tag{9-17}$$

该模型在过程模拟中再现了实验结果，上述模型中，$r_{C_nH_{2n+2}}$ 为烷烃的生成速率（$n\geqslant1$），$r_{C_nH_{2n}}$ 为烯烃的生成速率，α_j 为 ASF 链增长概率，α_n 为碳数为 n 的链增长概率（$n\geqslant2$），β_n 为碳数为 n 的烯烃再吸附因子（$n\geqslant2$）。

9.2.3 费-托合成反应机理

F-T 合成产物繁多复杂，包括烃类、醇、醛、酸等。反应过程中不仅有 C—H、C—C、C—O 和 O—H 键的形成，而且有碳链的增长。有关 F-T 合成的反应机理非常多，如碳化物机理、含氧中间体机理、CO 插入机理、烯烃重吸附理论等。

（1）碳化物机理　最早的 F-T 反应机理由 Fischer 和 Tropsch 提出，他们认为产物烃通过亚甲基聚合而成，而亚甲基则与催化剂本体中金属碳化物有关，因此该机理被称为碳化物机理。他们根据 Fe、Ni、Co 等金属单独和 CO 反应时都可生成各自的碳化物，而后者加氢又能转化为烃类的事实认为，当 CO 和 H_2 同时和催化剂接触时，CO 在催化剂表面最先解离并生成金属的碳化物，后者和氢反应生成甲基后再进一步聚合生成烯烃、烷烃。

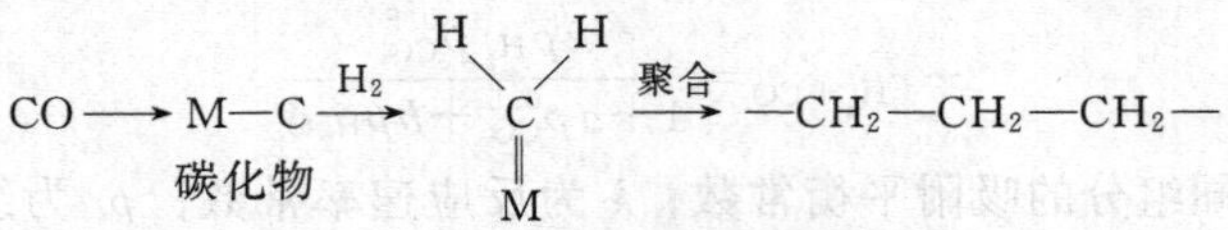

碳化物机理能解释各种烃类的生成，然而很难解释含氧产物的生成，例如醇、醛和酸是 F-T 合成中常见的产物，尤其在反应的初始阶段都会生成。

（2）含氧中间体机理　该机理由金属羰基化合物出发，认为 CO＋H_2 首先生成含氧的中间化合物——表面烯醇（HCOH），然后经由脱水生成甲基后再聚合成烃类，CO 无需预先解离，这样在能量上更为有利。

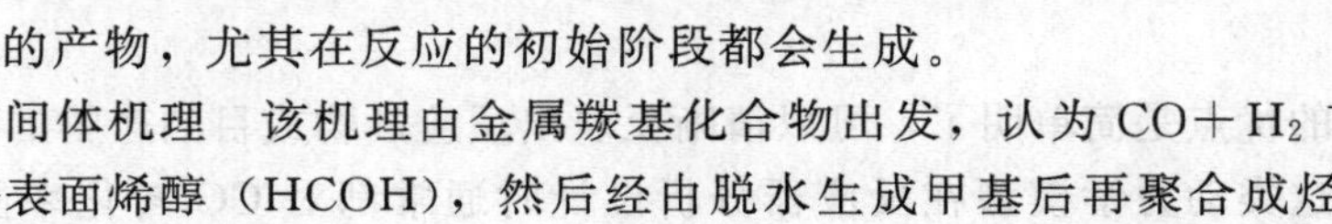

链的增长是烯醇中间体相互缩合而形成的，而链的终止则由烷基化的羟基碳烯开裂生成醛或脱去羟基碳烯生成烯烃，然后再分别加氢生成醇及烷烃。

（3）CO 插入机理　受有机金属催化剂作用原理的影响，该机理认为 F-T 合成的起始步骤为 CO 插入 M—H 键中形成甲酰基，然后加氢生成桥式氧亚甲基物种，后者进一步加氢生成表面碳烯配合物和甲基。经过 CO 在 M—H 和 M—R 中反复插入和加氢完成链的增长。

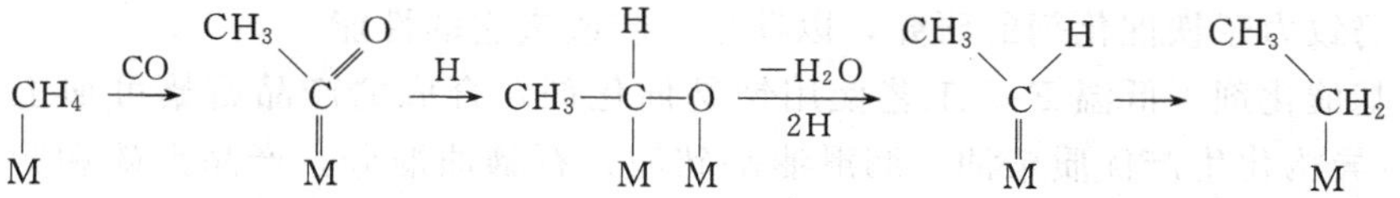

(4) 烯烃重吸附机理　近年来，基于催化剂表面科学技术的发展，学者们发现了 F-T 反应中烯烃对产物的影响效应。他们从烯烃在 F-T 反应中的插入、异构化及烯烃的再吸附等方面进行了深入研究。大量实验已表明，烯烃做为 F-T 合成中间产物会重新在催化剂表面吸附，并再次参与 F-T 合成反应，可能的二次反应包括：加氢生成烷烃、异构化、裂解反应、插入反应等。因此 F-T 合成产物分布受初级产物烯烃重吸附和二次反应的影响，这也为合理解释 F-T 产物烃偏离 ASF 分布提供了依据。

9.2.4　费-托合成产物分布

如前所述，F-T 合成反应可以看成是 CO 加氢产生的 CH_x 单体的表面催化聚合过程，得到碳数分布很宽的产物。如果由 C_1 中间体的插入或加成而形成的碳链具有恒定的链增长概率，那么 F-T 合成产物分布可以由 ASF 方程描述。

$$m_n=(1-a)a^{n-1} \tag{9-18}$$

式中，m_n 为具有 n 个碳原子的烃类产物的摩尔分数；a 是碳链增长概率，可以定义为

$$a=\frac{r_p}{r_p+r_t} \tag{9-19}$$

式中，r_p 和 r_t 分别为链增长速率和链终止增长速率。a 取决于催化剂和反应条件，其决定 F-T 合成产物的总碳数分布，a 一旦确定，F-T 合成反应生成的各种烃的比例也就决定了，见图 9-2。

ASF 方程很好地描述了 F-T 合成产物分布规律，但也有偏离 ASF 分布的现象。许多学者正在试图从不同的角度解释非 ASH 分布。

9.2.5　费-托合成催化剂

GTL 最为关键的技术就是 F-T 催化剂的开发和利用，目前催化剂向着低成本、使用寿命长的方向发展。从已开发并使用的催化剂来看，钴基催化剂更具发展前途，但其使用成本还有待改进。现有 GTL 工艺大多使用铁基或钴基催化剂，活性组分中以 Fe、Co、Ni、Ru 和 Rh 最为活跃。Ru 是最佳的 F-T 合成催化剂，但价格昂贵，而且资源有限，仅限于基础研究。这些元素的链增长概率大致有如下顺序：Ru＞Fe、Co＞Rh＞Ni，其中，Fe、Co 具有工业价值，Ni 有利于生成甲烷，Ru 易于合成大分子烃，Rh 则易于生成含氧化合物。

(1) 铁基催化剂　一般高温 F-T 工艺使用铁基催化剂，合成产品经加工可得到环境友好汽油、柴油、熔剂油和烯烃等。用于 F-T 合成的铁催化剂目前研究最多的是沉淀铁和熔铁。不同方法制得的铁催化剂在比表面、孔容、活性方面相差很大。目前开发的铁催化剂主要含有 Fe、K、Cu、Mn 等成分。铁催化剂助剂效应非常明显，Cu 助剂的加入有利于促进铁还原，结构助剂 SiO_2，给电子助剂 K_2O 的加入，提高了铁的催化活性，减少甲烷生成，并促进链增长。La 系稀土氧化物和 ThO_2 也常作助剂，能提高催化活性并改善高级烃的选择性。而过渡金属如 Ti、Mn、V 等，由于对 CO 亲和力高于 Fe，用作助剂将大大提高烯烃

的选择性。因 Fe 是水汽变换反应的催化剂，F-T 的生成物水对合成气转化率有一定的影响，使用寿命短且活性低。但由于其价格便宜，所以它在 F-T 合成中具有相当重要的地位。有许多研究者仍致力于铁催化剂的研究，以期进一步改进它的性能。

（2）钴基催化剂　低温 F-T 工艺使用钴基催化剂，合成的产品石蜡可加工为特种蜡或经加氢裂化/异构化生产优质柴油、润滑油基础油、石脑油馏分，产品无硫和芳烃。用于生产液态烃的钴催化剂，早期使用无载体的氧化物，后来加入氧化钍和氧化镁，大大增加了催化剂的活性。通过对比研究发现，具有潜在商业化价值的钴催化剂的典型成分包括 Co、微量的第二种金属（通常为贵金属）、氧化物助剂（碱金属、稀土金属和过渡金属氧化物）和载体（Al_2O_3、SiO_2、TiO_2、ZSM 等）。以 Si、Al、Zr、Sn、Mg 或稀土、Ti 等的氧化物为载体的新型费托催化剂可由合成气生产出线性混合饱和烃类。而将钴和铼负载在 Al_2O_3 上，并加入碱金属助剂及碱金属氧化物助剂，对合成高级烃具有很高的活性。美国专利通过喷涂法在无机氧化物载体的外表面喷涂钴金属活性表层，同时加入助剂（如铼、锆、铈、钍和铀或含其混合物），提高了催化剂的活性、再生能力和液态烃的选择性，在反应中催化剂失活缓慢，其产品中含线性烷烃和烯烃的馏分油产率很高。该催化剂有效地解决了反应中的传质问题，加快了 F-T 合成的反应速率，提高了液态烃的选择性。但是钴催化剂也存在着反应温度低，时空产率低等缺点，目前各大公司和研究机构都致力于钴催化剂的研究，以提高其在费托合成中的性能。

9.2.6 费-托合成工艺

F-T 合成工艺可分为高温 F-T 合成（HTFT）和低温 F-T 合成（LTFT）两种。前者一般使用铁基催化剂，合成产品经加工可以得到环境友好的汽油、柴油、溶剂油和烯烃等，这些油品质量接近普通炼油厂生产的同类油品，无硫但含芳烃。后者使用钴基催化剂，合成的主产品石蜡原料可以加工成特种蜡或经加氢裂化/异构化生产优质柴油、润滑油基础油、石脑油馏分（理想的裂解原料），产品无硫和芳烃。由于世界汽车柴油化、环保法规日益苛刻等原因，未来 GTL 工艺将主要集中在 LTFT 技术上。

当今世界上拥有 F-T 合成技术的公司主要有 Shell 公司、Sasol 公司、Exxon Mobile 公司、Syntroleum 公司、ConocoPhillips 公司、Rentech 公司等。这些工艺都采用低温 F-T 合成技术，这种技术的主要优点是能更好地控制反应温度、使用较高活性的催化剂、提高装置的生产能力、降低装置的投资成本，这在一定程度上代表了 F-T 合成技术的发展方向。

9.2.6.1 Shell 公司的工艺

自 20 世纪 70 年代初，Shell 公司已在实验室中开展合成燃料油的研究，历经 17 年，到 1990 年，研究终获成功，形成中间馏分油合成（SMDS）工艺，并于 1993 年 5 月装置正式投产成功。该工业化装置位于马来西亚的 Bintulu，设计能力 1.25 万桶/d（约合 570kt/a），日耗天然气 $270\times10^4m^3$，主要生产优质柴油燃料，现已改造为具有生产柴油、石脑油、优质石蜡等多种产品的能力。

SMDS 工艺主要包括造气、F-T 合成、中间产物转换和产品分离四个部分，其工艺流程如图 9-3 所示。在造气部分，采用天然气非催化部分氧化技术，由天然气和纯 O_2 生产出 H_2/CO 比约为 2.0 的，特别适宜于生产高品质（异构）链状中间馏分油。在第二步中，采用了多管固定床反应器，将合成气经 F-T 反应合成为链状烃。由于 Shell 专利催化剂对迅速导出热量的要求很高，所以反应器的管径小于 5cm；单个反应器的产能为 3000 桶/d.

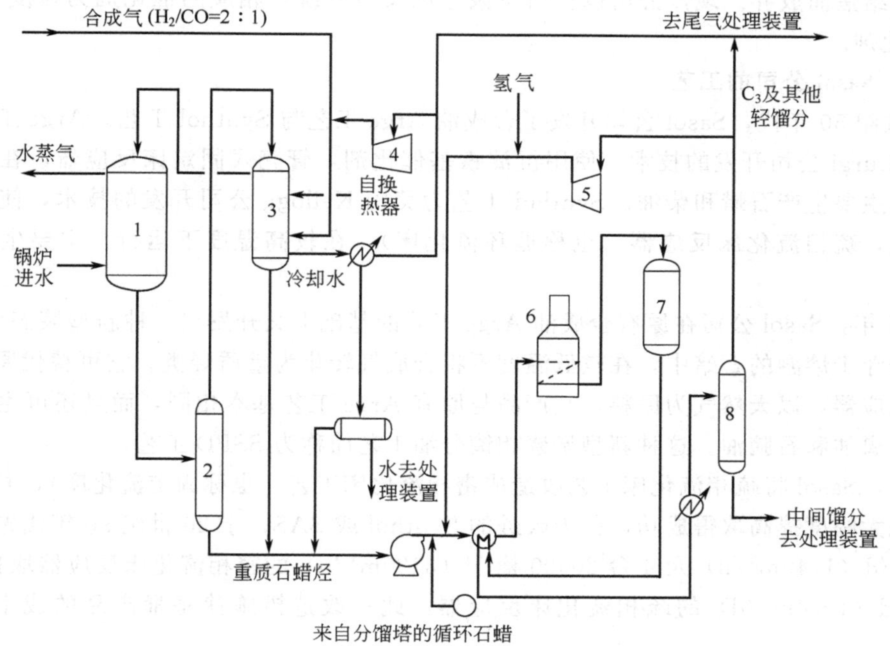

图 9-3 Shell 公司中间馏分油工艺合成部分的流程

1—F-T 反应器；2—石蜡分离塔；3—换热器；4—循环压缩机；5—循环 H_2 压缩机；6—加热炉；7—加氢裂化分离器；8—氢气分离塔

SMDS 费托合成的主要工艺参数见表 9-3。

表 9-3 SMDS 费托合成的主要工艺参数

温度/℃	压力/MPa	合成气 H_2∶CO(摩尔比)	循环比	进料气 H_2∶CO(摩尔比)	CO 转化率/%	$CO \to CO_2$/%
230	2.76	2∶1	0.389	2.37∶1	97.5	6.2

为得到各种用途的液体燃料，SMDS 工艺采用类似炼厂的加氢反应，在固定床反应器中，用商业化的 Shell 公司的催化剂，将石蜡产品经异构化和加氢裂化反应，最大限度地生产出中间馏分。重质石蜡烃经转换加工后，在传统蒸馏段分离出煤油、粗柴油及一部分石脑油。过程中粗柴油以上的产品馏分还可循环到重质石蜡烃转换过程，通过改变工艺过程参数或每次的转换量，可选择生成希望产品。

Shell 公司 F-T 催化剂已经历两代，第一代为钴基催化剂，第二代为液态烃收率更高的茂金属催化剂，也是目前世界上唯一采用茂金属催化剂的 GTL 工艺，SMDS 工艺运行时需对催化剂进行间歇性再生。

SMDS 工艺生产的产品主要是烷烃，不含硫、氮等杂质，煤油和柴油燃烧性能优良，冷流体甚至可用作航空煤油。由于轻馏分是链状烷烃，易于用作化工原料。SMDS 既可实施以煤油为主的方案（煤油 50%，柴油 30%，石脑油 20%），也可实施以柴油为主的方案（柴油 60%，煤油 25%，石脑油 15%）。

Shell 公司在 F-T 合成领域的研发工作一直在进行，其中阿姆斯特丹的中试装置已运行 20 年，并于 2002 年建成了第二套中试装置。该公司在研发过程中曾使用过流化床反应器，因催化剂结焦而放弃。现该公司也在研发浆态床反应系统，相应的催化剂为粒度为 1μm 的钴-铼催化剂。

9.2.6.2 Sasol 公司的工艺

20 世纪 50 年代，Sasol 公司开发了合成油 Arge 工艺与 Synthol 工艺。Arge 工艺系德国 Ruhr 与 Lurgi 公司开发的技术，使用沉淀铁基催化剂，管壳式固定床反应器，在较低温度下运行，主要生产石蜡和柴油。Synthol 工艺为美国 Kellogg 公司开发的技术，使用熔融铁基催化剂，疏相流化床反应器（也称循环流化床），在较高温度下运行，主要生产汽油和烯烃。

1955 年，Sasol 公司在原有合成油 Arge 工艺的基础上又开发出一种新型浆态床反应器，催化剂悬浮于熔融的石蜡中，在较低温度下将合成气转化为重质烃类。它可替代原有的管式固定床反应器，以天然气为原料，其产品与原有 Arge 工艺基本相同，而且还可生产高质量的柴油、煤油和石脑油。这种新型淤浆相馏分油工艺简称为 SSPD 工艺。

此后，Sasol 将疏相流化床工艺改造成密相流化床工艺（也称固定流化床），并使单台反应器产能大幅度提高取得成功，称为改进的 Synthol 或 SAS；于 20 世纪 90 年代先后以 4 台 11000 桶/d（1749m^3/d）及 4 台 20000 桶/d（3180m^3/d）的密相流化床反应器取代了 16 台 6500 桶/d（1034m^3/d）的疏相流化床反应器，此一改造措施使每桶产品的成本降低了 1 美元。

由此，Sasol 掌握的 F-T 合成工艺有 Arge 管式固定床（TFB）、Synthol 疏相流化床（CFB）、SAS 密相流化床（FFB）以及 SSPD 浆态床四种工艺。其中 SAS 及 SSPD 为新一代的工艺。

Sasol 共建设了三期 F-T 合成装置工程，总建设费用约 60 亿美元，总产能约 800×10^4t/a。现每年耗煤 4590×10^4t，生产各种油品 458×10^4t，各种化工产品 310×10^4t；2001 年总销售额为 53.99 亿美元，营业利润 14 亿美元。

（1）Arge 管式固定床（TFB）工艺　Sasol 公司于 20 世纪 50 年代建设的一类费托合成装置使用德国 Ruhr 与 Lurgi 公司合作开发的 Arge 工艺，使用管壳式反应器。每台反应器由 2050 根内径 5cm、长 12m 的管子组成，如图 9-4 所示。管内装沉淀铁催化剂，反应压力 2.6MPa，温度 220～250℃；产品中约有一半为液体蜡，其余为柴油及汽油等。

固定床系统的优点是操作简单，合成气中的微量硫化物由反应器顶部床层的催化剂吸附，故整个床层受硫化物的影响有限。但由于反应放出大量热量，为控制床层温度，管径较小，反应器结构较复杂，单个反应器的产能低，床层压降大，催化剂装卸困难。

20 世纪 90 年代由于开发了浆态床工艺，管式固定床工艺未建有新装置。

（2）Synthol 疏相流化床（CFB）工艺　Sasol 公司于 20 世纪 50 年代采用 Kellogg 公司技术建设的 Synthol 装置系使用疏相流化床工艺，如图 9-5 所示，由反应器、沉降漏斗、旋风分离器及多孔金属过滤器和主管组成。Synthol 工艺使用熔铁催化剂，反应压力为 2.5MPa，反应温度 300～350℃，主要产品为油及烯烃，也有柴油。

熔铁催化剂价格便宜但对硫中毒敏感，要求合成气硫含量小于 0.1mg/m^3，而且寿命较短。此外，由于单程转化及催化率不高，故反应后的气流在分离产品及生成水后需循环。

与管式固定床反应器相比，疏相流化床产能高，可在线装卸催化剂、反应温度较均匀，压降较低。但装置的结构复杂、投资高，运行也较复杂，维修费用高。Sasol 一期、二期及三期煤制油工程均有 Synthol 工艺；以天然气为原料建设的 Mosgas GTL 工厂也采用此种工艺。

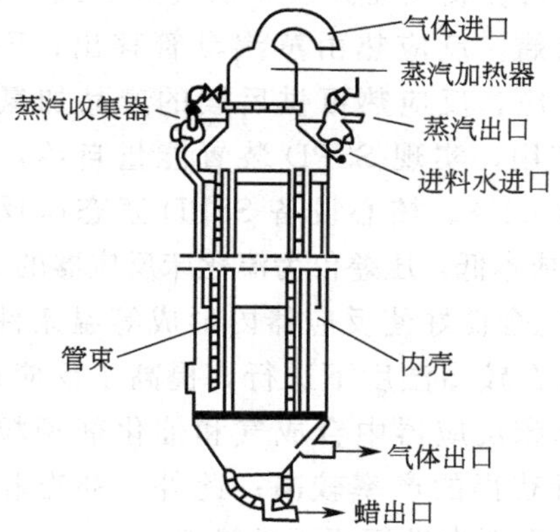

图 9-4 Sasol 管式固定床反应器

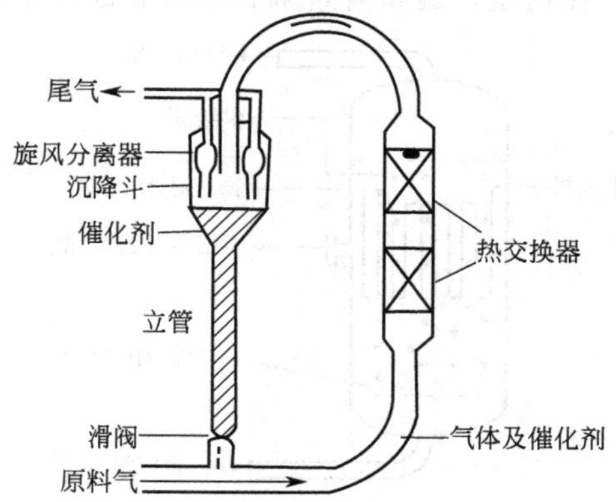

图 9-5 Sasol 疏相流化床合成反应器

(3) SAS 密相流化床 (FFB) 工艺　在疏相流化床工艺中，催化剂流速高、磨损大，系统也较复杂，单个反应器产能的增加也受限制，于是 Sasol 开展了密相流化床工艺的研究。

经过十多年的技术开发及逐级放大，1983 年建成直径为 1m 的 100 桶/d 装置，1989 年建成直径为 5m 的 3500 桶/d 装置，1995 年建成直径为 8m 的 11000 桶/d 装置，1998 年建成直径超过 10m 的 20000 桶/d 装置。图 9-6 为密相流化床反应器示意。

密相流化床与疏相流化床反应器的相对投资费用和能量效率示于表 9-4。

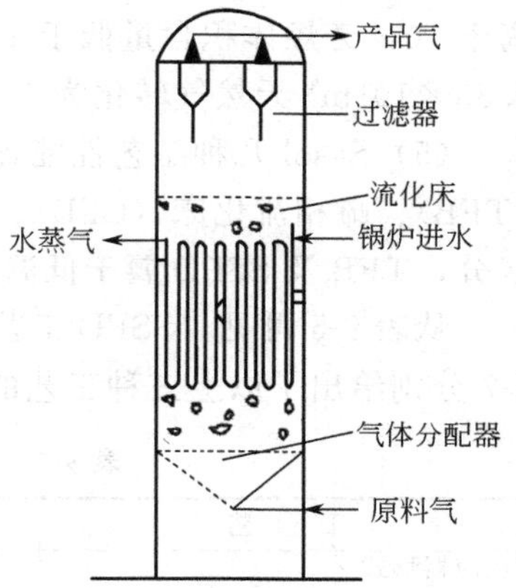

图 9-6 Sasol 密相流化床反应器

表 9-4 两类流化床反应器的相对投资费用和能量效率

类　型	操作压力/MPa	相对投资费用/%			能量效率/%	相对电耗/%
		反应器	气体循环	总费用		
疏相流化床	2.5	100	100	100	61.9	100
密相流化床	2.5	46	78	87	63.6	44
密相流化床	>2.5	49	71	82	74.7	41

除投资费用降低、能量效率提高外，密相流化床反应器还有以下优点：①由于反应器内催化剂密度增大，转化率及处理量均可提高；②反应器直径可以增大，处理能力上升；③催化剂消耗降低 40%；④气体压缩费用降低，装置维修费用节约 15%。

(4) SSPD 浆态床工艺　SSPD 合成工艺也是基于传统的 F-T 技术，早期合成过程采用传统的铁催化剂（低温喷雾干燥成型共沉淀铁基催化剂），目前已改用钴基催化剂，基本过程分三步。首先，在转化炉内将天然气转化为 CO 和 H_2 组成的合成气。然后，合成气进入 Sasol 公司的专利浆态床反应器。经 F-T 反应，制得中间产品高级石蜡烃。最后，石蜡烃进行加氢改质，得中间馏分油产品。

SSPD 工艺的特点在于采用了先进的浆态床反应器，可将反应温度降低到 265℃。Sasol 公司的专利浆态床反应器结构见图 9-7。合成气经预热后，从浆态床反应器底部进入反应器。在这里，遍布着熔融石蜡液和固体催化剂颗粒。当合成气在淤浆中以气泡形式上升时，生成更多的蜡。反应热由蒸汽盘管移出；F-T 反应是加热反应，反应热可供后续的产品加氢裂化或异构化使用，实现 SSPD 装置能量自给，装置总效率可达 62%。核心设备 SSPD 浆态床反应器的优点是：成本低，压差仅为流化床反应器的 1/7～1/3；气液混合良好使反应器内形成等温条件，从而使反应可在较高温度下进行，提高了反应速率；由于在浆化床反应器中合成气和催化剂颗粒的混合良好；所获得的产率较高；此外，补充和更换催化剂可在生产中进行而不必停工。

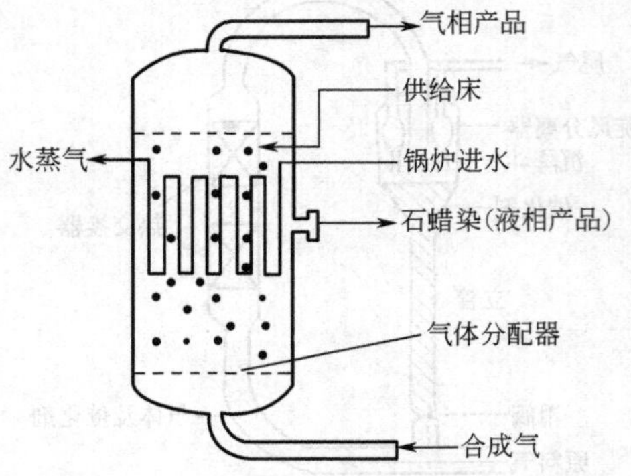

图 9-7 Sasol 公司 SSPD 工艺浆态床反应器

用 SSPD 工艺生产的柴油质量极高，完全符合世界日益严格的环保法规，其十六烷值远高于 70，芳烃体积含量低于 1%，硫含量低于 1mg/L。据称，该新工艺单套设备每天可将 $2.83\times10^4 m^3$ 天然气转化为 1 万桶液体燃料。

(5) Sasol 几种工艺性能比较　如前所述，Sasol 现有四类费托合成工艺即管式固定床（TFB）、疏相流化床（CFB）、密相流化床（FFB）及浆态床（SSPD）。其中，以反应温度区分，TFB 及 SSPD 属于低温工艺，CFB 及 FFB 则系高温工艺。

从表 9-5 可见，SSPD 工艺催化剂的生产能力可达 TFB 及 CFB 的 7～10 倍。表 9-6 及表 9-7 分别给出了以上三种工艺的产物碳选择性及族组成分布情况。

表 9-5 TFB、CFB 及 SSPD 三类工艺的一些运行参数

工　艺	SSPD	CFB	TFB
反应器形式	浆态床	疏相流化床	管式固定床
反应温度/℃	250～300	300～350	220～250
反应压力/MPa	2.4	2.0～2.3	2.3～2.5
循环比	0	2.0～2.4	2.5
$(CO+H_2)$转化率	90	77～85	50
C_3 以上产率/(g/m^3)	166	110	104
催化剂负荷/$[m^3/(m^3\cdot h)]$	5000	700	500～700
催化剂生产能力/$[t/(t\cdot d)]$	10.6	1.85	1.35
反应器生产能力$[t/(m^3\cdot d)]$	1.86	2.1	1.25

表 9-6 Sasol 三种费托工艺产物的碳选择性

工艺	产物的碳选择性/%						
	C_1	$C_2^=\sim C_4^=$	$C_2^0\sim C_4^0$	石脑油	中间馏分油	重油及蜡	有机含氧物
SSPD	4	4	4	18	19	48	3
CFB	7	24	6	36	12	9	6
TFB	4	4	4	18	19	48	3

表 9-7 Sasol 三种费托工艺产物的族组成分布

族　组　成	SSPD		CFB		TFB	
	$C_{5\sim12}$	$C_{13\sim18}$	$C_{5\sim10}$	$C_{11\sim14}$	$C_{5\sim12}$	$C_{13\sim18}$
烷烃/%	29	44	13	15	53	65
烯烃/%	64	50	70	60	40	28
芳烃/%	0	0	5	15	0	0
含氧物/%	7	6	12	10	7	7
烯烃中的 α-烯烃	96	95	55	60	95	93

由表 9-6 及表 9-7 可见，低温工艺与高温工艺的产物分布情况显著不同。低温工艺生产的产物较重而高温工艺的产物较轻；高温工艺产物中有一定量的芳烃及有机含氧物，低温工艺则不产生芳烃，有机含氧物也较少。烯烃在三种工艺产物中均有不小的比例，特别应当指出的是 SSPD 及 TFB 产物中的烯烃几乎全是 α-烯烃，这对其后续的加工利用是十分有利的。

2004 年 9 月，我国神华集团有限责任公司和宁夏煤业集团有限责任公司与 Sasol 公司分别签约，拟各建设一座产能为 300×10^4 t/a 的煤制油（CTL）工厂。

9.2.6.3 Exxon 公司的 AGC-21 工艺

Exxon Mobile 公司开发合成油技术的历史可追溯到 20 世纪 80 年代初期，旨在经济地开发利用偏远地区丰富的天然气田。1990 年，该公司利用其开发成功的 AGC-21 工艺，如图 9-8 所示，在 Baton Rouge 建了一套产能为 200 桶/d 的中型示范装置。目前，Exxon 公司正积极与卡塔尔综合石油公司磋商，拟利用卡塔尔丰富的天然气资源建立一个大型的天然气合成油工厂。

AGC-21 工艺也由三个基本步骤组成，即造气、F-T 合成和石蜡加氢异构改质。首先，天然气、O_2 和水蒸气在一个新型的催化部分氧化反应器中反应，生成 H_2/CO 比接近 2∶1 的合成气。然后，在催化剂体系作用下，在新型淤浆床反应器内经 F-T 反应，生成分子量范围很宽的烷烃混合物。由于部分组分的沸点极高（可达 550℃），在此步反应中所得产品为固态白蜡（室温下）。最后，将中间产品蜡经固定床加氢异构改质为液态烃产品。这种烃混合物可进行管输或船输，是一种优质的炼厂原料，并且在此过程中，改变操作条件还可以调整产品收率。

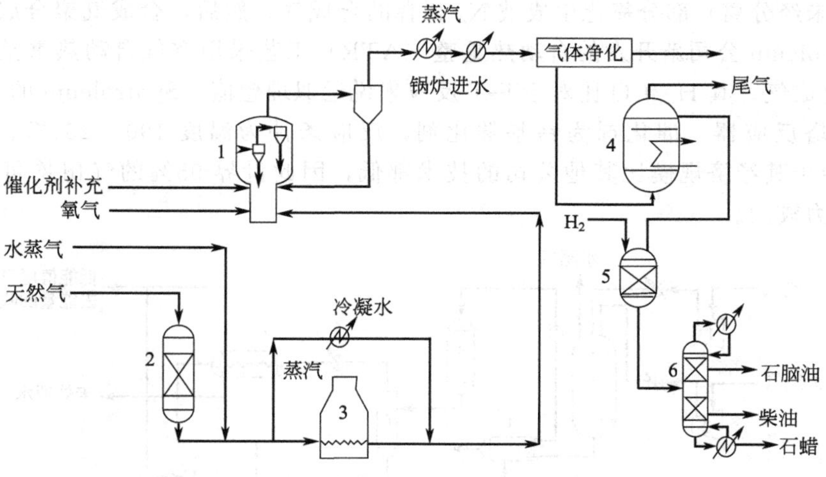

图 9-8 Exxon 公司 AGC-21 工艺流程

1—FBSG（流化床合成气）反应器；2—脱硫塔；3—预热炉；
4—F-T 反应器；5—加氢裂化塔；6—分馏塔

由于 Exxon 公司多年来在 FCC（催化裂化，fluid catalytic cracking）、灵活焦化和其他大型高温流化床工艺的开发中积累了丰富的经验，因而其流化床合成气生产技术的经济性明显好于使用传统气化工艺的技术。新的流化床反应系统是一个装有催化剂颗粒的、简单的、大型流化床反应器，部分氧化和蒸汽重整反应在这里几乎同时发生。反应器采用的是有绝热衬层的钢容器，由于在单一的反应器中进行部分氧化和蒸汽重整反应，大大地提高了反应的热效率。

AGC-21 工艺中 F-T 合成采用新的三相浆态床反应器。合成气生产与烃合成反应器系统的良好匹配，提高了目的产品的收率和选择性。AGC-21 工艺 F-T 反应的专利钴催化剂由钴和无机氧化物载体组成，使用专有的高性能“薄层”钴催化剂，以改性 TiO_2 为载体，具有高活性、C_{12} 以上烃类选择性高的特点，且失活速率低，从而能持续得到高产率和高选择性。当催化剂“薄层”厚度从 250μm 降至小于 20μm 时，相对生产率可从 109 增至 250 以上。使用这种钴催化剂，C_{12} 以上烃生产率得到大大提高。合成产物是沸点在 343℃以上、溶点在 121℃以上、常温下是固体的长链石蜡烃。

AGC-21 工艺产品的分布情况见表 9-8。

表 9-8 AGC-21 产品分布情况

产　品	最大燃油方案	最大催化裂化原料方案
汽油含量/%	30	15
柴油产品含量/%	70	50
民用燃油、石蜡含量/%	0	35

9.2.6.4 Syntroleum 公司的工艺

Syntroleum 公司是 1984 年成立的小型公司。其目标是开发更简单、更经济的合成油生产技术。其 GTL 技术的最大的优势就是可以用于小规模气田。据有关报道，Shell、Sasol、Exxon Mobile 等公司的经济规模一般在 450×10^4 t/a 左右，而 Syntroleum 工艺的经济规模在 90×10^4 t/a。

Syntroleum 工艺仅包括合成气生产和烃合成两步，工艺流程如图 9-9 所示。首先，天然气和空气（未经分离）部分氧化生成被 N_2 稀释的合成气；然后，合成气聚合成不同链长的烷烃。Syntroleum 公司新开发的自动热重整（ATR）工艺采用空气自动热重整，生产出用 N_2 稀释的合成气。其 H_2/CO 比对于 F-T 反应来说近似理想值。Syntroleum 的 GTL 工艺使用浆态鼓泡塔反应器，催化剂为钴基催化剂，反应条件为温度 190～230℃、压力 2.0～3.5MPa。由于其经济规模比其他公司的技术都低，因此世界 95%的气田均可采用这一技术，发展潜力较大。

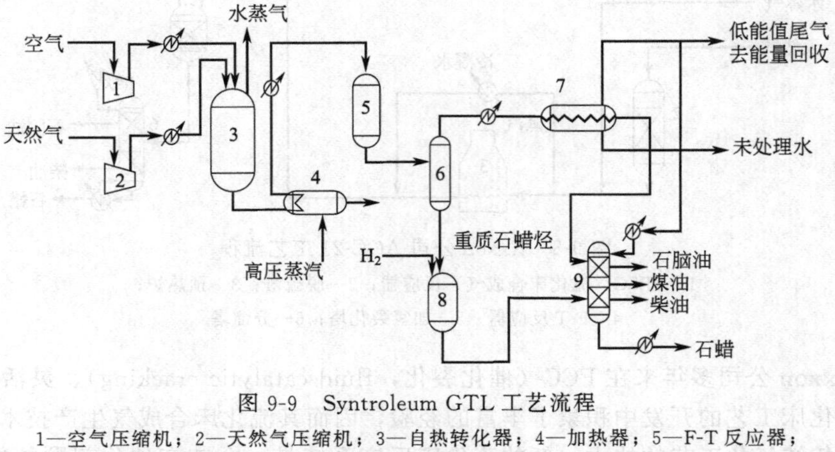

图 9-9 Syntroleum GTL 工艺流程

1—空气压缩机；2—天然气压缩机；3—自热转化器；4—加热器；5—F-T 反应器；6—热分离器；7—冷分离器；8—加氢裂化器；9—分馏塔

Syntroleum 第二代 GTL 工艺是第二代 GTL 技术中最具代表性的，工艺特点如下。

(1) 在合成气生产部分取消了投资庞大的空气分离制氧装置，以空气取代氧气，进行 ATR 转化，并在原料天然气中加入少量 CO_2 以调节氢碳比。同时研制成功了一种加有耐火材料衬里的碳钢转化反应器，内装有镍基催化剂。该催化剂具有很高的活性与选择性，能适应在高空速条件下操作。

(2) 由于含 N_2 合成气中，N_2 含量高达38%左右，合理解决了管式固定床反应器中的温度控制问题，从而大大提高了费托合成部分的单程转化率。同时，该工艺还研制成功了一种专用钴基催化剂，以钾作助催化剂，以 SiO_2 或 Al_2O_3 或两者的混合物作载体。此催化剂的反应压力降至约0.5MPa（Sasol 和 Shell 的工艺条件都约为2.5MPa)。

(3) 结合以上条件，Syntroleum 公司设计出了一种“一次通过”型工艺流程，这样既解决了大量 N_2 在系统中的积累问题，也大大简化了工艺流程。

(4) “控制链增长”F-T 合成催化剂的研制历来是 GTL 工艺技术开发的重点之一。Syntroleum 公司研制成功的催化剂可使产品基本控制在车用燃料油的范围内（C_5～C_{20})，C_1～C_4 的产量降至最低。因此，在产品精制部分可以不设置类似 Shell 公司的 SMDS 工艺专用的加氢裂化/加氢异构装置，通过常规加氢裂化/分馏装置即可得到柴油、煤油和石脑油等产品，并可调节到最大量生产柴油和煤油的运转模式。

(5) 该公司开发了新一代催化剂及与之配套的费-托合成反应器。新一代反应器设计为卧式固定床，其操作与控制更加灵活。此类反应器适合用于海上作业的海上平台或驳船上，目前已有应用，且已产出合格产品。

9.2.6.5 ConocoPhillips 公司的 Conoco 工艺

Conoco 技术是在其特有 CoPOX 部分催化氧化合成气技术的基础上利用催化剂进行天然气的催化部分氧化，以提高反应速率，更有效地利用氧气，降低空分装置的负荷。利用悬浮床反应器进行液态烃合成。得到的产品比应用其他技术得到的产品要多出20%，同时减少了 CO_2 的排放量。该公司拟在海外天然气田建设生产能力为30t/d（6.0×10^4 磅/d）的合成油厂，总投资需12亿美元。

9.2.6.6 Catalytica 公司的 DMO 工艺

Catalytica 公司认为解决 GTL 的关键是催化剂，与其他公司研究的方向相反，旨在开发将天然气转化为甲醇或合成燃料的工艺，其中包括直接氧化工艺，规划三年开发甲烷直接氧化（direct methane oxidation，DMO）工艺。

Catalytica 公司相信其新的催化剂的高选择性，单套装置，均相催化剂，能降低甲醇工厂投资的一半。采用天然气直接氧化法转化为汽油和其他燃料在成本上可与从原油直接生产的方法竞争。该公司的典型系统已证明 DMO 工艺的可行性，甲烷转化为甲醇的单程生产率高达70%。

9.2.6.7 Williams 公司的 GasCat 工艺

由 Williams International 公司所属的 Energy International 公司开发的天然气转化为液体燃料的 F-T 新工艺，使用先进的浆液泡罩塔反应器来有效地除去 F-T 反应中放出的热量，以 Al_2O_3 为载体的钴基催化剂，寿命为铁基催化剂的10倍，为以 TiO_2 为载体的催化剂寿命的5倍，而活性高出4倍，有效地降低了装置的投资和操作费用。据报道，生产能力为 $8000m^3/d$ 的该装置，耗用原料天然气为 $1.4\times10^9m^3/d$，以热值计算转化率在60%以上。其产品中有50%不含硫、金属和芳烃的中间馏分油、30%粗柴油和20%石脑油，该工艺主要可以对边远地区的天然气加以利用。

9.2.6.8 Mobil 公司 MTG 工艺

美国 Mobil 公司研究开发了另一条由天然气生产汽油的路线，在天然气转化制得合成气后以合成气合成甲醇，再以甲醇为原料催化转化生产汽油，称为甲醇制汽油（methanol to gasoline，MTG）工艺。1985 年 7 月以此工艺在新西兰建成产能为 14500 桶/d（2306m³/d）的工业装置，10 月投产，1986 年 4 月达到满负荷生产。

使用固定床反应器的 MTG 工业装置投入建设前，Mobil 公司还进行了流化床反应器的试验并取得成功。之后，Mobil 公司还设想了被称为 MOGO 的流程，其第一步以甲醇制烯烃，然后将烯烃齐聚而得汽油及中间馏分油。

MTG 的工业装置包括合成甲醇、甲醇制汽油及产品加工三个工序，如图 9-10 所示。合成甲醇采用 ICI 工艺，建有两套 2200t/d 甲醇装置。

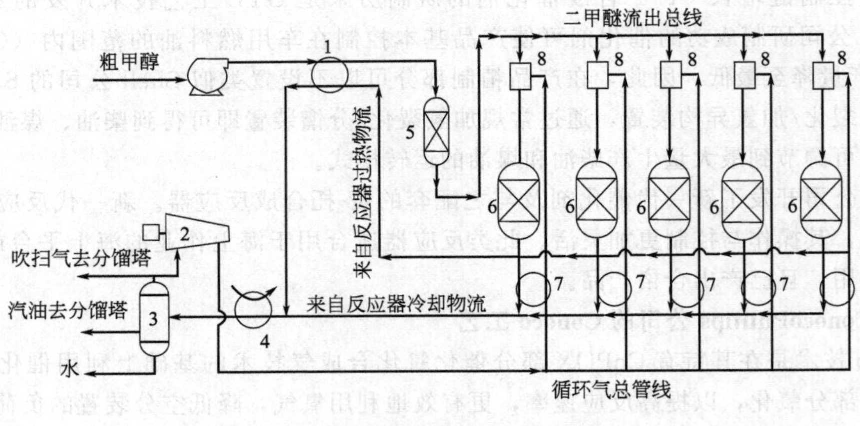

图 9-10 新西兰 MTG 装置的工艺流程

1—预热汽化装置；2—循环压缩机；3—精馏塔；4—冷凝器；5—二甲醚反应器；6—ZSM-5 反应器（4 开 1 再生）；7—产品/循环气换热器；8—混合器

MTG 工艺以 ZSM-5 沸石为催化剂，装置的主要工艺条件示于表 9-9。该装置有如下特点：

① 在 MTG 反应器之前安排了一台甲醇部分脱水生成二甲醚的反应器。

② 因催化剂在反应过程中逐步积炭而失活，不仅需要安排再生，而且在固定床反应器内存在反应段老化前移问题，相应地，产品选择性也反应变化，芳烃减少而烯烃增多，直至发生甲醇与二甲醚穿透。为使装置的产品组成稳定，故安排了 5 台 MTG 反应器，其中 4 台处于不同的反应阶段，1 台处于再生阶段。

③ 可能是由于 ZSM-5 催化剂的择形作用，产品中杜烯（1,2,4,5-四甲基苯）浓度超过热力学平衡值（在所有的四甲基苯中，杜烯的分子直径最小）。由于杜烯熔点高达 79.3℃，故需控制其在汽油中的含量。所以在产品加工中安排了一个重汽油处理单元，使杜烯脱甲基或异构化。

表 9-9 新西兰 MTG 装置主要工艺条件

甲醇/水质量比	脱水温度/℃		MTG 温度/℃		压力/MPa	循环比/(mol/mol)	质量时空速/h^{-1}
	进料	出料	进料	出料			
83/17	316	404	360	415	2.17	9.0	2.0

MTG 装置各项产品的产率示于表 9-10，此中汽油产率包括轻组分烷基化所得的烷基化油，汽油的 RON（马达法辛烷值）为 93，MON（研究法辛烷值）为 83。

表 9-10 MTG 产品产率

组分	轻气体	C_3	$C_3^=$	i-C_4	n-C_4	$C_4^=$	C_5^+	汽油
产率/%	1.3	4.6	0.2	8.8	2.7	1.1	81.3	83.9

9.2.6.9 我国的合成油工艺

如前所述，我国曾有一座 3×10^4t/d 的费托合成工厂，1950 年经我国技术人员努力开始正常运行。之后，大连化学物理研究所研制了 362-2 氮化熔铁催化剂，在 ϕ50mm 及 ϕ150mm 流化床反应器取得成功的基础上，又与锦州石油六厂合作建设了 602 工程，包括 ϕ600mm、ϕ800mm 及 ϕ1500mm 三台流化床反应器，并先后在 ϕ600mm 及 ϕ800mm 反应器上进行了试验，后因大庆油田的开发而停运。

602 工程费托合成的工艺流程属于密相流化床，与前述的 Sasol FFB 工艺类似，ϕ1500mm 反应器的设计规模为合成油 4500t/a。

中国科学院山西煤炭化学研究所一直从事煤炼油的研究，20 世纪 80 年代所开发的由传统 F-T 合成与择形分子筛相结合的固定床两段工艺（MF-T），工艺由费托合成及产品改质两段所组成。费托合成使用铁催化剂，两台串联的固定床反应器，反应温度 230℃，压力 3.0MPa，$H_2/CO=1$，空速 $500h^{-1}$，CO 转化率接近 90%，烃选择性 75%～80%。该所已在山西代县和晋城进行了中试和工业试验，前者设计能力为 100t/d，后者为年产 80 号汽油 2000t。最近，该所制成了超细粒子铁锰催化剂，单管试验的 C_5^+ 收率可达 140g/m^3 合成气。

目前，在中国石油天然气股份有限公司的资助下，中国科学院山西煤炭化学研究所、大连化学物理研究所、成都有机化学研究所以及中国石油大学等单位均在进行以天然气为原料制合成油的相关研究开发工作。山西煤炭化学研究所正着手进行浆态床反应器的试验。中国石油大学催化重点实验室也进行了固定床 1000h 的稳定性试验。

总之，经过多年的开发，国内在 F-T 合成油技术方面已具有一定的基础，尤其是催化剂的开发，但尚缺乏装置大型化的经验。

9.2.6.10 F-T 合成反应工艺比较

目前已开发或使用的 GTL 工艺主要有如下四种。从目前的认识、使用以及研发状况来看，浆态床反应器因具有极大的优势而成为未来发展的主要方向。从已经工业化和在建的 GTL 装置可以看出，浆态床反应器更适合于大型的合成油装置，而对于较小规模的合成油装置来说，Arge 型管式固定床反应器具有优势，这也是 Syntroleum 开发的新型 F-T 技术中采用固定床反应器的主要原因，尤其是可用于船上的第二代工艺的新设计更是非固定床反应器不可。

（1）列管式固定床工艺

优点：操作简单；无论 F-T 产物是气态、液态和混合态，在宽温度范围下都可使用；不存在催化剂与液态产品的分离问题；液态产物易从出口气流中分离，适宜蜡等重质烃的生产；催化剂床层上部可吸附大部分硫，从而保护其下部床层，使催化剂活性损失不严重，因而受原料气净化装置波动影响较小。

缺点：反应器中存在着轴向和径向温度梯度；反应器压降高。压缩费用高；催化剂更换困难，必须停工；装置产能低。

（2）循环流化床工艺

优点：反应器产能高，在线装卸催化剂容易，装置运转时间长，热效率高，催化剂可及时再生。

缺点：装置投资高、操作复杂，进一步放大困难，旋风分离易被催化剂堵塞，催化剂损失大，此外高温操作可导致积炭和催化剂破裂，增加催化剂损耗。

(3) 固定流化床工艺

优点：取热效果好，CO转化率高，装置产能大，建造和操作费用低，装置运转周期长，床层压降低，预计用固定流化床代替循环流化床，工厂总投资可降低15%。

缺点：高温操作易导致催化剂积炭和破裂，催化剂耗量增加。

(4) 浆态床工艺

优点：结构简单，除热容易，易于放大，最大可放大到1.4万桶/d，而管式固定床仅能放大到1500桶/d；传热性能好，反应混合好，可等温操作，从而可用较高的操作温度获得更高的反应速率；操作弹性大，产品灵活性大；可在线装卸催化剂，更换催化剂无需停工，这对固定床反应器是不可能的；反应器压降低，不到0.1MPa，而固定床反应器可达0.3～0.7MPa，并且管式固定床反应器循环量大，因而新型浆态床反应器可节省压缩费用；CO单程转化率高，C_5以上烃选择性高。

缺点：浆液中CO的传递速率比H_2慢，存在着明显的浓度梯度，不利于碳链增长形成链烃；需要解决产品与浆液的分离问题。

9.2.7 天然气合成油加工精制工艺

F-T合成的烃类产物有不同的链长，如直接生产中间馏分油主要是烷烃和正构α-烯烃，同时也有一些含氧化合物。此混合物可作为合成原油送往炼油厂作原料加工，采用缓和加氢裂化/加氢异构化工艺可将长链切割成低温性能良好的短链正构和异构烷烃，得到高质量喷气燃料、石脑油、柴油调和料以及其他石油产品和石化原料等。GTL合成的原油性质非常好（表9-2），由其合成的产品性能也比普通石油原油合成的性能要好。

合成油加工主要是对合成原油进行加氢处理，再进行产品分馏，最终获得市场需要的产品。合成油加工和普通油品加工工艺基本相同，是一个非常成熟的工艺。费托工艺转化程度用称作“α”的ASF分配系数进行描述，低α工艺生产更多的轻烃，高α工艺生产更多的含蜡烃（$>C_{20}$），较高的α值是生产高黏度基础油产品的理想方式。当然天然气合成润滑油，还需增加新的加氢裂化、加氢异构化、溶剂脱蜡、蒸馏等成熟的炼油技术，但因合成油纯度高，加工条件比较温和，因而投资和操作费用都比较低，占合成油总投资的10%～15%。

9.3 各种天然气合成油技术总比较

9.3.1 工艺技术比较

如前所述，浆态床工艺更适合于大型的合成油装置，而对于较小规模的合成油装置来说，固定床列管式工艺则具有一定的优越性。催化剂的选用主要由目标产物来决定，为了获得汽油和轻烃，选用铁基催化剂更为适宜，而钴基催化剂更为适宜生产柴油等重质烃和高档润滑油基础油。目前比较可行的且有极大发展前途的四大GTL技术由Syntroleum、Sasol、Exxon Mobil、Shell公司拥有，其各工艺步骤的技术特点见表9-11。

表 9-11 四大公司合成油技术特点分析

工艺步骤	Sasol 公司 SSPD 技术	Exxon Mobil 公司 AGC-21 技术	Shell 公司 SMDS 技术	Syntroleum 公司技术
天然气制合成气	天然气经蒸汽转化和自热转化成合成气	部分氧化和蒸汽转化在流化床反应器中产生合成气	部分氧化气化工艺生产合成气	采用空气进行自热式转化(ATR)，生成被氮气稀释的合成气。H_2/CO 比接近 F-T 反应
F-T 合成	浆态床反应器铁基或钴基催化剂	浆态床反应器和钴基催化剂	采用 Shell 公司茂催化剂，由改进型费托工艺合成重质烷烃	浆态床反应器或固定床反应器，钴基催化剂
产品精制	炼制过程由分馏、异构化、烷基化、齐聚、加氢处理和铂重整组成。产品为汽油、车用柴油、煤油、(轻)重工业甲醇和燃料油	采用加氢异构法改质，在较低苛刻度下操作可最大限度生产催化裂化原料和润滑油基础油；在较高苛刻度下操作，则仅生产发动机燃料	将石蜡产物加氢裂化生成中间馏分油，后用蒸馏方法分离出产品。典型的馏出油燃料有石脑油、煤油、瓦斯油等	在产品精制部分可以不设置类似 Shell-SMDS 工艺专用的加氢裂化/加氢异构装置，通过常规加氢裂化/分馏装置即可得柴油、煤油和石脑油等产品，并可调节到大量生产柴油和煤油的运转模式

9.3.2 经济性比较

经济上的竞争能力是 GTL 能否商业化的关键。20 世纪 90 年代中期以来，世界各大石油公司均投入巨资进行 GTL 工艺的技术开发，形成了以 Syntroleum、Sasol、Exxon Mobil、Shell 公司拥有的专利技术为代表的“第二代 GTL 工艺”。新一代 GTL 工艺最大的特色是装置投资大幅度下降。以下是美国加州 SRI 工程咨询公司对几种 GTL 装置的估算。

(1) 投资估算 SRI 对四种工艺的投资估算如表 9-12 所示。表中的墨西哥湾代表经济发达地区，其装置建设投资较低，但天然气价格很高；边远地区代表经济不发达地区，其装置建设投资较高，但可以得到廉价的天然气供应。

表 9-12 SRI 对四种工艺的投资估算（规模为 5×10^4 桶/d）

项　目	Sasol SSPD（边远地区）	Sasol SSPD（墨西哥湾）	Shell SMDS（墨西哥湾）	Syntroleum（边远地区）
工艺特点	ATR(氧)造气 浆态床反应器 钴基催化剂	ATR(氧)造气 浆态床反应器 钴基催化剂	POX 造气 固定床反应器 钴基催化剂	ATR(空气)造气 浆态床反应器 一次通过工艺 钴基催化剂
界区内投资/10^6 美元	1162.1	893.9	954.9	869.5
界区外投资/10^6 美元	333.1	256.2	332.4	285.5
其他投资/10^6 美元	373.1	287.5	321.8	288.8
单位投资/[美元/(桶·d)]	3.79	2.88	3.22	2.89

分析表 9-12 数据可以归纳出以下几点。

① 边远地区的装置投资要比墨西哥湾地区高 30%。

② 界区内投资占总投资的 60%。

③ 界区内投资一般包括 5 个单元，原料气占界区内投资 12.7%，空气分离制氧占

24.5%，合成气生产占24.1%，F-T合成占23.4%，产品分离与精制占15.1%。

④ 合成气生产（包括原料气处理）是装置投资的主要构成部分，即使采用ATR工艺生产合成气，此部分投资仍占界区内投资的48%左右；使用纯氧的合成气制备工艺，一般要达到60%以上。

⑤ F-T合成和产品精制两部分约占界区内投资的40%。

（2）原料气消耗量 按现有的工艺技术水平，各种GTL工艺的原料天然气消耗量估算如表9-13所示，表中数据表明，SSPD工艺的能量转化效率最高，Syntroleum工艺因采用一次通过流程，导致能量转化效率仅50%左右。因此，Syntroleum工艺的原料气单位消耗量约为SSPD工艺的1.2倍。

表9-13 原料天然气消耗量

项目		Sasol SSPD	Shell SMDS	Syntroleum	AGC-21
规模	10^4 桶/d	5	5	5	5
	10^4 t/a	225.3	233.7	223.2	221.2
消耗量	m^3/桶	242	279	292	269
	m^3/t	1960.2	2176.2	2382.7	2216.5
能量转化效率/%		62	55.9	50.8	54.9

（3）化学品和公用工程消耗 GTL装置的可变操作费用主要由2个部分组成：原材料消耗和公用工程消耗。原材料消耗包括天然气和化学品（主要是催化剂）。表9-14是各工艺的化学品和公用工程消费成本。尽管各种工艺所用的催化剂均有各自不同的特色，单位消耗量也有区别，但每吨产品消耗的金额大致相同，约为12美元/t。

在公用工程消耗方面，SSPD主要消耗燃料气，冷水用量少，这是由浆态床工艺的技术特点决定的，故在气价低廉的地区采用此工艺可较大幅度地降低操作费用。SMDS和Syntroleum采用固定床的工艺，主要消耗冷却水，燃料气用量较少，因而在气价较高地区，其公用工程消耗的金额低于SSPD工艺。

表9-14 化学品和公用工程消费成本

项目		Sasol SSPD（边远地区）	Sasol SSPD（墨西哥湾）	Shell SMDS（墨西哥湾）	Syntroleum（边远地区）
化学品	美元/桶	1.47	1.47	1.54	1.47
	美元/t	11.9	11.9	12.0	12.0
公用工程	美元/桶	0.8	3.4	2.43	3.06
	美元/t	6.48	27.54	18.95	24.96

（4）固定操作费用 固体操作费用包括直接固定费用和分摊固定费用。直接固定费用主要包括人员工资、维修费用及管理费等；分摊固定费用包括保险费、财产税、环保费等。表9-15所示数据均以规模5×10^4桶/d为基准。

（5）GTL工艺技术经济比较 表9-16列出了各种GTL工艺的技术经济比较。装置生产规模均定位5×10^4桶/d。边远地区的天然气价格为0.15元/m^3；墨西哥湾地区的天然气价格为0.65元/m^3。销售价格则按投资回报率10%计算。

表 9-15 固定操作费用比较

项目		Sasol SSPD（边远地区）	Sasol SSPD（墨西哥湾）	Shell SMDS（墨西哥湾）	Syntroleum（边远地区）
直接费用	美元/桶	2.63	2.06	2.16	2.15
	美元/t	21.3	16.7	16.8	17.5
分摊费用	美元/桶	2.94	2.18	2.35	2.35
	美元/t	23.8	17.7	18.3	19.2
合计	美元/t	45.1	34.4	35.1	36.7

表 9-16 各种 GTL 工艺的技术经济比较

项目	Sasol SSPD（边远地区）	Sasol SSPD（墨西哥湾）	Shell SMDS（墨西哥湾）	Syntroleum（边远地区）
规模/(10^3t/a)	2252.6	2252.6	2336.7	2232.3
投资/10^6 美元	1868.9	1437.6	1609.7	1443.8
可变费用/(美元/t)	53	188	196	79
固定费用/(美元/t)	45	35	35	37
折旧费用/(美元/t)	76	58	62	58
生产成本/(美元/t)	174	281	293	174
销售价格/(美元/t)	256	344	362	238

9.4 发展天然气制合成油的前景分析

随着环境法规越来越严格以及 GTL 技术进步，基建投资和操作费用大幅降低，天然气制油技术正以其技术和经济上的优势受到青睐。

(1) 能源的资源结构促使 GTL 技术的发展　就目前世界主要的能源构成而言，石油的储采比为 40，天然气为 60，煤为 30。而目前的消费结构中，石油占 50%以上，煤和天然气各占 25%。能源资源和需求的差异，迫使人们接受一个现实，就是石油作为使用最方便的一种能源，随着开采将逐步减少，天然气和煤的地位将越来越重要。因此，GTL 是解决液体燃料供应不足的重要途径，其作为以石油为原料生产液体燃料的重要补充和接续，对缺油国家石油安全战略有重要意义。

(2) 日益苛刻的环保要求为 GTL 的发展提供了机会　随着人们环保意识的不断强化，传统的石油产品越来越难满足的环保要求（主要是硫含量），例如，欧盟柴油含硫量将由 2005 年的 50×10^{-6}降低到 2008 年的 30×10^{-6}，美国 2006 年的标准为 15×10^{-6}。而通过 GTL 转化成的合成油的柴油燃料含硫量低于 1×10^{-6}，芳烃含量低于 1%，完全符合现代发动机的严格要求和日益苛刻的环境法规的挑战。另一方面，要使传统的石油产品升级到满足新规格的产品，加工费用会大幅度增加。这使天然气制合成油技术在经济性竞争力上大大上升。

(3) 科技进步推动了天然气制合成油技术的发展　随着技术的不断进步，制约 GTL 发展最重要的因素之一即投资过大的问题也逐步解决。近年来石油价格居高不下，许多公司投入巨资进行 GTL 技术的实验室、中试研究，经过改进的费托合成技术，采用新型钴催化剂和先进的浆态床反应器，使GTL装置投资和操作费用大大降低，使天然气制合成油技术在经济上变得可行。

经济的快速增长使我国大量新增对石油的需求，我国已经成为世界第二大石油消费国，石油不得不依赖进口。2005年中国石油对外依存度已达到42.9%，预计到2010年突破50%；同时中国汽车保有量的增加导致城市大气污染中汽车排放的分担率最大。所以，从经济发展、能源安全和环境保护各方面来看，在我国推广使用代用燃料具有重大的意义，GTL将是一种有效选择。首先其原料来源相对丰富，价格也较低；其次生产技术已比较成熟，而且内燃机燃用GTL燃料有害排放低。

我国煤炭资源丰富，天然气储量较大，利用率却低。可以单独用天然气为原料或以煤和天然气为复合原料降低成本。核心技术可以从国外引进，但技术转让费非常昂贵，所以应采取自主研发的方式。我国在煤间接液化制油方面已有成功先例，如中国科学院山西煤炭化学研究所和山东兖矿集团在F-T合成工艺和技术都有突破，分别都已建成年产千吨级和万吨级合成油工业中试装置，山西潞安也突破了技术瓶颈开工建设我国第一个煤F-T合成油项目。由于F-T三步法中的后两步是相同的，所以煤间接液化制油的部分设备、技术和工艺可用于生产GTL燃料。随着生产规模扩大和生产技术更加成熟，成本下降的GTL与高价石油燃料可形成较强的竞争力。

参考文献

[1] 胡杰，朱博超，王建明. 天然气化工技术及利用. 北京：化学工业出版社，2006.
[2] 徐文渊，蒋长安. 天然气利用手册. 北京：中国石化出版社，2001.
[3] 贺黎明，沈召军. 甲烷的转化和利用. 北京：化学工业出版社，2005.
[4] Anderson R B. The Fischer-Tropsch Synthesis. Orlando：Academic Pr Inc.，1984.
[5] Lox E S，Froment G F. Kinetics of the Fischer-Tropsch Reaction on a Precipitated Promoted Iron Catalyst. JP1. Experimental Procedure and Results. Ind Eng Chem Res，1993，32 (1)：61-70.
[6] Lox E S，Froment G F. Kinetics of the Fischer-Tropsch Reaction on a Precipitated Promoted Iron Catalyst. 2. Kinetic modeling. Ind Eng Chem Res，1993，32 (1)：71-80.
[7] 马文平，丁云杰，李永旺等. 费托合成反应动力学研究的回顾与展望. 天然气化工，2001，26 (3)：42-46.
[8] 吉媛媛，相宏伟，李永旺等. Fischer-Tropschhe合成烃生成机理研究进展. 燃料化学学报，2002，30 (2)：186-192.
[9] 马文平，刘全生，赵玉龙等. 费托合成反应机理的研究进展. 内蒙古工业大学学报，1999，18 (2)：121-127.
[10] Storch H H，Golumbic N，Anderson R B. The Fischer-Tropsch and Related Syntheses. New York：Wiley，1951.
[11] Pichler H，Schulz H. Neuere Erkenntnisse auf dem Gebiet der Synthese von Kohlenwasserstoffen aus CO und H_2. Chem Ing Tech，1970，18 (2)：116-1174.
[12] Nijs H H，Jacobs P A. New Evidence for the Mechanism of the Fischer-Tropsch Synthesis of Hydrocarbons. J Catal，1980，66 (2)：401-411.
[13] Mims C A，McCandish L E，Melchior M T. Fischer-Tropsch Synthesis：a C_2 Initiator for Hydrocarbon Chain Growth on Ruthenium. Catal Lett，1988，121 (5)：121-126.
[14] McCandlish L E. On the Mechanism of Carbon-Carbon Bond Formation in the CO Hydrogenation Reaction. J Catal，1983，83 (2)：362-370.
[15] 代小平，余长春，沈师孔. 费-托合成制液态烃研究进展. 化学进展，2000，12 (3)：268-281.
[16] 曹金荣，张永贵. 天然气合成液体燃料研究进展. 节能技术，2005，23 (1)：62-21，33.

[17] Storch H H，Golumbic N，Anderson R B. The Fischer-Tropsch and Related Syntheses. New York：Wiley 1951.

[18] 陈赓良. GTL 工艺技术评述. 石油炼制与化工，2003，34 (1).

[19] Hook Cheng Heng，Suhaili Idrus. The Future of Gas to Liquid as a Gas Monetization Option，Journal of Natural Gas Chemistry，2004，13：63-70.

[20] 曹湘洪. 谨慎对待甲醇、二甲醚作车用燃料加快 GTL 技术开发. 2004，23 (10)：1035-1042.

[21] 韩德奇，潘金美，姜志国. 天然气制合成油技术进展及经济性分析. 化工科技市场，2006，29 (6)：37-41.

10 天然气应用新技术

目前，工业天然气应用较为成熟的技术路线大多是将甲烷转化为合成气，进而开发相关的下游产品。而甲烷的直接转化利用在工业上应用很少，大多还处于试验室研究阶段。其原因是甲烷的化学惰性，很难在较高的甲烷转化率下获得理想的产物选择性。但从原理上看，甲烷的直接转化利用是最直接有效的途径，具有非常明显的潜在工业应用价值，因此许多科学家正在致力于甲烷的直接转化利用新技术的研究。这些新技术包括甲烷等离子体转化、甲烷氧化偶联制乙烯、甲烷转化制芳烃等。本章将对这些新技术作简单介绍，有兴趣的读者可自行参阅一些专业论文。

10.1 天然气等离子体转化技术

10.1.1 概述

随着世界上丰富的天然气资源的勘探与开采，天然气利用正朝着高效、节能、无污染、绿色化学的新领域发展。甲烷作为天然气最重要的成分，其资源极其丰富。甲烷堪称结构最为稳定的有机分子（C—H 键平均键能为 415kJ/mol，CH_3—H 键离解能高达 435kJ/mol）。因此，如何将甲烷高效地转化为乙烯、乙炔等碳二烃以及液体燃料或重要的化工原料，是一个急需攻克的难题。实现甲烷直接化学利用的关键是甲烷中 C—H 键的选择性活化和控制反应进行的程度。甲烷反应常无选择性地生成 CO_x（CO 和 CO_2），因为甲烷生成 CO_x 不仅减少目标产物的生成，而且 CO_2 的生成是强烈的放热反应，移出反应热是工业生产中很困难的工程问题，所以 CO_2 的生成应竭力避免。C—H 键的活化方法有常规热活化、催化活化、电化学活化和等离子体活化等，其中等离子体活化具有低温活化迅速和节能（常规热活化能量的一半）的优点，是最有效的分子活化技术。等离子技术与催化相结合，能显著提高天然气的转化率和目标产物的选择率。一般而言，甲烷转化在不同反应器中遵循“等离子体＋催化＞等离子体＞催化＞热活化”的顺序。

等离子体是由大量带电粒子组成的中性非凝聚系统，是部分或全部电离的气体，其中含有不同于用其他方法产生的活性粒子，如各种激发态的分子和原子，正负离子，电子，自由基等，是物质存在的第 4 态。等离子体按体系温度可分为高温等离子体和低温等离子体。高温等离子体主要用于受控核聚变的研发中，其温度可达到 10^7～10^8 K，通常所说的等离子体一般为低温等离子体。低温等离子体又分为热平衡等离子体和非平衡等离子体两类 。热平衡等离子体，俗称热等离子体（thermal plasma），其中的各种粒子温度几乎相等，组成也近似平衡。非平衡等离子体是指其电子的能量达 1eV（约 10^4K）以上，离子和原子等重离子的温度在 300～500K，故又称其为冷等离子体。低温等离子体整体表现为低温，其能量依然很高，提供的能量足以促使反应物分子激发、离解或电离，可使得反应体系保持较低的温度，因此其在化工、材料和环境等领域得到了广泛应用。在天然气领域，等离子体技术被广泛研究用于甲烷转化制乙炔、乙烯等碳二烃以及液体燃料或重要的化工原料。

10.1.2 甲烷等离子转化制乙炔

传统的乙炔制备通常用甲烷部分氧化法或电石水解法，后者不仅需要建造庞大的电石炉，而且对环境造成严重污染；前者必须配套合成氨或甲醇装置，投资过大。而等离子体裂解甲烷则给制乙炔提供了一种新的途径。热等离子体裂解天然气制乙炔的研究已经比较广泛和深入，所用的方法主要有电弧放电、射频放电、微波放电。自 20 世纪 20～30 年代，德国 Huels 公司就着手研究甲烷热等离子体裂解制乙炔的新方法，并随之开发了用于天然气转化的 Huels 工艺。其基本原理是等离子体作为热源引发热反应，反应物分解成自由基，自由基反应后骤冷至最终产物的稳定温度。该法的关键在于乙炔在极短的时间内形成并骤冷到乙炔的稳定温度。经过多年的持续发展，目前生产能力已达 120kt/a。

10.1.2.1 热力学分析

甲烷具有很稳定的分子结构，碳氢键的活性很差，断裂一个 C—H 键需要 415eV 的能量，反应大量吸热，每生成 1mol 乙炔分子吸收 2517kJ 热量。而且由于乙炔的反应自由能 $\Delta G=96290-64.7T$，因而只有 $T\geqslant 1488.13\text{K}$，$\Delta G\leqslant 0$ 时甲烷才能裂解为乙炔，甲烷裂解生成乙炔的反应必须在 1500～1600K 的高温下进行。用于天然气转化制乙炔的等离子体通常为低温等离子体中的热等离子体，该种等离子体的各种粒子都具有很高的温度，具有能量集中和高速运动的特点。以 H_2、Ar、N_2 作为工作气体，使之通过一对电极时被部分电离并形成稳定的电弧等离子体射流。射流的温度可达 $(5\sim50)\times10^3$ K，电子密度 $>10^{14}\text{cm}^{-3}$，足以提供裂解甲烷所需的高温和活性物种。

在无氧参与下甲烷被激活后主要进行自由基反应。反应机理应为甲烷先转化成 CH_3^*、CH_2^*、CH^* 和 H^* 自由基，随后各种自由基组合或分解。由于要使甲烷分子同时完全断裂所有的 C—H 键需要十几电子伏特的能量，而逐个断裂 C—H 键仅需要 4.15eV 的能量，所以天然气的裂解反应如下：

$$CH_4 \longrightarrow xH + CH_{4-x} \qquad (10\text{-}1)$$

$$CH_4 + e \longrightarrow CH_4^* + 2e \qquad (10\text{-}2)$$

$$CH_4 + e \longrightarrow xH + CH_{4-x}^* + 2e \qquad (10\text{-}3)$$

其中反应 (10-1) 是甲烷高温裂解过程，反应 (10-2)、反应 (10-3) 是高能粒子撞击在甲烷分子上使其发生裂解的反应过程。但反应 (10-1) 所示的高温裂解是热等离子体中发生的主要过程。C_2H_2 生成反应为：

$$2CH^* \longrightarrow C_2H_2 \qquad (10\text{-}4)$$

$$nCH^* \longrightarrow C_nH_{n-m} + \frac{m}{2}H_2 \qquad (10\text{-}5)$$

$$C_2H + H \longrightarrow C_2H_2 \qquad (10\text{-}6)$$

当解离和电离的高温气体被冷却时，就进行反应式(10-4)～式(10-6) 所示的复合过程，从而形成 C_2H_2、C_2H_4、C_2H_6 等新的化合物，尤其是在淬冷过程中反应 (10-6) 对 C_2H_2 的生成起着重要的作用。

从动力学上分析，甲烷高温裂解过程是按下列连串反应进行的：

$$CH_4 \xrightarrow{k_1} C_2H_6 \xrightarrow{k_2} C_2H_4 \xrightarrow{k_3} C_2H_2 \xrightarrow{k_4} C + H_2$$

研究表明，在1500～1600K时，乙炔和甲烷都不稳定，会分解成元素碳和氢，但乙炔分解反应速率不如甲烷生成乙炔的反应速率快，乙炔分解反应的活化能为185102kJ/mol，甲烷一级分解反应的活化能为379147kJ/mol，为此可利用乙炔分解反应对温度的敏感性，采用急冷方式，控制反应物料在高温区停留时间不大于0.14ms，使甲烷生成乙炔的反应得以进行，而分解反应来不及发生。因此尽管最终平衡产物是C和H_2，乙炔只是中间产物，只要采用极短的停留时间（0.14ms）和有效的急冷措施截断乙炔的分解反应，完全能够获得高收率的乙炔产物。

10.1.2.2 工艺流程

如图10-1所示，工作气体H_2、N_2或Ar加入到等离子体发生器，在阴极和阳极间发生电弧放电，使其电离。离解得到的电磁流体作为能量媒介，经气体、器壁压缩后形成一股温度很高的等离子射流，利用这股高温射流裂解经过脱硫预处理后的天然气。等离子体裂解天然气的反应是一快速反应，反应时间$t<0.14ms$。操作温度为1300～2000℃（由热电偶监测）。裂化气进入由上下两段组成的反应器急冷，形成C_2H_2、C_2H_4、H_2和炭黑等产物。急冷后的裂化气体温度约为300℃。经过布袋过滤器脱除炭黑后，进入初冷器冷却到30℃以下，由乙炔压缩机加压到110MPa后送往提浓装置。

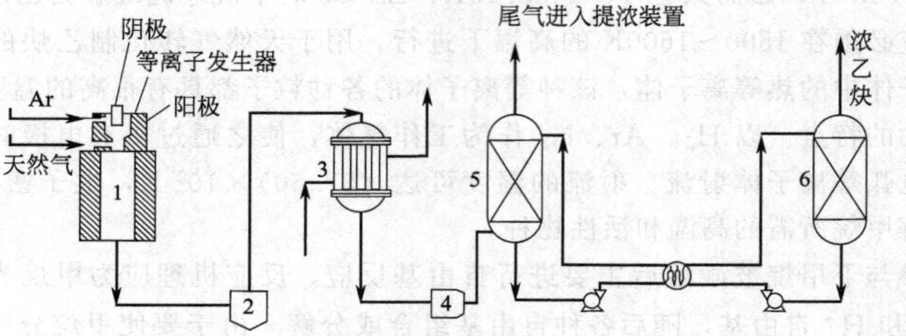

图10-1 等离子体裂解天然气制乙炔流程

1—反应器；2—除尘器；3—冷凝器；4—压缩机；5—吸收塔；6—解析塔

乙炔提浓是一个成熟的工艺技术，普遍采用溶液吸收法。*N*-甲基吡咯烷酮是良好的吸收剂，对乙炔的溶解度大、选择性好、毒性小、腐蚀性小，且流程相对简单、省电。迄今为止全国已有十家左右的厂家采用它作吸收剂。稀乙炔经*N*-甲基吡咯烷酮溶液吸收后的尾气从塔顶部排出，吸收了乙炔的*N*-甲基吡咯烷酮溶液送往解吸塔，底部控制在100℃左右解吸。产品乙炔纯度达99%以上，解吸后的尾气循环作为等离子体裂解的工作气体，多余的外售。

10.1.2.3 影响过程的主要因素

（1）工作气体。一般以H_2，Ar作为工作气体。在高温下，H_2将电能转换到气体热焓中的能力比后者大30%以上，且从5000K冷却到1200K会释放550kJ/mol的能量，对乙炔生成有利，因此，H_2是较理想的工作气体。采用H_2和CH_4的混合气作为工作气体，可降低生产成本。

（2）CH_4/H_2。产物乙炔的浓度、转化率和收率因CH_4/H_2不同而有较大差异，有文献报道，CH_4/H_2为1.72时效果最好。

（3）淬冷。氢气能起到保护乙炔的作用，还能与未反应的碳和C_2H_2等基团反应形成乙炔，用氢气急冷比用 Ar、N_2 效果好，但要增大裂解气体积，对分离不利。有研究采用高效间冷器消除了这一点并获得了优质炭黑。

(4) 进料方式。旋转进料方式优于直线进料方式。

(5) 进料速度和压力。研究表明，进料速度和压力较高时，电能消耗较低，但低压有利于乙炔的生成。

10.1.2.4 经济性分析

天然气等离子体法制乙炔具有工艺简单、裂化气易分离、原料利用率高、投资省、成本低、生产安全可靠、无污染等特点，在技术经济等方面均优于现有的乙炔制备方法。现以年产乙炔 600t，乙炔质量收率 55%，操作时间 7200h/a 的中试装置为估算基准，以 *N*-甲基吡咯烷酮（NMP）作为吸收剂，对等离子体法制乙炔与其他三种乙炔生产方法的投资和主要消耗进行了经济技术比较，见表 10-1。

表 10-1 乙炔生产法的经济技术评价

原料和动力消耗	单价	电石法		天然气电弧裂解法		天然气部分氧化法		等离子体法	
		指标	金额/元	指标	金额/元	指标	金额/元	指标	金额/元
天然气	0.98 元/m^3	—	—	2689	2805	5740	5625	2550	2499
电能	0.464 元/(kW·h)	11991	5564	13900	6450	2300	1067	10000	4640
氧气	0.62 元/m^3	—	—	—	—	3220	1996	—	—
焦炭	500 元/t	1.65	825	—	—	—	—	—	—
蒸汽	72 元/t	0.56	40	4.0	288	4.5	324	4.0	288
冷却水	0.45 元/t	471	212	300	135	650	293	300	135
NMP	32 元/kg	—	—	7.5	240	7.5	240	7	224
副产品 CO+H_2	0.3 元/m^3	—	—	—	—	8750	2625	—	—
C_2H_4	4.0 元/kg	—	—	204	816	—	—	115	460
H_2	0.2 元/m^3	—	—	3800	760	—	—	2700	540
炭黑	11 元/kg			116	1276	—	—	54	594
成本合计/(元/t)		6641		7066		6920		6192	
单位投资比		2		1.5		3		1	

注：表中天然气采用的是干气（CH_4 按 100%计）；设备折旧未考虑；装置规模电石法为 6.7kt/a，电弧裂解法为 28.7kt/a，部分氧化法为 30kt/a，等离子体法是中试规模（600t/a）；投资比以等离子法的投资费用为 1。

从表 10-1 可以看出，在同等生产规模条件下，四种方法中以等离子体法的投资最低，仅为部分氧化法的 1/3，电石法的 1/2，电弧裂解法的 2/3。在未考虑设备折旧等的情况下，等离子体生产乙炔的成本仅为 6192 元/t。若考虑设备折旧费用，则该法与其他方法的比较优势更为明显。等离子体法的一个缺点是耗电大，厂址必须建在电力丰富的地区。另外，该法副产大量尾气（主要是氢气），必须研究进一步开发利用，以提高装置的经济性。

10.1.3 天然气等离子制氢

天然气是氢气的重要来源，但是传统的天然气蒸汽转化法或部分氧化法制氢技术，在制得氢气的同时，要伴随着大量的二氧化碳排放。这不仅造成了能源的浪费，更重要的是二氧化碳是“温室气体”，其对全球气候的负面影响已经引起了国际社会的普遍关注。近年来，利用天然气制氢同时副产炭黑的方法引起了人们的重视。该法在制氢的同时不是排放二氧化碳，而是生成了便于处理和有许多工业用途的炭黑。本来，天然气的热裂解是生产炭黑并副产氢气的一种途径，但需要燃烧部分原料提供热裂解所需的高温，从而产生二氧化碳排放，并且由于其工艺本身的局限性，生成的气体中杂质含量较高，给后序的氢气提纯带来不便，增加能耗。在这种情况下，热等离子体法以其提供高温的独特优势，受到人们的注意，其在分解天然气制氢及炭黑方面的应用研究已取得了很大的进展。

10.1.3.1 热力学分析

甲烷热分解为氢气和炭黑，可用下式表示：

$$CH_4 = C + 2H_2$$

由热力学数据可知，该反应在常温下的自由焓 $\Delta G^{\ominus}(298K)=50.75kJ/mol$，是难发生的反应；但在高温下，如1000K，反应的 $\Delta G^{\ominus}(1000K)=-19.17kJ/mol$，即成为可自发进行的反应。温度更高时，反应可自发进行的倾向更强烈。根据研究发现，甲烷在高温下的热分解是按以下机理进行的：

$$2CH_4 \longrightarrow 2CH_3\cdot + H_2$$

$$2CH_3\cdot \longrightarrow 2CH_2: + H_2$$

$$2CH_3: \longrightarrow 2CH\vdots + H_2$$

$$2CH\vdots \longrightarrow 2C + H_2$$

$$nCH\vdots \longrightarrow C_nH_n$$

$$nCH\vdots \longrightarrow C_nH_{n-m} + \frac{m}{2}H_2$$

因此，在甲烷分解成氢气和炭黑的过程中，可能形成一系列的中间产物，如 C_2H_2，C_2H_4 等。实际上，利用等离子体法由天然气生产乙炔或乙烯就是基于这一点。但从制氢的角度上讲，并不希望中间产物的产生，而是要最大限度地减少中间产物。众所周知，饱和烃的热稳定性随着分子量的增加而降低，如甲烷的分解温度为683℃，乙烷为485℃，丙烷为460℃，丁烷为435℃。对乙炔、乙烯、丙烯等不饱和烃，在高温下分解反应的自由焓为：

$$C_2H_2 \longrightarrow 2C + H_2,\ \Delta G^{\ominus}_{1000K} = -168.99kJ/mol$$

$$C_2H_4 \longrightarrow 2C + 2H_2,\ \Delta G^{\ominus}_{1000K} = -118.25kJ/mol$$

$$C_2H_6 \longrightarrow 2C + 3H_2,\ \Delta G^{\ominus}_{1000K} = -118.80kJ/mol$$

由此可见，它们有着强烈的分解为 H_2 和炭黑的倾向。通过以上的分析可以看出，在高温条件下，天然气可自动生成炭黑和 H_2，其在分解过程中的中间产物也会最终生成炭黑和氢气。

10.1.3.2 等离子体法的天然气制氢工艺及特点

挪威的 Kvarner Oil & Gas 公司开发了等离子体法分解天然气制 H_2 和炭黑的工艺，即所谓的“CB & H Process”。Kvarner Oil & Gas 公司1990年开始该技术研究，1992年进行了中试，据称现在已经可以利用该技术建设无二氧化碳排放的制氢装置进行商业运行。

CB&H Process 的过程，在反应器中装有等离子炬（plasma torch），以提供能量使原料发生热分解。H_2 作为等离子气，可以在过程中循环使用。因此，除了原料和等离子体炬所需的电源外，过程的能量可以自给。用高温产品气加热原料使其达到规定的要求，多余的热量可以用来生产蒸汽。在规模较大的装置中，用多余的热量发电也是可行的。由于回收了过程的热量，从而降低了整个过程的能量消耗。

法国的 Fulcheri 研究小组开发了一种三相交流电连到三个石墨电极的等离子体炬，功率不超过263kW。得到的炭黑中，有一部分具有电导石墨特征，还有一小部分具有显著的

C_{60}特征。他们估计如果等离子体发生器的效率达到80%，制氢能耗水平则在40～80MJ/kg之间。他们研究了氮气、氩气以及氩气与氢气混合气为等离子气时的电弧电压和等离子体热焓，结果表明在氮气场合下，电压为195V，热焓值为20.2kW·h/m^3；在氩气与氢气的混合气场合下，电压为71V，热焓值为512kW·h/m^3；在氩气场合下，电压和热焓值都是最低的。这表明氮气在他们的等离子体炬里易被激发成高能状态，这种状态有利于制氢，但不利于高级炭的生成。

大连化学物理研究所的研究人员使用微波激发放电材料产生等离子体并用于裂解甲烷制氢。使用的微波频率大于13MHz，金属钨、铁等和非金属材料石墨、碳化硅等作为放电材料。在常压下，施加100W连续微波，甲烷在放电区内停留1s，转化率为84%，比能耗约为100MJ/kg；停留时间增加到5s，可使甲烷转化率达到95%，但比能耗约为600MJ/kg。提高甲烷压力到3atm，可使转化率提高到98%。在常压下施加脉冲微波，脉冲频率为1Hz时，转化率为66%，脉冲频率提高到10Hz，转化率可提高到85%。

等离子体法制氢有以下优势：① 制氢成本低，如果考虑炭黑的价值，等离子体法是包括风能制氢、水电制氢、地热制氢、生物法制氢、天然气蒸汽转化制氢（回收或不回收二氧化碳）在内的几种制氢方法中，制氢成本最低的制氢方法；② 原料利用效率高，几乎所有的原料都转化为氢气和炭黑，没有其他副反应，除原料带入的杂质外，过程不但没有二氧化碳生成，其他非烃杂质也很少；③ 原料的适应性强，除天然气外几乎所有的烃类，包括重质油也都可作为制氢原料，原料的改变，仅仅会影响产品中的氢气和炭黑的比例；④ 装置的生产规模可大可小，据Krarner Oil & Gas公司称，利用该技术建成的装置规模最小可达1m^3/a，最大可达$3.6\times10^8 m^3$/a。

10.1.4 天然气等离子制甲醇

甲醇是非常重要的有机中间体，也是很好的储氢材料和清洁代用燃料。如第4章所述，工业上可以天然气为原料生产甲醇。天然气合成甲醇有两条路线，即甲烷经合成气转化的两步法和甲烷部分氧化直接合成法。两步法已实现工业化，甲烷部分氧化合成甲醇尚处于研究阶段。因等离子技术具有设备简单、反应温度低及能耗小等特点，各国学者都在积极研究应用离子体合成甲醇的新技术。应用冷等离子体技术制甲醇主要包括CH_4部分氧化和CO_2加H_2两条工艺路线。本书只介绍以天然气为原料（CH_4）的甲烷部分氧化技术。

甲烷部分氧化制甲醇是热力学上可行的放热反应，降低反应温度有利于反应向生成甲醇的方向移动（表10-2）。该反应体系存在多个副反应，容易发生深度氧化常规反应。研究表明，减小氧气分压和/或降低温度有利于产生甲醇，而冷等离子体反应容易在低温、常压下进行。因此，甲烷等离子体部分氧化制甲醇非常有发展前景。

表10-2 甲烷部分氧化制甲醇的热力学数据

反应	ΔH_{298}/(kJ/mol)	ΔG_{298}/(kJ/mol)
$CH_4+1/2O_2 \longrightarrow CH_3OH$	−127.1	−111.2
$CH_4+O_2 \longrightarrow HCHO+H_2O$	−276.0	−290.8
$2CH_4+O_2 \longrightarrow CH_3OCH_3+H_2O$	−139	−120.6
$CH_4+2O_2 \longrightarrow CO_2+2H_2O$	−519	−543.5
$CH_4+3/2O_2 \longrightarrow CO+2H_2O$	−802	−800.7

甲烷部分氧化制甲醇是在甲烷分子 C—H 键之间插入一个氧原子，等离子体中的活性氧物种，如可放出红光的 D 轨道电子跃迁态 $O(^1D)$、可放出绿光的 D 轨道电子跃迁态 $O(^1S)$ 以及激发态氧分子 $O_2(a^1\Delta g)$ 等，对甲醇合成起重要作用，$O(^1D)$ 是实现这一反应的关键活性物种：

$$O(^1D)+CH_4 \longrightarrow CH_3OH$$

该反应的活化能为零。$O(^1D)$ 是氧气放电产物之一，也可以通过 O^- 转化得到。Huang 等利用微波放电将 O_2 等离子体化，使之与 CH_4 反应，可以得到较高的甲醇产率（>0.4%）。Huang 的研究认为活性氧粒子起重要作用。

Okazaki 等利用无声放电等离子体反应技术控制氧物种，使 CH_4-O_2 混合气反应得到甲醇。当 O_2 体积分数为 5%时，甲醇选择性和产率分别为 32.6%和 2.4 %。Mallison 等指出甲基自由基对甲醇的生成很重要。由于氧原子的强电负性，O^- 大量存在于等离子体中，可形成 $CH_3\cdot$，继续反应可得到甲醇：

$$CH_4+O^- \longrightarrow CH_3\cdot+OH^-$$

$$CH_3\cdot+O\cdot \longrightarrow CH_3O\cdot$$

$$CH_3O\cdot+H\cdot \longrightarrow CH_3OH$$

为控制反应速度，避免产物的过度氧化，Peter C. K. 和 Paul A. L. 设计出一种无声放电-固体电解质电池反应器，如图 10-2 所示。该反应器利用无声放电使甲烷转化为等离子体，通过固体电解质以 O^{2-} 或 OH^- 形式传输氧化剂（氧气或空气），在固体电解质表面的多孔阳极上发生电催化反应，生产出甲醇和乙醇等。通过外加直流电源可调节氧化剂通过固体电解质向反应体系传输的速度，从而控制反应速率和氧化程度。

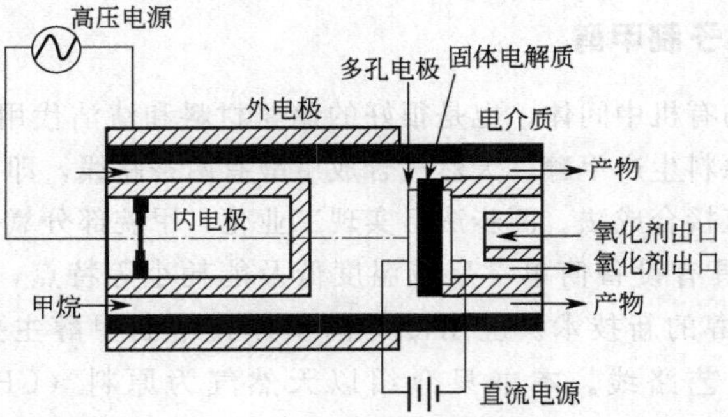

图 10-2 无声放电-固体电解质电池反应器原理

为降低能耗、提高甲醇的选择性，许多科学家研究在冷等离子体反应中应用催化剂。但反应中催化剂作用机理尚不清楚，是目前等离子体化学研究的前沿课题。另外，近年来，已有学者开始研究用冷等离子体反应技术，将 CH_4 与 CO_2 直接转化为甲醇。Helmut 等人利用电晕放电，在催化剂（13X 分子筛）存在、气压为 0.1MPa 条件下，使摩尔配比的 CH_4/CO_2 直接转化为甲醇，产率达到 12.0%，同时还含有 4.0%的乙醇。鉴于常规化学工艺生产甲醇成本过高，开展冷等离子体反应技术的研究具有实际意义，特别是经甲烷部分氧化制甲醇及 CH_4-CO_2 直接制甲醇工艺路线具有很好的发展前景。

等离子体技术用于天然气转化，克服了甲烷分子的高稳定性及其热力学上的不利，为甲烷转化提供了新的途径，是具有良好发展前景且有挑战性的课题之一。除甲烷等离子转化制乙炔已有工业化装置外，其他还处于基础阶段，有些已进入中试阶段，尚有许多工作要做，如等离子体作用下的反应机理、反应器还需进一步研制和改善、反应条件有待进一步优化等，以期达到生产中产率更高、能耗消耗更低的目的。此外，在等离子体作用下催化剂的功能的研究一旦有所突破，不仅可使天然气得到更好的利用，而且对温室气体二氧化碳的利用和等离子体化学的发展有积极的推动作用。

10.2 甲烷氧化偶联制乙烯

在以天然气（即甲烷）为原料制备以乙烯为主的低碳烯烃的多种研究路线中，甲烷氧化偶联制乙烯（oxidative coupling of methane，OCM）的路线仅需一步而最为简捷，得到各方面的重视。然而，从化学的角度而言，原料甲烷十分稳定而目的产物乙烯则相当活泼。根据目前的认识，甲烷是在强碱性活性中心上氧化生成甲基自由基而后偶联的，没有足够的温度就难以生成甲基自由基，而较高的反应温度又易使乙烯产生二次反应。

甲烷氧化偶联反应是一个高温强放热过程，总反应式可表示为

$$CH_4 + O_2 \xrightarrow[>600℃]{\text{催化剂}} C_2H_6,\ C_2H_4,\ CO_x,\ H_2O,\ H_2$$

因反应是一个自由能降低的反应，因此在较低温度，甲烷就可以发生氧化偶联反应生成乙烷和乙烯等。但由于乙烷和乙烯等产物比甲烷更活泼，容易深度氧化为 CO 和 CO_2，因此必须选择合适的催化剂，以保证甲烷转化率的同时，尽量减少甲烷的深度氧化，提高乙烯和乙烷的选择性。

10.2.1 催化剂

在 OCM 研究开发中的首要问题是催化剂。截至目前，国内外研究筛选过的催化剂已超过 2000 种，涉及元素周期表中除零族外各主副族的 50 多种元素。广泛筛选所获得的认识是，碱金属及碱土金属氧化物、稀土金属氧化物、过渡金属氧化物三类化合物用于 OCM 性能较佳。然而迄今为止，作为 OCM 催化剂，无论是主组分、助催化剂或载体，均还不甚明朗。

技术经济评价表明，与石脑油裂解制乙烯工艺相比，OCM 要具备竞争力，其 C_2 收率需达到 30%以上（转化率>35%，选择性>88%），催化剂的时空产率应达到 1～10mol/(m^3·s)。从表 10-3 所列的一些有代表性的 OCM 实验结果可见，目前的催化剂与期望值相比尚有不小的差距，CH_4 转化率与 C_2 选择性二者之和目前均未能超过 100%。

10.2.2 反应流程

OCM 反应的单程转化率不高，反应温度高，反应热量大，目的产物又较不稳定，因此有大量复杂的工程放大问题需要解决。例如：

① 反应模式　甲烷与氧（或空气）是同时进入反应器，还是交替进料；

② 反应器结构　流化床反应器较易除去反应热及控制反应温度，沸腾床、紊流床及循环流化床等类型中，哪种最为适宜；

表 10-3 一些 OCM 实验条件及结果（常压）

催化剂	反应温度/℃	空速/h^{-1}	CH_4/O_2	反应结果/%		
				CH_4 转化率	C_2 选择性	C_2 收率
$LiCl/Sm_2O_3$	750	6000	2∶1	28.8	69	19.9
Sr/La_2O_3	880	2200	91∶9	16	81	13.0
$LiCa_2Bi_3O_4Cl_6$	720	1500	20∶10	42	47	19.7
Zr/MgO	800	17400	16∶20	35.2	66	23.2
$Mn\text{-}Na_2WO_4/SiO_2$	800	36000	3∶1	36.8	64.9	23.9
$ThO_2\text{-}SrCO_3/BaSO$	850	10000	4∶1	29.95	60.03	17.98
La-Ba-Sm	610	5000	6∶1	26.72	68.04	18.18
$BaF_2/LaOF$	770	15000	3∶1	33.08	62.47	20.66
$La_2O_3\text{-}CaSO_4/MgO$	830	10000	3.8∶1	29.92	59.8	17.89
$Mg\text{-}Ba_2O_3$	820	5700	5∶1	25.54	67.66	17.28

③ 工艺流程　目的产物如何分离，未反应的甲烷如何循环，弛放气如何处理；

④ 反应器材质　在工况下应耐高温、抗氧化且化学性能稳定。

国外一些公司根据目的产品是乙烯或汽油提出了可能的 OCM 流程，如图 10-3 为 UCC 提出的以乙烯为目的产品的 OCM 示意工艺流程，其目的产品则是汽油和柴油，由乙烯低聚而得。

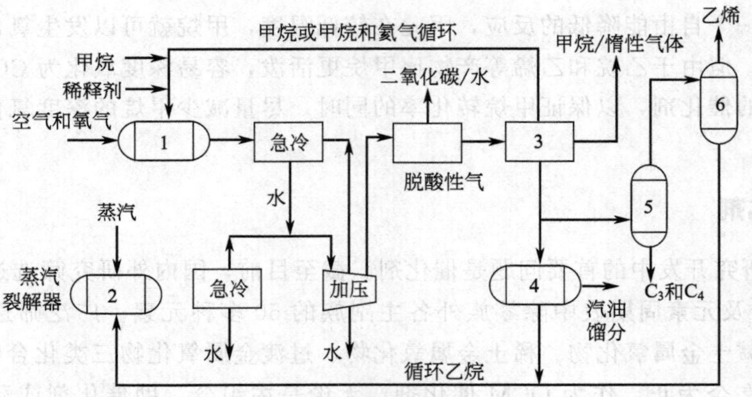

图 10-3　UCC 甲烷氧化偶联制乙烯示意工艺流程

1—催化反应器；2—蒸汽裂解器；3—冷箱；4—MOGD（烯烃转化制汽油）；5—脱乙烷塔；6—乙烯塔

从经济性来考虑，甲烷氧化偶联制乙烯还无法与传统的乙烯方法相比，但从长远来看，这是一个极具潜力的工艺，一旦催化剂取得突破，加上反应分离一体化工艺的采用，再加上原油价格的不断飙升，甲烷氧化偶联制乙烯工艺一定会迅速取得工业化的成果。

10.3　甲烷转化制芳烃

由于芳烃在常温下为液体，与制备乙烯相比，以天然气为原料制芳烃的产品更便于分离，而且一些研究人员认为乙烯是天然气制芳烃过程的中间产物。

甲烷直接转化制芳烃的研究有两个方向，即有氧条件及无氧条件。在有氧条件下，由于甲烷和氧生成 CO_2 和 H_2 的反应在热力学上更易进行，所以甲烷的深度氧化难以控制，导致生成芳烃的选择性通常不太高，因此甲烷的有氧芳构化有着难以解决的困难。与之相比，甲烷在无氧条件下直接芳构化，虽然由于热力学的限制，反应需在高温下进行而对催化剂的稳定性有更高的要求，但由于甲烷在无氧条件下的直接芳构化的选择性较高、技术复杂性较小以及产品易分离等特点而受到了更多的关注。

表 10-4 给出了甲烷有氧芳构化和无氧芳构化的一些实验结果。由于目前天然气直接芳构化的研究主要集中在无氧条件下，因此本节只对甲烷的无氧芳构化作简单介绍。

表 10-4　甲烷芳构化一些实验结果

催化剂	氧化剂	温度/℃	空速/h^{-1}	CH_4 : O_2	转化率/%	选择性/%
有氧芳构化						
Ni/Al_2O_3	O_2	650		9/1	18.0	51.1
ZSM-5	N_2O	357	8000		0.1	20.0
Na/MnO_2	O_2	947	53570	10/1	13.2	23.4
Pentasil-沸石	N_2O	400	3600		44.4	>90.0
无氧芳构化						
Pt/H-Ga-硅酸盐		700			4.4	约 95.0
Mo/ZSM-5		750			13.5	93.0
Ga-Re/HZSM-5		700			4.9	51.6
W-Mo/HZSM-5		700			11.0	100.0

甲烷芳构化需使用双功能催化剂，甲烷活化主要发生于金属（如 Mo 等）中心上，而碳链增长则是在 B 酸中心上完成的。然而过强的 B 酸酸性将导致碳链急剧增长及环化使催化剂结炭。目前研究的甲烷无氧芳构化的催化剂绝大部分是分子筛负载的金属催化剂。

作为催化剂载体的分子筛，宜选用孔道结构的开口与苯分子直径相当，从而有利于产品逸出的分子筛。一般为十元环开口，具有二维孔道结构且有孔道交叉点，如 MCM-22、MCM-48 及 MCM-49 等分子筛。

吉林大学使用 Mo/纳米 MCM-49 催化剂，在 973K，CH_4 转化率 11%～12%，生成苯的选择性为 80%～90%，而且催化剂的稳定性大大超过 Mo/HZSM-5。大连化学物理研究所使用 Mo/MCM-22 催化剂，苯的选择性也可达 80%，且萘的选择性低于 5%；而在同样的转化率条件下，Mo/HZSM-5 催化剂苯的选择性仅有 55%。

较高的温度在热力学和动力学上均有助于 CH_4 的转化，但过高的温度将使催化剂迅速失活，因此甲烷芳构化过程不宜采用较高的 CH_4 单程转化率。

Zn/HZSM-5 催化剂用于 CH_4 芳构化时未显示活性；然而用于 CH_4 与丙烷的混合物（摩尔比 0.6 : 1）时，在 600℃及 3000h^{-1}的空速条件下，丙烷转化率 89.5%，甲烷转化率 32.4%，芳烃选择性 89.7%。看来，丙烷脱氢或裂解的中间物活化了甲烷。

此外，在甲烷芳构化过程中加入 CO、CO_2 或 H_2 等组分，可使催化剂寿命大大延长。

甲烷的直接转化利用技术除上述技术外，还有甲烷非催化直接制甲醇、甲烷催化热裂解制碳纳米管及氢气、甲烷官能团化制烯烃（如本森法制乙烯）和甲烷经膜催化、光催化、电化学技术制碳二烃等技术。这些技术都存在着不足，尚未工业化。但从长远考虑，特别是在石油资源日益减少的情况下，这些研究都是很有吸引力的课题。一旦取得突破，将会大大促进天然气工业的发展。

附表　天然气各主要组分基础物性数据

物　性	甲烷	乙烷	丙烷	正丁烷	异丁烷	正戊烷	氢	氦	氮	氧	一氧化碳	二氧化碳	硫化氢	水	甲醛
分子式	CH_4	C_2H_6	C_3H_8	n-C_4H_{10}	i-C_4H_{10}	n-C_5H_{12}	H_2	He	N_2	O_2	CO	CO_2	H_2S	H_2O	CH_2O
相对分子质量	16.043	30.070	44.097	58.124	58.124	72.151	2.016	4.003	28.013	31.999	28.010	44.010	34.076	18.015	30.026
熔点 T_f/K	90.67	89.88	85.46	134.80	113.55	143.43	14.01	0.95①	63.25	54.35	68.05	216.55	187.55	273.15	156.15
沸点 T_b/K	111.66	184.52	231.08	272.65	261.42	309.22	20.35	4.25	77.35	90.15	81.65	194.65	212.75	373.15	253.65
T_c/K	190.55	305.43	369.82	425.16	408.13	469.60	33.19	5.35	126.15	154.55	132.85	304.15	373.15	647.25	408.15
p_c/MPa	4.6042	4.8798	4.2496	3.7966	3.6477	3.3691	1.2970	0.22697	3.3944	5.0460	3.4957	7.3765	8.9369	22.048	6.5861
V_c/cm^3	99.03	148.1	203.2	254.9	263.0	304.4	65.0	57.30	89.50	73.39	93.06	94.04	98.50	56.00	112.88
Z_c	0.288	0.285	0.281	0.274	0.283	0.262	0.305	0.301	0.290	0.288	0.295	0.274	0.284	0.229	0.219
偏心因子 ω	0.008	0.0908	0.1454	0.1928	0.1756	0.251	−0.220	−0.387	0.040	0.021	0.049	0.225	0.100	0.344	0.253
绝热指数/K	1.31	1.19	1.13	1.09	1.10	1.07	1.41	1.66②	1.40	1.04	1.40	1.30	1.32	1.33	—
热导率 λ/[W/(m·K)]	0.03251	0.02361	0.01817	0.01660	0.01601	0.01370	0.1814	0.1502	0.02538	0.04717	0.02467	0.01619	0.01560	0.0030	0.01211
$\Delta H_f^\ominus$/(kJ/mol)	−74.902	−84.741	103.92	−126.23	−134.64	−146.54	0.0	0.0	0.0	0.0	−110.62	−393.77	−20.180	−241.82	−115.90
$\Delta G_f^\ominus$/(kJ/mol)	−50.870	−32.950	−23.488	−17.166	−21.213	−8.3736	0.0	0.0	0.0	0.0	−137.37	−394.65	−33.076	−228.59	−109.91
热值 H_h/(MJ/kg)	55.367	51.908	50.376	49.532	49.438	49.042	141.926	—	—	—	—	—	16.488	—	—
热值 H_l/(MJ/kg)	50.050	47.515	46.383	45.745	45.650	45.381	120.111	—	—	—	—	—	15.192	—	—
爆炸下限/%	5.0	2.9	2.1	1.5	1.8	1.4	4.0	—	—	—	—	—	4.3	—	—
爆炸上限/%	15.0	13.0	9.5	8.5	8.5	8.3	75.9	—	—	—	—	—	45.5	—	—
A_{c_p}	19.251	5.4093	−4.2245	9.4873	−1.3900	−3.6258	27.1430	0.0	31.150	28.106	30.869	19.795	31.941	32.242	23.480
B_{c_p}/10^{-3}	52.126	178.11	30.626	331.30	384.73	487.34	9.2738	0.0	−13.565	−0.00368	12.853	73.436	1.4365	1.9238	31.570
C_{c_p}/10^{-5}	1.1974	−6.9375	−15.864	−11.083	−18.460	−25.803	−1.3808	0.0	2.6796	1.7459	2.7892	−5.6019	2.4321	1.0555	2.9850
D_{c_p}/10^{-8}	−1.1217	0.87127	3.2146	−0.28219	2.8952	5.3047	0.76451	0.0	−1.1681	−1.0651	−1.2715	1.7153	−1.1765	−0.35965	−2.3000
A_{vs}/10^{-7}	−4.1632	−3.5013	−2.9456	−3.0532	−2.8428	0.2340	0.0	0.0	6.8331	−0.36500	4.4067	−10.047	−12.435	—	−12.148
B_{vs}/10^{-8}	4.5402	3.6133	3.0613	2.7584	2.8396	2.4119	0.0	0.0	6.9664	8.2931	7.0641	6.2989	5.0758	—	4.0445
C_{vs}/10^{-11}	−2.6916	−1.1731	−0.75559	−0.52094	−0.44925	0.02316	0.0	0.0	−5.1015	−5.2442	−5.0772	−3.3262	−1.9597	—	−1.5294
D_{vs}/10^{-14}	0.90707	0.17181	−0.01881	−0.04467	−0.09401	−0.35272	0.0	0.0	2.1142	1.8146	2.0110	1.0470	0.38353	—	0.51854
A_{ant}/10^{2}	−3.4137	−5.1264	−5.7923	−5.8384	−6.2564	−7.0142	−51.752	0.17144	−2.5585	−3.4036	−9.0522	42.161	−4.8278	−7.7229	−5.3739
B_{ant}/10^{4}	1.7696	3.5691	4.6500	7.5190	7.6218	8.4797	3.8037	−0.00337	2.4770	2.1078	3.2043	−57.803	4.5139	11.616	6.0222
C_{ant}	109.78	160.13	192.04	296.11	274.55	285.01	8.2041	1.7900	174.22	121.03	62.404	228.59	217.70	371.79	265.92
D_{ant}/10^{-3}	−95.482	−121.44	−117.20	−39.529	−43.831	−57.994	−30307	0.0	5.8558	−56.539	−355.48	−972.85	−58.540	−47.221	−49.560
E_{ant}	60.149	84.595	92.919	84.508	90.978	102.57	1466.5	0.0	38.732	57.129	164.30	−511.30	74.979	109.00	80.486
F_{ant}/10^{-9}	4.221e−6	4.754e4	4.122e4	1.059e−8	441.30	2.786e−8	1.273e8	0.0	1.2802	5.961e−6	1.904e−5	1.052e6	7.750e−8	3.381e−9	2.717e−8
G_{ant}	6.000	2.000	2.000	6.000	2.000	6.000	2.000	0.0	4.000	6.000	6.000	2.000	6.000	6.000	6.000

续表

物性	甲醇	一甲胺	二甲胺	三甲胺	乙酸	二甲醚	甲酸甲酯	乙烯	乙炔	一氯甲烷	二氯甲烷	三氯甲烷	四氯化碳	氢氰酸
分子式	CH_4O	CH_5N	C_2H_7N	C_3H_9N	$C_2H_4O_2$	C_2H_6O	$C_2H_4O_2$	C_2H_4	C_2H_2	CH_3Cl	CH_2Cl_2	$CHCl_3$	CCl_4	HCN
相对分子质量	32.042	31.058	45.085	59.112	60.053	46.069	60.052	28.054	26.038	50.488	84.933	119.38	153.82	27.026
熔点 T_f/K	175.45	179.65	180.95	156.05	289.75	131.65	174.15	104.00	192.35	175.35	178.05	209.55	250.15	259.85
沸点 T_b/K	337.75	266.75	279.95	276.05	391.05	248.25	304.85	169.44	189.15	248.85	312.95	334.25	349.65	298.85
T_c/K	512.58	430.15	437.55	433.15	594.35	399.95	487.15	282.36	308.33	416.25	510.15	536.35	556.35	456.75
p_c/MPa	8.0959	7.4575	5.3094	4.0733	5.7857	5.3702	5.9984	5.0318	6.1393	6.6773	6.0795	5.4716	4.5596	5.3905
V_c/cm^3	117.80	139.90	187.08	253.70	171.09	177.87	172.07	128.69	112.72	139.09	193.03	239.23	275.67	139.31
Z_c	0.224	0.292	0.273	0.287	0.200	0.287	0.255	0.276	0.271	0.268	0.277	0.293	0.272	0.197
偏心因子 ω	0.559	0.275	0.288	0.195	0.454	0.192	0.252	0.856	0.1841	0.156	0.193	0.216	0.194	0.407
绝热指数/K	—	—	—	—	—	—	—	1.24	—	1.20	—	—	—	—
热导率 λ/[W/(m·K)]	0.2198	0.01626	0.01596	0.01541	0.1753	0.06495	0.1753	0.02174	0.02168	0.01046	0.1402	0.1167	0.1088	0.2164
$\Delta H_f^{\ominus}$/(kJ/mol)	−201.30	−23.030	−18.830	−23.850	−435.13	−184.20	−349.78	52.335	226.88	−81.965	−95.400	−101.32	−95.814	130.54
$\Delta G_f^{\ominus}$/(kJ/mol)	−162.61	32.280	68.600	98.910	−376.94	−113.00	−297.19	68.161	209.34	−58.446	−68.870	−68.580	−53.538	120.12
热值 H_h/(MJ/kg)	—													
热值 H_l/(MJ/kg)	—													
爆炸下限/%	6.0	4.9	2.8	2.0	4.0	3.4	4.5	2.7	2.5	7.0	6.2	—	—	5.6
爆炸上限/%	36.5	20.8	14.4	11.6	17.0	27.0	32.0	36.0	80.0	19.0	15.0	—	—	40.0
A_{c_p}	21.152	11.468	−0.17150	−8.2006	4.8399	17.004	1.4309	3.8058	26.821	13.866	12.945	24.003	40.717	21.868
$B_{c_p}/10^{-3}$	70.924	142.63	269.37	396.89	254.85	178.95	269.83	156.59	75.781	101.34	162.21	189.33	204.86	60.464
$C_{c_p}/10^{-5}$	2.5870	−5.3304	−13.284	−22.171	−17.530	−5.2300	−19.481	−8.3485	−5.0074	−3.8861	−13.012	−18.409	−22.697	−4.9372
$D_{c_p}/10^{-8}$	−2.8516	−0.47490	2.3376	4.6191	4.9488	−0.19160	5.6986	1.7551	1.4122	0.25650	4.2049	6.6570	8.8425	1.8039
$A_{vs}/10^{-7}$	−5.9796	−4.9486	−12.183	−3.9807	−3.5730	−0.05573	−17.988	−1.6108	−11.733	−6.5579	−21.216	−4.4253	−3.0856	−9.3189
$B_{vs}/10^{-8}$	3.4869	3.4005	3.4887	3.0019	3.0381	2.9665	4.1715	3.8340	4.4452	4.2929	4.5235	3.6547	3.5424	−3.1116
$C_{vs}/10^{-11}$	0.10005	−0.72589	−1.3357	−0.52493	−0.21768	0.50441	−1.6376	−1.2181	−2.2255	−1.0107	−1.7944	−0.38117	−0.01217	−1.0188
$D_{vs}/10^{-14}$	−0.42391	−0.00203	0.45439	−0.13237	−0.14354	−0.59979	0.56243	0.09941	0.67682	0.04028	0.61833	−0.14863	−0.32066	0.31158
$A_{ant}/10^2$	−8.0585	−4.5251	−8.0782	−4.9735	−9.6598	−3.4615	−6.8680	−5.1525	−1.0566	−5.9793	−6.9788	−5.3763	−6.0928	1.4498
$B_{ant}/10^4$	10.533	4.3994	12.487	5.4731	18.193	2.9038	9.7218	4.4240	0.34947	6.6063	9.9892	9.6609	8.6638	−4.3412
C_{ant}	316.13	289.01	318.64	305.44	414.33	261.40	334.29	183.65	210.98	254.56	333.37	435.11	355.54	326.23
$D_{ant}/10^{-3}$	−58.192	−121.31	32.850	−117.68	7.3448	−110.34	−51.957	−59.908	−42.611	−54.664	−41.215	−22.830	−50.626	−43.439
E_{ant}	116.09	73.932	107.46	78.752	126.04	58.845	98.115	80.198	22.235	89.148	98.806	73.052	87.969	−8.9617
$F_{ant}/10^{-9}$	6.195e−9	5.954e4	−5.076e5	6.041e4	−2.346e4	5.818e4	9146.8	4.0835	3.123e−7	4.618e−8	4.312e−9	8.115e−9	9.7892	7.551e−8
G_{ant}	6.000	2.000	2.000	2.000	2.000	2.000	2.000	3.000	6.000	6.000	6.000	6.000	3.000	6.000

① 19℃以下。

② 25 个大气压下。

参考文献

[1] Malik M A，Malik S A，Jiang X. Plasma Reforming of Natural Gas to More Valuable Fuels. Journal of natural gas chemistry，1999，8（2）：166-178.

[2] 王保伟，许根慧，刘昌俊．等离子体技术在天然气化工中的应用．化工学报，2001，52（8）：659-665.

[3] 谭世语，姚芳华．甲烷等离子体转化的研究进展．河南化工，2007，24（8）：4-7.

[4] 罗义文，漆继红，印永祥，戴晓雁，徐咔秋．等离子体裂解天然气制乙炔的技术和经济分析．天然气化工，2002，27（3）：37-42.

[5] 陈滨．石油化工手册．北京：化学工业出版社，1986.

[6] 李慧青，邹吉军，刘昌俊，张月萍．等离子体法制氢的研究进展．化工进展，2005，17（1）：69-77.

[7] 李言浩，马沛生，阎振华，郝树仁．天然气等离子体法制氢技术．天然气化工，2003，28（8）：43-48.

[8] Gaudernack B，Lynum S. Hydrogen from Natural Gas without Release of CO_2 to the Atmosphere. Int J Hydrogen Energy，1998，23（12）：1087-1098.

[9] 李明伟，姜涛，刘昌俊，许根慧．冷等离子体法反应制甲醇的研究进展．化工工业与工程，2002，19（1）：43-48.

[10] Parnis J M，Hoover L E，Pederson D B，et al. Methanol Production from Methane in Lithium-doped Argon Matrices by Photoassisted Dissociative Electron Attachment to N_2O. J Phys Chem，1995，99：13528-13536.

[11] Okazaki K. Application of Plasma Chemistry to the Highly Efficient Utilization of Energy. Proc of the Int Symp on CO_2 Fixation and Efficient Utilization of Energy，Tokyo，1993，37-42.

[12] Peter C K，Paul A L. Method and Apparatus for Producing Oxygenates from Hydrocarbons. US PATENT：5427747，1995.

[13] Helmut D，Reinhard M，Jüergen R. Dectsche Demokratische Republik Patent：DD260011A1，1988.

[14] 胡杰，朱博超，王建明．天然气化工技术及利用．北京：化学工业出版社，2006.

[15] 徐文渊，蒋长安．天然气利用手册．北京：中国石化出版社，2001.

[16] 贺黎明，沈召军．甲烷的转化和利用．北京：化学工业出版社，2005.

[17] 谢光全．甲烷氧化偶联制乙烯进展．天然气化工，1999，25（4）：34-38.

[18] 张玉东，李树本，刘育等．甲烷氧化偶联制乙烯的工艺评价．石油与天然气化工，1998，27（4）：212-216.

[19] Wang L，Tao L，Xie M，et al. Dehydrogenation and Aromatization of Methane under Non-oxidizing Conditions. Catal Lett，1993，21（1-2）：35-41.